弯曲厚板受迫振动修正的功的互等定理

The Corrected Reciprocal Theorem of Forced Vibration for Bending of Thick Plates

付宝连 著

国防工业出版社

·北京·

图书在版编目(CIP)数据

弯曲厚板受迫振动修正的功的互等定理/付宝连著.
—北京:国防工业出版社,2022.1

ISBN 978-7-118-07754-4

Ⅰ.①弯… Ⅱ.①付… Ⅲ.①弯曲-厚板-矩形板-互等原理 Ⅳ.①TU33

中国版本图书馆 CIP 数据核字(2021)第 213474 号

※

国防工業出版社出版发行
(北京市海淀区紫竹院南路 23 号 邮政编码 100048)
三河市腾飞印务有限公司印刷
新华书店经售

*

开本 710×1000 1/16 **印张** 14½ **字数** 275 千字
2022 年 1 月第 1 版第 1 次印刷 **印数** 1—3000 册 **定价** 108.00 元

国防书店:(010)88540777　　书店传真:(010)88540776
发行业务:(010)88540717　　发行传真:(010)88540762

致　读　者

本书由中央军委装备发展部**国防科技图书出版基金**资助出版。

为了促进国防科技和武器装备发展,加强社会主义物质文明和精神文明建设,培养优秀科技人才,确保国防科技优秀图书的出版,原国防科工委于1988年初决定每年拨出专款,设立国防科技图书出版基金,成立评审委员会,扶持、审定出版国防科技优秀图书。这是一项具有深远意义的创举。

国防科技图书出版基金资助的对象是:

1. 在国防科学技术领域中,学术水平高,内容有创见,在学科上居领先地位的基础科学理论图书;在工程技术理论方面有突破的应用科学专著。

2. 学术思想新颖,内容具体、实用,对国防科技和武器装备发展具有较大推动作用的专著;密切结合国防现代化和武器装备现代化需要的高新技术内容的专著。

3. 有重要发展前景和有重大开拓使用价值,密切结合国防现代化和武器装备现代化需要的新工艺、新材料内容的专著。

4. 填补目前我国科技领域空白并具有军事应用前景的薄弱学科和边缘学科的科技图书。

国防科技图书出版基金评审委员会在中央军委装备发展部的领导下开展工作,负责掌握出版基金的使用方向,评审受理的图书选题,决定资助的图书选题和资助金额,以及决定中断或取消资助等。经评审给予资助的图书,由中央军委装备发展部国防工业出版社出版发行。

国防科技和武器装备发展已经取得了举世瞩目的成就,国防科技图书承担着记载和弘扬这些成就,积累和传播科技知识的使命。开展好评审工作,使有限的基金发挥出巨大的效能,需要不断摸索、认真总结和及时改进,更需要国防科技和武器装备建设战线广大科技工作者、专家、教授、以及社会各界朋友的热情支持。

让我们携起手来,为祖国昌盛、科技腾飞、出版繁荣而共同奋斗!

国防科技图书出版基金

评审委员会

前　言

本书是已出版的《弯曲厚矩形板功的互等定理及其应用》的姊妹篇。后者处理的是厚板结构在静载荷作用的情况。实际上,厚板结构在动荷作用下随处可见。如舰艇甲板受波浪的作用和舰载机起降的冲击作用;飞机跑道和港口路面受到起降飞机的冲击作用和大型载重汽车的动荷作用;高层建筑受风力作用和地震作用;核电站的安全设备受地震和海啸作用;等等。本书处理的是弯曲厚矩形板在谐载作用下的动荷问题。首先给出了在动荷作用下弯曲厚板的基本方程,其次给出在谐载作用下弯曲厚矩形板的基本解,在此基本系统和弯曲厚矩形板实际系统之间应用修正的功的互等定理,得到实际系统的动力响应;具体地给出了在均布谐载和一集中谐载作用下多种边界条件(包括悬臂矩形板的复杂边界条件)弯曲厚矩形板的动力响应。大量的计算表明,修正的功的互等法是计算弯曲厚矩形板动力问题的一个简单、通用和有效的新方法。

第 1 章介绍了弯曲厚板的赖思纳(Reissner,E.)理论及弯曲厚矩形板的边界条件,其中包括弯曲厚矩形板的角点静力条件。角点静力条件的给出,使得求解具有悬空角点的弯曲厚矩形板成为可能。

第 2 章介绍了弯曲厚矩形板的拟基本系统及幅值拟基本系统、拟基本解和幅值拟基本解及其相应的边界值。幅值拟基本系统的建立对于求解弯曲厚矩形板受迫振动的赖思纳方程具有决定性的意义。

从第 3 章到第 7 章分别介绍了在均布谐载作用下和在一集中谐载作用下四边简支弯曲厚矩形板、两对边固定另两对边简支弯曲厚矩形板、四边固定弯曲厚矩形板、三边固定一边自由的弯曲厚矩形板和两邻边固定一边自由另一边简支的弯曲厚矩形板受迫振动的动力响应。

第 8 章介绍了在均布谐载作用下悬臂弯曲厚矩形板受迫振动的动力响应。

第 9 章介绍了某些边界条件弯曲厚矩形板固有频率计算的修正的功的互等法。

第 10 章介绍了矩形夹层板稳定的控制方程及其基本解。

本书所得到的都是封闭解析解,这些解都是应用修正的功的互等法得到的。

本书是关于弯曲厚矩形板受迫振动的学术著作,其中包括大量的理论推导及数值计算,疏漏及错误之处在所难免,敬请各位专家学者及广大读者不吝指正。

付宝连

2021 年 3 月

目　录

Contents

绪　论

本书作者涉足于功的互等定理的研究是在 1980 年。首先将功的互等定理推广应用于两个不相同的小变形弹性体,并将推广的功的互等定理应用于弯曲薄板的计算。进一步地,于 2005 年发现功的互等定理是一个有逻辑错误的定理,并对其修正,提出了修正的功的互等定理,并应用修正的功的互等定理撰写了“弯曲厚矩形板功的互等定理及其应用”。本书“弯曲厚板受迫振动的修正的功的互等理”是前述著作的姊妹篇。

下面,分阶段地来介绍本书作者对贝蒂功的互等定理的质疑、推广应用和修正。

1. 对贝蒂功的互等定理的质疑(1960—1980)

功的互等定理是意大利科学家贝蒂(Betti,E.)于 1872 年提出的,因此业内人士也称其为贝蒂功的互等定理。这一定理研究的是在两组力作用下处于真实状态的一个小变形线性弹性体。贝蒂功的互等定理的经典描述为:一个弹性体在两组力作用下,则有第一组的体力和表面力在第二组力所引起的相应位移上所做的功等于第二组的体力和表面力在第一组力所引起的相应位移上所做的功。上述描述稍显粗糙,应该改进为一个小变形的线性弹性体在两组力作用下处于真实状态,则有第一组的体力和表面力在第二组力所引起的相应位移上所做的功等于第二组体力和表面力在第一组力所起的相应位移上所做的功。真实状态系指一弹性体在两组力作用下都应满足平衡方程、静力边界条件、应变-位移关系、位移边界条件和本构关系。从贝蒂功的互等定理诞生起到现在的 149 年间,学界内人士都把上述命题视为经典加以遵守。在固体力学领域,人们把变分原理、虚功原理和虚余功原理和功的互等定理视为三大类经典原理。

作者自中学学习起,特别是在大学学习期间逐渐养成了“逆向思维”的习惯,凡是问题总想问一下“不这样行不行?”大学毕业后,留校(北京航空学院,现北京航空航天大学)在材料力学教研室任助教。在 1960 年,作者记得有一次在准备有关功的互等定理习题课的过程中,突发奇想,能否利用如图 0.1 所示,一受一单位集中载荷作用的一简支梁为基本系统来求解如图 0.2 所示受均布载荷作用的悬臂梁为实际系统的挠曲线方程?贝蒂功的互等定理限定,两组外力必须作用于同一弹性体上。作者上述“奇想”,实际上是把贝蒂功的互等定理应用于受一集中载荷的简支梁和另一受均布载荷作用的悬臂梁,这是两个不相同的直梁上,这是有悖于贝蒂功的互等定理命题的限定的。由于上述原因,这一“奇想”被搁置下来了。

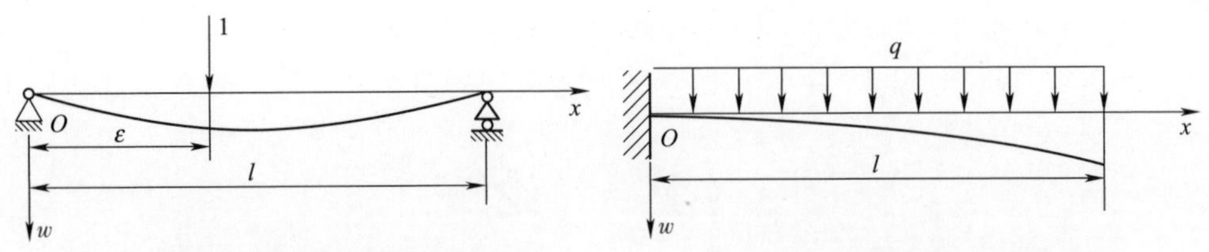

图 0.1 单位集中载荷作用下的简支梁　　图 0.2 均布载荷作用下的悬臂梁

2. 对贝蒂功的互等定理的推广应用(1980—2005 年)

在 1978 年全国科学大会的感召下,重又唤起了本书作者的科研热情。首先,作者将贝蒂功的互等定理推广适用于两个不相同的弹性体。定义形状、尺寸、材料本构关系和位移边界条件相同的两个弹性体为相同的两个弹性体;而形状、尺寸和本构关系相同,但位移边界条件下相同的两个弹性体为不相同的两个弹性体。例如,简支梁和悬臂梁是不相同的两个直梁,四边简支的矩形板和悬臂矩形板是不相同的两个矩形板。

相同的弹性体在相同的载荷作用下具有相同的解;在不相同的载荷作用下具有不相同的解。不相同的弹性体在相同载荷作用下具有不相同的解;在不相同的载荷作用下具有不相同的解。

为了应用,作者对贝蒂功的互等定理做了推广,推广的功的互等定理可表述为:两个不相同的小变形线性弹性体在各自的体力和表面力作用下处于真实状态,则有第一弹性体的体力和表面力在第二弹性体所引起的相应位移上所做的功等于第二弹性体的体力和表面力在第一弹性体所引起的相应位移上所做的功。贝蒂功的互等定理限定两阻力必须作用于同一弹性体上,而推广的功的互等定理允许两组力分别作用在两个不相同的弹性体上,即推广的功的互等定理适用两个不相同的弹性体。这一推广极大地扩展了功的互等定理的应用功能。

以此推广的功的互等定理为基础,作者对弯曲直梁和小挠度弯曲薄板进行了一系列计算。首先,以在一单位集中载荷作用下的简支梁为基本系统,待求直梁为实际系统,在此基本系统和实际系统之间应用推广的功的互等定理。计算了弯曲直梁的平衡、振动和稳定问题。其次,以在一单位集中载荷作用下的四边简支矩形板为基本系统,待求解的弯曲矩形板为实际系统,并在此基本系统和实际系统之间应用推广的功的互等定理,计算了一系列弯曲矩形板的平衡、振动和稳定问题,其中包括悬臂矩形板的相应问题。

此外,还应用该推广的功的互等定理于求解了圆板的弯曲问题和某些弹性力学的平面问题和空间问题。

至此,形成了结构分析的一个新的和强有力的方法,称为功的互等法。

大约在 1990 年,作者又把功的互等法推广于求解弯曲厚矩形板的平衡、振动和稳定问题,再一次显示该法是简单、通用和有效的。

3. 对贝蒂功的互等定理的修正(2005—2015 年)

2005 年以前,作者认为贝蒂功的互等定理是正确的,大量的计算证明推广的功的互等定理也是正确的。从 2005 年起,作者开始对贝蒂功的互等定理进行更深入的研究。研究的起因是,推广的功的互等定理把贝蒂功的互等定理推广适用于两个不相同的弹性体,即当两个弹性体相同时,推广的功的互等定理蜕化为贝蒂功的互等定理。现在的问题是,反过来,能否从贝蒂功的互等定理出发推导出被本书作者提出的推广的功的互等定理命题呢?

从贝蒂功的互等定理命题中两组力的独立性和任意性出发,根据圣维南原理,再根据边界力和边界位移的依存关系,我们得出结论:贝蒂功的互等定理命题中的两个主要前提"一个弹性体"和"两组力的作用"是相互矛盾的,因为两组力中的任意一组力都能把一个弹性体变成另一弹性体。这一矛盾说明贝蒂功的互等定理是一个有逻辑错误的定理。根据对上述矛盾的分析,得出了修正的功的互等定理,它给出了功的互等定理的正确命题。它可以叙述为:两个不相同的小变形弹性体在各自独立外力作用下处于真实状态,则有第一弹性体的体力和表面力的倒易功等于第二弹性体的体力和表面力的倒易功。

定义第一弹性体的体力和表面力在第二弹性体的体力和表面力所引起的相应位移上所做的功为第一弹性体外力的倒易功;反之亦然。

首先,应该强调指出的是,发现贝蒂功的互等定理是一个有逻辑错误的定理,并对其修正,修正的功的互等定理给出了功的互等的正确命题,具有学科上的历史意义。其次,修正的功的互等定理为修正的功的互等法提供理论基础,极大地开发出功的互等定理的固有功能,具有广泛的应用价值。

应该强调指出的是,在 2005 年以前被作者所提出的"推广的功的互等定理的命题"和现在提出的"修正的功的互等定理的命题"在实质上是相同的;但两者产生的背景是不相同的。对于前者,当时并没有发现贝蒂功的互等定理是一个具有逻辑错误的定理,它只是被推广适用于两个不相同的弹性体。而对于后者,贝蒂功的互等定理命题中的"一个弹性体"和"两组力的作用"被发现是相互矛盾的两个前提,因而导致贝蒂功的互等定理是一个有逻辑错误的定理。基于对这一矛盾的分析,提出了修正的功的互等定理。因此,贝蒂功的互等定理应改正为修正的功的互等定理而不应再称为推广的功的互等定理。功的互等法应改正为修正的功的互等法。

4. 谐载作用下弯曲厚矩形板的修正的功的互等定理

(1)首先,考虑一在均布谐载 $q\sin\omega t$ 作用下的悬臂弯曲厚矩形板,如图 0.3(a)所示。如将均布谐载代以均布谐载幅值,则得如图 0.3(b)所示幅值悬臂弯曲厚矩形板。去掉幅值弯曲厚矩形板固定边的弯曲约束,代以幅值分布弯矩 M_{y0};三个自由边的幅值挠度分别表示为 w_{x0},w_{xa} 和 w_{yb};相应的幅值扭角分别表示为 ω_{yx0},ω_{yxa} 和 ω_{xyb},则得幅值弯曲厚矩形板实际系统,如图 0.3(c)所示。

其次,考虑一受二维 delta 函数 $\delta(x-\xi,y-\eta)$ 作用的悬臂弯曲厚矩形板,如图 0.4 所示。在图 0.4 和图 0.3(b)所示两板之间应用贝蒂功的互等定理,则得

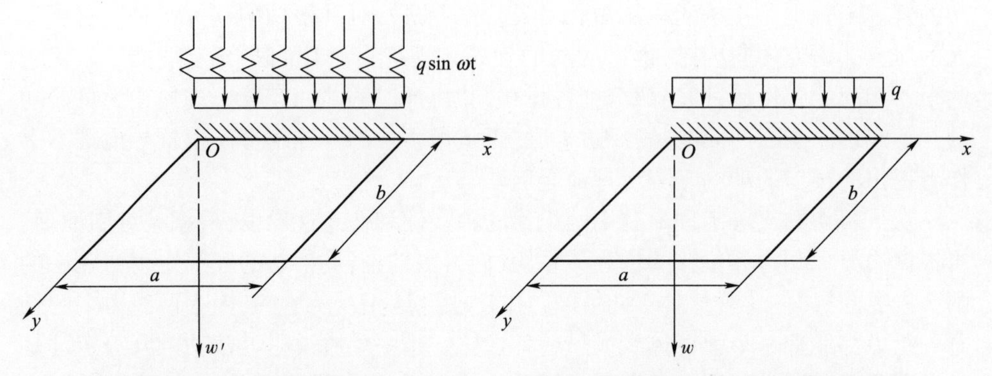

(a) 均布谐载作用下的悬臂弯曲厚矩形板　(b) 均布幅值载荷作用下的悬臂弯曲厚矩形板

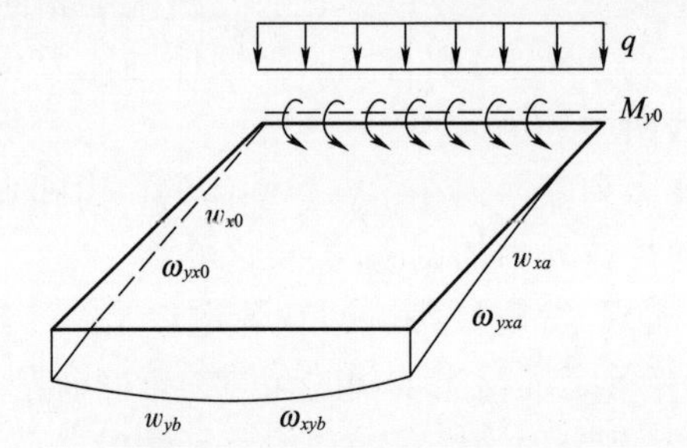

(c) 在均布幅值载荷作用下悬臂弯曲厚矩形板实际系统

图 0.3　均布谐载和幅值载荷作用下的悬臂矩形板及其实际系统

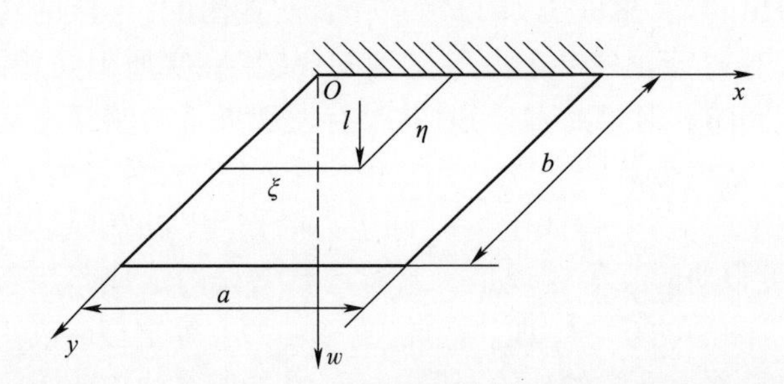

图 0.4　一二维 $\delta(x-\xi,y-\eta)$ 函数作用下悬臂弯曲厚矩形板

$$w(\xi,\eta)=\int_0^a\int_0^b\left[(q+D\lambda^2 w)-\frac{h^2}{10}\frac{2-\nu}{1-\nu}(\nabla^2 q+D\lambda^2\nabla^2 w)\right]w_1(x_1,y;\xi,\eta)\mathrm{d}x\mathrm{d}y$$

式中：$w_1(x,y;\xi,\eta)$ 为如图 0.4 所示悬臂弯曲厚矩形板的拟基本解；$w(\xi,\eta)$ 为图 0.3(b)所示幅值弯曲厚矩形板的解。

(2)在图 0.4 所示矩形板上，除作用有 $\delta(x-\xi,y-\eta)$ 外，在 $x=0$ 边再施加切力 Q_{1x0} 和扭矩 M_{1yx0}，在 $x=a$ 边再施加切力 Q_{1xa} 和扭矩 M_{1yxa}，在 $y=b$ 边上再施加切力 Q_{1yb} 和扭矩 M_{1xyb}，同时在 $y=\varepsilon$ 边上再施加一弯矩 M_{1y0}^{+}，最后，再解除 $y=0$ 固定边的弯曲约束代以作用在 $y=0$ 简支边上的分布弯矩 M_{y0}^{-}，于是得图 0.5 所示矩形板。

在图 0.5 矩形板和图 0.3(c)矩形板间应用贝蒂功的互等定理，则得

$$
\begin{aligned}
& w(\xi,\eta) - \int_0^b Q_{1x0} w_{x0} \mathrm{d}y + \int_0^b Q_{1xa} w_{xa} \mathrm{d}y + \int_0^a Q_{1yb} w_{yb} \mathrm{d}x \\
& - \int_0^b M_{1yx0} \omega_{yx0} \mathrm{d}y + \int_0^b M_{1yxa} \omega_{yxa} \mathrm{d}y + \int_0^a M_{1xyb} \omega_{xyb} \mathrm{d}x \\
& - \int_0^a M_{1y0}^{+} \omega_{yy\varepsilon} \mathrm{d}x = \int_0^a \int_0^b \left[(q + D\lambda^2 w) - \frac{h^2}{10} \frac{2-\nu}{1-\nu} (\nabla^2 q + D\lambda^2 \nabla^2 w) \right] w_1(x,y,\xi,\eta) \mathrm{d}x\mathrm{d}y
\end{aligned} \tag{0.1}
$$

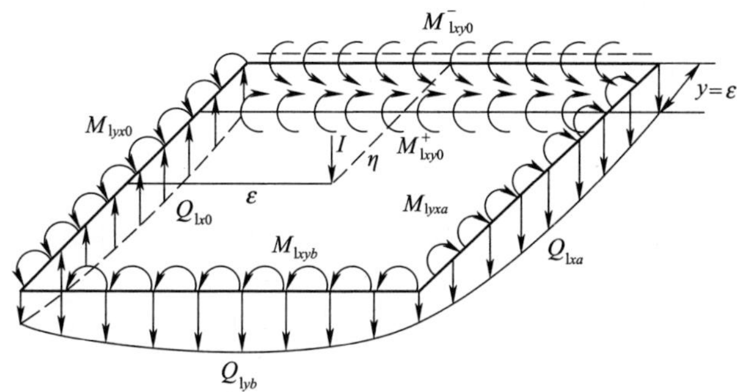

图 0.5　在 $\delta(x-\xi,y-\eta)$ 和多种载荷作用下的弯曲厚矩形板

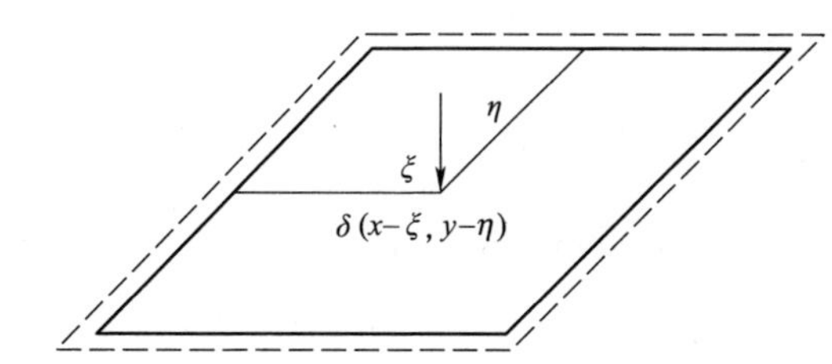

图 0.6　在 $\delta(x-\xi,y-\eta)$ 作用下四边简支弯曲厚矩形板

(3)在图 0.5 所示悬臂弯曲厚矩形板中,所施加的边界切力、扭矩和弯矩,只要是满足小变形的条件且使该板处于真实状态,它们的选择是有很多种可能的。在这多种可能中,我们选择边界切力 $Q_{1x0}, Q_{1xa}, Q_{1yb}$,边界扭矩 $M_{1yx0}, M_{1yxa}, M_{1xyb}$ 的共同作用使 $x=0$ 边、$x=a$ 边和 $y=b$ 边成等简支边;M_{1y0}^{+} 的作用,满足 $\lim\limits_{\varepsilon\to 0} M_{1y0}^{+} = M_{1y0}^{-}$,使 $y=0$ 固定边变成 $y=0$ 简支边。在这一系列转换之后,图 0.5 所示悬臂弯曲厚矩形板将变成图 0.6 所示的在一二维 delta 函数 $\delta(x-\xi,y-\eta)$ 作用下的四边简支的弯曲厚矩形板。于是式(0.1)成为

$$
\begin{aligned}
& w(\xi,\eta) - \int_0^b Q_{1x0} w_{x0} \mathrm{d}y + \int_0^b Q_{1xa} w_{xa} \mathrm{d}y + \int_0^a Q_{1yb} w_{yb} \mathrm{d}x \\
& - \int_0^b M_{1yx0} \omega_{yx0} \mathrm{d}y + \int_0^b M_{1yxa} \omega_{yza} \mathrm{d}y + \int_0^a M_{1xyb} \omega_{xyb} \mathrm{d}x \\
& = \int_0^a \int_0^b \left[(q + D\lambda^2 w) - \frac{h^2}{10} \frac{2-\nu}{1-\nu} (\nabla^2 q + D\lambda^2 \nabla^2 w) \right] w_1(x,y;\xi,\eta) \mathrm{d}x\mathrm{d}y \\
& - \int_0^a M_{y0} \omega_{1yy0} \mathrm{d}x
\end{aligned} \tag{0.2}
$$

(4)在施加 Q_{1x0},Q_{1xa},Q_{1yb} 和 $M_{1yx0},M_{1yxa},M_{1xyb}$ 以及 $\lim\limits_{\varepsilon\to 0}M_{1y0}^{+}=M_{1y0}^{-}$ 后，图 0.3 所示悬臂厚矩形板变成为图 0.6 所示四边简支的弯曲厚矩形板。这就是说，在图 0.6 和图 0.3(c)所示两个不相同的弯曲厚矩形板之间仍然有功的互等定理存在。这和贝蒂功的互等定理限定两组力必须作用于同一弹性体是矛盾的，说明贝蒂功的互等定理是一个有逻辑错误的定理。

5. 弯曲厚矩形板受迫振动的修正的功的定理的证明

通过上述分析，弯曲厚矩形板的修正的功的互等定理可以叙述为：两个不相同的弯曲厚矩形板在各自独立外作用下处于真实状态，则有第一弯曲厚矩形板外力的倒易功等于第二弯曲厚矩形板外力的倒易功。现以式(0.2)为例予以证明。

式(0.2)可以改写为

$$\begin{aligned}w(\xi,\eta)=&\int_0^a\int_0^b\left[(q+D\lambda^2 w)-\frac{h^2}{10}\frac{2-\nu}{1-\nu}(\nabla^2 q+D\lambda^2\,\nabla^2 w)\right]w_1(x,y;\xi,\eta)\,\mathrm{d}x\mathrm{d}y\\&+\int_0^b Q_{1x0}w_{x0}\,\mathrm{d}y-\int_0^b Q_{1xa}w_{xa}\,\mathrm{d}y-\int_0^a Q_{1yb}w_{yb}\,\mathrm{d}x\\&+\int_0^b M_{1yx0}\omega_{yx0}\,\mathrm{d}y-\int_0^b M_{1yxa}\omega_{yxa}\,\mathrm{d}y-\int_0^a M_{1xyb}\omega_{xyb}\,\mathrm{d}x\\&-\int_0^a M_{y0}\omega_{1yy0}\,\mathrm{d}x\end{aligned}\tag{0.3}$$

对式(0.3)两边作用算子 $\nabla^4_{(\xi,\eta)}$，并注意到

$$\nabla^4_{(\xi,\eta)}w_1(x,y;\xi,\eta)=\nabla^4_{(x,y)}w_1(x,y;\xi,\eta)\tag{0.4}$$

则有

$$\begin{aligned}\nabla^4_{(\xi,\eta)}w(\xi,\eta)=&\int_0^a\int_0^b\left[(q+D\lambda^2 w)-\frac{h^2}{10}\frac{2-\nu}{1-\nu}(\nabla^2 q+D\lambda^2\,\nabla^2 w)\right]\nabla^4_{(x,y)}\\&\cdot w_1(x,y;\xi,\eta)\,\mathrm{d}x\mathrm{d}y+\int_0^b w_{x0}\,\nabla^4_{(x,y)}Q_{1x0}\,\mathrm{d}y-\int_0^b w_{xa}\,\nabla^4_{(x,y)}Q_{1xa}\,\mathrm{d}y\\&-\int_0^a w_{yb}\,\nabla^4_{(x,y)}Q_{1yb}\,\mathrm{d}x+\int_0^b\omega_{yx0}\,\nabla^4_{(x,y)}M_{1yx0}\,\mathrm{d}y\\&-\int_0^b\omega_{yxa}\,\nabla^4_{(x,y)}M_{1yxa}\,\mathrm{d}y-\int_0^a\omega_{xyb}\,\nabla^4_{(x,y)}M_{1xyb}\,\mathrm{d}x\\&-\int_0^a M_{y0}\,\nabla^4_{(x,y)}\omega_{1yy0}\,\mathrm{d}x\end{aligned}\tag{0.5}$$

注意到

$$\nabla^4_{(x,y)}w_1(x,y;\xi,\eta)=\frac{1}{D}\delta(x-\xi,y-\eta)\tag{0.6}$$

则得式(0.6)右端第一项为

$$
\begin{aligned}
&\frac{1}{D}\int_0^a\int_0^b\left[(q+D\lambda^2 w)-\frac{h^2}{10}\frac{2-\nu}{1-\nu}(\nabla^2 q+D\lambda^2\,\nabla^2 w)\right]\delta(x-\xi,y-\eta)\,\mathrm{d}x\mathrm{d}y \\
&=\frac{1}{D}\left\{q(\xi,\eta)+D\lambda^2 w(\xi,\eta)-\frac{h^2}{10}\frac{2-\nu}{1-\nu}[\nabla^2 q(\xi,\eta)+D\lambda^2\,\nabla^2 w(\xi,\eta)]\right\}
\end{aligned}
\tag{0.7}
$$

再注意到式(0.5)右端第二项,有

$$
\begin{aligned}
&\int_0^b w_{x0}\,\nabla^4_{(x,y)}Q_{1x0}\mathrm{d}y=-D\int_0^b w_{x0}\,\nabla^4_{(x,y)}\left(\frac{\partial}{\partial x}\nabla^2 w_1\right)_{x=0}\mathrm{d}y \\
&=-D\int_0^b w_{x0}\,\frac{\partial}{\partial x}\nabla^2(\nabla^4_{(x,y)}w_1)_{x=0}\mathrm{d}y \\
&=-\int_0^b w_{x0}\left[\frac{\partial}{\partial x}\nabla^2\delta(x-\xi,y-\eta)\right]_{x=0}\mathrm{d}y=0
\end{aligned}
\tag{0.8}
$$

根据$\delta(x-\xi,y-\eta)$函数的筛取性质,$\delta(x-\xi,y-\eta)$及其导数在边界上都为零,故式(0.8)成立。

同法可证明,式(0.5)右端第二项以后的诸项皆为零,于是式(0.5)成为

$$
\frac{1}{D}\,\nabla^4_{(\xi,\eta)}w(\xi,\eta)=\ q(\xi,\eta)+D\lambda^2 w-\frac{h^2}{10}\frac{2-\nu}{1-\nu}[\nabla^2 q(\xi,\eta)+D\lambda^2\,\nabla^2 w(\xi,\eta)]
\tag{0.9}
$$

即式(0.9)即是赖恩纳幅值微分平衡方程。

假设

$$
w_{x0}=w_{xa}=\sum_{n=1,2}^{\infty}a_n\sin\beta_n y+\frac{y}{b}k_3 \tag{0.10}
$$

$$
w_{yb}=\sum_{m=1,3}^{\infty}d_m\sin\alpha_m x+k_3 \tag{0.11}
$$

$$
\omega_{yx0}=\omega_{yxa}=\sum_{n=1,2}^{\infty}e_n\cos\beta_n y+e_0 \tag{0.12}
$$

$$
\omega_{xyb}=\sum_{m=1,3}^{\infty}h_m\cos\alpha_m x \tag{0.13}
$$

$$
M_{y0}=\sum_{m=1,3}^{\infty}C_m\sin\alpha_m x \tag{0.14}
$$

在图2.2.1所示幅值拟基本系统和图0.3(c)所示弯曲厚矩形板幅值实际系统之间应用修正的功的互等定理,则得

$$
\begin{aligned}
&w(\xi,\eta)-\int_0^b Q_{1xx0}w_{x0}\mathrm{d}y+\int_0^b Q_{1xxa}w_{xa}\mathrm{d}y+\int_0^a Q_{1yyb}w_{yb}\mathrm{d}x \\
&\quad-\int_0^b M_{1xyx0}\omega_{yx0}\mathrm{d}y+\int_0^b M_{1xyxa}\omega_{yza}\mathrm{d}y+\int_0^a M_{1xyyb}\omega_{xyb}\mathrm{d}x \\
&\quad=\int_0^a\int_0^b\left(q-\frac{kh^2}{10}\nabla^2 q\right)w_1(x,y;\xi,\eta)\,\mathrm{d}x\mathrm{d}y \\
&\quad-\int_0^a M_{y0}\omega_{1yy0}\mathrm{d}x
\end{aligned}
\tag{0.15}
$$

将式(0.10)~式(0.14)、式(2.3.5)、式(2.3.6)、式(2.3.8)~式(2.3.10)、式(2.3.12)、式(2.3.3)代入式(0.15),并注意到式(3.1.5)~式(3.1.7)的求解过程,对于式(2.2.12)的情况,则得

$w(\xi,\eta)=$

$$\frac{4q}{Da}\sum_{m=1,3}^{\infty}\frac{1}{\alpha_m}\left(1+\frac{kh^2}{10}\alpha_m^2\right)\left\{\frac{1}{\kappa_m^2-\lambda_m^2}\left[\frac{\cosh\kappa_m\left(\frac{b}{2}-\eta\right)}{\kappa_m^2\cosh\kappa_m\frac{b}{2}}-\frac{\cosh\lambda_m\left(\frac{b}{2}-\eta\right)}{\lambda_m^2\cosh\lambda_m\frac{b}{2}}\right]\right.$$

$$\left.+\frac{1}{\kappa_m^2\lambda_m^2}\right\}\sin\alpha_m\xi+\frac{4q}{Da}\sum_{m=1,3}^{\infty}\frac{1}{\alpha_m}\frac{kh^2}{10}\frac{1}{\kappa_m^2-\lambda_m^2}\left[-\frac{\cosh\kappa_m\left(\frac{b}{2}-\eta\right)}{\cosh\kappa_m\frac{b}{2}}+\frac{\cosh\lambda_m\left(\frac{b}{2}-\eta\right)}{\cosh\lambda_m\frac{b}{2}}\right]$$

$$\cdot\sin\alpha_m\xi\left(\text{或}\ \frac{4q}{Db}\sum_{n=1,3}^{\infty}\frac{1}{\beta_n}\left(1+\frac{kh^2}{10}\beta_n^2\right)\left\{\frac{1}{\kappa_n^2-\lambda_n^2}\left[\frac{\cosh\kappa_n\left(\frac{a}{2}-\xi\right)}{\kappa_n^2\cosh\kappa_n\frac{a}{2}}-\frac{\cosh\lambda_m\left(\frac{a}{2}-\xi\right)}{\lambda_n^2\cosh\lambda_n\frac{a}{2}}\right]\right.\right.$$

$$\left.\left.+\frac{1}{\kappa_n^2\lambda_n^2}\right\}\sin\beta_n\eta+\frac{4q}{Db}\sum_{n=1,3}^{\infty}\frac{1}{\beta_n}\frac{kh^2}{10}\frac{1}{\kappa_n^2-\lambda_n^2}\left[-\frac{\cosh\kappa_n\left(\frac{a}{2}-\xi\right)}{\cosh\kappa_n\frac{a}{2}}+\frac{\cosh\lambda_n\left(\frac{a}{2}-\xi\right)}{\cosh\lambda_m\frac{a}{2}}\right]\sin\beta_n\eta\right)$$

$$+\frac{1}{D}\sum_{m=1,3}^{\infty}\frac{1}{\kappa_m^2-\lambda_m^2}\left[-\frac{\sinh\kappa_m(b-\eta)}{\sinh\kappa_m b}+\frac{\sinh\lambda_m(b-\eta)}{\sinh\lambda_m b}\right]\sin\alpha_m\xi(C_m)$$

$$+\sum_{m=1,3}^{\infty}\frac{1}{\kappa_m^2-\lambda_m^2}\left[(\kappa_m^2-\alpha_m^2)\frac{\sinh\kappa_m\eta}{\sinh\kappa_m b}-(\lambda_m^2-\alpha_m^2)\frac{\sinh\lambda_m\eta}{\sinh\lambda_m b}\right]\sin\alpha_m\xi(d_m)$$

$$+\sum_{n=1,2}^{\infty}\frac{1}{\kappa_n^2-\lambda_n^2}\left[(\kappa_n^2-\beta_n^2)\frac{\cosh\kappa_n\left(\frac{a}{2}-\xi\right)}{\cosh\kappa_n\frac{a}{2}}-(\lambda_n^2-\beta_n^2)\frac{\cosh\lambda_n\left(\frac{a}{2}-\xi\right)}{\cosh\lambda_n\frac{a}{2}}\right]\sin\beta_n\eta(a_n)$$

$$+(1-\nu)\sum_{m=1,3}^{\infty}\frac{\alpha_m}{\kappa_m^2-\lambda_m^2}\left(\frac{\sinh\kappa_m\eta}{\sinh\kappa_m b}-\frac{\sinh\lambda_m\eta}{\sinh\lambda_m b}\right)\sin\alpha_m\xi(h_m)$$

$$+(1-\nu)\sum_{n=1,2}^{\infty}\frac{\beta_n}{\kappa_n^2-\lambda_n^2}\left[\frac{\cosh\kappa_n\left(\frac{a}{2}-\xi\right)}{\cosh\kappa_n\frac{a}{2}}-\frac{\cosh\lambda_n\left(\frac{a}{2}-\xi\right)}{\cosh\lambda_n\frac{a}{2}}\right]\sin\beta_n\eta(e_n)$$

$$+\frac{\eta}{b}(k_3)+4\lambda^2\frac{1}{a}$$

$$
\cdot \sum_{m=1,3}^{\infty} \frac{1}{\alpha_m(\kappa_m^2 - \lambda_m^2)} \left\{ \begin{array}{l} \left[1 - \frac{kh^2}{10}(\kappa_m^2 - \alpha_m^2)\right] \frac{\sinh\kappa_m\eta}{\kappa_m^2\sinh\kappa_m b} \\ - \left[1 - \frac{kh^2}{10}(\lambda_m^2 - \alpha_m^2)\right] \frac{\sinh\lambda_m\eta}{\lambda_m^2\sinh\lambda_m b} + \frac{\kappa_m^2 - \lambda_m^2}{\gamma_m^2\lambda_m^2} \frac{\eta}{b} \end{array} \right\} \sin\alpha_m\xi(k_3)
$$

$$
\left(或\frac{\eta}{b}(k_3) - 2\lambda^2 \frac{1}{b} \sum_{n=1,2}^{\infty} \frac{(-1)^n}{\beta_n(\kappa_n^2 - \lambda_n^2)} \left\{ \left[1 - \frac{kh^2}{10}(\kappa_n^2 - \beta_n^2)\right] \frac{\cosh\kappa_n\left(\frac{a}{2} - \xi\right)}{\kappa_n^2\cosh\kappa_n \frac{a}{2}} \right.\right.
$$

$$
\left.\left. - \left[1 - \frac{kh^2}{10}(\lambda_n^2 - \beta_n^2)\right] \frac{\cosh\lambda_n\left(\frac{a}{2} - \xi\right)}{\lambda_n^2\cosh\lambda_n \frac{a}{2}} + \frac{\kappa_n^2 - \lambda_n^2}{\kappa_n^2\lambda_n^2} \right\} \sin\beta_n\eta(k_3) \right) \tag{0.16}
$$

对于式(2.2.15)情况，应用式(2.2.18)即可得到与式(0.16)相应的幅值挠曲面方程。由弯曲厚矩形板修正的功的互等定理所得到的挠度满足赖恩纳平衡方程和全部边界条件，于是弯曲厚矩形板的修正的功的互等定理被认为是正确的。

第1章　弯曲厚板的赖恩纳理论

本章将介绍考虑横向切变形及压缩变形对板弯曲变形影响的赖恩纳厚板理论及弯曲厚矩形板的边界条件,其中包括弯曲厚矩形板的角点静力条件。

1.1　弯曲厚板的赖恩纳理论

考虑横向剪切变形及压缩变形对板弯曲变形影响的理论,最早是由赖恩纳于1944—1947年间提出的,故人们称之为赖恩纳厚板理论。下面就来介绍这一理论。

考虑一矩形板单元,在该单元上表面上作用有横向外载 $q\mathrm{d}x\mathrm{d}y$,在侧面作用有诸应力分量 $\sigma_x,\tau_{xy},\tau_{xz}$ 和 $\sigma_y,\tau_{yx},\tau_{yz}$,如图1.1.1所示。

在赖恩纳厚板理论中,横截面上的应力分量 σ_x,σ_y 和 τ_{xy} 沿板厚是呈线性分布的,即

$$\sigma_x = \frac{12M_x}{h^3}z \tag{1.1.1}$$

$$\sigma_y = \frac{12M_y}{h^3}z \tag{1.1.2}$$

$$\tau_{xy} = \frac{12M_{xy}}{h^3}z \tag{1.1.3}$$

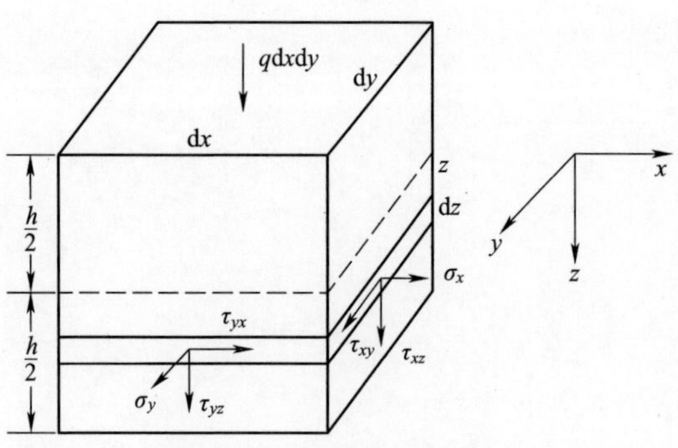

图1.1.1　板单元应力分布

而应力分量 τ_{zx} 和 τ_{zy} 是由平衡方程

$$\frac{\partial\sigma_x}{\partial x} + \frac{\partial\tau_{yx}}{\partial y} + \frac{\partial\tau_{zx}}{\partial z} = 0 \tag{1.1.4}$$

$$\frac{\partial \tau_{xy}}{\partial x} + \frac{\partial \sigma_y}{\partial y} + \frac{\partial \tau_{zy}}{\partial z} = 0 \tag{1.1.5}$$

和上、下表面的切应力边界条件

$$(\tau_{xz})_{z=\pm\frac{h}{2}} = 0 \quad (\tau_{yz})_{z=\pm\frac{h}{2}} = 0 \tag{1.1.6}$$

来确定。经过计算,则得

$$\tau_{xz} = \frac{3Q_x}{2h}\left[1 - \left(\frac{2z}{h}\right)^2\right] \tag{1.1.7}$$

$$\tau_{yz} = \frac{3Q_y}{2h}\left[1 - \left(\frac{2z}{h}\right)^2\right] \tag{1.1.8}$$

应力分量 σ_z 是由平衡方程

$$\frac{\partial \tau_{xz}}{\partial x} + \frac{\partial \tau_{yz}}{\partial y} + \frac{\partial \sigma_z}{\partial z} = 0 \tag{1.1.9}$$

和上、下表面的正应力边界条件

$$(\sigma_z)_{z=-\frac{h}{2}} = -q \quad (\sigma_z)_{z=\frac{h}{2}} = 0 \tag{1.1.10}$$

来确定。经过计算,则得

$$\sigma_z = -\frac{3q}{4}\left[\frac{2}{3} - \frac{2}{h}z + \frac{1}{3}\left(\frac{2z}{h}\right)^3\right] \tag{1.1.11}$$

再考虑一矩形板单元。在此单元上表面作用有分布载荷 q,侧表面作用有诸内力和内矩,如图 1.1.2 所示。

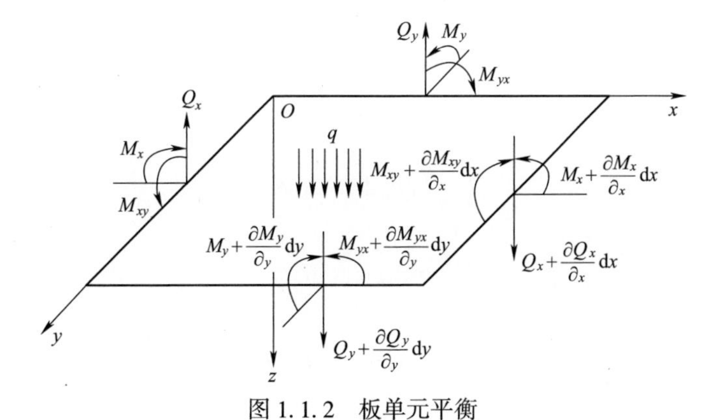

图 1.1.2　板单元平衡

由作用在该单元体上 z 轴方向力之和为零,以及诸内力和内矩对 x 轴和对 y 轴取矩之和为零的平衡条件,则得平衡方程分别为

$$\frac{\partial Q_x}{\partial x} + \frac{\partial Q_y}{\partial y} + q = 0 \tag{1.1.12}$$

$$\frac{\partial M_x}{\partial x} + \frac{\partial M_{xy}}{\partial y} = Q_x \tag{1.1.13}$$

$$\frac{\partial M_{xy}}{\partial x}+\frac{\partial M_y}{\partial y}=Q_y \tag{1.1.14}$$

对于各向同性材料，并假设厚板内任意一点的位移为 u_0,v_0,w_0，则有广义胡克定律

$$\frac{\partial u_0}{\partial x}=\frac{1}{E}[\sigma_x-\nu(\sigma_y+\sigma_z)] \tag{1.1.15}$$

$$\frac{\partial v_0}{\partial y}=\frac{1}{E}[\sigma_y-\nu(\sigma_x+\sigma_z)] \tag{1.1.16}$$

$$\frac{\partial u_0}{\partial y}+\frac{\partial v_0}{\partial x}=\frac{1}{G}\tau_{xy} \tag{1.1.17}$$

$$\frac{\partial u_0}{\partial z}+\frac{\partial w_0}{\partial x}=\frac{1}{G}\tau_{xz} \tag{1.1.18}$$

$$\frac{\partial v_0}{\partial z}+\frac{\partial w_0}{\partial y}=\frac{1}{G}\tau_{yz} \tag{1.1.19}$$

式中：G 为剪切弹性模量，且 $G=\dfrac{E}{2(1+\nu)}$，ν 为泊松比。

以后我们会看到，第六个关系式

$$\frac{\partial w_0}{\partial z}=\frac{1}{E}[\sigma_z-\nu(\sigma_x+\sigma_y)] \tag{1.1.20}$$

将不会得到满足。

下面，引进平均挠度 w 及平均转角 ω_x 和 ω_y 的概念。定义平均转角 ω_x,ω_y 和平均挠度 w 分别表示为

$$\int_{-\frac{h}{2}}^{\frac{h}{2}}\sigma_x u_0\mathrm{d}z=M_x\omega_x \tag{1.1.21}$$

$$\int_{-\frac{h}{2}}^{\frac{h}{2}}\sigma_y v_0\mathrm{d}z=M_y\omega_y \tag{1.1.22}$$

$$\int_{-\frac{h}{2}}^{\frac{h}{2}}\tau_{xy} v_0\mathrm{d}z=M_{xy}\omega_y \tag{1.1.23}$$

$$\int_{-\frac{h}{2}}^{\frac{h}{2}}\tau_{yx} u_0\mathrm{d}z=M_{yx}\omega_x \tag{1.1.24}$$

$$\int_{-\frac{h}{2}}^{\frac{h}{2}}\tau_{xz} w_0\mathrm{d}z=Q_x w \tag{1.1.25}$$

$$\int_{-\frac{h}{2}}^{\frac{h}{2}}\tau_{yz} w_0\mathrm{d}z=Q_y w \tag{1.1.26}$$

将式(1.1.1)~式(1.1.3)、式(1.1.7)和式(1.1.8)分别代入式(1.1.21)~式(1.1.26)中，则得

$$w = \frac{3}{2h}\int_{-\frac{h}{2}}^{\frac{h}{2}} w_0\left[1 - \left(\frac{2z}{h}\right)^2\right]\mathrm{d}z \tag{1.1.27}$$

$$\omega_x = \frac{12}{h^2}\int_{-\frac{h}{2}}^{\frac{h}{2}} \frac{z}{h}u_0\mathrm{d}z \tag{1.1.28}$$

$$\omega_y = \frac{12}{h^2}\int_{-\frac{h}{2}}^{\frac{h}{2}} \frac{z}{h}v_0\mathrm{d}z \tag{1.1.29}$$

式中:ω_x,ω_y 是 x 为常数的剖面和 y 为常数的剖面分别绕 y 轴转动和绕 x 轴转动的平均转角。

平均挠度和平均转角的表达式确定之后,下面就是要建立内矩 M_x,M_y,M_{xy} 和切力 Q_x,Q_y 与上述平均挠度和平均转角的关系。

应用式(1.1.15)~式(1.1.17)并注意到式(1.1.11),则得

$$\sigma_x = \frac{E}{1-\nu^2}\left(\frac{\partial u_0}{\partial x} + \nu\frac{\partial v_0}{\partial y}\right) - \frac{3q\nu}{4(1-\nu)}\left[\frac{2}{3} - \frac{2z}{h} + \frac{1}{3}\left(\frac{2z}{h}\right)^3\right] \tag{1.1.30}$$

$$\sigma_y = \frac{E}{1-\nu^2}\left(\frac{\partial v_0}{\partial y} + \nu\frac{\partial u_0}{\partial x}\right) - \frac{3q\nu}{4(1-\nu)}\left[\frac{2}{3} - \frac{2z}{h} + \frac{1}{3}\left(\frac{2z}{h}\right)^3\right] \tag{1.1.31}$$

$$\tau_{xy} = \frac{E}{2(1+\nu)}\left(\frac{\partial u_0}{\partial y} + \frac{\partial v_0}{\partial x}\right) \tag{1.1.32}$$

将式(1.1.30)~式(1.1.32)分别代入式(1.1.1)~式(1.1.3),乘以 $12z\frac{1}{h^3}\mathrm{d}z$,并在 $z=-\frac{h}{2}$ 和 $z=\frac{h}{2}$ 之间做定积分,再注意到式(1.1.28)和式(1.1.29),则得

$$M_x = D\left[\frac{\partial\omega_x}{\partial x} + \nu\frac{\partial\omega_y}{\partial y} + \frac{6\nu}{5Eh}(1+\nu)q\right] \tag{1.1.33}$$

$$M_y = D\left[\frac{\partial\omega_y}{\partial y} + \nu\frac{\partial\omega_x}{\partial x} + \frac{6\nu}{5Eh}(1+\nu)q\right] \tag{1.1.34}$$

$$M_{xy} = \frac{1}{2}D(1-\nu)\left(\frac{\partial\omega_x}{\partial y} + \frac{\partial\omega_y}{\partial x}\right) \tag{1.1.35}$$

式中:$D = \frac{Eh^3}{12(1-\nu^2)}$,称为板的抗弯刚度。

应用相同的方法,将式(1.1.7)和式(1.1.8)分别代入式(1.1.18)和式(1.1.19),乘以$\frac{3}{2}\left[1-\left(\frac{2z}{h}\right)^2\right]$,并在 $z=-\frac{h}{2}$和 $z=\frac{h}{z}$之间做定积分,则得

$$\omega_x = -\frac{\partial w}{\partial x} + \frac{1}{D}\frac{h^2}{5(1-\nu)}Q_x \tag{1.1.36}$$

$$\omega_y = -\frac{\partial w}{\partial y} + \frac{1}{D}\frac{h^2}{5(1-\nu)}Q_y \tag{1.1.37}$$

将式(1.1.36)和式(1.1.37)分别代入式(1.1.33)~式(1.1.35),则得

$$M_x = -D\left(\frac{\partial^2 w}{\partial x^2} + \nu \frac{\partial^2 w}{\partial y^2}\right) + \frac{h^2}{5}\frac{\partial Q_x}{\partial x} - \frac{qh^2}{10}\frac{\nu}{1-\nu} \tag{1.1.38}$$

$$M_y = -D\left(\frac{\partial^2 w}{\partial y^2} + \nu \frac{\partial^2 w}{\partial x^2}\right) + \frac{h^2}{5}\frac{\partial Q_y}{\partial y} - \frac{qh^2}{10}\frac{\nu}{1-\nu} \tag{1.1.39}$$

$$M_{xy} = -D(1-\nu)\frac{\partial^2 w}{\partial x \partial y} + \frac{h^2}{10}\left(\frac{\partial Q_x}{\partial y} + \frac{\partial Q_y}{\partial x}\right) \tag{1.1.40}$$

将式(1.1.38)~式(1.1.40)代入式(1.1.13)和式(1.1.14),并注意到式(1.1.12),则得

$$Q_x - \frac{h^2}{10}\nabla^2 Q_x = -D\frac{\partial}{\partial x}\nabla^2 w - \frac{h^2}{10(1-\nu)}\frac{\partial q}{\partial x} \tag{1.1.41}$$

$$Q_y - \frac{h^2}{10}\nabla^2 Q_y = -D\frac{\partial}{\partial y}\nabla^2 w - \frac{h^2}{10(1-\nu)}\frac{\partial q}{\partial y} \tag{1.1.42}$$

再将式(1.1.41)和式(1.1.42)代入式(1.1.12)中,则得

$$D\nabla^4 w = q - \frac{h^2}{10}\frac{2-\nu}{1-\nu}\nabla^2 q \tag{1.1.43}$$

这就是弯曲厚板的赖恩纳微分平衡方程。方程式(1.1.43)的全解 w 可分解为

$$w = w' + w'' \tag{1.1.44}$$

其中 w' 是满足非齐次方程

$$D\nabla^4 w' = q - \frac{h^2}{10}\frac{2-\nu}{1-\nu}\nabla^2 q \tag{1.1.45}$$

的特解。而 w'' 是满足齐次方程

$$D\nabla^4 w'' = 0 \tag{1.1.46}$$

的通解。

为简化式(1.1.41)和式(1.1.42)的计算,现将切力 Q_x 和 Q_y 分别表达为

$$Q_x = -D\frac{\partial}{\partial x}\nabla^2 w + \frac{\partial \varphi}{\partial y} \tag{1.1.47}$$

$$Q_y = -D\frac{\partial}{\partial y}\nabla^2 w - \frac{\partial \varphi}{\partial x} \tag{1.1.48}$$

或分别表达为

$$Q_x = Q_x' - D\frac{\partial}{\partial x}\nabla^2 w'' + \frac{\partial \varphi}{\partial y} \tag{1.1.49}$$

$$Q_y = Q_y' - D\frac{\partial}{\partial y}\nabla^2 w'' - \frac{\partial \varphi}{\partial x} \tag{1.1.50}$$

式中:φ 为新引入的一个函数,称为应力函数。其中的 Q_x' 和 Q_y' 应满足下述关系

$$Q_x' - \frac{h^2}{10}\nabla^2 Q_x' = -D\frac{\partial}{\partial x}\nabla^2 w' - \frac{h^2}{10(1-\nu)}\frac{\partial q}{\partial x} \tag{1.1.51}$$

$$Q_y' - \frac{h^2}{10}\nabla^2 Q_y' = -D\frac{\partial}{\partial y}\nabla^2 w' - \frac{h^2}{10(1-\nu)}\frac{\partial q}{\partial y} \tag{1.1.52}$$

将式(1.1.49)和式(1.1.50)分别代入式(1.1.41)和式(1.1.42)中,则得

$$\begin{aligned}&Q_x' - D\frac{\partial}{\partial x}\nabla^2 w'' + \frac{\partial \varphi}{\partial y} - \frac{h^2}{10}\nabla^2\left[Q_x' - D\frac{\partial}{\partial x}\nabla^2 w'' + \frac{\partial \varphi}{\partial y}\right]\\ &= -D\frac{\partial}{\partial x}\nabla^2 w - \frac{h^2}{10(1-\nu)}\frac{\partial q}{\partial x}\end{aligned} \tag{1.1.53}$$

$$\begin{aligned}&Q_y' - D\frac{\partial}{\partial y}\nabla^2 w'' - \frac{\partial \varphi}{\partial x} - \frac{h^2}{10}\nabla^2\left[Q_y' - D\frac{\partial}{\partial y}\nabla^2 w'' - \frac{\partial \varphi}{\partial x}\right]\\ &= -D\frac{\partial}{\partial y}\nabla^2 w - \frac{h^2}{10(1-\nu)}\frac{\partial q}{\partial y}\end{aligned} \tag{1.1.54}$$

再注意到式(1.1.44)和式(1.1.46),则式(1.1.53)和式(1.1.54)还可分别写为

$$Q_x' - \frac{h^2}{10}\nabla^2 Q_x' + \frac{\partial \varphi}{\partial y} - \frac{h^2}{10}\nabla^2\frac{\partial \varphi}{\partial y} = -D\frac{\partial}{\partial x}\nabla^2 w' - \frac{h^2}{10(1-\nu)}\frac{\partial q}{\partial x} \tag{1.1.55}$$

$$Q_y' - \frac{h^2}{10}\nabla^2 Q_y' - \frac{\partial \varphi}{\partial x} + \frac{h^2}{10}\nabla^2\frac{\partial \varphi}{\partial x} = -D\frac{\partial}{\partial y}\nabla^2 w' - \frac{h^2}{10(1-\nu)}\frac{\partial q}{\partial y} \tag{1.1.56}$$

再注意到式(1.1.51)和式(1.1.52),则得

$$\frac{\partial}{\partial y}\left(\varphi - \frac{h^2}{10}\nabla^2 \varphi\right) = 0 \tag{1.1.57}$$

$$\frac{\partial}{\partial x}\left(\varphi - \frac{h^2}{10}\nabla^2 \varphi\right) = 0 \tag{1.1.58}$$

由式(1.1.57)和式(1.1.58),则得

$$\nabla^2 \varphi = \frac{10}{h^2}\varphi \tag{1.1.59}$$

引入应力函数并导出应力函数的控制方程式(1.1.59)后就可以简化切力 Q_x 和 Q_y 的表达式了。

对式(1.1.47)作用算子∇^2,则得

$$\nabla^2 Q_x = -D\frac{\partial}{\partial x}\nabla^2 w + \frac{\partial}{\partial y}\nabla^2 \varphi \tag{1.1.60}$$

将式(1.1.60)代入式(1.1.41)中,则得

$$Q_x - \frac{h^2}{10}\left(-D\frac{\partial}{\partial x}\nabla^4 w + \frac{\partial}{\partial y}\nabla^2 \varphi\right) = -D\frac{\partial}{\partial x}\nabla^2 w - \frac{h^2}{10(1-\nu)}\frac{\partial q}{\partial x} \tag{1.1.61}$$

注意到式(1.1.43)和式(1.1.59),则上式成为

$$Q_x + \frac{h^2}{10}\frac{\partial}{\partial x}\left(q - \frac{h^2}{10}\frac{2-\nu}{1-\nu}\nabla^2 q\right) - \frac{\partial \varphi}{\partial y} = -D\frac{\partial}{\partial x}\nabla^2 w - \frac{h^2}{10(1-\nu)}\frac{\partial q}{\partial x} \tag{1.1.62}$$

再注意到 h^4 是一个可以忽略的小量,于是可得

$$Q_x = -D\frac{\partial}{\partial x}\nabla^2 w - \frac{h^2}{10}\frac{2-\nu}{1-\nu}\frac{\partial q}{\partial x} + \frac{\partial \varphi}{\partial y} \tag{1.1.63}$$

同法可得

$$Q_y = -D\frac{\partial}{\partial y}\nabla^2 w - \frac{h^2}{10}\frac{2-\nu}{1-\nu}\frac{\partial q}{\partial y} - \frac{\partial \varphi}{\partial x} \tag{1.1.64}$$

至此,关于赖恩纳厚板理论的控制方程及相关的力学量都已导出,为应用方便,特将它们一并归纳如下:

$$D\nabla^4 w = q - \frac{h^2}{10}\frac{2-\nu}{1-\nu}\nabla^2 q \tag{1.1.65}$$

$$\nabla^2\varphi - \frac{10}{h^2}\varphi = 0 \tag{1.1.66}$$

$$Q_x = -D\frac{\partial}{\partial x}\nabla^2 w - \frac{h^2}{10}\frac{2-\nu}{1-\nu}\frac{\partial q}{\partial x} + \frac{\partial \varphi}{\partial y} \tag{1.1.67}$$

$$Q_y = -D\frac{\partial}{\partial y}\nabla^2 w - \frac{h^2}{10}\frac{2-\nu}{1-\nu}\frac{\partial q}{\partial y} - \frac{\partial \varphi}{\partial x} \tag{1.1.68}$$

$$M_x = -D\left(\frac{\partial^2 w}{\partial x^2} + \nu\frac{\partial^2 w}{\partial y^2}\right) + \frac{h^2}{5}\frac{\partial Q_x}{\partial x} - \frac{h^2}{10}\frac{\nu}{1-\nu}q \tag{1.1.69}$$

$$M_y = -D\left(\frac{\partial^2 w}{\partial y^2} + \nu\frac{\partial^2 w}{\partial x^2}\right) + \frac{h^2}{5}\frac{\partial Q_y}{\partial y} - \frac{h^2}{10}\frac{\nu}{1-\nu}q \tag{1.1.70}$$

$$M_{xy} = -D(1-\nu)\frac{\partial^2 w}{\partial x\partial y} + \frac{h^2}{10}\left(\frac{\partial Q_x}{\partial y} + \frac{\partial Q_y}{\partial x}\right) \tag{1.1.71}$$

$$\omega_x = -\frac{\partial w}{\partial x} + \frac{1}{D}\frac{h^2}{5(1-\nu)}Q_x \tag{1.1.72}$$

$$\omega_y = -\frac{\partial w}{\partial y} + \frac{1}{D}\frac{h^2}{5(1-\nu)}Q_y \tag{1.1.73}$$

下面,对式(1.1.65)中的载荷项进行具体分析。假设

$$q = q_1 + q_2 + q_3 \tag{1.1.74}$$

式中:q_1 为分布载荷项;q_2 为作用(x_0,y_0)点处的集中载荷 P,它可表示为

$$q_2 = P\delta(x-x_0, y-y_0) \tag{1.1.75}$$

式中:$\delta(x-x_0,y-y_0)$为作用在(x_0,y_0)点处的二维 delta 函数。q_3 为作用在点(x_1, y_1)处和点$(x_1+\Delta x_1, y_1)$处的一对相等相反的两个集中载荷,如图 1.1.3 所示。于是 q_3 可表示为

$$q_3 = P_2\delta(x-x_1, y-y_1) - P_2\delta[x-(x_1+\Delta x_1), y-y_1] \tag{1.1.76}$$

进一步地考虑,q_3 还可表示为

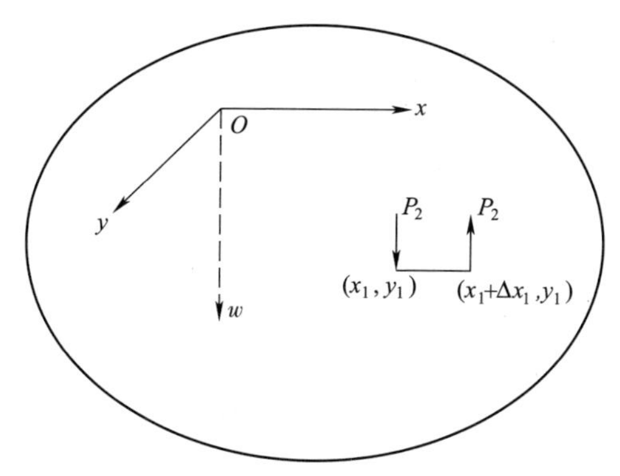

图 1.1.3 一对两相等相反的集中载荷作用

$$q_3 = M_{x_1} \frac{1}{\Delta x_1}\left\{\delta(x - x_1, y - y_1) - \delta[x - (x_1 + \Delta x_1), y - y_1]\right\} \quad (1.1.77)$$

式中：$M_{x_1} = P_2 \Delta x_1$，当 Δx_1 很小，且 M_{x_1} 为常数时，则有

$$q_3 = -M_{x_1} \frac{\partial}{\partial x}\delta(x - x_1, y - y_1) = -M_{x_1}\delta'_x(x - x_1, y - y_1) \quad (1.1.78)$$

于是，在分布载荷 q、一集中力 P 和一集中力矩 M_{x_1} 共同作用下，弯曲厚板的控制方程为

$$D\nabla^4 w = q - \frac{h^2}{10}\frac{2-\nu}{1-\nu}\nabla^2 q + P\delta(x - x_0, y - y_0) - \frac{Ph^2}{10}\frac{2-\nu}{1-\nu}\nabla^2\delta(x - x_0, y - y_0)$$
$$- M_{x1}\delta'_x(x - x_1, y - y_1) + \frac{M_{x1}h^2}{10}\frac{2-\nu}{1-\nu}\nabla^2\delta'_x(x - x_1, y - y_1)$$
$$(1.1.79)$$

与式(1.1.79)相应的力的作用如图 1.1.4 所示。

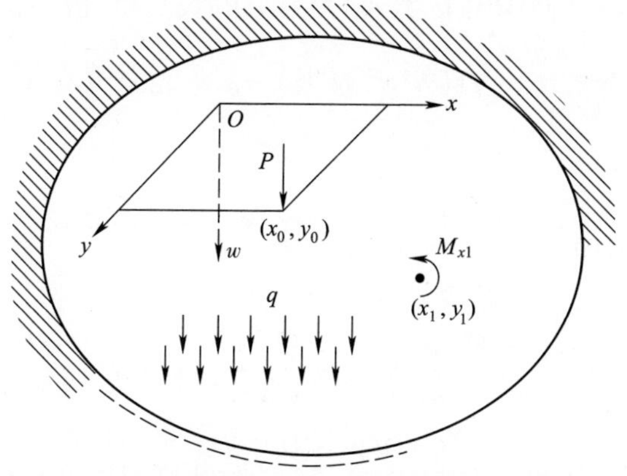

图 1.1.4 均载、集中载荷和集中力矩共同作用的弯曲厚板

根据达兰贝尔原理，厚板受迫振动的控制方程可写为

$$D\nabla^4\bar{w}=\bar{q}-\rho\frac{\partial^2\bar{w}}{\partial t^2}-\frac{kh^2}{10}\nabla^2\left(\bar{q}-\rho\frac{\partial^2\bar{w}}{\partial t^2}\right)+\bar{P}\delta(x-x_0,y-y_0)-\frac{kh^2}{10}\bar{P}\nabla^2\delta(x-x_0,y-y_0)$$
$$-\bar{M}_{x1}\delta'_x(x-x_1,y-y_1)+\frac{kh^2}{10}\bar{M}_{x1}\nabla^2\delta'_x(x-x_1,y-y_1)\tag{1.1.80}$$

若不计阻力,在简谐干扰力

$$\bar{q}=q(x,y)\sin\omega t\tag{1.1.81}$$

$$\bar{P}=P\delta(x-x_0,y-y_0)\sin\omega t\tag{1.1.82}$$

$$\bar{M}_{x1}\delta'_x(x-x_1,y-y_1)=M_{x1}\delta'_x(x-x_1,y-y_1)\sin\omega t\tag{1.1.83}$$

共同作用下,受迫振动的稳态响应为

$$\bar{w}(x,y,t)=w(x,y)\sin\omega t\tag{1.1.84}$$

于是,控制方程(1.1.80)转换为

$$\nabla^4 w+\frac{kh^2}{10}\lambda^2\nabla^2 w-\lambda^2 w=\frac{1}{D}\left(q-\frac{kh^2}{10}\nabla^2 q\right)+\frac{1}{D}\left[P\delta(x-x_0,y-y_0)-\frac{kh^2}{10}P\nabla^2\delta(x-x_0,y-y_0)\right]$$
$$-\frac{1}{D}\left[M_{x1}\delta'_x(x-x_1,y-y_1)-\frac{kh^2}{10}M_{x1}\nabla^2\delta'_x(x-x_1,y-y_1)\right]\tag{1.1.85}$$

式中:$\lambda^2=\rho\omega^2/D$,ω 为受迫振动的频率,ρ 为板单位面积的质量;$k=(2-\nu)/(1-\nu)$;w 为幅值挠曲面方程;q 为幅值分布载荷;$P\delta(x-x_0,y-y_0)$ 为作用于点(x_0,y_0)处的幅值集中载荷;$M_{x_1}\delta'_x(x-x_1,y-y_1)$为作用于点$(x_1,y_1)$处在 x 方向逆时针转的幅值集中力矩。

在上述三种谐载共同作用下,弯曲厚板的切力、弯矩、扭矩和扭转角分别为

$$Q_x=-D\frac{\partial}{\partial x}\nabla^2 w-\frac{kh^2}{10}\frac{\partial}{\partial x}[(q+D\lambda^2 w)+P\delta(x-x_0,y-y_0)-M_{x1}\delta'_x(x-x_1,y-y_1)]+\frac{\partial\varphi}{\partial y}\tag{1.1.86}$$

$$Q_y=-D\frac{\partial}{\partial y}\nabla^2 w-\frac{kh^2}{10}\frac{\partial}{\partial y}[(q+D\lambda^2 w)+P\delta(x-x_0,y-y_0)-M_{x1}\delta'_x(x-x_1,y-y_1)]-\frac{\partial\varphi}{\partial x}\tag{1.1.87}$$

$$M_x=-D\left(\frac{\partial^2 w}{\partial x^2}+\nu\frac{\partial^2 w}{\partial y^2}\right)-D\frac{h^2}{5}\frac{\partial^2}{\partial x^2}\nabla^2 w-\frac{h^2}{10}\frac{\nu}{1-\nu}[(q+D\lambda^2 w)+P\delta(x-x_0,y-y_0)$$
$$-M_{x1}\delta'_x(x-x_1,y-y_1)]+\frac{h^2}{5}\frac{\partial^2\varphi}{\partial x\partial y}-\frac{kh^4}{50}\frac{\partial^2}{\partial x^2}[(q+D\lambda^2 w)+P\delta(x-x_0,y-y_0)$$
$$-M_{x1}\delta'_x(x-x_1,y-y_1)]\tag{1.1.88}$$

$$M_y=-D\left(\frac{\partial^2 w}{\partial y^2}+\nu\frac{\partial^2 w}{\partial x^2}\right)-D\frac{h^2}{5}\frac{\partial^2}{\partial y^2}\nabla^2 w-\frac{h^2}{10}\frac{\nu}{1-\nu}[(q+D\lambda^2 w)+P\delta(x-x_0,y-y_0)$$
$$-M_{x1}\delta'_x(x-x_1,y-y_1)]-\frac{h^2}{5}\frac{\partial^2\varphi}{\partial x\partial y}-\frac{kh^4}{50}\frac{\partial^2}{\partial y^2}[(q+D\lambda^2 w)+P\delta(x-x_0,y-y_0)$$
$$-M_{x1}\delta'_x(x-x_1,y-y_1)] \tag{1.1.89}$$

$$M_{xy}=-D(1-\nu)\frac{\partial^2 w}{\partial x\partial y}-D\frac{h^2}{5}\frac{\partial^2}{\partial x\partial y}\nabla^2 w+\frac{h^2}{10}\left(\frac{\partial^2\varphi}{\partial y^2}-\frac{\partial^2\varphi}{\partial x^2}\right)-\frac{kh^4}{50}\frac{\partial^2}{\partial x\partial y}$$
$$\cdot[(q+D\lambda^2 w)+P\delta(x-x_0,y-y_0)-M_{x1}\delta'_x(x-x_1,y-y_1)] \tag{1.1.90}$$

$$\omega_x=-\frac{\partial w}{\partial x}-\frac{h^2}{5(1-\nu)}\frac{\partial}{\partial x}\nabla^2 w+\frac{h^2}{5D(1-\nu)}\frac{\partial\varphi}{\partial y}-\frac{1}{5D(1-\nu)}\frac{kh^4}{10}\frac{\partial}{\partial x}$$
$$\cdot[(q+D\lambda^2 w)+P\delta(x-x_0,y-y_0)-M_{x1}\delta'_x(x-x_1,y-y_1)] \tag{1.1.91}$$

$$\omega_y=-\frac{\partial w}{\partial y}-\frac{h^2}{5(1-\nu)}\frac{\partial}{\partial y}\nabla^2 w-\frac{h^2}{5D(1-\nu)}\frac{\partial\varphi}{\partial x}-\frac{1}{5D(1-\nu)}\frac{kh^4}{10}\frac{\partial}{\partial y}$$
$$\cdot[(q+D\lambda^2 w)+P\delta(x-x_0,y-y_0)-M_{x1}\delta'_x(x-x_1,y-y_1)] \tag{1.1.92}$$

1.2 弯曲厚矩形板的边界条件及角点静力条件

1.2.1 弯曲厚矩形板的边界条件

考虑如图 1.2.1 所示弯曲厚矩形板的边界条件

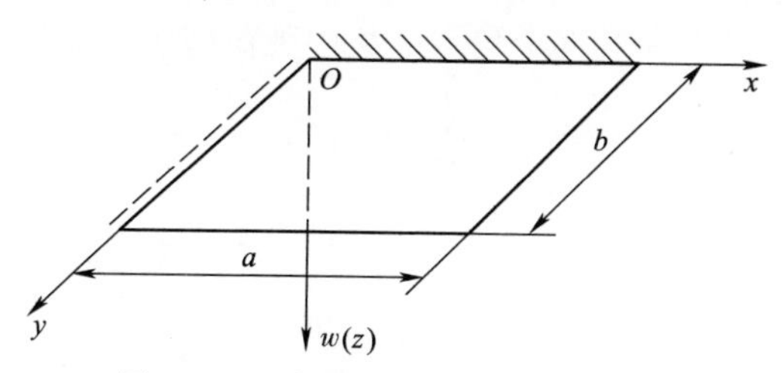

图 1.2.1 弯曲厚矩形板的边界条件

$y=0$ 固定边的边界条件为

$$w_{y=0}=0,\omega_{yy=0}=0,\omega_{xy=0}=0 \tag{1.2.1}$$

$x=a$ 自由边的边界条件为

$$Q_{xx=a}=0,M_{xx=a}=0,M_{xyx=a}=0 \tag{1.2.2}$$

下面,我们来介绍 $x=0$ 边为简支边的边界条件。该边为简支边,有如下二种定义：

$$w_{x=0}=0,(M_x)_{x=0}=0,(M_{xy})_{x=0}=0 \tag{1.2.3}$$

$$w_{x=0}=0,(M_x)_{x=0}=0,(\omega_y)_{x=0}=0 \tag{1.2.4}$$

这两种简支边在实际上是都可以实现的。在本书的后续计算中，我们将采用式(1.2.4)所定义的简支边作为本书的简支边的边界条件。

1.2.2 弯曲厚矩形板的角点静力条件

赖恩纳研究了横向剪切变形和压缩变形对弯曲弹性板变形的影响，并且建立了著名的赖恩纳理论，但是我们并未发现他讨论过厚矩形板的角点静力条件。Panc 计算了悬臂厚矩形板的弯曲，然而，我们注意到，他并未处理该板角点的静力条件。在计算悬臂厚矩形板的弯曲时，中国学者们注意到，角点静力条件必须满足。某些学者近似地应用薄板角点静力条件到厚板的弯曲，另外一些学者使角点的切力为零，得到所谓的补充条件。

在文献[35]中建立了弯曲厚矩形板的角点静力条件，下面将介绍这种角点静力条件的推导过程。

图 1.2.2 表示一矩形板，其四边位移不为零，并假设其四边位移分别为

$$w_{x0}=\sum_{n=1}^{\infty}a_n\sin\beta_n y+\frac{k_4-k_1}{b}y+k_1 \tag{1.2.5}$$

$$w_{xa}=\sum_{n=1}^{\infty}b_n\sin\beta_n y+\frac{k_3-k_2}{b}y+k_2 \tag{1.2.6}$$

$$w_{y0}=\sum_{m=1}^{\infty}c_m\sin\alpha_m x+\frac{k_2-k_1}{a}x+k_1 \tag{1.2.7}$$

$$w_{yb}=\sum_{m=1}^{\infty}d_m\sin\alpha_m x+\frac{k_3-k_4}{a}x+k_4 \tag{1.2.8}$$

式中：k_1,k_2,k_3 和 k_4 表示四个角点的位移，$\alpha_m=m\pi/a$ 和 $\beta_n=n\pi/b$。

沿四边的分布剪切载荷和四个角点的集中载荷如图 1.2.3 所示，并假设

$$\overline{Q}_{x0}=\sum_{n=1}^{\infty}\overline{Q}_{nx0}\sin\beta_n y \tag{1.2.9}$$

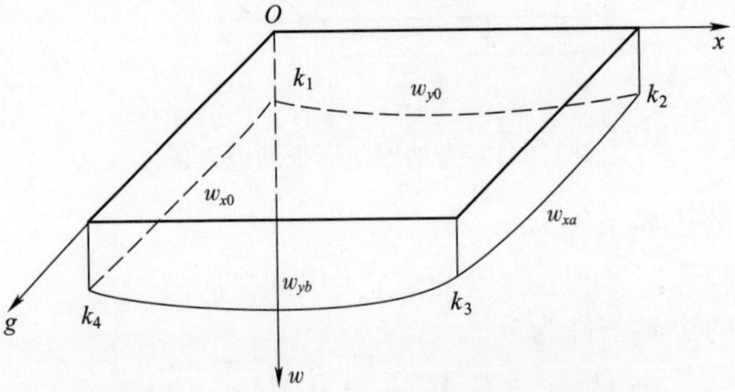

图 1.2.2　四边位移不为零的弯曲厚矩形板

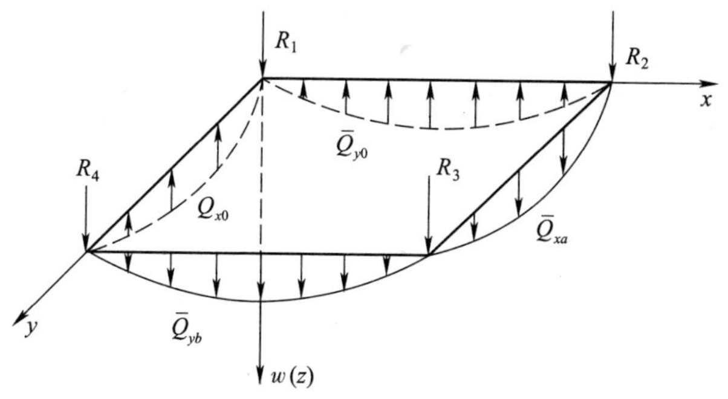

图 1.2.3 四边受剪力四角点受集中力的弯曲厚矩形板

$$\bar{Q}_{xa} = \sum_{n=1}^{\infty} \bar{Q}_{nxa} \sin\beta_n y \tag{1.2.10}$$

$$\bar{Q}_{y0} = \sum_{m=1}^{\infty} \bar{Q}_{my0} \sin\alpha_m x \tag{1.2.11}$$

$$\bar{Q}_{yb} = \sum_{m=1}^{\infty} \bar{Q}_{myb} \sin\alpha_m x \tag{1.2.12}$$

式中:R_1,R_2,R_3 和 R_4 表示作用在四个角点的集中载荷。

外载荷对边界位移的总外力势可表示为

$$\begin{aligned}
V = & -\int_0^b \sum_{n=1}^{\infty} \bar{Q}_{nx0} \sin\beta_n y \left(\sum_{n=1}^{\infty} a_n \sin\beta_n y + \frac{k_4 - k_1}{b} y + k_1 \right) \mathrm{d}y \\
& + \int_0^b \sum_{n=1}^{\infty} \bar{Q}_{nxa} \sin\beta_n y \left(\sum_{n=1}^{\infty} b_n \sin\beta_n y + \frac{k_3 - k_2}{b} y + k_2 \right) \mathrm{d}y \\
& - \int_0^a \sum_{m=1}^{\infty} \bar{Q}_{my0} \sin\alpha_m x \left(\sum_{m=1}^{\infty} c_m \sin\alpha_m x + \frac{k_2 - k_1}{a} x + k_1 \right) \mathrm{d}x \\
& + \int_0^a \sum_{m=1}^{\infty} \bar{Q}_{myb} \sin\alpha_m x \left(\sum_{m=1}^{\infty} d_m \sin\alpha_m x + \frac{k_3 - k_4}{a} x + k_4 \right) \mathrm{d}x \\
& + R_1 k_1 + R_2 k_2 + R_3 k_3 + R_4 k_4
\end{aligned} \tag{1.2.13}$$

对式(1.2.13)积分,则得

$$\begin{aligned}
V = & -\frac{b}{2} \sum_{n=1}^{\infty} \bar{Q}_{nx0} a_n + \frac{b}{2} \sum_{n=1}^{\infty} \bar{Q}_{nxa} b_n - \frac{a}{2} \sum_{m=1}^{\infty} \bar{Q}_{my0} c_m + \frac{a}{2} \sum_{m=1}^{\infty} \bar{Q}_{myb} d_m \\
& + \left[\sum_{n=1}^{\infty} -\frac{1}{\beta_n} \bar{Q}_{nx0} - \sum_{m=1}^{\infty} \frac{1}{\alpha_m} \bar{Q}_{my0} + R_1 \right] k_1 \\
& + \left[\sum_{n=1}^{\infty} \frac{1}{\beta_n} \bar{Q}_{nya} - \sum_{m=1}^{\infty} \frac{1}{\alpha_m} (-1)^{m+1} \bar{Q}_{my0} + R_2 \right] k_2 \\
& + \left[\sum_{n=1}^{\infty} \frac{1}{\beta_n} (-1)^{n+1} \bar{Q}_{nxa} + \sum_{m=1}^{\infty} \frac{1}{\alpha_m} (-1)^{m+1} \bar{Q}_{myb} + R_3 \right] k_3
\end{aligned}$$

$$+\left[\sum_{n=1}^{\infty}-\frac{1}{\beta_n}(-1)^{n+1}\overline{Q}_{nx0}+\sum_{m=1}^{\infty}\frac{1}{\alpha_m}\overline{Q}_{myb}+R_4\right]k_4 \tag{1.2.14}$$

对于内剪切力,我们假设

$$Q_{x0}=\sum_{n=1}^{\infty}Q_{nx0}\sin\beta_n y \tag{1.2.15}$$

$$Q_{xa}=\sum_{n=1}^{\infty}Q_{nxa}\sin\beta_n y \tag{1.2.16}$$

$$Q_{y0}=\sum_{m=1}^{\infty}Q_{my0}\sin\alpha_m x \tag{1.2.17}$$

$$Q_{yb}=\sum_{m=1}^{\infty}Q_{myb}\sin\alpha_m x \tag{1.2.18}$$

根据最小势能原理并且注意到与分布剪切载荷、集中载荷和内剪切力有关的自然边界条件,则得到

$$\begin{aligned}
&-\frac{b}{2}\sum_{n=1}^{\infty}(Q_{nx0}-\overline{Q}_{nx0})\delta a_n+\frac{b}{2}\sum_{n=1}^{\infty}(Q_{nxa}-\overline{Q}_{nxa})\delta b_n\\
&-\frac{a}{2}\sum_{m=1}^{\infty}(Q_{my0}-\overline{Q}_{my0})\delta c_m+\frac{a}{2}\sum_{m=1}^{\infty}(Q_{myb}-\overline{Q}_{myb})\delta d_m\\
&+\left\{\left[\sum_{n=1}^{\infty}-\frac{1}{\beta_n}Q_{nx0}-\sum_{m=1}^{\infty}\frac{1}{\alpha_m}Q_{my0}\right]\right.\\
&\left.-\left[\sum_{n=1}^{\infty}-\frac{1}{\beta_n}\overline{Q}_{nx0}-\sum_{m=1}^{\infty}\frac{1}{\alpha_m}\overline{Q}_{my0}+R_1\right]\right\}\delta k_1\\
&+\left\{\left[\sum_{n=1}^{\infty}\frac{1}{\beta_n}Q_{nxa}-\sum_{m=1}^{\infty}\frac{1}{\alpha_m}(-1)^{m+1}Q_{my0}\right]\right.\\
&\left.-\left[\sum_{n=1}^{\infty}\frac{1}{\beta_n}\overline{Q}_{nxa}-\sum_{m=1}^{\infty}\frac{1}{\alpha_m}(-1)^{m+1}\overline{Q}_{my0}+R_2\right]\right\}\delta k_2\\
&+\left\{\left[\sum_{n=1}^{\infty}\frac{1}{\beta_n}(-1)^{n+1}Q_{nxa}+\sum_{m=1}^{\infty}\frac{1}{\alpha_m}(-1)^{m+1}Q_{myb}\right]\right.\\
&\left.-\left[\sum_{n=1}^{\infty}\frac{1}{\beta_n}(-1)^{n+1}\overline{Q}_{nxa}+\sum_{m=1}^{\infty}\frac{1}{\alpha_m}(-1)^{m+1}\overline{Q}_{myb}+R_3\right]\right\}\delta k_3\\
&+\left\{\left[\sum_{n=1}^{\infty}-\frac{1}{\beta_n}(-1)^{n+1}Q_{nx0}+\sum_{m=1}^{\infty}\frac{1}{\alpha_m}Q_{myb}\right]\right.\\
&\left.-\left[\sum_{n=1}^{\infty}-\frac{1}{\beta_n}(-1)^{n+1}\overline{Q}_{nx0}+\sum_{m=1}^{\infty}\frac{1}{\alpha_m}\overline{Q}_{myb}+R_4\right]\right\}\delta k_4=0
\end{aligned} \tag{1.2.19}$$

据变分法预备定理,我们最后得到

$$Q_{nx0}-\overline{Q}_{nx0}=0 \tag{1.2.20}$$

$$Q_{nxa}-\overline{Q}_{nxa}=0 \tag{1.2.21}$$

$$Q_{my0} - \overline{Q}_{my0} = 0 \tag{1.2.22}$$

$$Q_{myb} - \overline{Q}_{myb} = 0 \tag{1.2.23}$$

$$\left[-\sum_{n=1}^{\infty} \frac{1}{\beta_n} Q_{nx0} - \sum_{m=1}^{\infty} \frac{1}{\alpha_m} Q_{my0} \right] - \left[-\sum_{n-1}^{\infty} \frac{1}{\beta_n} \overline{Q}_{nx0} - \sum_{m=1}^{\infty} \frac{1}{\alpha_m} \overline{Q}_{my0} + R_1 \right] = 0 \tag{1.2.24}$$

$$\left[\sum_{n=1}^{\infty} \frac{1}{\beta_n} Q_{xya} - \sum_{m=1}^{\infty} \frac{1}{\alpha_m} (-1)^{m+1} Q_{my0} \right] - \left[-\sum_{n=1}^{\infty} \frac{1}{\beta_n} \overline{Q}_{nxa} - \sum_{m=1}^{\infty} \frac{1}{\alpha_m} (-1)^{m+1} \overline{Q}_{my0} + R_2 \right] = 0 \tag{1.2.25}$$

$$\left[\sum_{n=1}^{\infty} \frac{1}{\beta_n} (-1)^{n+1} Q_{nxa} + \sum_{m=1}^{\infty} \frac{1}{\alpha_m} (-1)^{m+1} Q_{myb} \right] - \left[\sum_{n=1}^{\infty} \frac{1}{\beta_n} (-1)^{n+1} \overline{Q}_{nxa} + \sum_{m=1}^{\infty} \frac{1}{\alpha_m} (-1)^{m+1} \overline{Q}_{myb} + R_3 \right] = 0 \tag{1.2.26}$$

$$\left[-\sum_{n=1}^{\infty} \frac{1}{\beta_n} (-1)^{n+1} Q_{nx0} + \sum_{m=1}^{\infty} \frac{1}{\alpha_m} Q_{myb} \right] - \left[-\sum_{n=1}^{\infty} \frac{1}{\beta_n} (-1)^{n+1} \overline{Q}_{nx0} + \sum_{m=1}^{\infty} \frac{1}{\alpha_m} \overline{Q}_{myb} + R_4 \right] = 0 \tag{1.2.27}$$

式(1.2.20)~式(1.2.23)是沿四边剪切力的静力边界条件,而式(1.2.24)~式(1.2.27)是四个角点的静力条件。

本节将给出弯曲厚矩形板角点静力条件的具体应用。

对于图1.2.4所示悬臂板,角点3的静力条件为

$$\sum_{n=1}^{\infty} \frac{1}{\beta_n} (-1)^{n+1} Q_{nxa} + \sum_{m=1}^{\infty} \frac{1}{\alpha_m} (-1)^{m+1} Q_{myb} = 0 \tag{1.2.28}$$

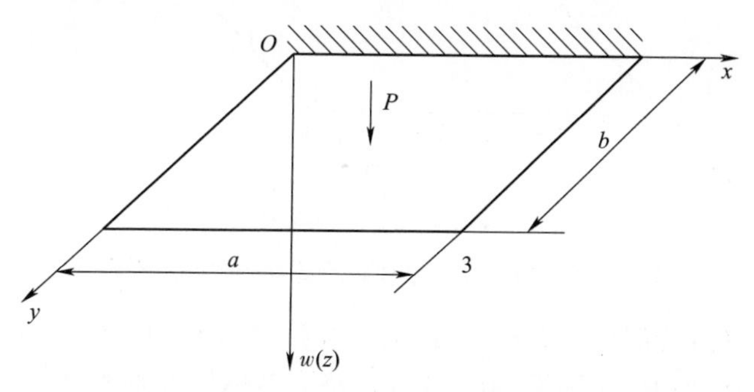

图1.2.4 板中受一集中载荷的悬臂弯曲厚矩形板

图1.2.5表示在角点3受一集中载荷 R_3 作用的悬臂板,该板角点3处的静力条件是

$$\sum_{n=1}^{\infty}\frac{1}{\beta_n}(-1)^{n+1}Q_{nxa}+\sum_{m=1}^{\infty}\frac{1}{\alpha_m}(-1)^{m+1}Q_{myb}=R_3 \tag{1.2.29}$$

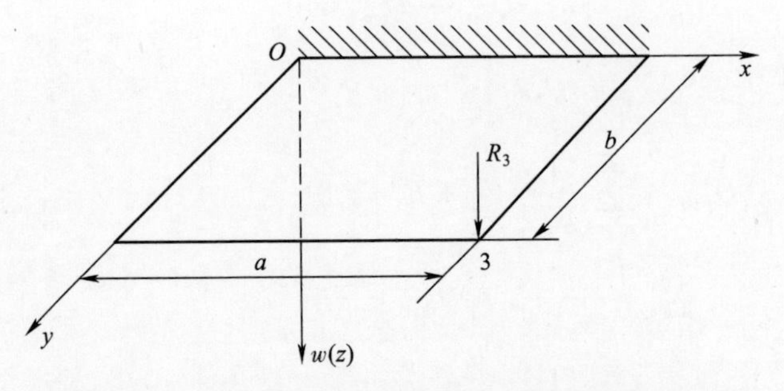

图 1.2.5　角点受一集中载荷的悬臂弯曲厚矩形板

如图 1.2.6 所示,两个集中载荷作用在悬臂板 $x=a$ 和 $y=b$ 两边上,将 P_1 和 P_2 展成三角级数

$$\overline{Q}_{ya}=\frac{2P_1}{b}\sum_{n=1}^{\infty}\sin\beta_n y_0\sin\beta_n y \tag{1.2.30}$$

$$\overline{Q}_{yb}=\frac{2P_2}{a}\sum_{m=1}^{\infty}\sin\alpha_m x_0\sin\alpha_m x \tag{1.2.31}$$

于是,该板角点 3 处的静力条件为

$$\begin{aligned}&\sum_{n=1}^{\infty}\frac{1}{\beta_n}(-1)^{n+1}Q_{nxa}+\sum_{m=1}^{\infty}\frac{1}{\alpha_m}(-1)^{m+1}Q_{myb}\\&=\frac{2P_1}{b}\sum_{n=1}^{\infty}\frac{1}{\beta_n}(-1)^{n+1}\sin\beta_n y_0+\frac{2P_2}{a}\sum_{m=1}^{\infty}\frac{1}{\alpha_m}(-1)^{m+1}\sin\alpha_m x_0\end{aligned} \tag{1.2.32}$$

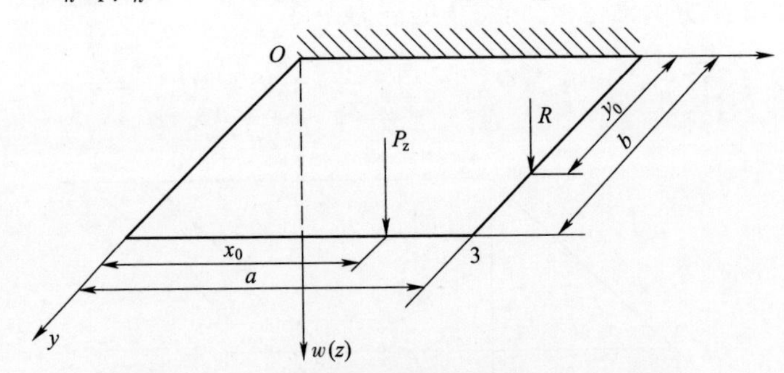

图 1.2.6　两边受集中载荷的悬臂弯曲厚矩形板

由式(1.2.32)我们可以看出,尽管角点 3 是自由的,但是由于在 $x=a$ 和 $y=b$ 边有集中载荷 P_1 和 P_2 的作用,角点 3 处的静力条仍然是非齐次性的。

可以认为,文献[35]解决了弯曲厚矩形板的一个重要性的理论问题。

第 2 章　弯曲厚矩形板的拟基本解

修正的功的互等法的计算基础是基本解,为此,本章将首先介绍弯曲厚矩形板的拟基本系统及其相应的拟基本解。从理论上来讲,该拟基本系统的取法有多种可能。计算和分析都表明,采用四边简支的弯曲厚矩形板作为基本系统比较合适。在这种情况下,有两种可能的选取方式:一种是以四边简支的弯曲厚矩形板的静力微分平衡方程的拟基本解作为相应动力问题的拟基本解;另一种是以四边简支的弯曲厚矩形板的振幅方程的拟基本解作为相应动力问题的拟基本解。本章将对这两种拟基本解分别进行介绍。

2.1　弯曲厚矩形板静力问题的拟基本解

我们取只受一单位横向二维 Dirack-delta 函数 $\delta(x-\xi,y-\eta)$ 作用的四边简支弯曲厚矩形板为拟基本系统,如图 2.1.1 所示。与之相应的控制方程为

$$D\nabla^4 w_1' = \delta(x-\xi,y-\eta) \tag{2.1.1}$$

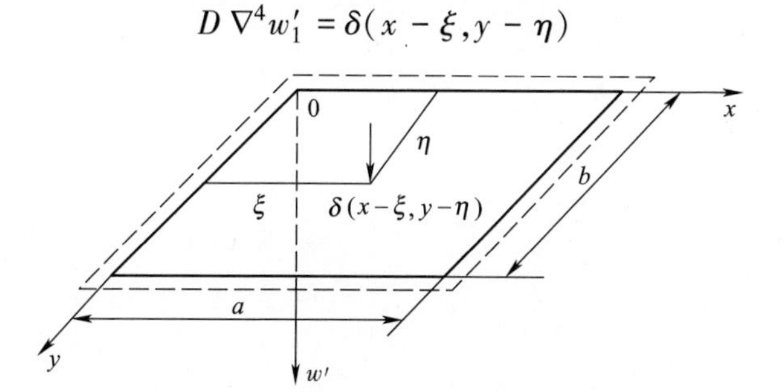

图 2.1.1　弯曲厚矩形板的拟基本系统

对于弯曲薄板,式(2.1.1)右端项 $\delta(x-\xi,y-\eta)$ 代表作用于板面上 (ξ,η) 点处的一横向单位集中载荷,而与图 2.1.1 相对应的是四边简支弯曲矩形板的基本系统。但对于弯曲厚矩形板,式(2.1.1)的右端项只表示一单位横向二维 Dirack-delta 函数,没有力学意义,我们称为拟单位集中载荷,而图 2.1.1 所示四边简支弯曲厚矩形板称为拟基本系统,与该系统相对应的解称为拟基本解。

据文献[34],易知该拟基本解为

$$w'_1(x,y;\xi,\eta) = \frac{4}{Dab}\sum_{m=1,2}^{\infty}\sum_{n=1,2}^{\infty}\frac{\sin\alpha_m\xi\sin\beta_n\eta}{K_{mn}^2}\sin\alpha_m x\sin\beta_n y$$

$$(0 \leqslant x \leqslant a; 0 \leqslant y \leqslant b) \tag{2.1.2}$$

式中：$\alpha_m = \dfrac{m\pi}{a}$；$\beta_n = \dfrac{n\pi}{b}$；$K_{mn} = (\alpha_m^2 + \beta_n^2)$。

拟基本系统的转角 ω'_{1x}，ω'_{1y}；切力 Q'_{1x}，Q'_{1y}；扭矩 M'_{1xy} 和挠度 w'_1 的关系分别为

$$\omega'_{1x} = -\frac{\partial w'_1}{\partial x} \tag{2.1.3}$$

$$\omega'_{1y} = -\frac{\partial w'_1}{\partial y} \tag{2.1.4}$$

$$Q'_{1x} = -D\frac{\partial}{\partial x}\nabla^2 w'_1 \tag{2.1.5}$$

$$Q'_{1y} = -D\frac{\partial}{\partial y}\nabla^2 w'_1 \tag{2.1.6}$$

$$M'_{1xy} = -D(1-\nu)\frac{\partial^2 w'_1}{\partial x \partial y} \tag{2.1.7}$$

将式(2.1.2)代入式(2.1.3)~式(2.1.7)中，则得以双重三角级数表示的拟基本解的诸边界切力、转角和扭矩，它们分别为

$$\omega'_{1xx0} = \frac{4}{Dab}\sum_{m=1,2}^{\infty}\sum_{n=1,2}^{\infty}\frac{\alpha_m}{K_{mn}^2}\sin\alpha_m\xi\sin\beta_n\eta\sin\beta_n y \tag{2.1.8}$$

$$\omega'_{1xxa} = \frac{4}{Dab}\sum_{m=1,2}^{\infty}\sum_{n=1,2}^{\infty}\frac{(-1)^m\alpha_m}{K_{mn}^2}\sin\alpha_m\xi\sin\beta_n\eta\sin\beta_n y \tag{2.1.9}$$

$$\omega'_{1yy0} = \frac{4}{Dab}\sum_{m=1,2}^{\infty}\sum_{n=1,2}^{\infty}\frac{\beta_n}{K_{mn}^2}\sin\alpha_m\xi\sin\beta_n\eta\sin\alpha_m x \tag{2.1.10}$$

$$\omega'_{1yyb} = \frac{4}{Dab}\sum_{m=1,2}^{\infty}\sum_{n=1,2}^{\infty}\frac{(-1)^n\beta_n}{K_{mn}^2}\sin\alpha_m\xi\sin\beta_n\eta\sin\alpha_m x \tag{2.1.11}$$

$$Q'_{1xx0} = \frac{4}{ab}\sum_{m=1,2}^{\infty}\sum_{n=1,2}^{\infty}\frac{\alpha_m}{K_{mn}}\sin\alpha_m\xi\sin\beta_n\eta\sin\beta_n y \tag{2.1.12}$$

$$Q'_{1xxa} = \frac{4}{ab}\sum_{m=1,2}^{\infty}\sum_{n=1,2}^{\infty}\frac{(-1)^m\alpha_m}{K_{mn}}\sin\alpha_m\xi\sin\beta_n\eta\sin\beta_n y \tag{2.1.13}$$

$$Q'_{1yy0} = \frac{4}{ab}\sum_{m=1,2}^{\infty}\sum_{n=1,2}^{\infty}\frac{\beta_n}{K_{mn}}\sin\alpha_m\xi\sin\beta_n\eta\sin\alpha_m x \tag{2.1.14}$$

$$Q'_{1yyb} = \frac{4}{ab}\sum_{m=1,2}^{\infty}\sum_{n=1,2}^{\infty}\frac{(-1)^n\beta_n}{K_{mn}}\sin\alpha_m\xi\sin\beta_n\eta\sin\alpha_m x \tag{2.1.15}$$

$$M'_{1xyx0} = -(1-\nu)\frac{4}{ab}\sum_{m=1,2}^{\infty}\sum_{n=1,2}^{\infty}\frac{\alpha_m\beta_n}{K_{mn}^2}\sin\alpha_m\xi\sin\beta_n\eta\cos\beta_n y \tag{2.1.16}$$

$$M'_{1xyxa} = -(1-\nu)\frac{4}{ab}\sum_{m=1,2}^{\infty}\sum_{n=1,2}^{\infty}\frac{(-1)^m\alpha_m\beta_n}{K_{mn}^2}\sin\alpha_m\xi\sin\beta_n\eta\cos\beta_n y \tag{2.1.17}$$

$$M'_{1xyy0}=-(1-\nu)\frac{4}{ab}\sum_{m=1,2}^{\infty}\sum_{n=1,2}^{\infty}\frac{\alpha_m\beta_n}{K_{mn}^2}\sin\alpha_m\xi\sin\beta_n\eta\cos\alpha_m x \quad (2.1.18)$$

$$M'_{1xyyb}=-D(1-\nu)\frac{4}{ab}\sum_{m=1,2}^{\infty}\sum_{n=1,2}^{\infty}\frac{(-1)^n\alpha_m\beta_n}{K_{mn}^2}\sin\alpha_m\xi\sin\beta_n\eta\cos\alpha_m x$$

(2.1.19)

由式(2.1.2)可以看出,以双重三角级数形式表示的弯曲厚矩形板的拟基本解存在两个缺点,首先是计算弯矩时往往收敛很慢,其次是利用这一拟基本解在求解厚矩形板实际系统的非齐次位移边界条件和弯矩边界条件时,会在边界上出现位移和弯矩的齐次性。

为避免上述缺点,需要将上述拟基本解转换为以双曲函数和三角级数混合表示的形式如下:

当式(2.1.2)可展开为

$$w_1'(x,y;\xi,\eta)=\frac{4}{Db}\frac{a^3}{\pi^4}\sum_{m=1,2}^{\infty}\sum_{n=1,2}^{\infty}\frac{\sin\alpha_m\xi\sin\beta_n\eta\sin\alpha_m x\sin\beta_n y}{m^4+2\eta_n m^2\left(\frac{a}{\pi}\right)^2+p_n^2\left(\frac{a}{\pi}\right)^4} \quad (2.1.20)$$

时,这里 $\eta_n^2=p_n,\beta_n=\sqrt{\eta_n}=\frac{n\pi}{b}$,据附录式(A.12)~式(A.14),式(2.1.20)可分别展成

$$w_1'(x,y;a-\xi,\eta)=\frac{1}{Db}\sum_{n=1,2}^{\infty}[(1+\beta_n a\coth\beta_n a)-\beta_n x\coth\beta_n x-\beta_n(a-\xi)\coth\beta_n(a-\xi)]$$
$$\cdot\frac{\sinh\beta_n x\sinh\beta_n(a-\xi)}{\beta_n^3\sinh\beta_n a}\sin\beta_n\eta\sin\beta_n y\quad(0\leqslant x\leqslant\xi)\quad (2.1.21)$$

$$w_1'(a-x,y;\xi,\eta)=\frac{1}{Db}\sum_{n=1,2}^{\infty}[(1+\beta_n a\coth\beta_n a)-\beta_n\xi\coth\beta_n\xi-\beta_n(a-x)\coth\beta_n(a-x)]$$
$$\cdot\frac{\sinh\beta_n(a-x)\sinh\beta_n\xi}{\beta_n^3\sinh\beta_n\alpha}\sin\beta_n\eta\sin\beta_n y(\xi\leqslant x\leqslant a)\quad (2.1.22)$$

当式(2.1.2)展开为

$$w_1'(x,y;\xi,\eta)=\frac{4}{Da}\frac{b^3}{\pi^4}\sum_{m=1,2}^{\infty}\sum_{n=1,2}^{\infty}\frac{\sin\alpha_m\xi\sin\beta_n\eta\sin\alpha_m x\sin\beta_n\eta}{n^4+2\eta_m n^2\left(\frac{b}{\pi}\right)^2+p_m^2\left(\frac{b}{\pi}\right)^4} \quad (2.1.23)$$

时,这里 $\eta_m^2=p_m,\alpha_m=\sqrt{\eta_m}=\frac{m\pi}{a}$,式(2.1.23)可展开为

$$w_1'(x,y;\xi,b-\eta)=\frac{1}{Da}\sum_{m=1,2}^{\infty}[(1+\alpha_m b\coth\alpha_m b)-\alpha_m y\coth\alpha_m y-\alpha_m(b-\eta)\coth\alpha_n(b-\eta)]$$
$$\cdot\frac{\sinh\alpha_m y\sinh\alpha_m(b-\eta)}{\alpha_m^3\sinh\alpha_m b}\sin\alpha_m\xi\sin\alpha_m x(0\leqslant y\leqslant\eta)\quad (2.1.24)$$

$$w_1'(x,b-y;\xi,\eta)=\frac{1}{Da}\sum_{m=1,2}^{\infty}[(1+\alpha_m b\coth\alpha_m b)-\alpha_m\eta\coth\alpha_m\eta-\alpha_m(b-y)\coth\alpha_m(b-y)]$$
$$\cdot\frac{\sinh\alpha_m(b-y)\sinh\alpha_m\eta}{\alpha_m^3\sinh\alpha_m b}\sin\alpha_m\xi\sin\alpha_m x\quad(\eta\leqslant y\leqslant b)\tag{2.1.25}$$

上述诸式,式(2.1.21)、式(2.1.22)、式(2.1.24)和式(2.1.25)是利用一个方向的三角级数之和转换成双曲函数而得到的。如果挠度直接假设为三角级数和双曲函数的混含表达式,再满足平衡方程和边界条件,也可得到上述诸式,这就是在一单位集中载荷作用下四边简支弯曲矩形板的 Levy 解。

将式(2.1.21)、式(2.1.22)、式(2.1.24)和式(2.1.25)相应地代入式(2.1.3)~式(2.1.7)中,则可得到以双曲函数和三角级数混合形式表示的拟基本解的边界转角、切力和扭矩的表达式,它们分别为

$$\omega_{1xx0}'=-\frac{1}{Db}\sum_{n=1}^{\infty}[\beta_n a\coth\beta_n a-\beta_n(a-\xi)\coth\beta_n(a-\xi)]$$
$$\cdot\frac{\sinh\beta_n(a-\xi)}{\beta_n^2\sinh\beta_n a}\sin\beta_n\eta\sin\beta_n y\tag{2.1.26}$$

$$\omega_{1xxa}'=-\frac{1}{Db}\sum_{n=1}^{\infty}(\beta_n a\coth\beta_n a-\beta_n\xi\coth\beta_n\xi)\frac{\sinh\beta_n\xi}{\beta_n^2\sinh\beta_n a}\sin\beta_n\eta\sin\beta_n y\tag{2.1.27}$$

$$\omega_{1yy0}'=-\frac{1}{Da}\sum_{m=1}^{\infty}[\alpha_m b\coth\alpha_m b-\alpha_m(b-\eta)\coth\alpha_m(b-\eta)]$$
$$\cdot\frac{\sinh\alpha_m(b-\eta)}{\alpha_m^2\sinh\alpha_m b}\sin\alpha_m\xi\sin\alpha_m x\tag{2.1.28}$$

$$\omega_{1yyb}'=\frac{1}{Da}\sum_{m=1}^{\infty}(\alpha_m b\coth\alpha_m b-\alpha_m\eta\coth\alpha_m\eta)\frac{\sinh\alpha_m\eta}{\alpha_m^2\sinh\alpha_m b}\sin\alpha_m\xi\sin\alpha_m x\tag{2.1.29}$$

$$Q_{1xx0}'=\frac{2}{b}\sum_{n=1}^{\infty}\frac{\sinh\beta_n(a-\xi)}{\sinh\beta_n a}\sin\beta_n\eta\sin\beta_n y\tag{2.1.30}$$

$$Q_{1xxa}'=-\frac{2}{b}\sum_{n=1}^{\infty}\frac{\sinh\beta_n\xi}{\sinh\beta_n a}\sin\beta_n\eta\sin\beta_n y\tag{2.1.31}$$

$$Q_{1yy0}'=\frac{2}{a}\sum_{m=1}^{\infty}\frac{\sinh\alpha_m(b-\eta)}{\sinh\alpha_m b}\sin\alpha_m\xi\sin\alpha_m x\tag{2.1.32}$$

$$Q_{1yyb}'=-\frac{2}{a}\sum_{m=1}^{\infty}\frac{\sinh\alpha_m\eta}{\sinh\alpha_m b}\sin\alpha_m\xi\sin\alpha_m x\tag{2.1.33}$$

$$M'_{1xyx0} = -\frac{1-\nu}{b}\sum_{n=1}^{\infty}[\beta_n a\coth\beta_n a - \beta_n(a-\xi)\coth\beta_n(a-\xi)]$$

$$\cdot\frac{\sinh\beta_n(a-\xi)}{\beta_n\sinh\beta_n a}\sin\beta_n\eta\cos\beta_n y \tag{2.1.34}$$

$$M'_{1xyxa} = \frac{1-\nu}{b}\sum_{n=1}^{\infty}(\beta_n a\coth\beta_n a - \beta_n\xi\coth\beta_n\xi)\frac{\sinh\beta_n\xi}{\beta_n\sinh\beta_n a}\sin\beta_n\eta\cos\beta_n y \tag{2.1.35}$$

$$M'_{1xyy0} = -\frac{1-\nu}{a}\sum_{m=1}^{\infty}[\alpha_m b\coth\alpha_m b - \alpha_m(b-\xi)\coth\alpha_m(b-\eta)]$$

$$\cdot\frac{\sinh\alpha_m(b-\eta)}{\alpha_m\sinh\alpha_m b}\sin\alpha_m\xi\cos\alpha_m x \tag{2.1.36}$$

$$M'_{1yxyb} = \frac{1-\nu}{a}\sum_{n=1}^{\infty}(\alpha_m b\coth\alpha_m b - \alpha_m\eta\coth\alpha_m\eta)\frac{\sinh\alpha_m\eta}{\alpha_m\sinh\alpha_m b}\sin\alpha_m\xi\cos\alpha_m x \tag{2.1.37}$$

2.2 弯曲厚矩形板幅值方程的拟基本解

据弯曲厚板的幅值挠曲面方程式(1.1.85),与之相应的拟基本方程为

$$\nabla^4 w_1 + \frac{kh^2}{10}\lambda^2\nabla^2 w_1 - \lambda^2 w_1 = \frac{1}{D}\delta(x-x_0, y-y_0) \tag{2.2.1}$$

与式(2.2.1)相应的拟基本系统称为幅值拟基本系统,如图 2.2.1 所示。

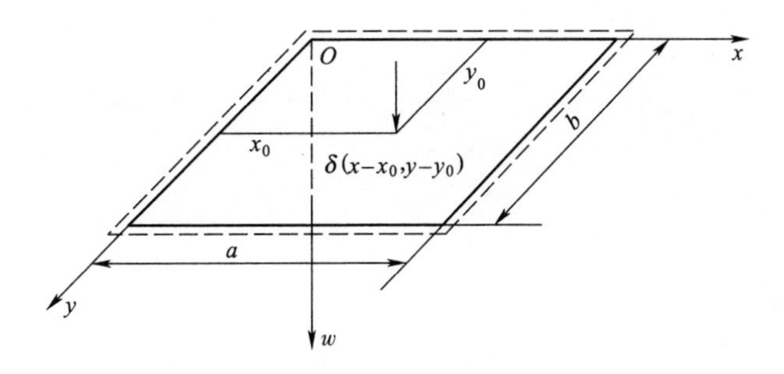

图 2.2.1 弯曲厚矩形板幅值拟基本系统

方程式(2.2.1)还可以改写为

$$\nabla^4 w_1 = \frac{1}{D}\delta(x-x_0, y-y_0) - \frac{kh^2}{10}\lambda^2\nabla^2 w_1 + \lambda^2 w_1 \tag{2.2.2}$$

在弯曲厚矩形板的静力拟基本系统和弯曲厚矩形板的幅值拟基本系统之间应用修正的功的互等定理,则得

$$w_1(\xi,\eta;x_0,y_0)=\int_0^a\int_0^b\left[\delta(x-x_0,y-y_0)-D\frac{kh^2}{10}\lambda^2\nabla^2 w_1(x,y;x_0,y_0)\right.$$

$$\left.+D\lambda^2 w_1(x,y;x_0,y_0)\right]w_1'(x,y;\xi,\eta)\mathrm{d}x\mathrm{d}y \tag{2.2.3}$$

已知 $\delta(x-x_0,y-y_0)=\frac{4}{ab}\sum_{m=1,2}^{\infty}\sum_{n=1,2}^{\infty}\sin\alpha_m x_0\sin\beta_0 y_0\sin\alpha_m x\sin\beta_n y$

假设

$$w_1(\xi,\eta)=\sum_{m=1,2}^{\infty}\sum_{n=1,2}^{\infty}A_{mn}\sin\alpha_m\xi\sin\beta_n\eta \tag{2.2.4a}$$

$$w_1(x,y)=\sum_{m=1,2}^{\infty}\sum_{n=1,2}^{\infty}A_{mn}\sin\alpha_m x\sin\beta_n y \tag{2.2.4b}$$

将式(2.1.2)、式(2.2.4a)和式(2.2.4b)代入式(2.2.3),则得

$$\sum_{m=1,2}^{\infty}\sum_{n=1,2}^{\infty}A_{mn}\sin\alpha_m\xi\sin\beta_n\eta=$$

$$\int_0^a\int_0^b\left\{\frac{4}{ab}\sum_{m=1,2}^{\infty}\sum_{n=1,2}^{\infty}\sin\alpha_m x_0\sin\beta_n y_0\sin\alpha_m x\sin\beta_n y\right.$$

$$+\left[D\lambda^2\sum_{m=1,2}^{\infty}\sum_{n=1,2}^{\infty}A_{mn}\sin\alpha_m x\sin\beta_n y\right.$$

$$\left.\left.-D\frac{kh^2}{10}\lambda^2\nabla^2\sum_{m=1,2}^{\infty}\sum_{n=1,2}^{\infty}A_{mn}\sin\alpha_m x\sin\beta_n y\right]\right\}$$

$$\cdot\frac{4}{Dab}\sum_{m=1,2}^{\infty}\sum_{n=1,2}^{\infty}\frac{1}{K_{mn}^2}\sin\alpha_m\xi\sin\beta_n\eta\sin\alpha_m x\sin\beta_n y\mathrm{d}x\mathrm{d}y \tag{2.2.5}$$

解方程式(2.2.5),则得

$$A_{mn}=\frac{4}{Dab}\frac{1}{(\alpha_m^2+\beta_n^2)^2-\left[\lambda^2+\frac{kh^2}{10}\lambda^2(\alpha_m^2+\beta_n^2)\right]}\sin\alpha_m x_0\sin\beta_n y_0 \tag{2.2.6}$$

令

$$K_{dmn}^2=(\alpha_m^2+\beta_n^2)^2-\left[\lambda^2+\frac{kh^2}{10}\lambda^2(\alpha_m^2+\beta_n^2)\right] \tag{2.2.7}$$

并将式(2.2.6)代入式(2.2.4a)中,则得

$$w_1(\xi,\eta)=\frac{4}{Dab}\sum_{m=1,2}^{\infty}\sum_{n=1,2}^{\infty}\frac{1}{K_{dmn}^2}\sin\alpha_m x_0\sin\beta_n y_0\sin\alpha_m\xi\sin\beta_n\eta \tag{2.2.8a}$$

如将 $x_0\to\xi,y_0\to\eta;\xi\to x,\eta\to y$,则式(2.2.8a)成为

$$w_1(x,y;\xi,\eta)=\frac{4}{Dab}\sum_{m=1,2}^{\infty}\sum_{n=1,2}^{\infty}\frac{1}{K_{dmn}^2}\sin\alpha_m\xi\sin\beta_n\eta\sin\alpha_m x\sin\beta_n y \tag{2.2.8b}$$

为实现三角级数之和往双曲函数的转换,需将 K_{dmn} 改写成 m 的表达形式,于

是有

$$K_{dmn}^{2}=\left(\frac{\pi}{a}\right)^{4}\left[m^{4}+2\eta_{n}m^{2}\left(\frac{a}{\pi}\right)^{2}+p_{n}^{2}\left(\frac{a}{\pi}\right)^{4}\right] \tag{2.2.9}$$

其中

$$\eta_{n}=\beta_{n}^{2}-\frac{kh^{2}}{20}\lambda^{2} \tag{2.2.10a}$$

$$p_{n}^{2}=\beta_{n}^{4}-\lambda^{2}\left(1+\frac{kh^{2}}{10}\beta_{n}^{2}\right) \tag{2.2.10b}$$

在级数的转换中,还需引入

$$\kappa_{n}=\sqrt{\eta_{n}+\sqrt{\eta_{n}^{2}-p_{n}^{2}}}=\sqrt{\beta_{n}^{2}-\frac{kh^{2}}{20}\lambda^{2}+\sqrt{\lambda^{2}+\left(\frac{kh^{2}}{20}\lambda^{2}\right)^{2}}} \tag{2.2.11a}$$

$$\lambda_{n}=\sqrt{\eta_{n}-\sqrt{\eta_{n}^{2}-p_{n}^{2}}}=\sqrt{\beta_{n}^{2}-\frac{kh^{2}}{20}\lambda^{2}-\sqrt{\lambda^{2}+\left(\frac{kh^{2}}{20}\lambda^{2}\right)^{2}}} \tag{2.2.11b}$$

为加快三角级数的收敛速度,避免挠度和弯矩在边界上出现齐次性,需将正弦三角级数之和转换成双曲函数。

当

$$\beta_{n}^{2}>\frac{kh^{2}}{20}\lambda^{2}+\sqrt{\lambda^{2}+\left(\frac{kh^{2}}{20}\lambda^{2}\right)^{2}} \tag{2.2.12}$$

据附录式(A.37)和式(A.38),则式(2.2.8b)可分别转换为

$$w_{1}(x,y;a-\xi,\eta)=-\frac{2}{Db}\sum_{n=1,2}^{\infty}\frac{1}{\kappa_{n}^{2}-\lambda_{n}^{2}}\left[\frac{\sinh\kappa_{n}(a-\xi)}{\kappa_{n}\sinh\kappa_{n}a}\sinh\kappa_{n}x-\frac{\sinh\lambda_{n}(a-\xi)}{\lambda_{n}\sinh\lambda_{n}a}\sinh\lambda_{n}x\right]\cdot\sin\beta_{n}\eta\sin\beta_{n}y\quad(0\leqslant x\leqslant\xi) \tag{2.2.13}$$

$$w_{1}(a-x,y;\xi,\eta)=-\frac{2}{Db}\sum_{n=1,2}^{\infty}\frac{1}{\kappa_{n}^{2}-\lambda_{n}^{2}}\left[\frac{\sinh\kappa_{n}\xi}{\kappa_{n}\sinh\kappa_{n}a}\sinh\kappa_{n}(a-x)-\frac{\sinh\lambda_{n}\xi}{\lambda_{n}\sinh\lambda_{n}a}\sinh\lambda_{n}(a-x)\right]\cdot\sin\beta_{n}\eta\sin\beta_{n}y\quad(\xi\leqslant x\leqslant a) \tag{2.2.14}$$

当

$$\beta_{n}^{2}<\frac{kh^{2}}{20}\lambda^{2}+\sqrt{\lambda^{2}+\left(\frac{kh^{2}}{20}\lambda^{2}\right)^{2}} \tag{2.2.15}$$

令

$$\lambda_{n}=\lambda_{n}'i \tag{2.2.16}$$

其中

$$\lambda_{n}=\sqrt{\beta_{n}^{2}-\frac{kh^{2}}{20}\lambda^{2}-\sqrt{\lambda^{2}+\left(\frac{kh^{2}}{20}\lambda^{2}\right)^{2}}} \tag{2.2.17a}$$

$$\lambda_{n}'=\sqrt{\sqrt{\lambda^{2}+\left(\frac{kh^{2}}{20}\lambda^{2}\right)^{2}}-\left(\beta_{n}^{2}-\frac{kh^{2}}{20}\lambda^{2}\right)} \tag{2.2.17b}$$

再应用

$$\begin{cases}\sin\varphi = -i\sinh i\varphi, \cos\varphi = \cosh i\varphi \\ \tan\varphi = -i\tanh i\varphi, \cot\varphi = -i\coth i\varphi\end{cases} \tag{2.2.18}$$

则得与式(2.2.13)和式(2.2.14)相应的拟基本解为

$$w_1(x,y;a-\xi,\eta) = -\frac{2}{Db}\sum_{n=1,2}^{\infty}\frac{1}{\kappa_n^2+\lambda_n'^2}\left[\frac{\sinh\kappa_n(a-\xi)}{\kappa_n\sinh\kappa_n a}\sinh\kappa_n x - \frac{\sin\lambda_n'(a-\xi)}{\lambda_n'\sin\lambda_n' a}\sinh\lambda_n' x\right] \cdot \sin\beta_n\eta\sin\beta_n y \quad (0 \leqslant x \leqslant \xi) \tag{2.2.19}$$

$$w_1(a-x,y;\xi,\eta) = -\frac{2}{Db}\sum_{n=1,2}^{\infty}\frac{1}{\kappa_n^2+\lambda_n'^2}\left[\frac{\sinh\kappa_n\xi}{\kappa_n\sinh\kappa_n a}\sinh\kappa_n(a-x) - \frac{\sin\lambda_n'\xi}{\lambda_n'\sin\lambda_n' a}\sinh\lambda_n'(a-x)\right] \cdot \sin\beta_n\eta\sin\beta_n y \quad (\xi \leqslant x \leqslant a) \tag{2.2.20}$$

类似地,如我们设

$$K_{dmn}^2 = \left(\frac{\pi}{b}\right)^4\left[n^4 + 2\eta_m n^2\left(\frac{b}{\pi}\right)^2 + p_m^2\left(\frac{b}{\pi}\right)^4\right] \tag{2.2.21}$$

其中

$$\eta_m = \alpha_m^2 - \frac{kh^2}{20}\lambda^2 \tag{2.2.22a}$$

$$p_m^2 = \alpha_m^4 - \lambda^2\left(1 + \frac{kh^2}{10}\alpha_m^2\right) \tag{2.2.22b}$$

且还需引入

$$\kappa_m = \sqrt{\eta_m^2 + \sqrt{\eta_m^2 - p_m^2}} = \sqrt{\alpha_m^2 - \frac{kh^2}{20}\lambda^2 + \sqrt{\lambda^2 + \left(\frac{kh^2}{20}\lambda^2\right)^2}} \tag{2.2.23a}$$

$$\lambda_m = \sqrt{\eta_m^2 - \sqrt{\eta_m^2 - p_m^2}} = \sqrt{\alpha_m^2 - \frac{kh^2}{20}\lambda^2 - \sqrt{\lambda^2 + \left(\frac{kh^2}{20}\lambda^2\right)^2}} \tag{2.2.23b}$$

对于

$$\alpha_m^2 > \frac{kh^2}{20}\lambda^2 + \sqrt{\lambda^2 + \left(\frac{kh^2}{20}\lambda^2\right)^2} \tag{2.2.24}$$

的情况,有

$$w_1(x,y;\xi,b-\eta) = -\frac{2}{Da}\sum_{m=1,2}^{\infty}\frac{1}{\kappa_m^2-\lambda_m^2}\left[\frac{\sinh\kappa_m(b-\eta)}{\kappa_m\sinh\kappa_m b}\sinh\kappa_m y - \frac{\sinh\lambda_m(b-\eta)}{\lambda_m\sinh\lambda_m b}\sinh\lambda_m y\right] \cdot \sin\alpha_m\eta\sin\alpha_m x \quad (0 \leqslant y \leqslant \eta) \tag{2.2.25}$$

$$w_1(x,b-y;\xi,\eta) = -\frac{2}{Da}\sum_{m=1,2}^{\infty}\frac{1}{\kappa_m^2-\lambda_m^2}\left[\frac{\sinh\kappa_m\eta}{\kappa_m\sinh\kappa_m\eta}\sinh\kappa_m(b-y) - \frac{\sinh\lambda_m\eta}{\lambda_m\sinh\lambda_m b}\sinh\lambda_m(b-y)\right] \cdot \sin\alpha_m\xi\sin\alpha_m x \quad (\eta \leqslant y \leqslant b) \tag{2.2.26}$$

而对于

$$\alpha_m^2 < \frac{kh^2}{20}\lambda^2 + \sqrt{\lambda^2 + \left(\frac{kh^2}{20}\lambda^2\right)^2} \tag{2.2.27}$$

的情况,引入

$$\lambda_m = \lambda'_m i \tag{2.2.28}$$

其中

$$\lambda_m = \sqrt{\left(\alpha_m^2 - \frac{kh^2}{20}\lambda^2\right) - \sqrt{\lambda^2 + \left(\frac{kh^2}{20}\lambda^2\right)^2}} \tag{2.2.29a}$$

$$\lambda'_m = \sqrt{\sqrt{\lambda^2 + \left(\frac{kh^2}{20}\lambda^2\right)} - \left(\alpha_m^2 - \frac{kh^2}{20}\lambda^2\right)} \tag{2.2.29b}$$

再注意到式(2.2.18)、式(2.2.25)及式(2.2.26)相应的拟基本解可以转换为

$$w_1(x,y;\xi,b-\eta) = -\frac{2}{Da}\sum_{m=1,2}^{\infty}\frac{1}{\kappa_m^2 + \lambda_m'^2}\left[\frac{\sinh\kappa_m(b-\eta)}{\kappa_m\sinh\kappa_m b}\sinh\kappa_m y - \frac{\sin\lambda'_m(b-\eta)}{\lambda'_m\sin\lambda'_m b}\sin\lambda'_m y\right]$$
$$\cdot\sin\alpha_m\xi\sin\alpha_m x \quad (0 \leqslant y \leqslant \eta) \tag{2.2.30}$$

$$w_1(x,b-y;\xi,\eta) = -\frac{2}{Da}\sum_{m=1,2}^{\infty}\frac{1}{\kappa_m^2 + \lambda_m'^2}\left[\frac{\sinh\kappa_m\eta}{\kappa_m\sinh\kappa_m b}\sinh\kappa_m(b-y) - \frac{\sin\lambda'_m\eta}{\lambda'_m\sin\lambda'_m b}\sin\lambda'_m(b-y)\right]$$
$$\cdot\sin\alpha_m\xi\sin\alpha_m x \quad (\eta \leqslant y \leqslant b) \tag{2.2.31}$$

幅值拟基本解式(2.2.13)~式(2.2.14)和式(2.2.25)~式(2.2.26)亦可用静力拟基本解式(2.1.21)~式(2.1.22)和式(2.1.24)~式(2.1.25)来求解,分别可表示为

$$w_1(\xi,\eta;a-x_0,y_0) = \int_0^a\int_0^b[\delta(x-x_0,y-y_0) + D\lambda^2 w_1(x,y;a-x_0,y_0)$$
$$- D\frac{kh^2}{10}\lambda^2\nabla^2 w_1(x,y;a-x_0,y_0)]w'_1(x,y;a-\xi,\eta)\mathrm{d}x\mathrm{d}y(0 \leqslant \xi \leqslant x_0) \tag{2.2.32}$$

$$w_1(a-\xi,\eta;x_0,y_0) = \int_0^a\int_0^b[\delta(x-x_0,y-y_0) + D\lambda^2 w_1(a-x,y;x_0,y_0)$$
$$- D\frac{kh^2}{10}\lambda^2\nabla^2 w_1(a-x,y;x_0,y_0)]w'_1(a-x,y;\xi,\eta)\mathrm{d}x\mathrm{d}y \quad (x_0 \leqslant \xi \leqslant a) \tag{2.2.33}$$

$$w_1(\xi,\eta;x_0,b-y_0) = \int_0^a\int_0^b[\delta(x-x_0,y-y_0) + D\lambda^2 w_1(x,y;x_0,b-y_0)$$
$$- D\frac{kh^2}{10}\lambda^2\nabla^2 w_1(x,y;x_0,b-y_0)]w'_1(x,y;\xi,b-\eta)\mathrm{d}x\mathrm{d}y \quad (0 \leqslant \eta \leqslant y_0) \tag{2.2.34}$$

$$w_1(\xi,b-\eta;x_0,y_0) = \int_0^a\int_0^b[\delta(x-x_0,y-y_0) + D\lambda^2 w_1(x,b-y;x_0,y_0)$$
$$- D\frac{kh^2}{10}\lambda^2\nabla^2 w_1(x,b-y;x_0,y_0)]w'_1(x,b-y;\xi,\eta)\mathrm{d}x\mathrm{d}y \quad (y_0 \leqslant \eta \leqslant b) \tag{2.2.35}$$

在式(2.2.32)~式(2.2.35)中,如将 $x_0\to\xi, y_0\to\eta; \xi\to x, \eta\to y$,便得与式(2.2.13)、式(2.2.14)和式(2.2.25)、式(2.2.26)具有相同符号的相等表达式。不过式(2.2.32)~式(2.2.35)的计算比较复杂。

2.3 幅值拟基本解的边界值

为计算实际系统幅值挠曲面方程,兹给出弯曲厚矩形板幅值拟基本解的诸边界转角、切力和扭角如下:

对于

$$\alpha_m^2 > \frac{kh^2}{20}\lambda^2 + \sqrt{\lambda^2 + \left(\frac{kh^2}{20}\lambda^2\right)^2}$$

$$\beta_n^2 > \frac{kh^2}{20}\lambda^2 + \sqrt{\lambda^2 + \left(\frac{kh^2}{20}\lambda^2\right)^2}$$

有

$$\omega_{1xx0} = \frac{2}{Db}\sum_{n=1,2}^{\infty}\frac{1}{\kappa_n^2-\lambda_n^2}\left[\frac{\sinh\kappa_n(a-\xi)}{\sinh\kappa_n a} - \frac{\sinh\lambda_n(a-\xi)}{\sinh\lambda_n a}\right]\sin\beta_n\eta\sin\beta_n y \tag{2.3.1}$$

$$\omega_{1xxa} = -\frac{2}{Db}\sum_{n=1,2}^{\infty}\frac{1}{\kappa_n^2-\lambda_n^2}\left(\frac{\sinh\kappa_n\xi}{\sinh\kappa_n a} - \frac{\sinh\lambda_n\xi}{\sinh\lambda_n a}\right)\sin\beta_n\eta\sin\beta_n y \tag{2.3.2}$$

$$\omega_{1yy0} = \frac{2}{Da}\sum_{m=1,2}^{\infty}\frac{1}{\kappa_m^2-\lambda_m^2}\left[\frac{\sinh\kappa_m(b-\eta)}{\sinh\kappa_m b} - \frac{\sinh\lambda_m(b-\eta)}{\sinh\lambda_m b}\right]\sin\alpha_m\xi\sin\alpha_m x \tag{2.3.3}$$

$$\omega_{1yyb} = -\frac{2}{Da}\sum_{m=1,2}^{\infty}\frac{1}{\kappa_m^2-\lambda_m^2}\left(\frac{\sinh\kappa_m\eta}{\sinh\kappa_m b} - \frac{\sinh\lambda_m\eta}{\sinh\lambda_m b}\right)\sin\alpha_m\xi\sin\alpha_m x \tag{2.3.4}$$

$$Q_{1xx0} = \frac{2}{b}\sum_{n=1,2}^{\infty}\frac{1}{\kappa_n^2-\lambda_n^2}\left[(\kappa_n^2-\beta_n^2)\frac{\sinh\kappa_n(a-\xi)}{\sinh\kappa_n a} - (\lambda_n^2-\beta_n^2)\frac{\sinh\lambda_n(a-\xi)}{\sinh\lambda_n a}\right]\cdot\sin\beta_n\eta\sin\beta_n y \tag{2.3.5}$$

$$Q_{1xxa} = -\frac{2}{b}\sum_{n=1,2}^{\infty}\frac{1}{\kappa_n^2-\lambda_n^2}\left[(\kappa_n^2-\beta_n^2)\frac{\sinh\kappa_n\xi}{\sinh\kappa_n a} - (\lambda_n^2-\beta_n^2)\frac{\sinh\lambda_n\xi}{\sinh\lambda_n a}\right]\sin\beta_n\eta\sin\beta_n y \tag{2.3.6}$$

$$Q_{1yy0} = \frac{2}{a}\sum_{m=1,2}^{\infty}\frac{1}{\kappa_m^2-\lambda_m^2}\left[(\kappa_m^2-\alpha_m^2)\frac{\sinh\kappa_m(b-\eta)}{\sinh\kappa_m b} - (\lambda_m^2-\alpha_m^2)\frac{\sinh\lambda_m(b-\eta)}{\sinh\lambda_m b}\right]\cdot\sin\alpha_m\xi\sin\alpha_m x \tag{2.3.7}$$

$$Q_{1yyb} = -\frac{2}{a}\sum_{m=1,2}^{\infty}\frac{1}{\kappa_m^2-\lambda_m^2}\left[(\kappa_m^2-\alpha_m^2)\frac{\sinh\kappa_m\eta}{\sinh\kappa_m b} - (\lambda_m^2-\alpha_m^2)\frac{\sinh\lambda_m\eta}{\sinh\lambda_m b}\right]\sin\alpha_m\xi\sin\alpha_m x \tag{2.3.8}$$

$$M_{1xyx0}=\frac{2(1-\nu)}{b}\sum_{n=1,2}^{\infty}\frac{\beta_n}{\kappa_n^2-\lambda_n^2}\left[\frac{\sinh\kappa_n(a-\xi)}{\sinh\kappa_n a}-\frac{\sinh\lambda_n(a-\xi)}{\sinh\lambda_n a}\right]\sin\beta_n\eta\cos\beta_n y \tag{2.3.9}$$

$$M_{1xyxa}=-\frac{2(1-\nu)}{b}\sum_{n=1,2}^{\infty}\frac{\beta_n}{\kappa_n^2-\lambda_n^2}\left(\frac{\sinh\kappa_n\xi}{\sinh\kappa_n a}-\frac{\sinh\lambda_n\xi}{\sinh\lambda_n a}\right)\sin\beta_n\eta\cos\beta_n y \tag{2.3.10}$$

$$M_{1yxy0}=\frac{2(1-\nu)}{a}\sum_{m=1,2}^{\infty}\frac{\alpha_m}{\kappa_m^2-\lambda_m^2}\left[\frac{\sinh\kappa_m(b-\xi)}{\sinh\kappa_m b}-\frac{\sinh\lambda_m(b-\eta)}{\sinh\lambda_m b}\right]\sin\alpha_m\xi\cos\alpha_m x \tag{2.3.11}$$

$$M_{1yxyb}=-\frac{2(1-\nu)}{a}\sum_{m=1,2}^{\infty}\frac{\alpha_m}{\kappa_m^2-\lambda_m^2}\left(\frac{\sinh\kappa_m\eta}{\sinh\kappa_m b}-\frac{\sinh\lambda_m\eta}{\sinh\lambda_m b}\right)\sin\alpha_m\xi\cos\alpha_m x \tag{2.3.12}$$

对于

$$\alpha_m^2<\frac{kh^2}{20}\lambda^2+\sqrt{\lambda^2+\left(\frac{kh^2}{20}\lambda^2\right)^2}$$

$$\beta_n^2<\frac{kh^2}{20}\lambda^2+\sqrt{\lambda^2+\left(\frac{kh^2}{20}\lambda^2\right)^2}$$

有

$$\omega_{1xx0}=\frac{2}{Db}\sum_{n=1}^{\infty}\frac{1}{\kappa_n^2+\lambda_n'^2}\left[-\frac{\sinh\kappa_n(a-\xi)}{\sinh\kappa_n a}+\frac{\sin\lambda_n'(a-\xi)}{\sin\lambda_n a}\right]\sin\beta_n\eta\sin\beta_n y \tag{2.3.13}$$

$$\omega_{1xxa}=\frac{2}{Db}\sum_{n=1}^{\infty}\frac{1}{\kappa_n^2+\lambda_n'^2}\left(\frac{\sinh\kappa_n\xi}{\sinh\kappa_n a}-\frac{\sin\lambda_n'\xi}{\sin\lambda_n' a}\right)\sin\beta_n\eta\sin\beta_n y \tag{2.3.14}$$

$$\omega_{1yy0}=\frac{2}{Da}\sum_{m=1,2}^{\infty}\frac{1}{\kappa_m^2+\lambda_m'^2}\left[-\frac{\sinh\kappa_m(b-\eta)}{\sinh\kappa_m b}+\frac{\sin\lambda_m'(b-\eta)}{\sin\lambda_m' b}\right]\sin\alpha_m\xi\sin\alpha_m x \tag{2.3.15}$$

$$\omega_{1yyb}=\frac{2}{Da}\sum_{m=1,2}^{\infty}\frac{1}{\kappa_m^2+\lambda_m'^2}\left(\frac{\sinh\kappa_m\eta}{\sinh\kappa_m b}-\frac{\sin\lambda_m'\eta}{\sin\lambda_m' b}\right)\sin\alpha_m\xi\sin\alpha_m x \tag{2.3.16}$$

$$Q_{1xx0}=\frac{2}{b}\sum_{n=1,2}^{\infty}\frac{1}{\kappa_n^2+\lambda_n'^2}\left[(\kappa_n^2-\beta_n^2)\frac{\sinh\kappa_n(a-\xi)}{\sinh\kappa_n a}\right.$$
$$\left.+(\lambda_n'^2+\beta_n^2)\frac{\sin\lambda_n'(a-\xi)}{\sin\lambda_n' a}\right]\sin\beta_n\eta\sin\beta_n y \tag{2.3.17}$$

$$Q_{1xxa}=\frac{2}{b}\sum_{n=1,2}^{\infty}\frac{-1}{\kappa_n^2+\lambda_n^2}\left[(\kappa_n^2-\beta_n^2)\frac{\sinh\kappa_n\xi}{\sinh\kappa_n a}\right.$$
$$\left.+(\lambda_n'^2+\beta_n^2)\frac{\sin\lambda_n'\xi}{\sin\kappa_n a}\right]\sin\beta_n\eta\sin\beta_n y \tag{2.3.18}$$

$$Q_{1yy0}=\frac{2}{a}\sum_{m=1,2}^{\infty}\frac{1}{\kappa_m^2+\lambda_m^2}\left[(\kappa_m^2-\alpha_m^2)\frac{\sinh\kappa_m(b-\eta)}{\sinh\kappa_m b}+(\lambda_m'^2+\alpha_m^2)\frac{\sin\lambda_m'(b-\eta)}{\sin\lambda_m b}\right]\sin\alpha_m\xi\sin\alpha_m x \tag{2.3.19}$$

$$Q_{1yyb}=\frac{2}{a}\sum_{m=1,2}^{\infty}\frac{-1}{\kappa_m^2+\lambda_m^2}\left[(\kappa_m^2-\alpha_m^2)\frac{\sinh\kappa_m\eta}{\sinh\kappa_m b}+(\lambda_m'^2+\alpha_m^2)\frac{\sin\lambda_m'\eta}{\sin\lambda_m b}\right]\sin\alpha_m\xi\sin\alpha_m x \tag{2.3.20}$$

$$M_{1xyx0}=\frac{2}{b}(1-\nu)\sum_{n=1,2}^{\infty}\frac{\beta_n}{\kappa_n^2+\lambda_n^2}\left[\frac{\sinh\kappa_n(a-\xi)}{\sinh\kappa_n a}-\frac{\sin\lambda_n'(a-\xi)}{\sin\lambda_n a}\right]\sin\beta_n\eta\sin\beta_n y \tag{2.3.21}$$

$$M_{1xyxa}=\frac{2}{b}(1-\nu)\sum_{n=1,2}^{\infty}\frac{\beta_n}{\kappa_n^2+\lambda_n^2}\left(-\frac{\sinh\kappa_n\xi}{\sinh\kappa_n a}+\frac{\sin\lambda_n'\xi}{\sin\lambda_n a}\right)\sin\beta_n\eta\sin\beta_n y \tag{2.3.22}$$

$$M_{1xyy0}=\frac{2}{a}(1-\nu)\sum_{m=1,2}^{\infty}\frac{\alpha_m}{\kappa_m^2+\lambda_m^2}\left[\frac{\sinh\kappa_m(b-\eta)}{\sinh\kappa_m b}-\frac{\sin\lambda_m'(b-\eta)}{\sin\lambda_m b}\right]\sin\alpha_m\xi\sin\alpha_m x \tag{2.3.23}$$

$$M_{1xyyb}=\frac{2}{a}(1-\nu)\sum_{m=1,2}^{\infty}\frac{\alpha_m}{\kappa_m^2+\lambda_m^2}\left(-\frac{\sinh\kappa_m\eta}{\sinh\kappa_m b}+\frac{\sin\lambda_m'\eta}{\sin\lambda_m b}\right)\sin\alpha_m\xi\sin\alpha_m x \tag{2.3.24}$$

以双重三角级数表示的拟基本解式(2.2.8b)的边界值分别为

$$\omega_{1xx0}=\frac{-4}{Dab}\sum_{m=1,2}^{\infty}\sum_{n=1,2}^{\infty}\frac{\alpha_m}{K_{dmn}^2}\sin\alpha_m\xi\sin\beta_n\eta\sin\beta_n y \tag{2.3.25}$$

$$\omega_{1xxa}=\frac{-4}{Dab}\sum_{m=1,2}^{\infty}\sum_{n=1,2}^{\infty}\frac{(-1)^m\alpha_m}{K_{dmn}^2}\sin\alpha_m\xi\sin\beta_n\eta\sin\beta_n y \tag{2.3.26}$$

$$\omega_{1yy0}=\frac{-4}{Dab}\sum_{m=1,2}^{\infty}\sum_{n=1,2}^{\infty}\frac{\beta_n}{K_{dmn}^2}\sin\alpha_m\xi\sin\beta_n\eta\sin\alpha_m x \tag{2.3.27}$$

$$\omega_{1yyb}=\frac{-4}{Dab}\sum_{m=1,2}^{\infty}\sum_{n=1,2}^{\infty}\frac{(-1)^n\beta_n}{K_{dmn}^2}\sin\alpha_m\xi\sin\beta_n\eta\sin\alpha_m x \tag{2.3.28}$$

$$Q_{1xx0}=-\frac{1}{ab}\sum_{m=1,2}^{\infty}\sum_{n=1,2}^{\infty}\frac{\alpha_m}{K_{dmn}^2}(\alpha_m^2+\beta_n^2)\sin\alpha_m\xi\sin\beta_n\eta\sin\beta_n y \tag{2.3.29}$$

$$Q_{1xxa}=-\frac{1}{ab}\sum_{m=1,2}^{\infty}\sum_{n=1,2}^{\infty}\frac{(-1)^m\alpha_m}{K_{dmn}^2}(\alpha_m^2+\beta_n^2)\sin\alpha_m\xi\sin\beta_n\eta\sin\beta_n y \tag{2.3.30}$$

$$Q_{1yy0} = -\frac{1}{ab}\sum_{m=1,2}^{\infty}\sum_{n=1,2}^{\infty}\frac{\beta_n}{K_{dmn}^2}(\alpha_m^2 + \beta_n^2)\sin\alpha_m\xi\sin\beta_n\eta\sin\alpha_m x \tag{2.3.31}$$

$$Q_{1yyb} = -\frac{1}{ab}\sum_{m=1,2}^{\infty}\sum_{n=1,2}^{\infty}\frac{(-1)^n\beta_n}{K_{dmn}^2}(\alpha_m^2 + \beta_n^2)\sin\alpha_m\xi\sin\beta_n\eta\sin\alpha_m x \tag{2.3.32}$$

$$M_{1xyx0} = -(1-\nu)\frac{1}{ab}\sum_{m=1,2}^{\infty}\sum_{n=1,2}^{\infty}\frac{\alpha_m\beta_n}{K_{dmn}^2}\sin\alpha_m\xi\sin\beta_n\eta\cos\beta_n y \tag{2.3.33}$$

$$M_{1xyxa} = -(1-\nu)\frac{1}{ab}\sum_{m=1,2}^{\infty}\sum_{n=1,2}^{\infty}\frac{(-1)^m\alpha_m\beta_n}{K_{dmn}^2}\sin\alpha_m\xi\sin\beta_n\eta\cos\beta_n y \tag{2.3.34}$$

$$M_{1xyy0} = -(1-\nu)\frac{1}{ab}\sum_{m=1,2}^{\infty}\sum_{n=1,2}^{\infty}\frac{\alpha_m\beta_n}{K_{dmn}^2}\sin\alpha_m\xi\sin\beta_n\eta\cos\alpha_m x \tag{2.3.35}$$

$$M_{1xyyb} = -(1-\nu)\frac{1}{ab}\sum_{m=1,2}^{\infty}\sum_{n=1,2}^{\infty}\frac{(-1)^n\alpha_m\beta_n}{K_{dmn}^2}\sin\alpha_m\xi\sin\beta_n\eta\cos\alpha_m x \tag{2.3.36}$$

第3章　谐载作用下四边简支弯曲厚矩形板

首先介绍在均布谐载和一集中谐载作用下四边简支弯曲厚矩形板的动力响应,这是由于简支弯曲厚矩形板的计算比较简单。其次是由于简支弯曲厚矩形板是其他较复杂边界条件弯曲厚矩形板的计算基础。

3.1　均布谐载作用下的四边简支弯曲厚矩形板

3.1.1　幅值挠曲面方程

考虑一在均布谐载作用下的四边简支弯曲厚矩形板,如图3.1.1(a)所示。如将均布幅值谐载代替均布谐载,则得图3.1.1(b)所示幅值弯曲厚矩形板实际系统。

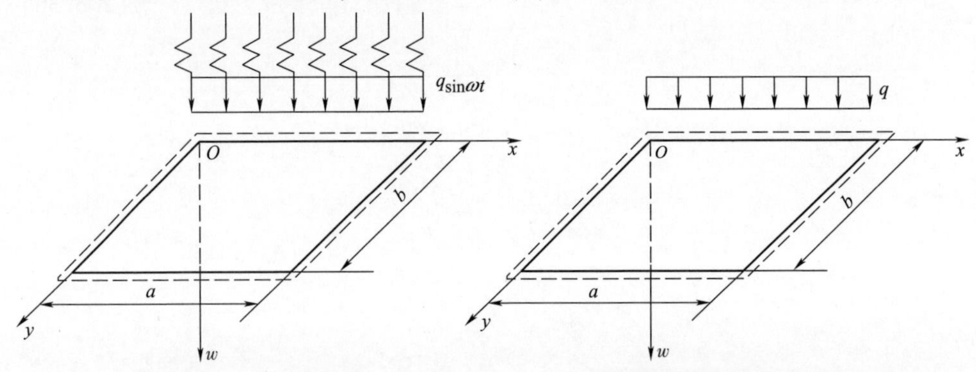

(a) 均布谐载简支弯曲厚矩形板　　(b) 均布幅值载荷简支弯曲厚矩形板实际系统

图3.1.1　均布谐载和幅值载荷作用下弯曲厚矩形板和其实际系统

在图2.1.1所示静力拟基本系统和图3.1.1(b)所示幅值载荷实际系统之间应用修正的功的互等定理,则得

$$w(\xi,\eta)=\int_0^a\int_0^b\left[q+D\lambda^2w(x,y)-\frac{kh^2}{10}\nabla^2(q+D\lambda^2w(x,y))\right]\cdot w_1'(x,y;\xi,\eta)\,\mathrm{d}x\mathrm{d}y \tag{3.1.1}$$

假设

$$\begin{cases}w(\xi,\eta)=\sum\limits_{m=1,3}^{\infty}\sum\limits_{n=1,3}^{\infty}A_{mn}\sin\alpha_m\xi\sin\beta_n\eta\\ w(x,y)=\sum\limits_{m=1,3}^{\infty}\sum\limits_{n=1,3}^{\infty}A_{mn}\sin\alpha_m x\sin\beta_n y\end{cases} \tag{3.1.2}$$

将式(2.1.2)和式(3.1.2)代入式(3.1.1),经过简单计算,则得

$$w(\xi,\eta)=\frac{16q}{Dab}\sum_{m=1,3}^{\infty}\sum_{n=1,3}^{\infty}\frac{1}{K_{dmn}^{2}}\left[\frac{1}{\alpha_m\beta_n}+\frac{kh^2}{10\alpha_m\beta_n}(\alpha_m^2+\beta_n^2)\right]\cdot\sin\alpha_m\xi\sin\beta_n\eta=w_1+w_2 \tag{3.1.3}$$

其中

$$K_{dmn}^{2}=(\alpha_m^2+\beta_n^2)^2-\lambda^2-\frac{kh^2}{10}\lambda^2(\alpha_m^2+\beta_n^2) \tag{3.1.4}$$

为加快级数式(3.1.3)的收敛速度,需将它的一个方向的三角级数之和转换成双曲函数。

对于式(2.2.12)所示情况,如将式(2.2.7)展成式(2.2.9)的形式,应用附录式(A.66),则式(3.1.3)右端第一项 w_1 可转换为

$$w_1=\frac{4q}{Db}\sum_{n=1,3}^{\infty}\frac{1}{\beta_n}\left\{\frac{1}{\kappa_n^2-\lambda_n^2}\left[\frac{\cosh\kappa_n\left(\frac{a}{2}-\xi\right)}{\kappa_n^2\cosh\kappa_n\frac{a}{2}}-\frac{\cos\lambda_n\left(\frac{a}{2}-\xi\right)}{\lambda_n^2\cosh\lambda_n\frac{a}{2}}\right]+\frac{1}{\kappa_n^2\lambda_n^2}\right\}\sin\beta_n\eta \tag{3.1.5}$$

对 w_1 进行两个方向的二阶偏导计算,相加,再乘$\frac{kh^2}{10}$,则得

$$w_2=\frac{4q}{Db}\frac{kh^2}{10}\sum_{n=1,3}^{\infty}\left\{\frac{\beta_n}{\kappa_n^2-\lambda_n^2}\left[\frac{\cosh\kappa_n\left(\frac{a}{2}-\xi\right)}{\kappa_n^2\cosh\kappa_n\frac{a}{2}}-\frac{\cosh\lambda_n\left(\frac{a}{2}-\xi\right)}{\lambda_n^2\cosh\lambda_n\frac{a}{2}}\right]+\frac{\beta_n}{\kappa_n^2\lambda_n^2}\right\}\sin\beta_n\eta$$
$$+\frac{4q}{Db}\frac{kh^2}{10}\sum_{n=1,3}^{\infty}\frac{1}{\beta_n}\frac{1}{\kappa_n^2-\lambda_n^2}\left[-\frac{\cosh\kappa_n\left(\frac{a}{2}-\xi\right)}{\cosh\kappa_n\frac{a}{2}}+\frac{\cosh\lambda_n\left(\frac{a}{2}-\xi\right)}{\cosh\lambda_n\frac{a}{2}}\right]\sin\beta_n\eta \tag{3.1.6}$$

如将式(2.2.7)展成式(2.2.21)的形式,则式(3.1.3)在 y 方向还可以展成另一种等价的形式,为

$$w(\xi,\eta)=\frac{4q}{Da}\sum_{m=1,3}^{\infty}\frac{1}{\alpha_m}\left\{\frac{1}{\kappa_m^2-\lambda_m^2}\left[\frac{\cosh\kappa_m\left(\frac{b}{2}-\eta\right)}{\kappa_m^2\cosh\kappa_m\frac{b}{2}}-\frac{\cosh\lambda_m\left(\frac{b}{2}-\eta\right)}{\lambda_m^2\cosh\lambda_m\frac{b}{2}}\right]+\frac{1}{\kappa_m^2\lambda_m^2}\right\}\sin\alpha_m\xi$$
$$+\frac{4q}{Da}\frac{kh^2}{10}\sum_{m=1,3}^{\infty}\left\{\frac{\alpha_m}{\kappa_m^2-\lambda_m^2}\left[\frac{\cosh\kappa_m\left(\frac{b}{2}-\eta\right)}{\kappa_m^2\cosh\kappa_m\frac{b}{2}}-\frac{\cosh\lambda_m\left(\frac{b}{2}-\eta\right)}{\lambda_m^2\cosh\lambda_m\frac{b}{2}}\right]+\frac{\alpha_m}{\kappa_m^2\lambda_m^2}\right\}\sin\lambda_m\xi$$

$$+\frac{4q}{Da}\frac{kh^2}{10}\sum_{m=1,3}^{\infty}\left\{\frac{1}{\alpha_m}\frac{1}{\kappa_m^2-\lambda_m^2}\left[-\frac{\cosh\kappa_m\left(\frac{b}{2}-\eta\right)}{\cosh\kappa_m\frac{b}{2}}+\frac{\cosh\lambda_m\left(\frac{b}{2}-\eta\right)}{\cosh\lambda_m\frac{b}{2}}\right]\sin\alpha_m\xi\right. \tag{3.1.7}$$

对于式(2.2.15)的情况，注意到式(2.2.16)~式(2.2.18)，式(3.1.5)~式(3.1.7)可分别转换成为

$$w(\xi,\eta)=\frac{4q}{Db}\sum_{n=1,3}^{\infty}\frac{1}{\beta_n}\left\{\frac{1}{\kappa_n^2+\lambda_n'^2}\left[\frac{\cosh\kappa_n\left(\frac{a}{2}-\xi\right)}{\kappa_n^2\cosh\kappa_n\frac{a}{2}}+\frac{\cos\lambda'_n\left(\frac{a}{2}-\xi\right)}{\lambda_n'^2\cos\lambda'_n\frac{a}{2}}\right]-\frac{1}{\kappa_n^2\lambda_n'^2}\right\}\sin\beta_n\eta$$

$$+\frac{4q}{Db}\frac{kh^2}{10}\sum_{n=1,3}^{\infty}\left\{\frac{B_n}{\kappa_n^2+\lambda_n'^2}\left[\frac{\cosh\kappa_n\left(\frac{a}{2}-\xi\right)}{\kappa_n^2\cosh\kappa_n\frac{a}{2}}+\frac{\cos\lambda'_n\left(\frac{a}{2}-\xi\right)}{\lambda_n'^2\cos\lambda'_n\frac{a}{2}}\right]-\frac{\beta_n}{\kappa_n^4\lambda_n'^2}\right\}\sin\beta_n\eta$$

$$+\frac{4q}{Db}\frac{kh^2}{10}\sum_{n=1,3}^{\infty}\frac{1}{\beta_n}\frac{1}{\kappa_n^2+\lambda_n'^2}\left[-\frac{\cosh\kappa_n\left(\frac{a}{2}-\xi\right)}{\cosh\kappa_n\frac{a}{2}}+\frac{\cos\lambda'_n\left(\frac{a}{2}-\xi\right)}{\cos\lambda'_n\frac{a}{2}}\right]\sin\beta_n\eta \tag{3.1.8}$$

$$w(\xi,\eta)=\frac{4q}{Da}\sum_{m=1,3}^{\infty}\left\{\frac{1}{\alpha_m}\frac{1}{\kappa_m^2+\lambda_m'^2}\left[\frac{\cosh\kappa_m\left(\frac{b}{2}-\eta\right)}{\kappa_m^2\cosh\kappa_m\frac{b}{2}}+\frac{\cos\lambda'_m\left(\frac{b}{2}-\eta\right)}{\lambda_m'^2\cos\lambda'_m\frac{b}{2}}\right]-\frac{1}{\kappa_m^2\lambda_m'^2}\right\}\sin\alpha_m\xi$$

$$+\frac{4q}{Da}\frac{kh^2}{10}\sum_{m=1,3}^{\infty}\left\{\frac{\alpha_m}{\kappa_m^2+\lambda_m'^2}\left[\frac{\cosh\kappa_m\left(\frac{b}{2}-\eta\right)}{\kappa_m^2\cosh\kappa_m\frac{b}{2}}+\frac{\cos\lambda'_m\left(\frac{b}{2}-\eta\right)}{\lambda_m'^2\cos\lambda'_m\frac{b}{2}}\right]-\frac{\alpha_m}{\kappa_m^2\lambda_m'^2}\right\}\sin\alpha_m\xi$$

$$+\frac{4q}{Da}\frac{kh^2}{10}\sum_{m=1,3}^{\infty}\frac{1}{\alpha_m}\frac{1}{\kappa_m^2+\lambda_m'^2}\left[-\frac{\cosh\kappa_m\left(\frac{b}{2}-\eta\right)}{\cosh\kappa_m\frac{b}{2}}+\frac{\cos\lambda'_m\left(\frac{b}{2}-\eta\right)}{\cos\lambda'_m\frac{b}{2}}\right]\sin\alpha_m\xi \tag{3.1.9}$$

式(3.1.5)~式(3.1.7)亦可利用静力拟基本解式(2.1.21)、式(2.1.22)，或(2.1.24)和式(2.1.25)求解。

式(3.1.5)及式(3.1.6)之和可以表示为

$$w(\xi,\eta)=\int_0^{\xi}\int_0^{b}\left[q-\frac{kh^2}{10}\nabla^2q+D\lambda^2w(x,y)-\frac{kh^2}{10}D\lambda^2\nabla^2w(x,y)\right]w_1'(x,y;a-\xi,\eta)\mathrm{d}x\mathrm{d}y$$

$$+\int_{\xi}^{a}\int_0^{b}\left[q-\frac{kh^2}{10}\nabla^2q+D\lambda^2w(x,y)-\frac{kh^2}{10}D\lambda^2\nabla^2w(x,y)\right]\cdot w_1'(a-x,y;\xi,\eta)\mathrm{d}x\mathrm{d}y \tag{3.1.10}$$

式(3.1.7)可以表示为

$$w(\xi,\eta)=\int_0^a\int_0^\eta\left[q-\frac{kh^2}{10}\nabla^2 q+D\lambda^2 w(x,y)-\frac{kh^2}{10}D\lambda^2\nabla^2 w(x,y)\right]$$
$$\cdot w_i(x,y;\xi,b-\eta)\mathrm{d}x\mathrm{d}y$$
$$+\int_0^a\int_\eta^b\left[q-\frac{kh^2}{10}\nabla^2 q+D\lambda^2 w(x,y)-\frac{kh^2}{10}D\lambda^2\nabla^2 w(x,y)\right]$$
$$\cdot w_i(x,b-y;\xi,\eta)\mathrm{d}x\mathrm{d}y \tag{3.1.11}$$

利用幅值拟基本解,式(3.1.5)及式(3.1.6)和式(3.1.7)分别可以表示为

$$w(\xi,\eta)=\int_0^\xi\int_0^b\left(q-\frac{kh^2}{10}\nabla^2 q\right)w_1(x,y;a-\xi,\eta)\mathrm{d}x\mathrm{d}y$$
$$+\int_\xi^a\int_0^b\left(q-\frac{kh^2}{10}\nabla^2 q\right)w_1(a-x,y;\xi,\eta)\mathrm{d}x\mathrm{d}y \tag{3.1.12}$$

和

$$w(\xi,\eta)=\int_0^a\int_0^\eta\left(q-\frac{kh^2}{10}\nabla^2 q\right)w_1(x,y;\xi,b-\eta)\mathrm{d}x\mathrm{d}y$$
$$+\int_0^a\int_\eta^b\left(q-\frac{kh^2}{10}\nabla^2 q\right)w_1(x,b-y;\xi,\eta)\mathrm{d}x\mathrm{d}y \tag{3.1.13}$$

利用式(2.2.8b),式(3.1.1)可表示为

$$w(\xi,\eta)=\int_0^a\int_0^b\left(q-\frac{kh^2}{10}\nabla^2 q\right)w_1(x,y;\xi,\eta)\mathrm{d}x\mathrm{d}y \tag{3.1.14}$$

应该提及的是,式(3.1.10)~式(3.1.13)的计算比较复杂。

3.1.2 应力函数

假设应力函数为

$$\varphi(\xi,\eta)=\sum_{n=0,1,3}^{\infty}\left[E_n\cosh\delta_n\xi+F_n\cosh\delta_n(a-\xi)\right]\cos\beta_n\eta$$
$$+\sum_{m=0,1,3}^{\infty}\left[G_m\cosh r_{\mathrm{m}}\eta+H_m\cosh r_{\mathrm{m}}(b-\eta)\right]\cos\alpha_m\xi \tag{3.1.15}$$

其中 E_n,F_n,G_m 和 H_m 是待定常数,且

$$\gamma_m=\sqrt{\alpha_m^2+\frac{10}{h^2}},\delta_n=\sqrt{\beta_n^2+\frac{10}{h^2}} \tag{3.1.16}$$

应力函数式(3.1.15)应满足应力函数方程式(1.1.59),弯矩边界条件和扭角边界条件。

对式(3.1.15)分别求 ξ 和 η 的二阶偏导,则得

$$\frac{\partial^2\varphi}{\partial\xi^2}=\sum_{n=0,1}^{\infty}\left[E_n\cosh\delta_n\xi+F_n\cosh\delta_n(a-\xi)\right]\delta_n^2\cos\beta_n\eta$$

$$+\sum_{m=0,1}^{\infty}\left[G_m\cosh\gamma_m\eta+H_m\cosh r_m(b-\eta)\right](-\alpha_m^2)\cos\alpha_m\xi$$

$$(3.1.17)$$

$$\frac{\partial^2\varphi}{\partial\eta^2}=\sum_{n=0,1}^{\infty}\left[E_n\cosh\delta_n\xi+F_n\cosh\delta_n(a-\xi)\right](-\beta_n^2)\cos\beta_n\eta$$

$$+\sum_{m=0,1}^{\infty}\left[G_m\cosh\gamma_m\eta+H_m\cosh\gamma_m(b-\eta)\right]\gamma_m^2\cos\alpha_m\xi \quad (3.1.18)$$

将式(3.1.17)和式(3.1.18)相加,则得

$$\nabla^2\varphi=\sum_{n=0,1,3}^{\infty}\left[E_n\cosh\delta_n\xi+F_n\delta_n(a-\xi)\right](\delta_n^2-\beta_n^2)\cos\beta_n\eta$$

$$+\sum_{m=0,1,3}^{\infty}\left[G_m\cosh\gamma_m\eta+H_m\cosh\gamma_m(b-\eta)\right](\gamma_m^2-\alpha_m^2)\cos\alpha_m\xi$$

$$=\frac{10}{h^2}\Big\{\sum_{n=0,1,3}^{\infty}\left[E_n\cosh\delta_n\xi+F_n\cosh\delta_n(a-\xi)\right]\cos\beta_n\eta$$

$$+\sum_{m=0,1,3}^{\infty}\left[G_m\cosh\gamma_m\eta+H_m\cosh\gamma_m(b-\eta)\right]\cos\alpha_m\xi\Big\}=\frac{10}{h}\varphi \quad (3.1.19)$$

对于只有均布谐载作用的情况,式(1.1.88)、式(1.1.89)、式(1.1.91)和式(1.1.92)分别成为

$$M_\xi=-D\left(\frac{\mathrm{d}^2w}{\partial\xi^2}+\nu\frac{\partial^2w}{\partial\eta^2}\right)-D\frac{h^2}{5}\frac{\partial^2}{\partial\xi^2}\nabla^2w-\frac{h^2}{10}\frac{\nu}{1-\nu}(q+D\lambda^2w)$$

$$+\frac{h^2}{5}\frac{\partial^2\varphi}{\partial\xi\partial\eta}-\frac{h^4}{50}\frac{2-\nu}{1-\nu}\frac{\partial^2}{\partial\xi^2}(q+D\lambda^2w) \quad (3.1.20)$$

$$M_\gamma=-D\left(\frac{\partial^2w}{\partial\eta^2}+\nu\frac{\partial^2w}{\partial\xi^2}\right)-D\frac{h^2}{5}\frac{\partial^2}{\partial\eta^2}\nabla^2w-\frac{h^2}{10}\frac{\nu}{1-\nu}(q+D\lambda^2w)$$

$$-\frac{h^2}{5}\frac{\partial^2\varphi}{\partial\xi\partial\eta}-\frac{h^3}{50}\frac{2-\nu}{1-\nu}\frac{\partial^2}{\partial\eta^2}(q+D\lambda^2w) \quad (3.1.21)$$

$$\omega_\xi=-\frac{\partial w}{\partial\xi}-\frac{h^2}{5(1-\nu)}\frac{\partial}{\partial\xi}\nabla^2w-\frac{6}{25}\frac{h}{E}\frac{(1+\nu)(2-\nu)}{1-\nu}\frac{\partial}{\partial\xi}(q+D\lambda^2w)$$

$$+\frac{12}{5}\frac{1+\nu}{Eh}\frac{\partial\varphi}{\partial\eta} \quad (3.1.22)$$

$$\omega_\eta=-\frac{\partial w}{\partial\eta}-\frac{h^2}{5(1-\nu)}\frac{\partial}{\partial\eta}\nabla^2w-\frac{6}{25}\frac{h}{E}\frac{(1+\nu)(2-\nu)}{1-\nu}\frac{\partial}{\partial\eta}(q+D\lambda^2w)$$

$$-\frac{12}{5}\frac{1+\nu}{Eh}\frac{\partial\varphi}{\partial\xi} \quad (3.1.23)$$

现在,根据四个边的弯矩为零的边界条件来确定 E_n,F_n,G_m 和 H_m 四组待定常数。

易知

$$q = \frac{16q}{ab}\sum_{m=1,3}^{\infty}\sum_{n=1,3}^{\infty}\frac{1}{\alpha_m\beta_n}\sin\alpha_m\xi\sin\beta_n\eta \tag{3.1.24}$$

$$\nabla^2 q = -\frac{16q}{ab}\sum_{m=1,3}^{\infty}\sum_{n=1,3}^{\infty}\frac{1}{\alpha_m\beta_n}(\alpha_m^2+\beta_n^2)\sin\alpha_m\xi\sin\beta_n\eta \tag{3.1.25}$$

据式(3.1.9)、式(3.1.15)、式(3.1.24)和式(3.1.25),则得 $\xi=0$ 弯矩为零的边界条件为

$$M_{\xi q\xi=0} = \frac{h^2}{5}\left(\frac{\partial^2\varphi}{\partial\xi\partial\eta}\right)_{\xi=0} = \frac{h^2}{5}\sum_{n=0,1,3}^{\infty}(F_n\delta_n\sinh\delta_n a)(-1)\beta_n\sin\beta_n\eta = 0 \tag{3.1.26}$$

于是得

$$F_n = 0 \tag{3.1.27}$$

再利用

$$M_{\xi q\xi=a} = M_{\eta q\eta=0} = M_{\eta q\eta=b} = 0 \tag{3.1.28}$$

可分别得

$$E_n = H_m = G_m = 0 \tag{3.1.29}$$

其次,应力函数式(3.1.15)成为

$$\begin{aligned}\varphi(\xi,\eta) = {} & E_0\cosh\delta_0\xi + F_0\cosh\delta_0(a-\xi) \\ & + G_0\cosh\gamma_0\eta + H_0\cosh\gamma_0(b-\eta)\end{aligned} \tag{3.1.30}$$

下面,利用四个边的扭角为零的边界条件来确定 E_0, F_0, G_0 和 H_0 四个待定常数。

据式(3.1.9)、式(3.1.23)、式(3.1.24)和式(3.1.30),则得 $\xi=0$ 扭角为零的边界条件为

$$\omega_{\eta\xi=0} = -\frac{12}{5}\frac{1+\nu}{Eh}\left(\frac{\partial\varphi}{\partial\xi}\right)_{\xi=0} = -\frac{12}{5}\frac{1+\nu}{Eh}(-1)F_0\delta_0\sinh\delta_0 a = 0 \tag{3.1.31}$$

由此得

$$F_0 = 0 \tag{3.1.32}$$

同法,利用其他三个直边的扭角为零的边界条件

$$\omega_{\eta\xi=a} = \omega_{\xi\eta=0} = \omega_{\xi\eta=b} = 0 \tag{3.1.33}$$

可以确定

$$E_0 = H_0 = G_0 = 0 \tag{3.1.34}$$

于是得出,均布谐载作用下四边简支弯曲厚矩形板的应力函数为零,即 $\varphi(\xi,\eta)=0$。

3.1.3 边界值

为计算更复杂边界条件厚矩形板的弯曲问题,本小节将给出在均布谐载作用下简支弯曲厚矩形板的幅值边界转角、边界切力和边界扭矩。对于式(2.2.12)的

情况,有

$$\omega_{q\varepsilon\varepsilon 0} = -\frac{4q}{Db}\sum_{n=1,3}^{\infty}\frac{1}{\beta_n}\left(\left\{\left(1+\frac{kh^2}{10}\beta_n^2\right)\left[1+\frac{h^2}{5(1-\nu)}\left(\frac{k^2}{10}\lambda^2+\kappa_n^2-\beta_n^2\right)\right]\right.\right.$$

$$\left.-\frac{kh^2}{10}\kappa_n^2\left[1+\frac{h^2}{5(1-\nu)}\kappa_n^2\right]\right\}\frac{1}{\kappa_n}\tanh\frac{a}{2}\kappa_n$$

$$-\left\{\left(1+\frac{kh^2}{10}\beta_n^2\right)\left[1+\frac{h^2}{5(1-\nu)}\left(\frac{kh^2}{10}\lambda^2+\lambda_n^2-\beta_n^2\right)\right]-\frac{kh^2}{10}\lambda_n^2\left[1+\frac{h^2}{5(1-\nu)}\lambda_n^2\right]\right\}$$

$$\left.\cdot\frac{1}{\lambda_n}\tanh\frac{a}{2}\lambda_n\right)\sin\beta_n\eta \tag{3.1.35a}$$

(或略去 h^4 及 h^6 为)

$$= -\frac{4q}{Db}\sum_{n=1,3}^{\infty}\frac{1}{\beta_n}\left\{\left[1+\frac{h^2}{10}\frac{\nu}{1-\nu}(\kappa_n^2-\beta_n^2)\right]\frac{1}{\kappa_n}\tanh\frac{a}{2}\kappa_n\right.$$

$$\left.-\left[1+\frac{h^2}{10}\frac{\nu}{1-\nu}(\lambda_n^2-\beta_n^2)\right]\frac{1}{\lambda_n}\tanh\frac{a}{2}\lambda_n\right\}\sin\beta_n\eta \tag{3.1.35b}$$

$$\omega_{q\xi\xi a} = \frac{4q}{Db}\sum_{n=1,3}^{\infty}\frac{1}{\beta_n}\left(\left\{\left(1+\frac{kh^2}{10}\beta_n^2\right)\left[1+\frac{h^2}{5(1-\nu)}\left(\frac{kh^2}{10}\lambda^2+\kappa_n^2-\beta_n^2\right)\right]\right.\right.$$

$$\left.-\frac{kh^2}{10}\kappa_n^2\left[1+\frac{h^2}{5(1-\nu)}\kappa_n\right]\right\}\frac{1}{\kappa_n}\tanh\frac{a}{2}\kappa_n$$

$$-\left\{\left(1+\frac{kh^2}{10}\beta_n^2\right)\left[1+\frac{h^2}{5(1-\nu)}\left(\frac{kh^2}{10}\lambda^2+\lambda_n^2-\beta_n^2\right)\right]-\frac{kh^2}{10}\lambda_n^2\left[1+\frac{h^2}{5(1-\nu)}\lambda_n^2\right]\right\}$$

$$\left.\cdot\frac{1}{\lambda_n}\tanh\frac{a}{2}\lambda_n\right)\sin\beta_n\eta \tag{3.1.36a}$$

(或略去 h^4 及 h^6 为)

$$= \frac{4q}{Db}\sum_{n=1,3}^{\infty}\frac{1}{\beta_n}\left\{\left[1+\frac{h^2}{10}\frac{\nu}{1-\nu}(\kappa_n^2-\beta_n^2)\right]\frac{1}{\kappa_n}\tanh\frac{a}{2}\kappa_n\right.$$

$$\left.-\left[1+\frac{h^2}{10}\frac{\nu}{1-\nu}(\lambda_n^2-\beta_n^2)\right]\frac{1}{\lambda_n}\tanh\frac{a}{2}\lambda_n\right\}\sin\beta_n\eta \tag{3.1.36b}$$

$$\omega_{q\eta\eta 0} = -\frac{4q}{Da}\sum_{m=1,3}^{\infty}\frac{1}{\alpha_m}\left(\left\{\left(1+\frac{kh^2}{10}\alpha_m^2\right)\left[1+\frac{h^2}{5(1-\nu)}\left(\frac{kh^2}{10}\lambda^2+\kappa_m^2-\alpha_m^2\right)\right]\right.\right.$$

$$\left.-\frac{kh^2}{10}\kappa_m^2\left[1+\frac{h^2}{5(1-\nu)}\kappa_m^2\right]\right\}\frac{1}{\kappa_m}\tanh\frac{b}{2}\kappa_m$$

$$-\left\{\left(1+\frac{kh^2}{10}\alpha_m^2\right)\left[1+\frac{h^2}{5(1-\nu)}\left(\frac{kh^2}{10}\lambda^2+\lambda_m^2-\alpha_m^2\right)\right]\right.$$

$$-\frac{kh^2}{10}\lambda_m^2\left[1+\frac{h^2}{5(1-\nu)}\lambda_m^2\right]\Bigg\}\frac{1}{\lambda_m}\tanh\frac{b}{2}\lambda_m\Bigg)\sin\alpha_m\xi \tag{3.1.37a}$$

（或略去 h^4 及 h^6 为）

$$=-\frac{4q}{Da}\sum_{m=1,3}^{\infty}\frac{1}{\alpha_m}\left\{\left[1+\frac{h^2}{10}\frac{\nu}{1-\nu}(\kappa_m^2-\alpha_m^2)\right]\frac{1}{\kappa_m}\tanh\frac{b}{2}\kappa_m\right.$$

$$\left.-\left[1+\frac{h^2}{10}\frac{\nu}{1-\nu}(\lambda_m^2-\alpha_m^2)\right]\frac{1}{\lambda_m}\tanh\frac{b}{2}\lambda_m\right\}\sin\alpha_m\xi \tag{3.1.37b}$$

$$\omega_{q\eta\eta b}=\frac{4q}{Da}\sum_{m=1,3}^{\infty}\frac{1}{\alpha_m}\left(\left\{\left(1+\frac{kh^2}{10}\alpha_m^2\right)\left[1+\frac{h^2}{5(1-\nu)}\left(\frac{kh^2}{10}\lambda^2+\kappa_m^2-\alpha_m^2\right)\right]\right.\right.$$

$$\left.-\frac{kh^2}{10}\kappa_m^2\left[1+\frac{h^2}{5(1-\nu)}\kappa_m^2\right]\right\}\frac{1}{\kappa_m}\tanh\frac{b}{2}\kappa_m$$

$$-\left\{\left(1+\frac{kh^2}{10}\alpha_m^2\right)\left[1+\frac{h^2}{5(1-\nu)}\left(\frac{kh^2}{10}\lambda^2+\lambda_m^2-\alpha_m^2\right)\right]\right.$$

$$\left.\left.-\frac{kh^2}{10}\lambda_m^2\left[1+\frac{h^2}{5(1-\nu)}\lambda_m^2\right]\right\}\frac{1}{\lambda_m}\tanh\frac{b}{2}\lambda_m\right)\sin\alpha_m\xi \tag{3.1.38a}$$

（或略去 h^4 及 h^6 为）

$$=\frac{4q}{Da}\sum_{m=1,3}^{\infty}\frac{1}{\alpha_m}\left\{\left[1+\frac{h^2}{10}\frac{\nu}{1-\nu}(\kappa_m^2-\alpha_m^2)\right]\frac{1}{\kappa_m}\tanh\frac{b}{2}\kappa_m\right.$$

$$\left.-\left[1+\frac{h^2}{10}\frac{\nu}{1-\nu}(\lambda_m^2-\alpha_m^2)\right]\frac{1}{\lambda_m}\tanh\frac{b}{2}\lambda_m\right\}\sin\alpha_m\xi \tag{3.1.38b}$$

$$Q_{q\xi\xi0}=-\frac{4q}{Db}\sum_{n=1,3}^{\infty}\frac{1}{\beta_n}\left\{\left(\frac{kh^2}{10}\lambda^2+\kappa_n^2-\beta_n^2\right)\left[1-\frac{kh^2}{10}(\kappa_n^2-\beta_n^2)\right]\frac{1}{\kappa_n}\tanh\frac{a}{2}\kappa_n\right.$$

$$\left.-\left(\frac{kh^2}{10}\lambda^2+\lambda_n^2-\beta_n^2\right)\left[1-\frac{kh^2}{10}(\lambda_n^2-\beta_n^2)\right]\frac{1}{\lambda_n}\tanh\frac{a}{2}\lambda_n\right\}\sin\beta_n\eta \tag{3.1.39a}$$

（或略去 h^4 为）

$$=-\frac{4q}{Db}\sum_{n=1,3}^{\infty}\frac{1}{\beta_n}\left\{\left[\frac{kh^2}{10}\lambda^2+(\kappa_n^2-\beta_n^2)-\frac{k^2}{10}(\kappa_n^2-\beta_n^2)^2\right]\frac{1}{\kappa_n}\tanh\frac{a}{2}\kappa_n\right.$$

$$\left.-\left[\frac{kh^2}{10}\lambda^2+(\lambda_n^2-\beta_n^2)-\frac{kh^2}{10}(\lambda_n^2-\beta_n^2)^2\right]\frac{1}{\lambda_n}\tanh\frac{a}{2}\lambda_n\right\}\sin\beta_n\eta \tag{3.1.39b}$$

$$Q_{q\xi\xi a}=\frac{4q}{Db}\sum_{n=1,3}^{\infty}\frac{1}{\beta_n}\left\{\left(\frac{kh^2}{10}\lambda^2+\kappa_n^2-\beta_n^2\right)\left[1-\frac{kh^2}{10}(\kappa_n^2-\beta_n^2)\right]\frac{1}{\kappa_n}\tanh\frac{a}{2}\kappa_n\right.$$

$$- \left(\frac{kh^2}{10}\lambda^2 + \lambda_n^2 - \beta_n^2\right)\left[1 - \frac{kh^2}{10}(\lambda_n^2 - \beta_n^2)\right] \cdot \frac{1}{\lambda_n}\tanh\frac{a}{2}\lambda_n\Bigg\}\sin\beta_n\eta$$

(3.1.40a)

（或略去 h^4 为）

$$= \frac{4q}{Db}\sum_{n=1,3}^{\infty}\frac{1}{\beta_n}\left\{\left[\frac{kh^2}{10}\lambda^2 + (\kappa_n^2 - \beta_n^2) - \frac{kh^2}{10}(\kappa_n^2 - \beta_n^2)^2\right]\frac{1}{\kappa_n}\tanh\frac{a}{2}\kappa_n\right.$$

$$\left. - \left[\frac{kh^2}{10}\lambda^2 + (\lambda_n^2 - \beta_n^2) - \frac{kh^2}{10}(\lambda_n^2 - \beta_n^2)^2\right]\frac{1}{\lambda_n}\tanh\frac{a}{2}\lambda_n\right\}\sin\beta_n\eta$$

(3.1.40b)

$$Q_{q\eta\eta_0} = -\frac{4q}{Da}\sum_{m=1,3}^{\infty}\frac{1}{\alpha_m}\left\{\left(\frac{kh^2}{10}\lambda^2 + \kappa_m^2 - \alpha_m^2\right)\left[1 - \frac{kh^2}{10}(\kappa_m^2 - \alpha_m^2)\right]\frac{1}{\kappa_m}\tanh\frac{b}{2}\kappa_m\right.$$

$$\left. - \left(\frac{kh^2}{10}\lambda^2 + \lambda_m^2 - \alpha_m^2\right)\left[1 - \frac{kh^2}{10}(\lambda_m^2 - \alpha_m^2)\right]\frac{1}{\lambda_m}\tanh\frac{b}{2}\lambda_m\right\}\sin\alpha_m\xi$$

(3.1.41a)

（或略去 h^4 为）

$$= -\frac{4q}{Da}\sum_{m=1,3}^{\infty}\frac{1}{\alpha_m}\left\{\left[\frac{kh^2}{10}\lambda^2 + (\kappa_m^2 - \alpha_m^2) - \frac{kh^2}{10}(\kappa_m^2 - \alpha_m^2)^2\right]\frac{1}{\kappa_m}\tanh\frac{b}{2}\kappa_m\right.$$

$$\left. - \left[\frac{kh^2}{10}\lambda^2 + (\lambda_m^2 - \alpha_m^2) - \frac{kh^2}{10}(\lambda_m^2 - \alpha_m^2)\right]\frac{1}{\lambda_m}\tanh\frac{b}{2}\lambda_m\right\}\sin\alpha_m\xi$$

(3.1.41b)

$$Q_{q\eta\eta b} = \frac{4q}{Da}\sum_{m=1,3}^{\infty}\frac{1}{\alpha_m}\left\{\left(\frac{kh^2}{10}\lambda^2 + \kappa_m^2 - \alpha_m^2\right)\left[1 - \frac{kh^2}{10}(\kappa_m^2 - \alpha_m^2)\right]\frac{1}{\kappa_m}\tanh\frac{b}{2}\kappa_m\right.$$

$$\left. - \left(\frac{kh^2}{10}\lambda^2 + \lambda_m^2 - \alpha_m^2\right)\left[1 - \frac{kh^2}{10}(\lambda_m^2 - \alpha_m^2)\right]\frac{1}{\lambda_m}\tanh\frac{b}{2}\lambda_m\right\}\sin\alpha_m\xi$$

(3.1.42a)

（或略去 h^4 为）

$$= \frac{4q}{Da}\sum_{m=1,3}^{\infty}\frac{1}{\alpha_m}\left\{\left[\frac{kh^2}{10}\lambda^2 + (\kappa_m^2 - \alpha_m^2) - \frac{kh^2}{10}(\kappa_m^2 - \alpha_m^2)^2\right]\frac{1}{\kappa_m}\tanh\frac{b}{2}\kappa_m\right.$$

$$\left. - \left[\frac{kh^2}{10}\lambda^2 + (\lambda_m^2 - \alpha_m^2) - \frac{kh^2}{10}(\lambda_m^2 - \alpha_m^2)\right]\frac{1}{\lambda_m}\tanh\frac{b}{2}\lambda_m\right\}\sin\alpha_m\xi$$

(3.1.42b)

$$M_{q\xi\eta\xi_0} = \frac{4q}{Db}\sum_{n=1,2}^{\infty}\left\{\left[1 - \frac{kh^2}{10}(\kappa_n^2 - \beta_n^2)\right]\left[(1 - \nu) + \frac{h^2}{5}\frac{kh^2}{10}\lambda^2\right.\right.$$

$$+\frac{h^2}{5}(\kappa_n^2-\beta_n^2)\Big]\frac{1}{\kappa_n}\tanh\frac{a}{2}\kappa_n-\Big[1-\frac{kh^2}{10}(\lambda_n^2-\beta_n^2)\Big]$$

$$\cdot\Big[(1-\nu)+\frac{h^2}{5}\frac{kh^2}{10}\lambda^2+\frac{h^2}{5}(\lambda_n^2-\beta_n^2)\Big]\frac{1}{\lambda_n}\tanh\frac{a}{2}\lambda_n\Big\}\cos\beta_n\eta$$

(3.1.43a)

(或略去 h^4 及 h^6 为)

$$=\frac{4q}{Db}\sum_{n=1,2}^{\infty}\Big\{\Big[(1-\nu)+\frac{h^2}{10}\nu(\kappa_n^2-\beta_n^2)\Big]\frac{1}{\kappa_n}\tanh\frac{a}{2}\kappa_n$$

$$-\Big[(1-\nu)+\frac{h^2}{10}\nu(\lambda_n^2-\beta_n^2)\Big]\frac{1}{\lambda_n}\tanh\frac{a}{2}\lambda_n\Big\}\cos\beta_n\eta \quad (3.1.43b)$$

$$M_{q\xi\eta\xi a}=-\frac{4q}{Db}\sum_{n=1,2}^{\infty}\Big\{\Big[1-\frac{kh^2}{10}(\kappa_n^2-\beta_n^2)\Big]\Big[(1-\nu)+\frac{h^2}{5}\frac{kh^2}{10}\lambda^2$$

$$+\frac{h^2}{5}(\kappa_n^2-\beta_n^2)\Big]\frac{1}{\kappa_n}\tanh\frac{a}{2}\kappa_n-\Big[1-\frac{kh^2}{10}(\lambda_n^2-\beta_n^2)\Big]$$

$$\cdot\Big[(1-\nu)+\frac{h^2}{5}\frac{kh^2}{10}\lambda^2+\frac{h^2}{5}(\lambda_n^2-\beta_n^2)\Big]\frac{1}{\lambda_n}\tanh\frac{a}{2}\lambda_n\Big\}\cos\beta_n\eta$$

(3.1.44a)

(或略去 h^4 及 h^6 为)

$$=-\frac{4q}{Db}\sum_{n=1,2}^{\infty}\Big\{\Big[(1-\nu)+\frac{h^2}{10}\nu(\kappa_n^2-\beta_n^2)\Big]\frac{1}{\kappa_n}\tanh\frac{a}{2}\kappa_n$$

$$-\Big[(1-\nu)+\frac{h^2}{10}\nu(\lambda_n^2-\beta_n^2)\Big]\frac{1}{\lambda_n}\tanh\frac{a}{2}\lambda_n\Big\}\cos\beta_n\eta \quad (3.1.44b)$$

$$M_{q\xi\eta\eta 0}=\frac{4q}{Da}\sum_{m=1,2}^{\infty}\Big\{\Big[1-\frac{kh^2}{10}(\kappa_m^2-\alpha_m^2)\Big]\Big[(1-\nu)+\frac{h^2}{5}\frac{kh^2}{10}\lambda^2$$

$$+\frac{h^2}{5}(\kappa_m^2-\alpha_m^2)\Big]\frac{1}{\kappa_m}\tanh\frac{b}{2}\kappa_m-\Big[1-\frac{kh^2}{10}(\lambda_m^2-\alpha_m^2)\Big]$$

$$\cdot\Big[(1-\nu)+\frac{h^2}{5}\frac{kh^2}{10}\lambda^2+\frac{h^2}{5}(\lambda_m^2-\alpha_m^2)\Big]\frac{1}{\lambda_m}\tanh\frac{b}{2}\lambda_m\Big\}\cos\alpha_m\xi$$

(3.1.45a)

(或略去 h^4 及 h^6 为)

$$=\frac{4q}{Da}\sum_{m=1,2}^{\infty}\Big\{\Big[(1-\nu)+\frac{h^2}{10}\nu(\chi_m^2-\alpha_m^2)\Big]\frac{1}{\kappa_m}\tanh\frac{b}{2}\kappa_m$$

$$-\Big[(1-\nu)+\frac{h^2}{10}\nu(\lambda_m^2-\alpha_m^2)\Big]\frac{1}{\lambda_m}\tanh\frac{b}{2}\lambda_m\Big\}\cos\alpha_m\xi \quad (3.1.45b)$$

$$
\begin{aligned}
M_{q\xi\eta\eta b} = & -\frac{4q}{Da}\sum_{m=1,2}^{\infty}\left\{\left[1-\frac{kh^2}{10}(\kappa_m^2-\alpha_m^2)\right]\left[(1-\nu)+\frac{h^2}{5}\frac{kh^2}{10}\lambda^2\right.\right. \\
& \left.+\frac{h^2}{5}(\kappa_m^2-\alpha_m^2)\right]\frac{1}{\kappa_m}\tanh\frac{b}{2}\kappa_m-\left[1-\frac{kh^2}{10}(\lambda_m^2-\alpha_m^2)\right] \\
& \left.\cdot\left[(1-\nu)+\frac{h^2}{5}\frac{kh^2}{10}\lambda^2+\frac{h^2}{5}(\lambda_m^2-\alpha_m^2)\right]\frac{1}{\lambda_m}\tanh\frac{h}{\alpha}\lambda_m\right\}\cos\alpha_m\xi
\end{aligned}
\tag{3.1.46a}
$$

（或略去 h^4 及 h^6 为）

$$
\begin{aligned}
= & -\frac{4q}{Da}\sum_{m=1,2}^{\infty}\left\{\left[(1-\nu)+\frac{h^2}{10}\nu(\kappa_m^2-\alpha_m^2)\right]\frac{1}{\kappa_m}\tanh\frac{b}{2}\kappa_m\right. \\
& \left.-\left[(1-\nu)+\frac{h^2}{10}\nu(\lambda_m^2-\alpha_m^2)\right]\frac{1}{\lambda_m}\tanh\frac{b}{2}\lambda_m\right\}\cos\alpha_m\xi
\end{aligned}
\tag{3.1.46b}
$$

对于式(2.2.15)的情况，令 $\lambda_n\to\lambda_n'$，$\lambda_m\to\lambda_m'$，$\tan\varphi=-i\tanh i\varphi$，可将式(3.1.35)~式(3.1.46)转换成相应的边界值。

3.2 一集中谐载作用下的四边简支弯曲厚矩形板

3.2.1 幅值挠曲面方程

考虑一在一集中谐载作用下的四边简支弯曲厚矩形板，如图3.2.1(a)所示。如将此集中谐载代以一集中幅值谐载，则得图3.2.1(b)所示幅值弯曲厚矩形板实际系统。其控制方程为

$$
D\nabla^4 w = P\delta(x-x_0,y-y_0)-\frac{kh^2}{10}P\nabla^2\delta(x-x_0,y-y_0)+D\lambda^2 w-\frac{kh^2}{10}D\lambda^2\nabla^2 w
\tag{3.2.1}
$$

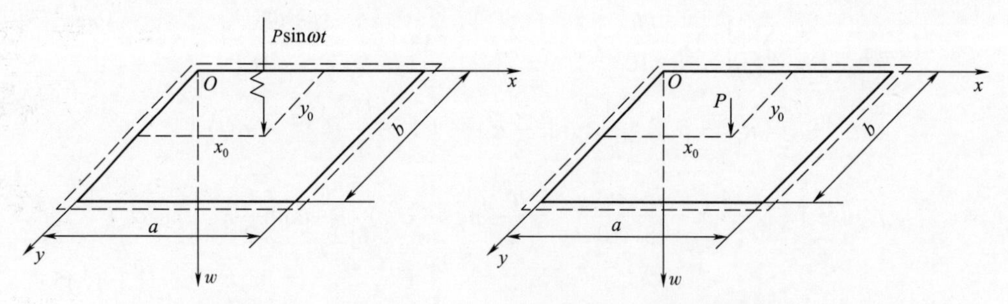

(a) 一集中谐载简支弯曲厚矩形板 (b) 一集中幅值载荷简支弯曲厚矩形板的实际系统

图3.2.1 一集中谐载及一幅值载荷作用下简支弯曲厚矩形板及其实际系统

在图2.1.1所示静力拟基本系统和图3.2.1(b)所示幅值弯曲厚矩形板实际系统之间应用修正的功的互等定理，则得

$$w(\xi,\eta)=\int_0^a\int_0^b\left[P\delta(x-x_0,y-y_0)-\frac{kh^2}{10}P\nabla^2\delta(x-x_0,y-y_0)+D\lambda^2 w(x,y)\right.$$

$$\left.-\frac{kh^2}{10}D\lambda^2\nabla^2 w(x,y)\right]w_1'(x,y;\xi,\eta)\mathrm{d}x\mathrm{d}y \tag{3.2.2}$$

假设

$$\begin{cases}w(\xi,\eta)=\sum_{m=1,2}^{\infty}\sum_{n=1,2}^{\infty}A_{mn}\sin\alpha_m\xi\sin\beta_n\eta\\ w(x,y)=\sum_{m=1,2}^{\infty}\sum_{n=1,2}^{\infty}A_{mn}\sin\alpha_m x\sin\beta_n y\end{cases} \tag{3.2.3}$$

注意到

$$\delta(x-x_0,y-y_0)=\frac{4}{ab}\sum_{m=1,2}^{\infty}\sum_{n=1,2}^{\infty}\sin\alpha_m x_0\sin\beta_n y_0\sin\alpha_m x\sin\beta_n y \tag{3.2.4}$$

$$\nabla^2\delta(x-x_0,y-y_0)=-\frac{4}{ab}\sum_{m=1,2}^{\infty}\sum_{n=1,2}^{\infty}K_{mn}\sin\alpha_m x_0\sin\beta_n y_0\sin\alpha_m x\sin\beta_n y \tag{3.2.5}$$

将式(3.2.3)~式(3.2.5)及式(2.1.2)代入式(3.2.2),则得

$$\sum_{m=1,2}^{\infty}\sum_{n=1,2}^{\infty}A_{mn}\sin\alpha_m\xi\sin\beta_n\eta=$$

$$\int_0^a\int_0^b\left[-\frac{4P}{ab}\sum_{m=1,2}^{\infty}\sum_{n=1,2}^{\infty}\sin\alpha_m x_0\sin\beta_n y_0\sin\alpha_m x\sin\beta_n y\right.$$

$$+\frac{4P}{ab}\frac{kh^2}{10}\sum_{m=1,2}^{\infty}\sum_{n=1,2}^{\infty}(\alpha_m^2+\beta_n^2)\sin\alpha_m x_0\sin\beta_n y_0\sin\alpha_m x\sin\beta_n y$$

$$+D\lambda^2\sum_{m=1,2}^{\infty}\sum_{n=1,2}^{\infty}A_{mn}\sin\alpha_m x\sin\beta_n y$$

$$\left.+\frac{kh^2}{10}D\lambda^2\sum_{m=1,2}^{\infty}\sum_{n=1,2}^{\infty}(\alpha_m^2+\beta_n^2)A_{mx}\sin\alpha_m x\sin\beta_n y\right]$$

$$\cdot\frac{4}{Dab}\sum_{m=1,2}^{\infty}\sum_{n=1,2}^{\infty}\frac{1}{(\alpha_m^2+\beta_n^2)^2}\sin\alpha_m\xi\sin\beta_n\eta\sin\alpha_m x\sin\beta_n y\mathrm{d}x\mathrm{d}y$$

解此方程,则得

$$A_{mn}=\frac{4P}{Dab}\frac{1+\frac{kh^2}{10}(\alpha_m^2+\beta_n^2)}{K_{dmn}^2}\sin\alpha_m x_0\sin\beta_n y_0 \tag{3.2.6}$$

于是有

$$w(\xi,\eta;x_0,y_0)=\frac{4P}{Dab}\sum_{m=1,2}^{\infty}\sum_{n=1,2}^{\infty}\frac{1+\frac{kh^2}{10}(\alpha_m^2+\beta_n^2)}{K_{dmn}^2}\sin\alpha_m x_0\sin\beta_n y_0\sin\alpha_m\xi\sin\beta_n\eta$$

$$= w_1(\xi,\eta;x_0,y_0) + w_2(\xi,\eta;x_0,y_0) \tag{3.2.7}$$

其中

$$w_1(\xi,\eta;x_0,y_0) = \frac{4P}{Dab}\sum_{m=1,2}^{\infty}\sum_{n=1,2}^{\infty}\frac{1}{K_{dmn}^2}\sin\alpha_m x_0\sin\beta_n y_0\sin\alpha_m\xi\sin\beta_n\eta \tag{3.2.8}$$

$$w_2(\xi,\eta;x_0,y_0) = \frac{4P}{Dab}\sum_{m=1,2}^{\infty}\sum_{n=1,2}^{\infty}\frac{1}{K_{dmn}^2}\frac{kh^2}{10}(\alpha_m^2+\beta_n^2) \cdot \sin\alpha_m x_0\sin\beta_n y_0\sin\alpha_m\xi\sin\beta_n\eta \tag{3.2.9}$$

且有

$$w_2(\xi,\eta;x_0,y_0) = -\frac{kh^2}{10}\nabla^2_{(\xi,\eta)}w_1(\xi,\eta;x_0,y_0) \tag{3.2.10}$$

当K_{dmn}^2表现为式(2.2.9)时,对于式(2.2.12)的情况,据式(2.2.13),则有

$$w_1(\xi,\eta;a-x_0,y_0) = \frac{2P}{Db}\sum_{n=1,2}^{\infty}\frac{1}{\kappa_n^2-\lambda_n^2}\left[-\frac{\sin\kappa_n(a-x_0)}{\kappa_n\sin\kappa_n a}\sinh\kappa_n\xi + \frac{\sinh\lambda_n(a-x_0)}{\lambda_n\sinh\lambda_n a}\sinh\lambda_n\xi\right]\sin\beta_n y_0\sin\beta_n\eta \quad (0\leqslant\xi\leqslant x_0) \tag{3.2.11}$$

再据式(3.2.11)和式(3.2.10),则得

$$w_2(\xi,\eta_i;a-x_0,y_0) = \frac{2P}{Db}\frac{kh^2}{10}\sum_{n=1,2}^{\infty}\frac{1}{\kappa_n^2-\lambda_n^2}\left[(\kappa_n^2-\beta_n^2) \cdot \frac{\sinh\kappa_n(a-x_0)}{\kappa_n\sinh k_n\alpha}\sinh\kappa_n\xi - (\lambda_n^2-\beta_n^2)\frac{\sinh\lambda_n(a-x_0)}{\lambda_n\sinh\lambda_n a}\sin\lambda_n\xi\right] \cdot \sin\beta_n y_0\sin\beta_n\eta \qquad (0\leqslant\xi\leqslant x_0) \tag{3.2.12}$$

将式(3.2.11)和式(3.2.12)代入式(3.2.7)中,则得

$$\begin{aligned} w(\xi,\eta;a-x_0,y_0) = & -\frac{2P}{Db}\sum_{n=1,2}^{\infty}\frac{1}{\kappa_n^2-\lambda_n^2}\left[\frac{\sin\kappa_n(a-x_0)}{\kappa_n\sinh\kappa_n a}\sinh\kappa_n\xi - \frac{\sinh\lambda_n(a-x_0)}{\lambda_n\sinh\lambda_n a}\sinh\lambda_n\xi\right] \\ & \cdot \sin\beta_n y_0\sin\beta_n\eta + \frac{2P}{Db}\frac{kh^2}{10}\sum_{n=1,2}^{\infty}\frac{1}{\kappa_n^2-\lambda_n^2}\left[(\kappa_n^2-\beta_n^2)\frac{\sinh\kappa_n(a-x_0)}{\kappa_n\sinh\kappa_n a}\sinh\kappa_n\xi \right. \\ & \left. -(\lambda_n^2-\beta_n^2)\frac{\sinh\lambda_n(a-x_0)}{\lambda_n\sin\lambda_n a}\sinh\lambda_n\xi\right]\sin\beta_n y_0\sin\beta_n\eta \quad (0\leqslant\xi\leqslant x_0) \end{aligned} \tag{3.2.13}$$

仿得到式(3.2.13)的相同方法,可得

$$\begin{aligned} w(a-\xi,\eta;x_0,y_0) = & -\frac{2P}{Db}\sum_{n=1,2}^{\infty}\frac{1}{\kappa_n^2-\lambda_n^2}\left[\frac{\sinh\kappa_n x_0}{\kappa_n\sinh\kappa_n a}\sinh\kappa_n(a-\xi) - \frac{\sinh\lambda_n x_0}{\lambda_n\sinh\lambda_n a}\sinh\lambda_n(a-\xi)\right] \\ & \cdot \sin\beta_n y_0\sin\beta_n\eta + \frac{2P}{Db}\frac{kh^2}{10}\sum_{n=1,2}^{\infty}\frac{1}{\kappa_n^2-\lambda_n^2}\left[(\kappa_n^2-\beta_n^2)\frac{\sinh\kappa_n x_0}{\kappa_n\sinh k_n a}\sinh\kappa_n(a-\xi)\right. \end{aligned}$$

$$
-\left(\lambda_n^2-\beta_n^2\right)\frac{\sinh\lambda_n x_0}{\lambda_n\sinh\lambda_n a}\sinh\lambda_n(a-\xi)\Bigg]\sin\beta_n y_0\sin\beta_n\eta \quad (x_0\leqslant\xi\leqslant\alpha)
$$

(3.2.14)

对于式(2.2.15)情况,式(3.2.13)和式(3.2.14)分别转换成为

$$
\begin{aligned}
w(\xi,\eta;a-x_0,y_0)=&-\frac{2P}{Db}\sum_{n=1,2}^{\infty}\frac{1}{\kappa_n^2+\lambda_n'^2}\left[\frac{\sinh\kappa_n(a-x_0)}{\kappa_n\sinh\kappa_n a}\sinh\kappa_n\xi\right.\\
&\left.-\frac{\sin\lambda_n'(a-x_0)}{\lambda_n'\sin\lambda_n' a}\sin\lambda_n'\xi\right]\sin\beta_n y_0\sin\beta_n\eta\\
&+\frac{2P}{Db}\frac{kh^2}{10}\sum_{n=1,2}^{\infty}\frac{1}{\kappa_n^2+\lambda_n'^2}\left[\left(\kappa_n^2-\beta_n^2\right)\frac{\sin\kappa_n(a-x_0)}{\kappa_n\sinh\kappa_n a}\sinh\kappa_n\xi\right.\\
&\left.+\left(\lambda_n'^2+\beta_n^2\right)\frac{\sin\lambda'_n(a-x_0)}{\lambda'_n\sin\lambda_2' a}\sin\lambda_n'\xi\right]\sin\beta_0 y_0\sin\beta_x\eta \quad (0\leqslant\xi\leqslant x_0)
\end{aligned}
$$

(3.2.15)

和

$$
\begin{aligned}
w(\alpha-\xi,\eta;x_0,y_0)=&-\frac{2P}{Db}\sum_{n=1,2}^{\infty}\frac{1}{\kappa_n^2+\lambda_n'^2}\left[\frac{\sinh\kappa_n x_0}{\kappa_n\sinh x_n a}\sinh\kappa_n(a-\xi)\right.\\
&\left.-\frac{\sin\lambda_n' x_0}{\lambda_n'\sin\lambda_n' a}\sin\lambda_n'(a-\xi)\right]\sin\beta_n y_0\sin\beta_n\eta\\
&+\frac{2P}{Db}\frac{kh^2}{10}\sum_{n=1,2}^{\infty}\frac{1}{\kappa_n^2+\lambda_n'^2}\left[\left(\kappa_n^2-\beta_n^2\right)\frac{\sinh\kappa_n x_0}{\kappa_n\sinh\kappa_n a}\sinh\kappa_n(\alpha-\xi)\right.\\
&\left.+\left(\lambda_n'^2+\beta_n^2\right)\frac{\sin\lambda_n' x_0}{\lambda_n'\sin\lambda_n' a}\sin\lambda_n'(\alpha-\xi)\right]\sin\beta_n y_0\sin\beta_n\eta\ (x_0\leqslant\xi\leqslant a)
\end{aligned}
$$

(3.2.16)

当K_{dmn}^2表现为式(2.2.21)时,对于式(2.2.12)的情况,据式(2.2.25)和式(2.2.26),式(3.2.7)可分别转换为

$$
\begin{aligned}
w(\xi,\eta;x_0,b-y_0)=&-\frac{2P}{Da}\sum_{m=1,2}^{\infty}\frac{1}{\kappa_m^2-\lambda_m^2}\left[\frac{\sinh\kappa_m(b-y_0)}{\kappa_m\sinh\kappa_m b}\sinh\kappa_m\eta-\frac{\sinh\lambda_m(b-y_0)}{\lambda_m\sinh\lambda_m b}\sinh\lambda_m\eta\right]\\
&\cdot\sin\alpha_m x_0\sin\alpha_m\xi+\frac{2P}{Da}\frac{kh^2}{10}\sum_{m=1,2}^{\infty}\frac{1}{\kappa_m^2-\lambda_m^2}\left[\left(\kappa_m^2-\alpha_m^2\right)\frac{\sinh\kappa_m(b-y_0)}{\kappa_m\sin k_m b}\sin\kappa_m\eta\right.\\
&\left.-\left(\lambda_m^2-\alpha_m^2\right)\frac{\sinh\lambda_m(b-y_0)}{\lambda_m\sinh\lambda_m b}\sinh\lambda_m\eta\right]\sin\alpha_m x_0\sin\alpha_m\xi \quad (0\leqslant\eta\leqslant y_0)
\end{aligned}
$$

(3.2.17)

和

$$
w(\xi,b-\eta;x_0,y_0)=-\frac{2P}{Da}\sum_{m=1,2}^{\infty}\frac{1}{\kappa_m^2-\lambda_m^2}\left[\frac{\sinh\kappa_m y_0}{\kappa_m\sinh\kappa_m b}\sinh\kappa_m(b-\eta)\right.
$$

$$
- \frac{\sinh\lambda_m y_0}{\lambda_m \sinh\lambda_m b}\sinh\lambda_m(b-\eta)\Bigg]\sin\alpha_m x_0 \sin\alpha_m \xi
$$

$$
+ \frac{2P}{Da}\frac{kh^2}{10}\sum_{m=1,2}^{\infty}\frac{1}{\kappa_m^2-\lambda_m^2}\Bigg[(\kappa_m^2-\alpha_m^2)\frac{\sinh\kappa_m y_0}{\kappa_m \sinh\kappa_m b}\sinh\kappa_m(b-\eta)
$$

$$
-(\lambda_m^2-\alpha_m^2)\frac{\sinh\lambda_m y_0}{\lambda_m \sinh\lambda_m b}\sinh\lambda_m(b-\eta)\Bigg]\sin\alpha_m x_0 \sin\alpha_m \xi \quad (y_0 \leqslant \eta \leqslant b)
$$

(3.2.18)

对于式(2.2.15)情况,式(3.2.17)和式(3.2.18)分别可以转换为

$$
w(\xi,\eta;x_0,b-y_0) = \frac{-2P}{Da}\sum_{m=1,2}^{\infty}\frac{1}{\kappa_m^2+\lambda_m'^2}\Bigg[\frac{\sinh\kappa_m(b-y_0)}{\kappa_m \sinh\kappa_m b}\sinh\kappa_m \eta
$$

$$
- \frac{\sin\lambda_m'(b-y_0)}{\lambda_m' \sin\lambda_m' b}\sin\lambda_m' \eta\Bigg]\sin\alpha_m x_0 \sin\alpha_m \xi
$$

$$
+ \frac{2P}{Da}\frac{kh^2}{10}\sum_{m=1,2}^{\infty}\frac{1}{\kappa_m^2+\lambda_m'^2}\Bigg[(\kappa_m^2-\alpha_m^2)\frac{\sinh\kappa_m(b-y_0)}{\kappa_m \sinh\kappa_m b}\sinh\kappa_m \eta
$$

$$
+(\lambda_m'^2+\alpha_m^2)\frac{\sin\lambda_m'(b-y_0)}{\lambda_m' \sin\lambda_m' b}\sin\lambda_m' \eta\Bigg]\sin\alpha_m x_0 \sin\alpha_m \xi \quad (0 \leqslant \eta \leqslant y_0)
$$

(3.2.19)

和

$$
w(\xi,b-\eta;x_0 y_0) = \frac{-2P}{Da}\sum_{m=1,2}^{\infty}\frac{1}{\kappa_m^2+\lambda_m^2}\Bigg[\frac{\sinh\kappa_m y_0}{\kappa_m \sinh\kappa_m b}\sinh\kappa_m(b-\eta)
$$

$$
- \frac{\sin\lambda_m' y_0}{\lambda_m' \sin\lambda_m' b}\sin\lambda_m'(b-\eta)\Bigg]\sin\alpha_m x_0 \sin\alpha_m \xi
$$

$$
+ \frac{2P}{Da}\frac{kh^2}{10}\sum_{m=1,2}^{\infty}\frac{1}{\kappa_m^2+\lambda_m'^2}\Bigg[(\kappa_m^2-\alpha_m^2)\frac{\sinh\kappa_m y_0}{\kappa_m \sinh\kappa_m b}\sinh\kappa_m(b-\eta)
$$

$$
+(\lambda_m'^2+\alpha_m^2)\frac{\sin\lambda'_m y_0}{\lambda_m' \sin\lambda'_m b}\sin\lambda_m'(b-\eta)\Bigg]\sin\alpha_m x_0 \sin\alpha_m \xi \; (y_0 \leqslant \eta \leqslant b)
$$

(3.2.20)

仿文3.1.2节,本小节的应力函数也为零。无论在何种载荷作用下,四边简支弯曲厚矩形板的应力函数均为零。

利用三角级数和双曲函数混合表示的静力拟基本解式(2.1.21)、式(2.1.22);式(2.1.24)和式(2.1.25)也可以求解在一集中谐载作用下四边简支弯曲厚矩形板幅值挠曲面方程。它们分别可表示为

$$
w_p(\xi,\eta;a-x_0,y_0) = \int_0^a\int_0^b\Bigg[P\delta(x-x_0,y-y_0) - \frac{kh^2}{10}P\,\nabla^2\delta(x-x_0,y-y_0)
$$

$$
+ D\lambda^2 w_p(x,y;x-x_0,y_0) - D\frac{kh^2}{10}\lambda^2\,\nabla^2 w_p(x,y;x-x_0,y_0)\Bigg]
$$

$$\cdot w'_1(x,y;a-\xi,\eta)\mathrm{d}x\mathrm{d}y \qquad (0 \leqslant \xi \leqslant x_0) \tag{3.2.21}$$

$$w_p(\alpha-\xi,\eta;x_0,y_0)=\int_0^a\int_0^b\Big[P\delta(x-x_0,y-y_0)-\frac{kh^2}{10}P\,\nabla^2\delta(x-x_0,y-y_0)$$
$$+D\lambda^2 w_p(a-x,y;x_0,y_0)-D\frac{kh^2}{10}\lambda^2\,\nabla^2 w_p(a-x,y;x_0,y_0)\Big]$$
$$\cdot w'_1(a-x,y;\xi,\eta)\mathrm{d}x\mathrm{d}y \qquad (x_0 \leqslant \xi \leqslant a) \tag{3.2.22}$$

$$w_p(\xi,\eta;x_0,b-y_0)=\int_0^a\int_0^b\Big[P\delta(x-x_0,y-y_0)-\frac{kh^2}{10}P\,\nabla^2\delta(x-x_0,y-y_0)$$
$$+D\lambda^2 w_p(x,y;x_0,b-y_0)-D\frac{kh^2}{10}\lambda^2\,\nabla^2 w_p(x,y;x_0,b-y_0)\Big]$$
$$\cdot w'_1(x,y;\xi,b-\eta)\mathrm{d}x\mathrm{d}y \qquad (0 \leqslant \eta \leqslant y_0) \tag{3.2.23}$$

$$w_p(\xi,b-\eta;x_0,y_0)=\int_0^a\int_0^b\Big[P\delta(x-x_0,y-y_0)-\frac{kh^2}{10}P\,\nabla^2\delta(x-x_0,y-y_0)$$
$$+D\lambda^2 w_p(x,b-y;x_0,y_0)-D\frac{kh^2}{10}\lambda^2\,\nabla^2 w_p(x,b-y;x_0,y_0)\Big]$$
$$\cdot w'_1(x,b-y;\xi,\eta)\mathrm{d}x\mathrm{d}y \qquad (y_0 \leqslant \eta \leqslant b) \tag{3.2.24}$$

利用三角级数和双曲函数混合表示的幅值拟基本解式(2.2.13)、式(2.2.14);式(2.2.15)和式(2.2.26)可以求解在一集中谐载作用下四边简支弯曲厚矩形板的幅值挠曲面方程。它们可分别表示为

$$w_p(\xi,\eta;a-x_0,y_0)=\int_0^a\int_0^b\Big[P\delta(x-x_0,y-y_0)-\frac{kh^2}{10}P\,\nabla^2\delta(x-x_0,y-y_0)\Big]$$
$$\cdot w_1(x,y;a-\xi,\eta)\mathrm{d}x\mathrm{d}y \qquad (0 \leqslant \xi \leqslant x_0) \tag{3.2.25}$$

$$w_p(\alpha-\xi,\eta;x_0,y_0)=\int_0^a\int_0^b\Big[P\delta(x-x_0,y-y_0)-\frac{kh^2}{10}P\,\nabla^2\delta(x-x_0,y-y_0)\Big]$$
$$\cdot w(a-x,y;\xi,\eta)\mathrm{d}x\mathrm{d}y \qquad (x_0 \leqslant \xi \leqslant a) \tag{3.2.26}$$

$$w_p(\xi,\eta;x_0,b-y_0)=\int_0^a\int_0^b\Big[P\delta(x-x_0,y-y_0)-\frac{kh^2}{10}P\,\nabla^2\delta(x-x_0,y-y_2)\Big]$$
$$\cdot w_1(x,y;\xi,b-\eta)\mathrm{d}x\mathrm{d}y \qquad (0 \leqslant \eta \leqslant y_0) \tag{3.2.27}$$

$$w_p(\xi,b-\eta;x_0,y_0)=\int_0^a\int_0^b\Big[P\delta(x-x_0,y-y_0)-\frac{kh^2}{10}P\,\nabla^2\delta(x-x_0,y-y_0)\Big]$$
$$\cdot w_1(x,b-y;\xi,\eta)\mathrm{d}x\mathrm{d}y \qquad (y_0 \leqslant \eta \leqslant b) \tag{3.2.28}$$

式(3.2.21)~式(3.2.28)的计算比较麻烦。

3.2.2 边界值

为计算复杂边界条件弯曲厚矩形板的问题,本小节将给出在一集中谐载作用下四边简支弯曲厚矩形板的边界转角、边界切力和边界扭矩。对于式(2.2.12)的情况,它们分别为

$$\omega_{P\xi\xi 0}=\frac{2P}{Db}\sum_{n=1,2}^{\infty}\frac{1}{\kappa_n^2-\lambda_n^2}\left\{\left[1+\frac{h^2}{10}\frac{\nu}{1-\nu}(\kappa_n^2-\beta_n^2)-\frac{kh^4}{50(1-\nu)}(\kappa_n^2-\beta_n^2)^2\right.\right.$$

$$\left.+\frac{kh^4}{50(1-\nu)}\lambda^2-\frac{k^2h^6\lambda^2}{500(1-\nu)}(\kappa_n^2-\beta_n^2)\right]\frac{\sinh\kappa_n(a-x_0)}{\sinh\kappa_n a}$$

$$-\left[1+\frac{h^2}{10}\frac{\nu}{1-\nu}(\lambda_n^2-\beta_n^2)-\frac{kh^4}{50(1-\nu)}(\lambda_n^2-\beta_n^2)^2+\frac{kh^4}{50(1-\nu)}\lambda^2\right.$$

$$\left.\left.-\frac{k^2h^6\lambda^2}{500(1-\nu)}(\lambda_n^2-\beta_n^2)\right]\frac{\sinh\lambda_n(a-x_0)}{\sinh\lambda_n a}\right\}\sin\beta_n y_0\sin\beta_n\eta \tag{3.2.29}$$

$$\omega_{P\xi\xi a}=-\frac{2P}{Db}\sum_{n=1,2}^{\infty}\frac{1}{\kappa_n^2-\lambda_n^2}\left\{\left[1+\frac{h^2}{10}\frac{\nu}{1-\nu}(\kappa_n^2-\beta_n^2)-\frac{\kappa h^4}{50(1-\nu)}(\kappa_n^2-\beta_n^2)^2\right.\right.$$

$$\left.+\frac{kh^4}{50(1-\nu)}\lambda^2-\frac{\kappa^2h^6\lambda^2}{500(1-\nu)}(\kappa_n^2-\beta_n^2)\right]\frac{\sinh\kappa_n x_0}{\sinh\kappa_n a}-\left[1+\frac{h^2}{10}\frac{\nu}{1-\nu}(\lambda_n^2-\beta_n^2)\right.$$

$$\left.-\frac{kh^4}{50(1-\nu)}(\lambda_n^2-\beta_n^2)^2+\frac{kh^4}{50(1-\nu)}\lambda^2-\frac{k^2h^6\lambda^2}{500(1-\nu)}(\lambda_n^2-\beta_n^2)\right]$$

$$\left.\cdot\frac{\sinh\lambda_n x_0}{\sinh\lambda_n a}\right\}\sin\beta_n y_0\sin\beta_n\eta \tag{3.2.30}$$

$$\omega_{P\eta\eta 0}=\frac{2P}{Da}\sum_{m=1,2}^{\infty}\frac{1}{\kappa_m^2-\lambda_m^2}\left\{\left[1+\frac{h^2}{10}\frac{\nu}{1-\nu}(\kappa_m^2-\alpha_m^2)-\frac{kh^4}{50(1-\nu)}(\kappa_m^2-\alpha_m^2)^2\right.\right.$$

$$\left.+\frac{kh^4}{50(1-\nu)}\lambda^2-\frac{k^2h^6\lambda^2}{500(1-\nu)}(\kappa_m^2-\alpha_m^2)\right]\frac{\sinh\kappa_m(b-y_0)}{\sinh\kappa_m b}$$

$$-\left[1+\frac{h^2}{10}\frac{\nu}{1-\nu}(\lambda_m^2-\alpha_m^2)-\frac{kh^4}{50(1-\nu)}(\lambda_m^2-\alpha_m^2)^2\right.$$

$$\left.\left.+\frac{kh^4}{50(1-\nu)}\lambda^2-\frac{k^2h^6\lambda^2}{500(1-\nu)}(\lambda_m^2-\alpha_m^2)\right]\frac{\sinh\lambda_m(b-y_0)}{\sinh\lambda_m b}\right\}\sin\alpha_m x_0\sin\alpha_m\xi$$

$$\tag{3.2.31}$$

$$\omega_{P\eta\eta b}=-\frac{2P}{Da}\sum_{m=1,2}^{\infty}\frac{1}{\kappa_m^2-\lambda_m^2}\left\{\left[1+\frac{h^2}{10}\frac{\nu}{1-\nu}(\kappa_m^2-\alpha_m^2)-\frac{kh^4}{50(1-\nu)}(\kappa_m^2-\alpha_m^2)^2\right.\right.$$

$$\left.+\frac{kh^4}{50(1-\nu)}\lambda^2-\frac{k^2h^6\lambda^2}{500(1-\nu)}(\kappa_m^2-\alpha_m^2)\right]\frac{\sinh\kappa_m y_0}{\sinh\kappa_m b}$$

$$-\left[1+\frac{h^2}{10}\frac{\nu}{1-\nu}(\lambda_m^2-\alpha_m^2)-\frac{kh^4}{50(1-\nu)}(\lambda_m^2-\alpha_m^2)^2\right.$$

$$+\frac{kh^4}{50(1-\nu)}\lambda^2-\frac{k^2h^6\lambda^2}{500(1-\nu)}(\lambda_m^2-\alpha_m^2)\Bigg]\frac{\sinh\lambda_m y_0}{\sinh\lambda_m b}\Bigg\}\sin\alpha_m x_0\sin\alpha_m\xi$$

(3.2.32)

$$Q_{P\xi\xi 0}=\frac{2P}{b}\sum_{n=1,2}^{\infty}\frac{1}{\kappa_n^2-\lambda_n^2}\Bigg\{\Bigg[(\kappa_n^2-\beta_n^2)-\frac{kh^2}{10}(\kappa_n^2-\beta_n^2)^2+\frac{kh^2}{10}\lambda^2-\frac{k^2h^4\lambda^2}{100}(\kappa_n^2-\beta_n^2)\Bigg]$$

$$\cdot\frac{\sinh\kappa_n(a-x_0)}{\sinh\kappa_n a}-\Bigg[(\lambda_n^2-\beta_n^2)-\frac{kh^2}{10}(\lambda_n^2-\beta_n^2)^2+\frac{kh^2}{10}\lambda^2-\frac{k^2h^4\lambda^2}{100}(\lambda_n^2-\beta_n^2)\Bigg]$$

$$\cdot\frac{\sinh\lambda_n(a-x_0)}{\sinh\lambda_n a}\Bigg\}\sin\beta_n y_0\sin\beta_n\eta \tag{3.2.33}$$

$$Q_{P\xi\xi a}=-\frac{2P}{b}\sum_{n=1,2}^{\infty}\frac{1}{\kappa_n^2-\lambda_n^2}\Bigg\{\Bigg[(\kappa_n^2-\beta_n^2)-\frac{kh^2}{10}(\kappa_n^2-\beta_n^2)^2+\frac{kh^2}{10}\lambda^2-\frac{k^2h^4\lambda^2}{100}(\kappa_n^2-\beta_n^2)\Bigg]$$

$$\cdot\frac{\sinh\kappa_n x_0}{\sinh\kappa_n a}-\Bigg[(\lambda_n^2-\beta_n^2)-\frac{kh^2}{10}(\lambda_n^2-\beta_n^2)^2+\frac{kh^2}{10}\lambda^2-\frac{k^2h^4\lambda^2}{100}(\lambda_n^2-\beta_n^2)\Bigg]$$

$$\cdot\frac{\sinh\lambda_n x_0}{\sinh\lambda_n a}\Bigg\}\sin\beta_n y_0\sin\beta_n\eta \tag{3.2.34}$$

$$Q_{P\eta\eta 0}=\frac{2P}{a}\sum_{m=1,2}^{\infty}\frac{1}{\kappa_m^2-\lambda_m^2}\Bigg\{\Bigg[(\kappa_m^2-\alpha_m^2)-\frac{kh^2}{10}(\kappa_m^2-\alpha_m^2)^2+\frac{kh^2}{10}\lambda^2-\frac{k^2h^4\lambda^2}{100}(\kappa_m^2-\alpha_m^2)\Bigg]$$

$$\cdot\frac{\sinh\kappa_m(b-y_0)}{\sinh\kappa_m b}-\Bigg[(\lambda_m^2-\alpha_m^2)-\frac{kh^2}{10}(\lambda_m^2-\alpha_m^2)^2+\frac{kh^2}{10}\lambda^2-\frac{k^2h^4\lambda^2}{100}(\lambda_m^2-\alpha_m^2)\Bigg]$$

$$\cdot\frac{\sinh\lambda_m(b-y_0)}{\sinh\lambda_m b}\Bigg\}\sin\alpha_m x_0\sin\alpha_m\xi \tag{3.2.35}$$

$$Q_{P\eta\eta b}=-\frac{2P}{a}\sum_{m=1,2}^{\infty}\frac{1}{\kappa_m^2-\lambda_m^2}\Bigg\{\Bigg[(\kappa_m^2-\alpha_m^2)-\frac{kh^2}{10}(\kappa_m^2-\alpha_m^2)^2+\frac{kh^2}{10}\lambda^2-\frac{k^2h^4\lambda^2}{100}(\kappa_m^2-\alpha_m^2)\Bigg]$$

$$\cdot\frac{\sinh\kappa_m y_0}{\sinh\kappa_m b}-\Bigg[(\lambda_m^2-\alpha_m^2)-\frac{kh^2}{10}(\lambda_m^2-\alpha_m^2)^2+\frac{kh^2}{10}\lambda^2-\frac{k^2h^4\lambda^2}{100}(\lambda_m^2-\alpha_m^2)\Bigg]$$

$$\cdot\frac{\sinh\lambda_m y_0}{\sinh\lambda_m b}\Bigg\}\sin\alpha_m x_0\sin\alpha_m\xi \tag{3.2.36}$$

$$M_{P\xi\eta\xi 0}=\frac{2P}{b}\sum_{n=1,2}^{\infty}\frac{\beta_n}{\kappa_n^2-\lambda_n^2}\Bigg\{\Bigg[1-\nu+\frac{\nu h^2}{10}(\kappa_n^2-\beta_n^2)-\frac{kh^4}{50}(\kappa_n^2-\beta_n^2)^2+\frac{kh^4}{50}\lambda^2-\frac{k^2h^6\lambda^2}{500}$$

$$\cdot(\kappa_n^2-\beta_n^2)\Bigg]\frac{\sinh\kappa_n(a-x_0)}{\sinh\kappa_n a}-\Bigg[1-\nu+\frac{\nu h^2}{10}(\lambda_n^2-\beta_n^2)-\frac{kh^4}{50}(\lambda_n^2-\beta_n^2)^2+\frac{kh^4}{50}\lambda^2$$

$$-\frac{k^2h^6\lambda^2}{500}(\lambda_n^2-\beta_n^2)\Bigg]\frac{\sinh\lambda_n(a-x_0)}{\sinh\lambda_n a}\Bigg\}\sin\beta_n\eta\cos\beta_n y \tag{3.2.37}$$

$$M_{P\xi\eta\xi a} = -\frac{2P}{b}\sum_{n=1,2}^{\infty}\frac{\beta_n}{\kappa_n^2-\lambda_n^2}\left\{\left[1-\nu+\frac{\nu h^2}{10}(\kappa_n^2-\beta_n^2)-\frac{kh^4}{50}(\kappa_n^2-\beta_n^2)^2+\frac{kh^4}{50}\lambda^2-\frac{k^2h^6\lambda^2}{500}\right.\right.$$

$$\left.\cdot(\kappa_n^2-\beta_n^2)\right]\frac{\sinh\kappa_n x_0}{\sinh\kappa_n a}-\left[1-\nu+\frac{\nu h^2}{10}(\lambda_n^2-\beta_n^2)-\frac{kh^4}{50}(\lambda_n^2-\beta_n^2)^2+\frac{kh^4}{50}\lambda^2\right.$$

$$\left.\left.-\frac{k^2h^6\lambda^2}{500}(\lambda_n^2-\beta_n^2)\right]\frac{\sinh\lambda_n x_0}{\sinh\lambda_n a}\right\}\sin\beta_n y_0\cos\beta_n\eta \tag{3.2.38}$$

$$M_{P\eta\xi\eta 0} = \frac{2P}{a}\sum_{m=1,2}^{\infty}\frac{\alpha_m}{\kappa_m^2-\lambda_m^2}\left\{\left[1-\nu+\frac{\nu h^2}{10}(\kappa_m^2-\alpha_m^2)-\frac{kh^4}{50}(\kappa_m^2-\alpha_m^2)^2+\frac{kh^4}{50}\lambda^2-\frac{k^2h^6\lambda^2}{500}\right.\right.$$

$$\left.\cdot(\kappa_m^2-\alpha_m^2)\right]\frac{\sinh\kappa_m(b-y_0)}{\sinh\kappa_m b}-\left[1-\nu+\frac{\nu h^2}{10}(\lambda_m^2-\alpha_m^2)-\frac{kh^4}{50}(\lambda_m^2-\alpha_m^2)^2\right.$$

$$\left.\left.+\frac{kh^4}{50}\lambda^2-\frac{k^2h^6\lambda^2}{500}(\lambda_m^2-\alpha_m^2)\right]\frac{\sinh\lambda_m(b-y_0)}{\sinh\lambda_m b}\right\}\sin\alpha_m x_0\cos\alpha_m\xi \tag{3.2.39}$$

$$M_{P\eta\xi\eta b} = -\frac{2P}{a}\sum_{m=1,2}^{\infty}\frac{\alpha_m}{\kappa_m^2-\lambda_m^2}\left\{\left[1-\nu+\frac{\nu h^2}{10}(\kappa_m^2-\alpha_m^2)-\frac{kh^4}{50}(\kappa_m^2-\alpha_m^2)^2+\frac{kh^4}{50}\lambda^2-\frac{k^2h^6\lambda^2}{500}\right.\right.$$

$$\left.\cdot(\kappa_m^2-\alpha_m^2)\right]\frac{\sinh\kappa_m y_0}{\sinh\kappa_m b}-\left[1-\nu+\frac{\nu h^2}{10}(\lambda_m^2-\alpha_m^2)-\frac{kh^4}{50}(\lambda_m^2-\alpha_m^2)^2\right.$$

$$\left.\left.+\frac{kh^4}{50}\lambda^2-\frac{k^2h^6\lambda^2}{500}(\lambda_m^2-\alpha_m^2)\right]\frac{\sinh\lambda_m y_0}{\sinh\lambda_m b}\right\}\sin\alpha_m x_0\cos\alpha_m\xi \tag{3.2.40}$$

3.2.3 数值计算与有限元分析

作为数值算例，取 $x_0=y_0=0.5\text{m}$，$a=b=1\text{m}$，$P=100\text{N}$，$E=200\text{GPa}$，$\nu=0.3$，$h/a=0.1$、0.2、0.3，频率比取 $\omega/\omega_{11}=0.1$、0.3、0.5、0.6。厚矩形板的基频 ω_{11} 可通过查阅阮沈勇的《Matlab 程序设计与应用》获得。

应用修正的功的互等定理所得到的四边简支弯曲厚矩形板受迫振动的挠曲面方程。在 Matlab 平台上直接赋值即可得数值解，取 50 项，则得收敛很好的解。

同时，用 Ansys 有限元软件进行模拟。选择 Solid 185 单元。对于简支边的约束，是将简支边界面上除法向位移外，其他位移全部约束；三个转动的自由度也均被约束。

所得 $\dfrac{x}{a}=0.5$ 截面上的挠曲线幅值列于表 3.2.1～表 3.2.3，相应的挠度曲线示于图 3.2.2～图 3.2.4。

表 3.2.1　四边简支弯曲厚矩形板, $h/a=0.1$, $x/a=0.5$ 幅值挠曲线

(10^{-10}m)

y/b	$0.1\omega_{11}$		$0.3\omega_{11}$		$0.5\omega_{11}$		$0.6\omega_{11}$	
	Ansys	本书方法	Ansys	本书方法	Ansys	本书方法	Ansys	本书方法
0	0	0	0	0	0	0	0	0
0.1	168.65	168.16	184.78	183.98	227.37	225.60	269.04	266.06
0.2	332.76	331.82	363.48	361.97	444.63	441.26	523.99	518.31
0.3	485.86	484.50	528.27	526.11	640.19	635.46	749.58	741.66
0.4	617.74	616.21	667.72	665.25	799.54	794.04	928.31	919.06
0.5	736.85	745.07	789.25	796.69	927.36	932.22	1062.26	1063.80

表 3.2.2　四边简支弯曲厚矩形板, $h/a=0.2$, $x/a=0.5$ 幅值挠曲线

(10^{-10}m)

y/b	$0.1\omega_{11}$		$0.3\omega_{11}$		$0.5\omega_{11}$		$0.6\omega_{11}$	
	Ansys	本书方法	Ansys	本书方法	Ansys	本书方法	Ansys	本书方法
0	0	0	0	0	0	0	0	0
0.1	23.32	23.16	25.62	25.30	31.68	30.85	37.62	36.15
0.2	46.41	46.08	50.79	50.17	62.36	60.76	73.68	70.86
0.3	68.97	68.44	75.03	74.09	91.02	88.73	106.65	102.68
0.4	91.63	90.46	98.79	97.13	117.67	114.41	136.10	130.86
0.5	133.47	132.91	140.93	139.94	160.57	158.15	179.72	175.47

表 3.2.3　四边简支弯曲厚矩形板, $h/a=0.3$, $x/a=0.5$ 幅值挠曲线

(10^{-10}m)

y/b	$0.1\omega_{11}$		$0.3\omega_{11}$		$0.5\omega_{11}$		$0.6\omega_{11}$	
	Ansys	本书方法	Ansys	本书方法	Ansys	本书方法	Ansys	本书方法
0	0	0	0	0	0	0	0	0
0.1	8.02	7.92	8.83	8.65	10.99	10.51	13.10	12.26
0.2	16.14	15.93	17.70	17.32	21.82	20.88	25.85	24.23
0.3	24.55	24.18	26.72	26.10	32.43	31.04	38.01	35.68
0.4	35.50	33.44	38.05	35.73	44.76	41.59	51.30	47.07
0.5	61.48	59.03	64.14	61.45	71.14	67.64	77.95	73.42

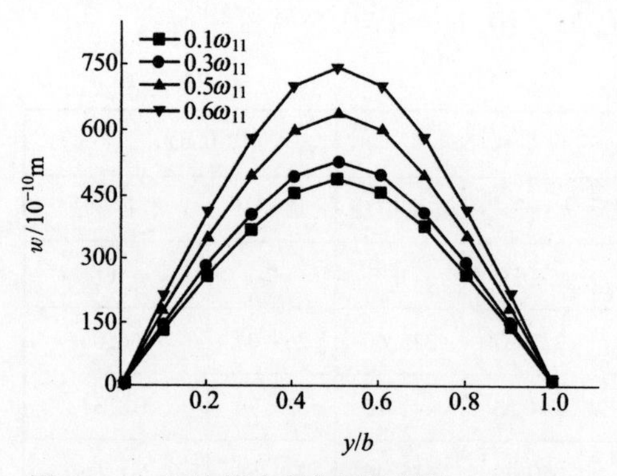

图 3.2.2　四边简支弯曲厚矩形板，$h/a=0.1$，$x/a=0.5$ 幅值挠曲线

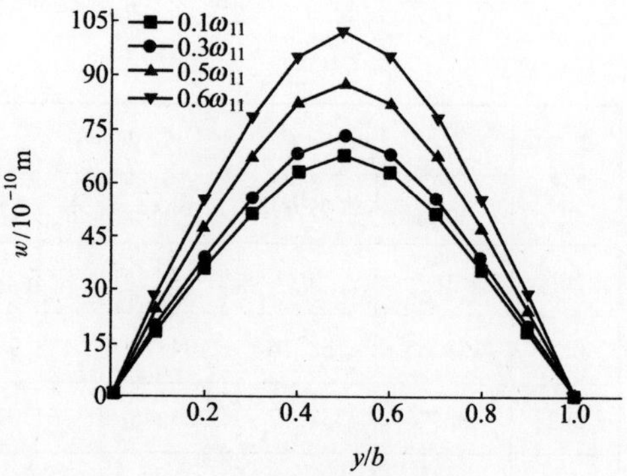

图 3.2.3　四边简支弯曲厚矩形板，$h/a=0.2$，$x/a=0.5$ 幅值挠曲线

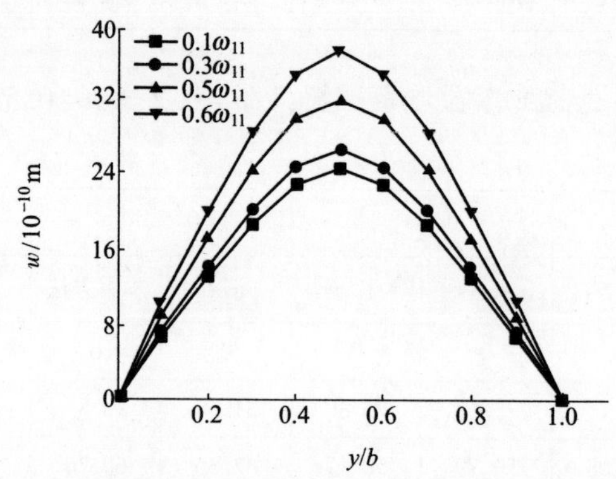

图 3.2.4　四边简支弯曲厚矩形板，$h/a=0.3$，$x/a=0.5$ 幅值挠曲线

3.2.4　计算结果分析

表 3.2.1~表 3.2.3 给出了四边简支弯曲厚矩形板厚跨比为 $\dfrac{h}{a}=0.1$、0.2、0.3，频率变化范围为 $\dfrac{\omega}{\omega_{11}}=0.1$、0.3、0.5、0.6 时，在 $\dfrac{x}{a}=0.5$ 截面上本书方法的数值计算结果和有限元法的结果。从数据对比可以看出，当频率较小时和板厚较小时，两者的相差值很小。但随着频率的增大和板厚的增加，两者的相差值也随之增大，但它们的差值都在 5%以内。

从图 3.2.2~图 3.2.4 还可以明显地看出，当频率较小时，幅值较小，幅值随着频率的变化率也较小。当频率增高时，幅值增大，幅值随着频率的变化率也增大。

第4章　谐载作用下两对边固定另两对边简支的弯曲厚矩形板

本章将介绍在均布谐载和在一集中谐载作用下两对边固定另两对边简支弯曲厚矩形板的动力响应。这是一类比较易于求解的问题。

4.1　均布谐载作用下的两对边固定另两对边简支的弯曲厚矩形板

4.1.1　幅值挠曲面方程

考虑一在均布谐载作用下两对边固定另两对边简支的弯曲厚矩形板，如图4.1.1(a)所示。

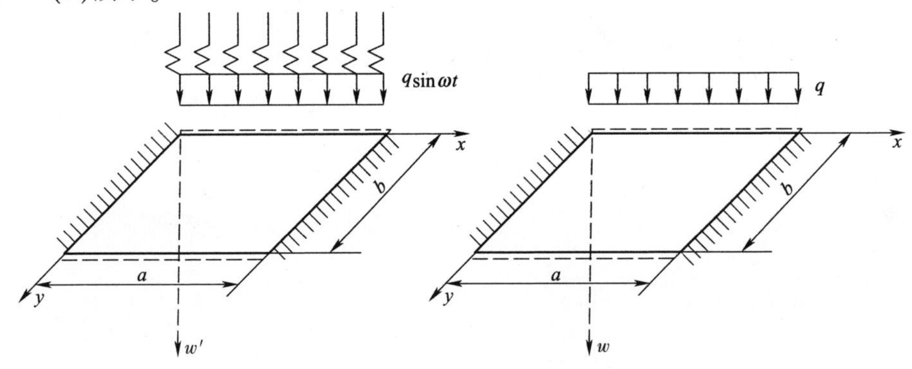

(a) 均布谐载两对边固定另两对边简支弯曲厚矩形板

(b) 均布幅值载荷两对边固定另两对边简支弯曲厚矩形板

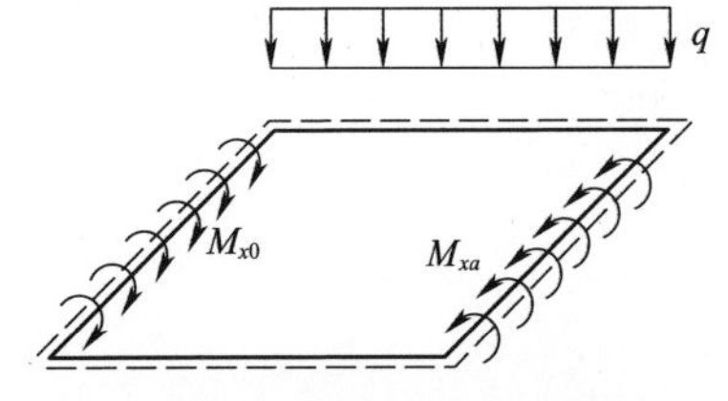

(c) 均布幅值载荷两对边固定另两边简支弯曲厚矩形板实际系统

图4.1.1　均布谐载及均布幅值载荷作用下两对边固定另两对边简支弯曲厚矩形板及其实际系统

如将均布谐载代以均布幅值谐载，则得图 4. 1. 1(b)所示幅值载荷弯曲厚矩形板。在该弯曲厚矩形板中，解除两固定边的弯曲约束，代以两分布幅值弯矩 M_{xo} 和 M_{xa}，则得图 4. 1. 1(c)所示幅值弯曲厚矩形板的实际系统。由于结构对称和载荷对称，故假设

$$M_{xo} = M_{xa} = \sum_{n=1,3}^{\infty} A_n \sin\beta_n y \tag{4.1.1}$$

在图 2. 2. 1 所示幅值拟基本系统和图 4. 1. 1(c)所示幅值弯曲厚矩形板实际系统之间应用修正的功的互等定理，则得

$$w(\xi,\eta) = \int_0^a\int_0^b \left[q - \frac{kh^2}{10}\nabla^2(q) \right] w_1(x,y;\xi_1\eta)\,\mathrm{d}x\mathrm{d}y - 2\int_0^b M_{xo}\omega_{1xxo}\,\mathrm{d}y \tag{4.1.2}$$

假设

$$\begin{cases} w(\xi,\eta) = \displaystyle\sum_{m=1,3}^{\infty}\sum_{n=1,3}^{\infty} A_{mn}\sin\alpha_m\xi\sin\beta_n\eta \\ w(x,y) = \displaystyle\sum_{m=1,3}^{\infty}\sum_{n=1,3}^{\infty} A_{mn}\sin\alpha_m x\sin\beta_n y \end{cases} \tag{4.1.3}$$

将幅值拟基本解式(2. 2. 8b)、式(2. 3. 25)、式(4. 1. 1)和式(4. 1. 3)代入式(4. 1. 2)中，则得

$$\begin{aligned} w(\xi,\eta) = {} & \frac{16q}{Dab}\sum_{m=1,3}^{\infty}\sum_{n=1,3}^{\infty}\frac{1}{K_{dmn}^2\alpha_m\beta_n}\left[1+\frac{kh^2}{10}(\alpha_m^2+\beta_n^2)\right]\sin\alpha_m\xi\sin\beta_n\eta \\ & + \frac{4}{Da}\sum_{m=1,3}^{\infty}\sum_{n=1,3}^{\infty}\frac{\alpha_m}{K_{dmn}^2}\sin\alpha_m\xi\sin\beta_n\eta(A_n) \end{aligned} \tag{4.1.4}$$

为加快收敛速度和消除弯矩在边界上出现的第二类向断点，应用附录式(A. 66)和式(A. 65)，式(4. 1. 4)可以转换成如下形式：

对于式(2. 2. 12)的情况，有

$$\begin{aligned} w(\xi,\eta) = {} & \frac{4q}{Da}\sum_{m=1,3}^{\infty}\frac{1}{\alpha_m}\left\{\left(1+\frac{kh^2}{10}\alpha_m^2\right)\right. \\ & \cdot\left[\frac{1}{\kappa_m^2-\lambda_m^2}\left(\frac{\cosh\kappa_m\left(\frac{b}{2}-\eta\right)}{\kappa_m^2\cosh\frac{b}{2}\kappa_m}-\frac{\cosh\lambda_m\left(\frac{b}{2}-\eta\right)}{\lambda_m^2\cosh\frac{b}{2}\lambda_m}\right)+\frac{1}{\kappa_m^2\lambda_m^2}\right] \\ & \left.+\frac{kh^2}{10}\frac{1}{\kappa_m^2-\lambda_m^2}\left(-\frac{\cosh\kappa_m\left(\frac{b}{2}-\eta\right)}{\kappa_m^2\cosh\frac{b}{2}\kappa_m}+\frac{\cosh\lambda_m\left(\frac{b}{2}-\eta\right)}{\lambda_m^2\cosh\frac{b}{2}\lambda_m}\right)\right\}\sin\alpha_m\xi \end{aligned}$$

$$\left(\text{或}\frac{4q}{Db}\sum_{n=1,3}^{\infty}\frac{1}{\beta_n}\left\{\left(1+\frac{kh^2}{10}\beta_n^2\right)\right.\right.$$

$$\cdot \left[\frac{1}{\kappa_n^2 - \lambda_n^2} \left(\frac{\cosh\kappa_n\left(\frac{a}{2} - \xi\right)}{\kappa_n^2 \cosh \frac{a}{2}\kappa_n} - \frac{\cosh\lambda_n\left(\frac{a}{2} - \xi\right)}{\lambda_n^2 \cosh \frac{a}{2}\lambda_n} \right) + \frac{1}{\kappa_n^2 \lambda_n^2} \right]$$

$$\left. \left. + \frac{kh^2}{10} \frac{1}{\kappa_n^2 - \lambda_n^2} \left(- \frac{\cosh\kappa_n\left(\frac{a}{2} - \xi\right)}{\kappa_n^2 \cosh \frac{a}{2}\kappa_n} + \frac{\cosh\lambda_n\left(\frac{a}{2} - \xi\right)}{\lambda_n^2 \cosh \frac{a}{2}\lambda_n} \right) \right\} \sin\beta_\nu \eta \right)$$

$$+ \frac{1}{D} \sum_{n=1,3}^{\infty} \frac{1}{\kappa_n^2 - \lambda_n^2} \left[- \frac{\cosh\kappa_n\left(\frac{a}{2} - \xi\right)}{\cosh \frac{a}{2}\kappa_n} + \frac{\cosh\lambda_n\left(\frac{a}{2} - \xi\right)}{\cosh \frac{a}{2}\lambda_n} \right] \sin\beta_n \eta (A_n) \tag{4.1.5}$$

对于式(2.2.15)的情况,式(4.1.5)转换为

$$w(\xi,\eta) = \frac{4q}{Da} \sum_{m=1,3}^{\infty} \frac{1}{\alpha_m} \left\{ \left(1 + \frac{kh^2}{10}\alpha_m^2\right) \right.$$

$$\cdot \left[\frac{1}{\kappa_m^2 + \lambda_m'^2} \left(\frac{\cosh\kappa_m\left(\frac{b}{2} - \eta\right)}{\kappa_m^2 \cosh\kappa_m \frac{b}{2}} + \frac{\cos\lambda_m'\left(\frac{b}{2} - \eta\right)}{\lambda_m'^2 \cos\lambda_m' \frac{b}{2}} \right) - \frac{1}{\kappa_m^2 \lambda_m'^2} \right]$$

$$\left. + \frac{kh^2}{10} \frac{1}{\kappa_m^2 + \lambda_m'^2} \left(- \frac{\cosh\kappa_m\left(\frac{b}{2} - \eta\right)}{\kappa_m^2 \cosh\kappa_m \frac{b}{2}} - \frac{\cos\lambda_m'\left(\frac{b}{2} - \eta\right)}{\lambda_m'^2 \cos\lambda'_m \frac{b}{2}} \right) \right\} \sin\alpha_m \xi$$

$$\left(\text{或} \frac{4q}{Db} \sum_{n=1,3}^{\infty} \frac{1}{\beta_n} \left\{ \left(1 + \frac{kh^2}{10}\beta_n^2\right) \right. \right.$$

$$\cdot \left[\frac{1}{\kappa_n^2 + \lambda_n'^2} \left(\frac{\cosh\kappa_n\left(\frac{a}{2} - \xi\right)}{\kappa_n^2 \cosh\kappa_n \frac{a}{2}} + \frac{\cos\lambda_n'\left(\frac{a}{2} - \xi\right)}{\lambda_n'^2 \cos\lambda'_n \frac{a}{2}} \right) - \frac{1}{\kappa_n^2 \lambda_n'^2} \right]$$

$$\left. \left. + \frac{kh^2}{10} \frac{1}{\kappa_n^2 + \lambda_n'^2} \left(- \frac{\cosh\kappa_n\left(\frac{a}{2} - \xi\right)}{\kappa_n^2 \cosh\kappa_n \frac{a}{2}} - \frac{\cos\lambda_n'\left(\frac{a}{2} - \xi\right)}{\lambda_n'^2 \cos\lambda_n' \frac{a}{2}} \right) \right\} \sin\beta_n \eta \right)$$

$$+\frac{1}{D}\sum_{n=1,3}^{\infty}\frac{1}{\kappa_n^2+\lambda'^2_n}\left[-\frac{\cosh\kappa_n\left(\frac{a}{2}-\xi\right)}{\cosh\kappa_n\frac{a}{2}}+\frac{\cos\lambda'_n\left(\frac{a}{2}-\xi\right)}{\cos\lambda'_n\frac{a}{2}}\right]\sin\beta_n\eta(A_n)\tag{4.1.6}$$

4.1.2 应力函数

据3.1.2节，可假设应力函数为

$$\varphi(\xi,\eta)=\sum_{n=1,3}^{\infty}\left[E_n\cosh\delta_n\xi+F_n\cosh\delta_n(a-\xi)\right]\cos\beta_n\eta\tag{4.1.7}$$

由式(1.1.88)可得$\xi=0$和$\xi=a$边界内外弯矩的平衡方程分别为

$$\begin{aligned}\sum_{n=1,3}^{\infty}A_n\sin\beta_n\eta=&\sum_{n=1,3}^{\infty}A_n\sin\beta_n\eta+\frac{h^2}{5}\sum_{n=1,3}^{\infty}A_n(\kappa_n^2+\lambda_n^2)\sin\beta_n\eta\\&-\frac{h^2}{5}\sum_{n=1,3}^{\infty}A_n\beta_n^2\sin\beta_n\eta+\frac{kh^4}{50}\sum_{n=1,8}^{\infty}A_n\sin\beta_n\eta\\&+\frac{h^2}{5}\sum_{n=1,3}^{\infty}\beta_n\delta_nF_n\sinh\delta_na\sin\beta_n\eta\end{aligned}\tag{4.1.8}$$

$$\begin{aligned}\sum_{n=1,3}^{\infty}A_n\sin\beta_n\eta=&\sum_{n=1,3}^{\infty}A_n\sin\beta_n\eta+\frac{h^2}{5}\sum_{n=1,3}^{\infty}A_n(\kappa_n^2+\lambda_n^2)\sin\beta_n\eta\\&-\frac{h^2}{5}\sum_{n=1,3}^{\infty}A_n\beta_n^2\sin\beta_n\eta+\frac{kh^4}{50}\sum_{n=1,3}^{\infty}A_n\sin\beta_n\eta\\&-\frac{h^2}{5}\sum_{n=1,3}^{\infty}E_n\delta_n\beta_n\sinh\delta_na\sin\beta_n\eta\end{aligned}\tag{4.1.9}$$

由式(4.1.8)和式(4.1.9)可得

$$F_n=-\frac{\beta_n}{\delta_n\sinh\delta_na}A_n\tag{4.1.10}$$

$$E_n=\frac{\beta_n}{\delta_n\sinh\delta_na}A_n\tag{4.1.11}$$

将式(4.1.10)和式(4.1.11)代入式(4.1.7)，可得

$$\varphi(\xi,\eta)=\sum_{n=1,3}^{\infty}\left[\cosh\delta_n\xi-\cosh\delta_n(a-\xi)\right]\frac{\beta_n}{\delta_n\sinh\delta_n}\cos\beta_n\eta(A_n)\tag{4.1.12}$$

4.1.3 边界条件

应满足的边界条件为

$$\omega_{\xi\xi0}=\omega_{\xi\xi a}=0\tag{4.1.13}$$

对于式(2.2.12)的情况，边界条件(4.1.13)的执行方程为

$$\left(\left\{1+\frac{h^2}{5(1-\nu)}\left[(\kappa_n^2-\beta_n^2)+\frac{kh^2}{10}\lambda^2\right]\right\}\kappa_n\tanh\frac{a}{2}\kappa_n\right.$$

$$
-\left\{1+\frac{h^2}{5(1-\nu)}\left[(\lambda_n^2-\beta_n^2)+\frac{kh^2}{10}\lambda^2\right]\right\}\lambda_n\tanh\frac{a}{2}\lambda_n
$$

$$
-\frac{2h^2}{5(1-\nu)}\sqrt{\lambda^2+\left(\frac{kh^2}{20}\lambda^2\right)^2}\frac{\beta_n^2}{\delta_n}\tanh\frac{a}{2}\delta_n\Bigg)(A_n)
$$

$$
=\frac{4q}{b}\frac{1}{\beta_n}\left(\left\{\left(1+\frac{kh^2}{10}\beta_n^2\right)\left[1+\frac{kh^2}{10}\frac{h^2}{5(1-\nu)}\lambda^2+\frac{h^2}{5(1-\nu)}(\kappa_n^2-\beta_n^2)\right]\right.\right.
$$

$$
\left.-\frac{kh^2}{10}\kappa_n^2\left[1+\frac{h^2}{5(1-\nu)}\kappa_n^2\right]\right\}\frac{1}{\kappa_n}\tanh\frac{a}{2}\kappa_n
$$

$$
-\left\{\left(1+\frac{kh^2}{10}\beta_n^2\right)\left[1+\frac{kh^2}{10}\frac{h^2}{5(1-\nu)}\lambda^2+\frac{h^2}{5(1-\nu)}(\lambda_n^2-\beta_n^2)\right]\right.
$$

$$
\left.\left.-\frac{kh^2}{10}\lambda_n^2\left[1+\frac{h^2}{5(1-\nu)}\lambda^2\right]\right\}\frac{1}{\lambda_n}\tanh\frac{a}{2}\lambda_n\right)
$$

(或略去 h^4 及 h^6 为)

$$
=\frac{4q}{b}\frac{1}{\beta_n}\left\{\left[1+\frac{h^2}{10}\frac{\nu}{1-\nu}(\kappa_n^2-\beta_n^2)\right]\frac{1}{\kappa_n}\tanh\frac{a}{2}\kappa_n\right.
$$

$$
\left.-\left[1+\frac{h^2}{10}\frac{\nu}{1-\nu}(\lambda_n^2-\beta_n^2)\right]\frac{1}{\lambda_n}\tanh\frac{a}{2}\lambda_n\right\} \tag{4.1.14}
$$

对于式(2.2.15)的情况,应用式(2.2.17a)、式(2.2.17b)和式(2.2.18)易于得到与式(4.1.14)相应边界条件的执行方程。

4.1.4 数值计算结果分析

边界条件执行方程式(4.1.14)是一组无穷多未知数的方程。编程计算,则得到下列图表。

表4.1.1给出了 $\frac{a}{b}=1$,$\frac{h}{a}=0.2$ 时固定边幅值弯矩分布及中点最大幅值挠度随频率变化的规律,表4.1.2给出了 $\frac{a}{b}=\frac{1}{2}$,$\frac{h}{a}=0.2$ 的情况,表4.1.3给出了 $\frac{a}{b}=1$,$\frac{h}{a}=0.1$ 的情况和表4.1.4给出了 $\frac{a}{b}=\frac{1}{2}$,$\frac{h}{a}=0.1$ 的情况相应的幅值弯矩及最大幅值挠度随频率变化的规律。

表4.1.1 固定边幅值弯矩分布及幅值挠度最大值($a/b=1,h/a=0.2$)

$\frac{\omega}{\omega_{11}}$	$M_{x0}(qa^2\times10^3)$					$w_{\max}\left(\frac{qa^4}{E}\times10^3\right)$
	$y/b=0.1$	$y/b=0.2$	$y/b=0.3$	$y/b=0.4$	$y/b=0.5$	
0	-0.020628	-0.037990	-0.050418	-0.057790	-0.060226	0.002982
0.1	-0.020788	-0.038295	-0.050836	-0.058280	-0.060741	0.003011
0.3	-0.022187	-0.040948	-0.054477	-0.062551	-0.065226	0.003256
0.5	-0.025742	-0.047694	-0.063738	-0.073416	-0.076647	0.003881
0.8	-0.044104	-0.082585	-0.111700	-0.129743	-0.135847	0.007316

表 4.1.2　固定边幅值弯矩分布及幅值挠度最大值$\left(a/b=\dfrac{1}{2}, h/a=0.2\right)$

$\dfrac{\omega}{\omega_{11}}$	$M_{x0}(qa^2 \times 10^3)$					$w_{\max}\left(\dfrac{qa^4}{E}\times 10^3\right)$
	$y/b=0.1$	$y/b=0.2$	$y/b=0.3$	$y/b=0.4$	$y/b=0.5$	
0	−0.039736	−0.064317	−0.076380	−0.081286	−0.082538	0.004082
0.1	−0.040010	−0.064814	−0.077029	−0.082018	−0.083296	0.004122
0.3	−0.042832	−0.069130	−0.082672	−0.088397	−0.089905	0.004475
0.5	−0.048347	−0.080051	−0.097062	−0.104755	−0.106892	0.005383
0.8	−0.078550	−0.136248	−0.172482	−0.191723	−0.197684	0.010249

表 4.1.3　固定边幅值弯矩分布及幅值挠度最大值($a/b=1, h/a=0.1$)

$\dfrac{\omega}{\omega_{11}}$	$M_{x0}(qa^2 \times 10^3)$					$w_{\max}\left(\dfrac{qa^4}{E}\times 10^3\right)$
	$y/b=0.1$	$y/b=0.2$	$y/b=0.3$	$y/b=0.4$	$y/b=0.5$	
0	−0.024881	−0.044232	−0.057384	−0.064906	−0.067345	0.002202
0.1	−0.025069	−0.044589	−0.057873	−0.065479	−0.067946	0.002224
0.3	−0.026713	−0.047706	−0.062146	−0.070487	−0.073206	0.002418
0.5	−0.030981	−0.055802	−0.073256	−0.083517	−0.086894	0.002926
0.8	−0.055364	−0.102127	−0.136930	−0.158292	−0.165487	0.005847

表 4.1.4　固定边幅值弯矩分布及幅值挠度最大值$\left(a/b=\dfrac{1}{2}, h/a=0.1\right)$

$\dfrac{\omega}{\omega_{11}}$	$M_{x0}(qa^2 \times 10^3)$					$w_{\max}\left(\dfrac{qa^4}{E}\times 10^3\right)$
	$y/b=0.1$	$y/b=0.2$	$y/b=0.3$	$y/b=0.4$	$y/b=0.5$	
0	−0.045021	−0.069123	−0.079468	−0.083135	−0.083970	0.002981
0.1	−0.045319	−0.069659	−0.080160	−0.083909	−0.084769	0.003013
0.3	−0.047910	−0.074329	−0.086207	−0.090692	−0.091778	0.003287
0.5	−0.054511	−0.086332	−0.101895	−0.108419	−0.110145	0.004006
0.8	−0.090446	−0.153031	−0.191170	−0.211158	−0.217323	0.008203

图 4.1.2~图 4.1.5 分别给出了与表 4.1.1~表 4.1.4 相应的幅值弯矩的频率特性曲线。图 4.1.6 给出了固定边最大幅值弯矩随厚跨比变化的曲线；图 4.1.7 给出了最大幅值挠度随厚跨比变化的曲线。

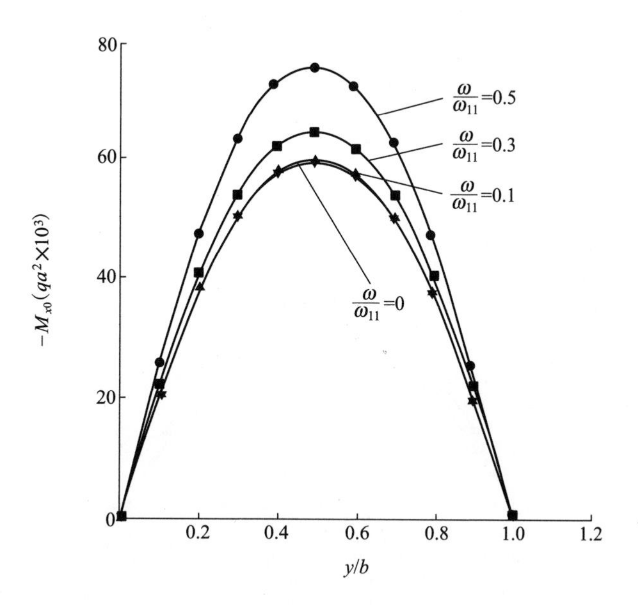

图 4.1.2　固定边幅值弯矩分布($a/b=1,h/a=0.2$)

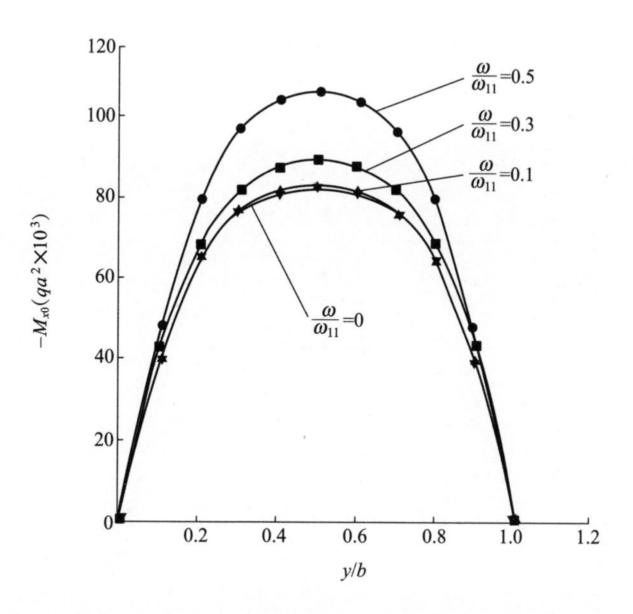

图 4.1.3　固定边幅值弯矩分布$\left(a/b=\frac{1}{2},h/a=0.2\right)$

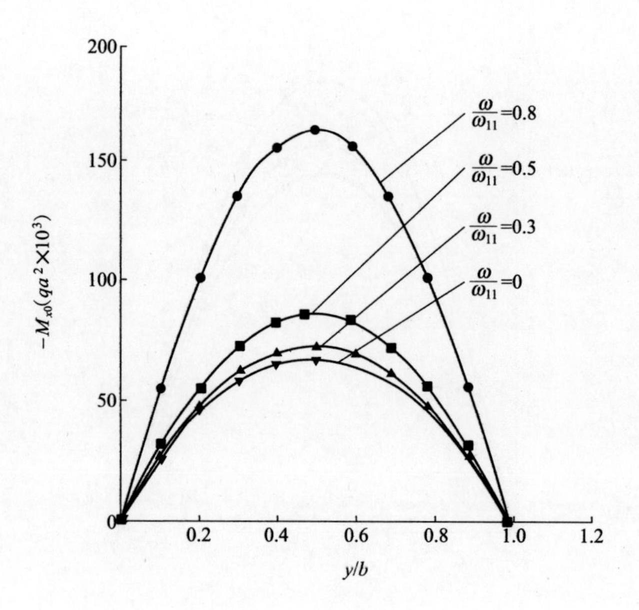

图 4.1.4　固定边幅值弯矩分布($a/b=1,h/a=0.1$)

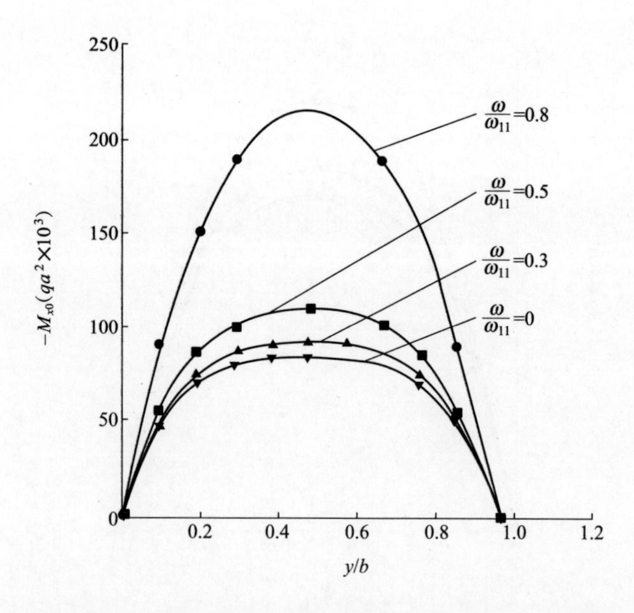

图 4.1.5　固定边幅值弯矩分布$\left(a/b=\frac{1}{2},h/a=0.1\right)$

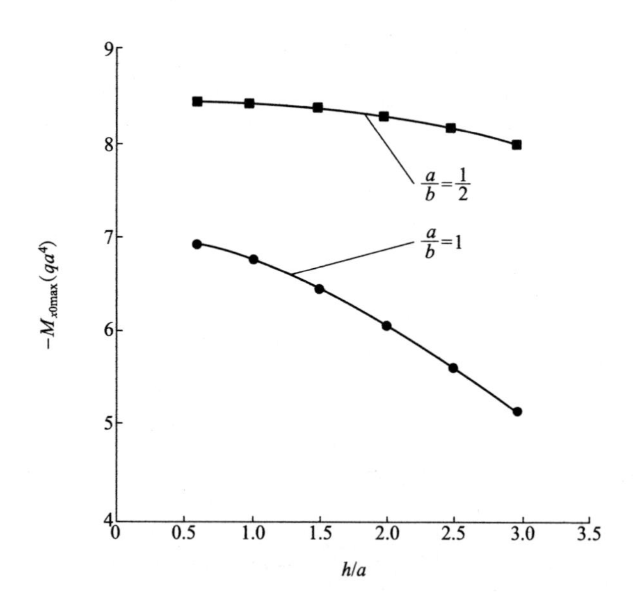

图 4.1.6　固定边 $x=0$ 幅值弯矩最大值随厚跨比的变化

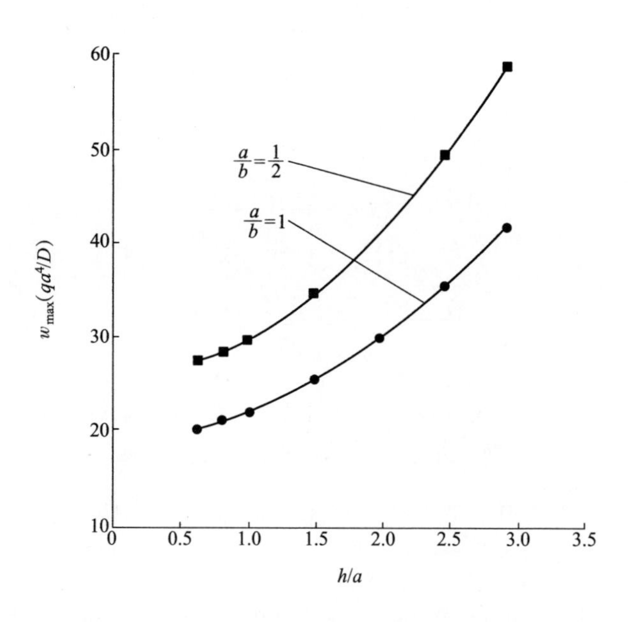

图 4.1.7　最大幅值挠度 $w_{\max}$ 随厚跨比的变化

4.2 一集中谐载作用下两对边固定另两对边简支的弯曲厚矩形板

4.2.1 幅值挠曲面方程

考虑在一集中谐载荷作用下两对边固定另两对边简支的弯曲厚矩形板,如图4.2.1(a)所示。如将该一集中谐载代以一集中幅值谐载,则得如图4.2.1(b)所示幅值弯曲厚矩形板。在该弯曲厚矩形板中,解除两固定边的弯曲约束,分别代以两个分布幅值弯矩 M_{x0} 和 M_{xa},则得如图4.2.1(c)所示幅值弯曲厚矩形板实际系统。并假设

$$
\begin{cases}
M_{x0} = \sum\limits_{n=1,2}^{\infty} A_n \sin\beta_n y \\
M_{xa} = \sum\limits_{n=1,2}^{\infty} B_n \sin\beta_n y
\end{cases}
\tag{4.2.1}
$$

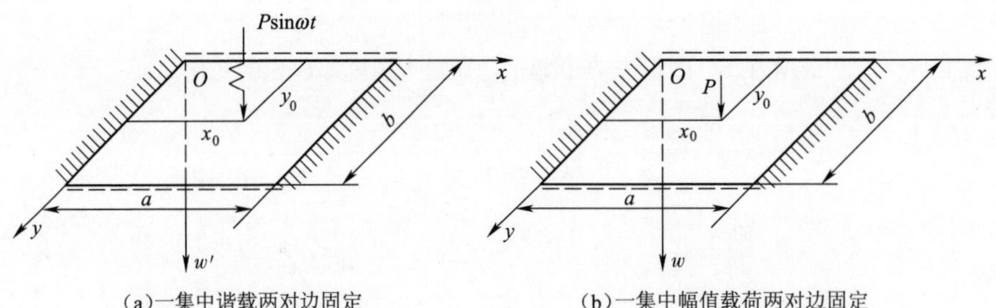

(a)一集中谐载两对边固定另两对边简支弯曲厚矩形板

(b)一集中幅值载荷两对边固定另两对边简支弯曲厚矩形板

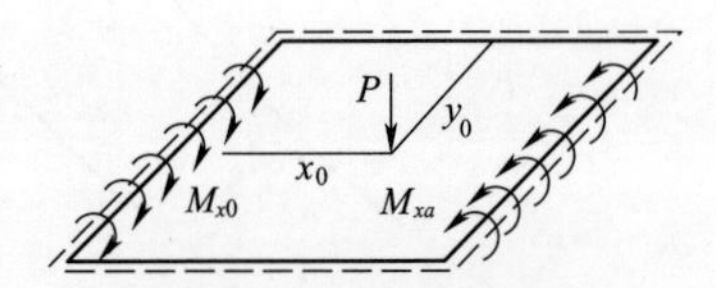

(c)一集中幅值载荷两对边固定另两对边简支弯曲厚矩形板实际系统

图4.2.1 一集中谐载和一集中幅值载荷作用下两对边固定另两对边简支弯曲厚矩形板及其实际系统

在图2.2.1所示幅值拟基本系统和图4.2.1(c)所示幅值弯曲厚矩形板实际系统之间应用修正的功的互等定理,则得

$$
\begin{aligned}
w(\xi,\eta) = {} & \int_0^a\int_0^b\left[P\delta(x-x_0,y-y_0) - \frac{kh^2}{10}\nabla^2 P\delta(x-x_0,y-y_0)\right]w_1(x,y;\xi,\eta)\,\mathrm{d}x\mathrm{d}y \\
& - \int_0^b M_{x0}\omega_{1xx0}\mathrm{d}y + \int_0^b M_{xa}\omega_{1xxa}\mathrm{d}y
\end{aligned}
\tag{4.2.2}
$$

假设该板的挠曲面幅值方程为

$$\begin{cases} w(\xi,\eta) = \sum_{m=1,2}^{\infty}\sum_{n=1,2}^{\infty} A_{mn}\sin\alpha_m\xi\sin\beta_n\eta \\ w(x,y) = \sum_{m=1,2}^{\infty}\sum_{n=1,2}^{\infty} A_{mn}\sin\alpha_m x\sin\beta_n y \end{cases} \tag{4.2.3}$$

考虑到式(4.2.1)第一式和式(2.3.1),对于式(2.2.12)的情况,有

$$\begin{aligned} w_{Mx0} &\equiv -\int_0^b M_{x0}\omega_{1\times x_0}\mathrm{d}y = -\int_0^b \sum_{n=1,2}^{\infty} A_n\sin\beta_n y\frac{2}{Db}\sum_{n=1,2}^{\infty}\frac{(-1)}{\kappa_n^2-\lambda_n^2} \\ &\quad\cdot\left[-\frac{\sinh\kappa_n(a-\xi)}{\sinh\kappa_n a}+\frac{\sinh\lambda_n(a-\xi)}{\sinh\lambda_n a}\right]\sin\beta_n\eta\sin\beta_n y\mathrm{d}y \\ &= -\frac{1}{D}\sum_{n=1,2}^{\infty}\frac{1}{\kappa_n^2-\lambda_n^2}\left[\frac{\sinh\kappa_n(a-\xi)}{\sinh\kappa_n a}-\frac{\sinh\lambda_n(a-\xi)}{\sinh\lambda_n a}\right]\sin\beta_n\eta(A_n) \end{aligned} \tag{4.2.4}$$

考虑到式(4.2.1)第二式和式(2.3.2),对于式(2.2.12)的情况,有

$$\begin{aligned} w_{Mxa} &\equiv \int_0^b M_{xa}\omega_{1xxa}\mathrm{d}y = \int_0^b \sum_{n=1,2}^{\infty} B_n\sin\beta_n y\frac{2}{Db}\sum_{n=1,2}^{\infty}\frac{(-1)}{\kappa_n^2-\lambda_n^2} \\ &\quad\cdot\left(\frac{\sinh\kappa_n\xi}{\sinh\kappa_n a}-\frac{\sinh\lambda_n\xi}{\sinh\lambda_n a}\right)\sin\beta_n\eta\sin\beta_n y\mathrm{d}y \\ &= -\frac{1}{D}\sum_{n=1,2}^{\infty}\frac{1}{\kappa_n^2-\lambda_n^2}\left(\frac{\sinh\kappa_n\xi}{\sinh\kappa_n a}-\frac{\sinh\lambda_n\xi}{\sinh\lambda_n a}\right)\sin\beta_n\eta(B_n) \end{aligned} \tag{4.2.5}$$

考虑到式(3.2.8)、式(3.2.9)、式(3.2.13)和式(3.2.14),对于式(2.2.12)的情况,式(4.2.2)分别成为

$$\begin{aligned} w_{\leqslant x_0}(\xi,\eta) = &-\frac{2P}{Db}\sum_{n=1,2}^{\infty}\frac{1}{\kappa_n^2-\lambda_n^2}\left[\frac{\sinh\kappa_n(a-x_0)}{\kappa_n\sinh\kappa_n a}\sinh\kappa_n\xi-\frac{\sinh\lambda_n(a-x_0)}{\lambda_n\sinh\lambda_n a}\sinh\lambda_n\xi\right] \\ &\cdot\sin\beta_n y_0\sin\beta_n\eta \\ &+\frac{2P}{Db}\frac{kh^2}{10}\sum_{n=1,2}^{\infty}\frac{1}{\kappa_n^2-\lambda_n^2}\left[(\kappa_n^2-\beta_n^2)\frac{\sinh\kappa_n(a-x_0)}{\kappa_n\sinh\kappa_n a}\sin\kappa_n\xi\right. \\ &\left.-(\lambda_n^2-\beta_n^2)\frac{\sinh\lambda_n(a-x_0)}{\lambda_n\sinh\lambda_n a}\sinh\lambda_n\xi\right]\sin\beta_n y_0\sin\beta_n\eta+w_{Mx0}+w_{Mxa} \\ &(0\leqslant\xi\leqslant x_0) \end{aligned} \tag{4.2.6}$$

$$\begin{aligned} w_{\geqslant x_0}(\xi,\eta) = &-\frac{2P}{Db}\sum_{n=1,2}^{\infty}\frac{1}{\kappa_n^2-\lambda_n^2}\left[\frac{\sinh\kappa_n x_0}{\kappa_n\sinh\kappa_n a}\sinh\kappa_n(a-\xi)-\frac{\sinh\lambda_n x_0}{\lambda_n\sinh\lambda_n a}\sinh\lambda_n(a-\xi)\right] \\ &\cdot\sin\beta_n y_0\sin\beta_n\eta \\ &+\frac{2P}{Db}\frac{kh^2}{10}\sum_{n=1,2}^{\infty}\frac{1}{\kappa_n^2-\lambda_n^2}\left[(\kappa_n^2-\beta_n^2)\frac{\sinh\kappa_n x_0}{\kappa_n\sinh\kappa_n a}\sinh\kappa_n(a-\xi)-(\lambda_n^2-\beta_n^2)\right. \end{aligned}$$

$$\cdot \frac{\sinh\lambda_n x_0}{\lambda_n \sinh\lambda_n a}\sinh\lambda_n(a-\xi)\Bigg]\sin\beta_n y_0 \sin\beta_n \eta + w_{Mx0} + w_{Mxa}$$

$$(x_0 \leqslant \xi \leqslant a) \tag{4.2.7}$$

类似地,可得到与式(4.2.6)和式(4.2.7)等价的另一组幅值挠曲面方程为

$$w_{\leqslant y_0}(\xi,\eta) = -\frac{2P}{Da}\sum_{m=1,2}^{\infty}\frac{1}{\kappa_m^2-\lambda_m^2}\left[\frac{\sinh\kappa_m(b-y_0)}{\kappa_m\sinh\kappa_m b}\sinh\kappa_m\eta - \frac{\sinh\lambda_m(b-y_0)}{\lambda_m\sinh\lambda_m b}\sinh\lambda_m\eta\right]$$

$$\cdot \sin\alpha_m x_0 \sin\alpha_m\xi$$

$$+\frac{2P}{Da}\frac{kh^2}{10}\sum_{m=1,2}^{\infty}\frac{1}{\kappa_m^2-\lambda_m^2}\Bigg[(\kappa_m^2-\alpha_m^2)\frac{\sinh\kappa_m(b-y_0)}{\kappa_m\sinh\kappa_m b}\sinh\kappa_m\eta$$

$$-(\lambda_m^2-\alpha_m^2)\frac{\sinh\lambda_m(b-y_0)}{\lambda_m\sinh\lambda_m b}\sinh\lambda_m\eta\Bigg]\sin\alpha_m x_0\sin\alpha_m\xi + w_{Mx0} + w_{Mxa}$$

$$(0 \leqslant \eta \leqslant y_0) \tag{4.2.8}$$

$$w_{\geqslant y_0}(\xi,\eta) = -\frac{2P}{Da}\sum_{m=1,2}^{\infty}\frac{1}{\kappa_m^2-\lambda_m^2}\left[\frac{\sinh\kappa_m y_0}{\kappa_m\sinh\kappa_m b}\sinh\kappa_m(b-\eta) - \frac{\sinh\lambda_m y_0}{\lambda_m\sinh\lambda_m b}\sinh\lambda_m(b-\eta)\right]$$

$$\cdot \sin\alpha_m x_0 \sin\alpha_m\xi$$

$$+\frac{2P}{Da}\frac{kh^2}{10}\sum_{m=1,2}^{\infty}\frac{1}{\kappa_m^2-\lambda_m^2}\Bigg[(\kappa_m^2-\alpha_m^2)\frac{\sinh\kappa_m y_0}{\kappa_m\sinh\kappa_m b}\sinh\kappa_m(b-\eta)$$

$$-(\lambda_m^2-\alpha_m^2)\frac{\sinh\lambda_m y_0}{\lambda_m\sinh\lambda_m b}\sinh\lambda_m(b-\eta)\Bigg]$$

$$\cdot \sin\alpha_m x_0\sin\alpha_m\xi + w_{Mx0} + w_{Mxa} \quad (y_0 \leqslant \eta \leqslant b) \tag{4.2.9}$$

4.2.2 应力函数

据3.1.2节,可假设应力函数为

$$\varphi(\xi,\eta) = \sum_{n=1,2}^{\infty}\left[E_n\cosh\delta_n\xi + F_n\cosh\delta_n(a-\eta)\right]\cos\beta_n\eta \tag{4.2.10}$$

由式(1.1.88)弯矩在$\xi=0$和$\xi=a$边内外弯矩平衡的表达式可得

$$\sum_{n=1,2}^{\infty}A_n\sin\beta_n\eta = \sum_{n=1,2}^{\infty}A_n\sin\beta_n\eta + \frac{h^2}{5}\sum_{n=1,2}^{\infty}A_n(\kappa_n^2+\lambda_n^2)\sin\beta_n\eta - \frac{h^2}{5}\sum_{n=1,2}^{\infty}A_n\beta_n^2\sin\beta_n\eta$$

$$+\frac{kh^4}{50}\lambda^2\sum_{n=1,2}^{\infty}A_n\sin\beta_n\eta + \frac{h^2}{5}\sum_{n=1,2}^{\infty}F_n\delta_n\beta_n\sin\delta_n a\sin\beta_n\eta \tag{4.2.11}$$

$$\sum_{n=1,2}^{\infty}B_n\sin\beta_n\eta = \sum_{n=1,2}^{\infty}B_n\sin\beta_n\eta + \frac{h^2}{5}\sum_{n=1,2}^{\infty}B_n(\kappa_n^2+\lambda_n^2)\sin\beta_n\eta - \frac{h^2}{5}\sum_{n=1,2}^{\infty}B_n\beta_n^2\sin\beta_n\eta$$

$$+\frac{kh^4}{50}\lambda^2\sum_{n=1,2}^{\infty}B_n\sin\beta_n\eta - \frac{h^2}{5}\sum_{n=1,2}^{\infty}E_n\delta_n\beta_n\sinh\delta_n a\sin\beta_n\eta \tag{4.2.12}$$

解式(4.2.11)和式(4.2.12)可得

$$F_n = -\frac{\beta_n}{\delta_n\sinh\delta_n a}A_n \tag{4.2.13}$$

$$E_n = \frac{\beta_n}{\delta_n \sinh\delta_n a} B_n \tag{4.2.14}$$

将式(4.2.13)和式(4.2.14)代入式(4.2.10)中,则得

$$\varphi(\xi,\eta) = \sum_{n=1,2}^{\infty} [B_n \cosh\delta_n \xi - A_n \cosh\delta_n (a-\xi)] \frac{\beta_n}{\delta_n \sinh\delta_n a} \cos\beta_n \eta \tag{4.2.15}$$

4.2.3 边界条件

当一集中谐载作用在板面上任意点时,应满足的边界条件为

$$\omega_{\xi\xi 0} = 0 \tag{4.2.16}$$

$$\omega_{\xi\xi a} = 0 \tag{4.2.17}$$

对于(2.2.12)的情况,边界条件式(4.2.16)和式(4.2.17)的执行方程分别为

$$-\frac{1}{D}\left(\frac{1}{\kappa_n^2-\lambda_n^2}\left\{\left[1+\frac{h^2}{5(1-\nu)}\left(\kappa_n^2-\beta_n^2+\frac{kh^2}{10}\lambda^2\right)\right]\kappa_n \coth\kappa_n a\right.\right.$$
$$\left.\left.-\left[1+\frac{h^2}{5(1-\nu)}\left(\lambda_n^2-\beta_n^2+\frac{kh^2}{10}\lambda^2\right)\right]\lambda_n \coth\lambda_n a\right\}-\frac{h^2}{5(1-\nu)}\frac{\beta_n^2}{\delta_n}\coth\delta_n a\right)(A_n)$$
$$+\frac{1}{D}\left(\frac{1}{\kappa_n^2-\lambda_n^2}\left\{\left[1+\frac{h^2}{5(1-\nu)}\left(\kappa_n^2-\beta_n^2+\frac{kh^2}{10}\lambda^2\right)\right]\frac{\kappa_n}{\sinh\kappa_n a}\right.\right.$$
$$\left.\left.-\left[1+\frac{h^2}{5(1-\nu)}\left(\lambda_n^2-\beta_n^2+\frac{kh^2}{10}\lambda^2\right)\right]\frac{\lambda_n}{\sinh\lambda_n a}\right\}-\frac{h^2}{5(1-\nu)}\frac{\beta_n^2}{\delta_n}\frac{1}{\sinh\delta_n a}\right)(B_n)$$
$$=-\frac{2P}{Db}\frac{1}{\kappa_n^2-\lambda_n^2}\left\{\left[1+\frac{h^2}{10}\frac{\nu}{1-\nu}(\kappa_n^2-\beta_n^2)-\frac{kh^4}{50(1-\nu)}(\kappa_n^2-\beta_n^2)^2+\frac{kh^4}{50(1-\nu)}\lambda^2\right.\right.$$
$$\left.-\frac{k^2h^6\lambda^2}{500(1-\nu)}(\kappa_n^2-\beta_n^2)\right]\frac{\sinh\kappa_n(a-x_0)}{\sinh\kappa_n a}$$
$$-\left[1+\frac{h^2}{10}\frac{\nu}{1-\nu}(\lambda_n^2-\beta_n^2)-\frac{kh^4}{50(1-\nu)}(\lambda_n^2-\beta_n^2)^2\right.$$
$$\left.\left.+\frac{kh^4}{50(1-\nu)}\lambda^2-\frac{k^2h^6\lambda^2}{500(1-\nu)}(\lambda_n^2-\beta_n^2)\right]\frac{\sinh\lambda_n(a-x_0)}{\sinh\lambda_n a}\right\}\sin\beta_n y_0 \tag{4.2.18}$$

$$-\frac{1}{D}\left(\frac{1}{\kappa_n^2-\lambda_n^2}\left\{\left[1+\frac{h^2}{5(1-\nu)}\left(\kappa_n^2-\beta_n^2+\frac{kh^2}{10}\lambda^2\right)\right]\frac{\kappa_n}{\sinh\kappa_n a}\right.\right.$$
$$\left.\left.-\left[1+\frac{h^2}{5(1-\nu)}\left(\lambda_n^2-\beta_n^2+\frac{kh^2}{10}\lambda^2\right)\right]\frac{\lambda_n}{\sinh\lambda_n a}\right\}-\frac{h^2}{5(1-\nu)}\frac{\beta_n^2}{\delta_n}\frac{1}{\sinh\delta_n a}\right)(A_n)$$

$$
+\frac{1}{D}\left(\frac{1}{\kappa_n^2-\lambda_n^2}\left\{\left[1+\frac{h^2}{5(1-\nu)}\left(\kappa_n^2-\beta_n^2+\frac{kh^2}{10}\lambda^2\right)\right]\kappa_n\coth\kappa_n a\right.\right.
$$

$$
\left.\left.-\left[1+\frac{h^2}{5(1-\nu)}\left(\lambda_n^2-\beta_n^2+\frac{kh^2}{10}\lambda^2\right)\right]\lambda_n\coth\lambda_n a\right\}-\frac{h^2}{5(1-\nu)}\frac{\beta_n^2}{\delta_n}\coth\delta_n a\right)(B_n)
$$

$$
=\frac{2P}{Db}\frac{1}{\kappa_n^2-\lambda_n^2}\left\{\left[1+\frac{h^2}{10}\frac{\nu}{1-\nu}(\kappa_n^2-\beta_n^2)-\frac{kh^4}{50(1-\nu)}(\kappa_n^2-\beta_n^2)^2+\frac{kh^4}{50(1-\nu)}\lambda^2-\frac{k^2h^6\lambda^2}{500(1-\nu)}\right.\right.
$$

$$
\left.\cdot(\kappa_n^2-\beta_n^2)\right]\frac{\sinh\kappa_n x_0}{\sinh\kappa_n a}-\left[1+\frac{h^2}{10}\frac{\nu}{1-\nu}(\lambda_n^2-\beta_n^2)-\frac{kh^4}{50(1-\nu)}(\lambda_n^2-\beta_n^2)^2+\frac{kh^4}{50(1-\nu)}\lambda^2\right.
$$

$$
\left.\left.-\frac{k^2h^6\lambda^2}{500(1-\nu)}(\lambda_n^2-\beta_n^2)\right]\frac{\sinh\lambda_n x_0}{\sinh\lambda_n a}\right\}\sin\beta_n y_0 \tag{4.2.19}
$$

4.2.4 数值计算与有限元分析

本节所给出的数值参数与3.2.3节的相同。在挠曲面方程式(4.2.6)~式(4.2.9)中的 A_n 和 B_n 分别各取50项,则得 $\frac{x}{a}=0.5$ 截面上的挠曲线幅值分别列于表4.2.1~表4.2.3;与之相应的挠曲线图示于图4.2.2~图4.2.4。而 $x=0$ 固定边的幅值弯矩列于表4.2.4~表4.2.6,相应的弯矩图示于图4.2.5~图4.2.7。

表4.2.1 两对边简支,两对边固定 $h/a=0.1$,$x/a=0.5$ 幅值挠曲线 (10^{-10}m)

y/b	$0.1\omega_{11}$		$0.3\omega_{11}$		$0.5\omega_{11}$		$0.6\omega_{11}$	
	Ansys	本书方法	Ansys	本书方法	Ansys	本书方法	Ansys	本书方法
0	0	0	0	0	0	0	0	0
0.1	92.68	94.08	102.54	103.89	127.86	129.90	152.91	155.40
0.2	188.16	190.83	206.62	209.60	255.45	259.32	303.28	308.00
0.3	286.71	290.28	312.34	316.34	380.02	385.22	446.18	452.54
0.4	383.50	387.76	413.88	418.62	493.94	500.08	572.06	579.56
0.5	491.27	504.80	523.16	537.36	607.11	623.24	688.97	706.96

表4.2.2 两对边简支,两对边固定 $h/a=0.2$,$x/a=0.5$ 幅值挠曲线 (10^{-10}m)

y/b	$0.1\omega_{11}$		$0.3\omega_{11}$		$0.5\omega_{11}$		$0.6\omega_{11}$	
	Ansys	本书方法	Ansys	本书方法	Ansys	本书方法	Ansys	本书方法
0	0	0	0	0	0	0	0	0
0.1	14.68	14.86	16.24	16.36	20.37	20.28	24.43	24.01
0.2	29.97	30.29	32.96	33.16	40.87	40.66	48.63	47.80

（续）

y/b	0.1ω_{11}		0.3ω_{11}		0.5ω_{11}		0.6ω_{11}	
	Ansys	本书方法	Ansys	本书方法	Ansys	本书方法	Ansys	本书方法
0.3	46.33	46.69	50.50	50.70	61.51	61.12	72.26	71.02
0.4	65.00	64.88	69.97	69.65	83.04	82.02	95.78	93.74
0.5	105.80	106.01	110.98	111.05	124.61	124.13	137.87	136.50

表 4.2.3 两对边简支，两对边固定 $h/a=0.3, x/a=0.5$ 幅值挠曲线 （10^{-10}m）

y/b	0.1ω_{11}		0.3ω_{11}		0.5ω_{11}		0.6ω_{11}	
	Ansys	本书方法	Ansys	本书方法	Ansys	本书方法	Ansys	本书方法
0	0	0	0	0	0	0	0	0
0.1	5.75	5.79	6.37	6.35	8.02	7.81	9.65	9.17
0.2	11.81	11.87	13.01	12.96	16.18	15.76	19.30	18.37
0.3	18.59	18.58	20.27	20.10	24.70	24.02	29.04	27.65
0.4	28.58	26.86	30.57	28.69	35.83	33.36	40.94	37.67
0.5	54.29	52.11	56.39	54.05	61.89	59.00	67.23	63.57

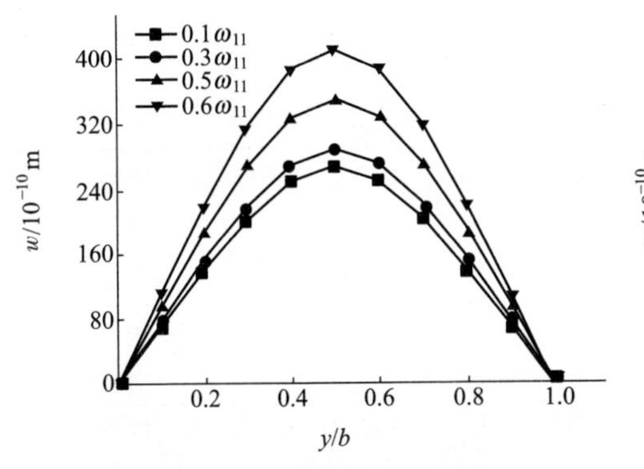

图 4.2.2 两对边简支，两对边固定 $h/a=0.1, x/a=0.5$ 幅值挠曲线

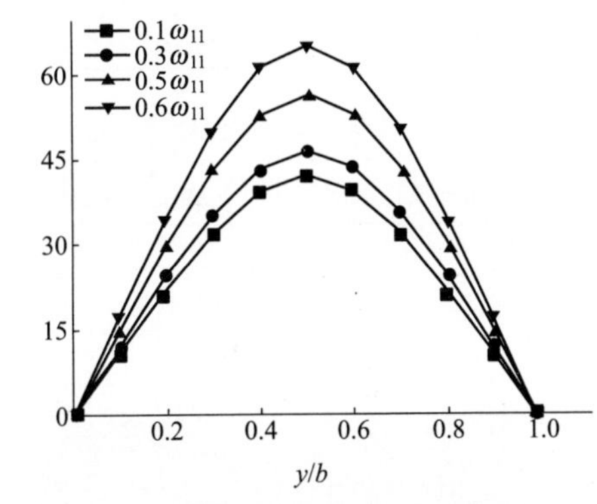

图 4.2.3 两对边简支，两对边固定 $h/a=0.2, x/a=0.5$ 幅值挠曲线

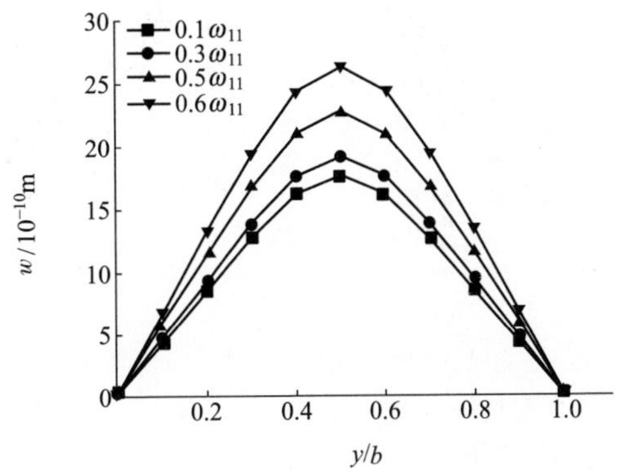

图 4.2.4 两对边简支，两对边固定 $h/a=0.3, x/a=0.5$ 幅值挠曲线

表 4.2.4　两对边简支,两对边固定 $h/a=0.1, x=0$ 处幅值弯矩　(N·m)

y/b	$0.1\omega_{11}$	$0.3\omega_{11}$	$0.5\omega_{11}$	$0.6\omega_{11}$
0	0	0	0	0
0.1	-4.18	-4.66	-5.93	-7.18
0.2	-8.29	-9.21	-11.64	-14.03
0.3	-12.04	-13.31	-16.67	-19.98
0.4	-14.8	-16.29	-20.26	-24.16
0.5	-15.83	-17.41	-21.59	-25.69

表 4.2.5　两对边简支,两对边固定 $h/a=0.2, x=0$ 处幅值弯矩　(N·m)

y/b	$0.1\omega_{11}$	$0.3\omega_{11}$	$0.5\omega_{11}$	$0.6\omega_{11}$
0	0	0	0	0
0.1	-3.87	-4.27	-5.32	-6.35
0.2	-7.58	-8.34	-10.36	-12.32
0.3	-10.84	-11.9	-14.69	-17.4
0.4	-13.16	-14.41	-17.7	-20.9
0.5	-14.01	-15.33	-18.8	-22.16

表 4.2.6　两对边简支,两对边固定 $h/a=0.3, x=0$ 处幅值弯矩　(N·m)

y/b	$0.1\omega_{11}$	$0.3\omega_{11}$	$0.5\omega_{11}$	$0.6\omega_{11}$
0	0	0	0	0
0.1	-3.4	-3.73	-4.59	-5.42
0.2	-6.62	-7.25	-8.90	-10.47
0.3	-9.41	-10.28	-12.55	-14.73
0.4	-11.37	-12.39	-15.07	-17.64
0.5	-12.08	-13.16	-15.98	-18.68

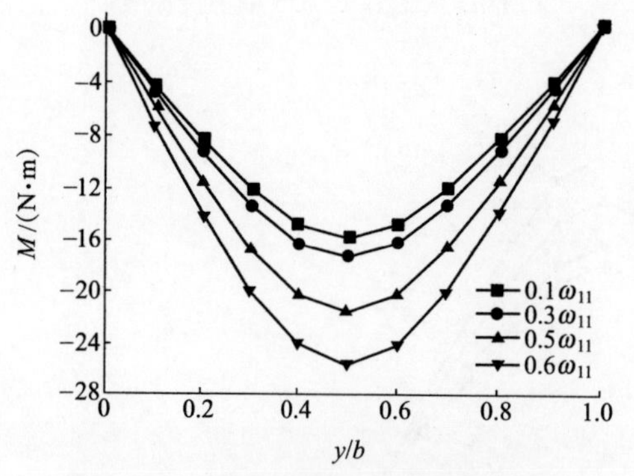

图 4.2.5　两对边简支,两对边固定图 $h/a=0.1, x=0$ 处幅值弯矩

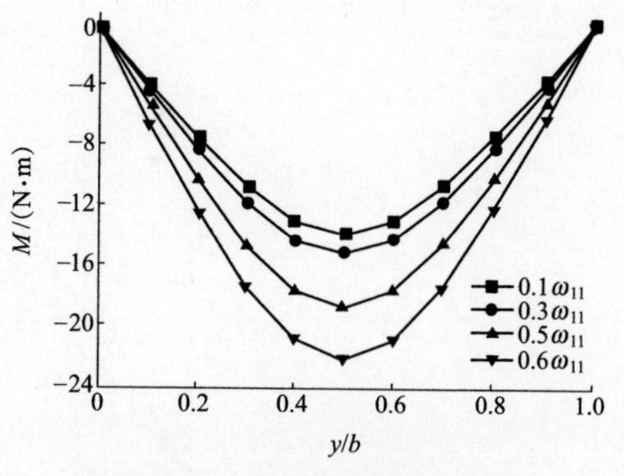

图 4.2.6　两对边简支,两对边固定 $h/a=0.2, x=0$ 处幅值弯矩

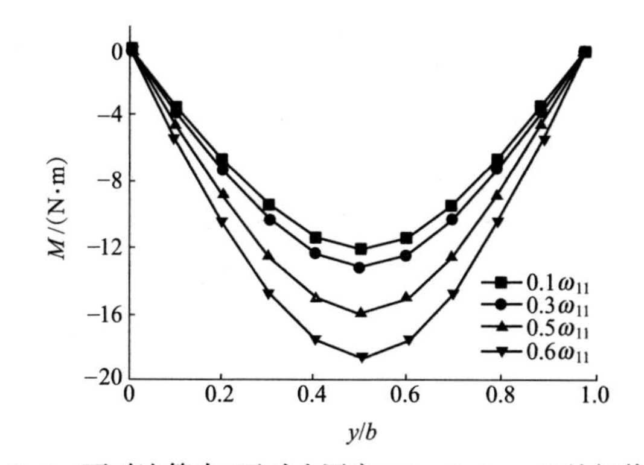

图 4.2.7　两对边简支,两对边固定 $h/a=0.3$,$x=0$ 处幅值弯矩

对表 4.2.1~表 4.2.3 和图 4.2.2~图 4.2.7 的分析与 3.2.4 节相同,故从略。

第5章　谐载作用下四边固定的弯曲厚矩形板

本章将介绍在均布谐载作用下和一集中谐载作用下四边固定弯曲厚矩形板的动力响应。

5.1　均布谐载作用下四边固定的弯曲厚矩形板

5.1.1　幅值挠曲面方程

考虑一在均布谐载作用下四边固定的弯曲厚矩形板，如图5.1.1(a)所示。如将均布谐载代以均布幅值谐载，则得如图5.1.1(b)所示幅值弯曲厚矩形板。解除其固定边的弯曲约束，代以幅值分布弯矩 M_{x0}，M_{xa}，M_{y0} 和 M_{yb}，则得如图5.1.1(c)所示幅值弯曲厚矩形板的实际系统。由于结构对称和载荷对称，故假设

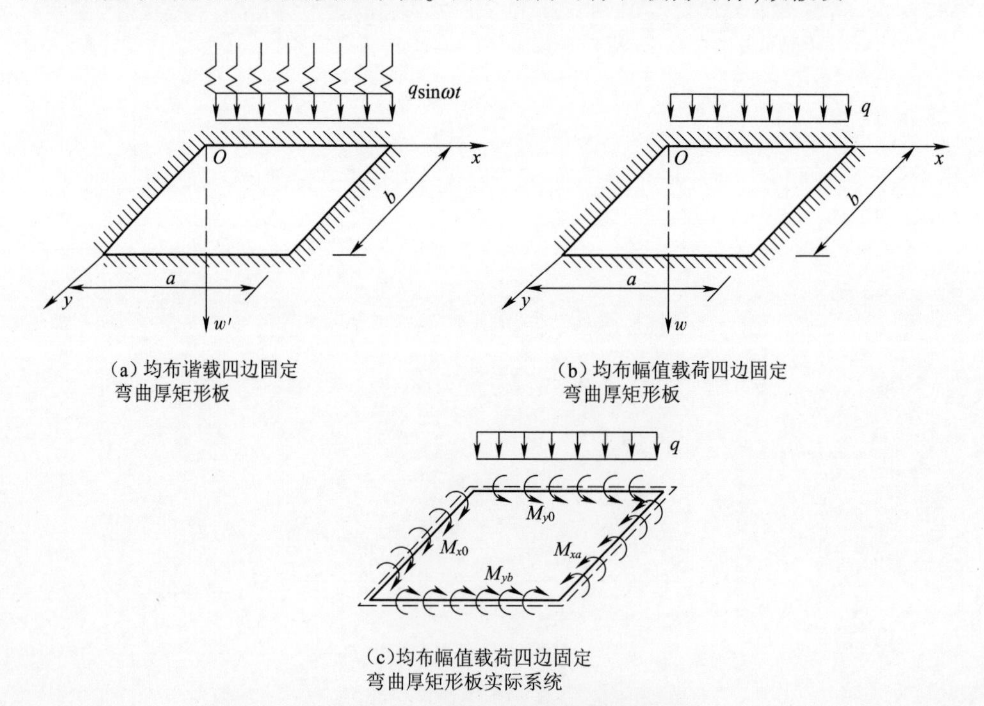

图5.1.1　均布谐载和均布幅值载荷作用下
四边固定弯曲厚矩形板及其实际系统

$$M_{x0}=M_{xa}=\sum_{n=1,3}^{\infty}A_n\sin\beta_n y \tag{5.1.1}$$

$$M_{y0}=M_{yb}=\sum_{m=1,3}^{\infty}C_m\sin\alpha_m x \tag{5.1.2}$$

在图2.2.1所示幅值拟基本系统和图5.1.1(c)所示幅值弯曲厚矩形板的实际系统之间应用修正的功的互等定理,则得

$$\begin{aligned}w(\xi,\eta)=&\int_0^a\int_0^b\left[q-\frac{kh^2}{10}\nabla^2(q)\right]w_1(x,y;\xi,\eta)\mathrm{d}x\mathrm{d}y\\&-2\int_0^b M_{x0}\omega_{1xx0}\mathrm{d}y-2\int_0^a M_{y0}\omega_{1yy0}\mathrm{d}x\end{aligned} \tag{5.1.3}$$

假设

$$\begin{cases}w(\xi,\eta)=\displaystyle\sum_{m=1,3}^{\infty}\sum_{n=1,3}^{\infty}A_{mn}\sin\alpha_m\xi\sin\beta_n\eta\\ w(x,y)=\displaystyle\sum_{m=1,3}^{\infty}\sum_{n=1,3}^{\infty}A_{mn}\sin\alpha_m x\sin\beta_n y\end{cases} \tag{5.1.4}$$

将式(2.2.8b)、式(2.3.25)、式(2.3.27)、式(5.1.1)、式(5.1.2)和式(5.1.4)代入式(5.1.3)中,则得

$$\begin{aligned}w(\xi,\eta)=&\frac{16q}{Dab}\sum_{m=1,3}^{\infty}\sum_{n=1,3}^{\infty}\frac{1}{\alpha_m\beta_n K_{dmn}^2}\left[1+\frac{kh^2}{10}(\alpha_m^2+\beta_n^2)\right]\sin\alpha_m\xi\sin\beta_n\eta\\&+\frac{4}{Da}\sum_{m=1,3}^{\infty}\sum_{n=1,3}^{\infty}\frac{\alpha_m}{K_{dmn}^2}\sin\alpha_m\xi\sin\beta_n\eta(A_n)\\&+\frac{4}{Db}\sum_{m=1,3}^{\infty}\sum_{n=1,3}^{\infty}\frac{\beta_n}{K_{dmn}^2}\sin\alpha_m\xi\sin\beta_n\eta(C_m)\end{aligned} \tag{5.1.5}$$

为加快收敛速度和消除弯矩在边界上出现的第二类间断点,应用附录,式(A.65)和式(A.66),式(5.1.5)可以转换成如下形式:

对于式(2.2.12)的情况,有

$$\begin{aligned}w(\xi,\eta)=&\frac{4q}{Da}\sum_{m=1,3}^{\infty}\frac{1}{\alpha_m}\left\{\left(1+\frac{kh^2}{10}\alpha_m^2\right)\right.\\&\cdot\left[\frac{1}{\kappa_m^2-\lambda_m^2}\left(\frac{\cosh\kappa_m\left(\frac{b}{2}-\eta\right)}{\kappa_m^2\cosh\frac{b}{2}\kappa_m}-\frac{\cosh\lambda_m\left(\frac{b}{2}-\eta\right)}{\lambda_m^2\cosh\frac{b}{2}\lambda_m}\right)+\frac{1}{\kappa_m^2\lambda_m^2}\right]\\&\left.+\frac{kh^2}{10}\frac{1}{\kappa_m^2-\lambda_m^2}\left(-\frac{\cosh\kappa_m\left(\frac{b}{2}-\eta\right)}{\kappa_m^2\cosh\frac{b}{2}\kappa_m}+\frac{\cosh\lambda_m\left(\frac{b}{2}-\eta\right)}{\lambda_m^2\cosh\frac{b}{2}\lambda_m}\right)\right\}\sin\alpha_m\xi\end{aligned}$$

$$\left(\text{或}\frac{4q}{Db}\sum_{n=1,3}^{\infty}\frac{1}{\beta_n}\left\{\left(1+\frac{kh^2}{10}\beta_n^2\right)\left[\frac{1}{\kappa_n^2-\lambda_n^2}\left(\frac{\cosh\kappa_n\left(\frac{a}{2}-\xi\right)}{\kappa_n^2\cosh\frac{a}{2}\kappa_n}-\frac{\cosh\lambda_n\left(\frac{a}{2}-\xi\right)}{\lambda_n^2\cosh\frac{a}{2}\lambda_n}\right)+\frac{1}{\kappa_n^2\lambda_n^2}\right]\right.\right.$$

$$\left.\left.+\frac{kh^2}{10}\frac{1}{\kappa_n^2-\lambda_n^2}\left(-\frac{\cosh\kappa_n\left(\frac{a}{2}-\xi\right)}{\kappa_n^2\cosh\frac{a}{2}\kappa_n}+\frac{\cosh\lambda_n\left(\frac{a}{2}-\xi\right)}{\lambda_n^2\cosh\frac{a}{2}\lambda_n}\right)\right\}\sin\beta_n\eta\right)$$

$$+\frac{1}{D}\sum_{n=1,3}^{\infty}\frac{1}{\kappa_n^2-\lambda_n^2}\left[-\frac{\cosh\kappa_n\left(\frac{a}{2}-\xi\right)}{\cosh\frac{a}{2}\kappa_n}+\frac{\cosh\lambda_n\left(\frac{a}{2}-\xi\right)}{\cosh\frac{a}{2}\lambda_n}\right]\sin\beta_n(A_n)$$

$$+\frac{1}{D}\sum_{m=1,3}^{\infty}\frac{1}{\kappa_m^2-\lambda_m^2}\left[-\frac{\cosh\kappa_m\left(\frac{b}{2}-\eta\right)}{\cosh\frac{b}{2}\kappa_m}+\frac{\cosh\lambda_m\left(\frac{b}{2}-\eta\right)}{\cosh\frac{b}{2}\lambda_m}\right]\sin\alpha_m\xi(C_m)$$

(5.1.6)

对于式(2.2.15)的情况,有

$$w(\xi,\eta)=\frac{4q}{Da}\sum_{m=1,3}^{\infty}\frac{1}{\alpha_m}\left\{\left(1+\frac{kh^2}{10}\alpha_m^2\right)\left[\frac{1}{\kappa_m^2+\lambda_m'^2}\left(\frac{\cosh\kappa_m\left(\frac{b}{2}-\eta\right)}{\alpha_m^2\cosh\frac{b}{2}\kappa_m}+\frac{\cos\lambda_m'\left(\frac{b}{2}-\eta\right)}{\lambda_m'^2\cos\frac{b}{2}\lambda_m'}\right)-\frac{1}{\kappa_m^2\lambda_m'^2}\right]\right.$$

$$\left.+\frac{kh^2}{10}\frac{1}{\kappa_m^2+\lambda_m'^2}\left(-\frac{\cosh\kappa_m\left(\frac{b}{2}-\eta\right)}{\kappa_m^2\cosh\frac{b}{2}\kappa_m}-\frac{\cos\lambda_m'\left(\frac{b}{2}-\eta\right)}{\lambda_m'^2\cos\frac{b}{2}\lambda_m'}\right)\right\}\sin\alpha_m\xi$$

$$\left(\text{或}\frac{4q}{Db}\sum_{n=1,3}^{\infty}\frac{1}{\beta_n}\left\{\left(1+\frac{kh^2}{10}\beta_n^2\right)\left[\frac{1}{\kappa_n^2+\lambda_n'^2}\left(\frac{\cosh\kappa_n\left(\frac{a}{2}-\xi\right)}{\kappa_n^2\cosh\frac{a}{2}\kappa_n}+\frac{\cos\lambda_n'\left(\frac{a}{2}-\xi\right)}{\lambda_n'^2\cos\frac{a}{2}\lambda_n'}\right)-\frac{1}{\kappa_n^2\lambda_n'^2}\right]\right.\right.$$

$$\left.\left.+\frac{kh^2}{10}\frac{1}{\kappa_n^2+\lambda_n'^2}\left(-\frac{\cosh\kappa_n\left(\frac{a}{2}-\xi\right)}{\kappa_n^2\cosh\frac{a}{2}\kappa_n}-\frac{\cos\lambda_n'\left(\frac{a}{2}-\xi\right)}{\lambda_n'^2\cos\frac{a}{2}\lambda_n'}\right)\right\}\sin\beta_n\eta\right)$$

$$+\frac{1}{D}\sum_{n=1,3}^{\infty}\frac{1}{\kappa_n^2+\lambda_n'^2}\left[-\frac{\cosh\kappa_n\left(\frac{a}{2}-\xi\right)}{\cosh\frac{a}{2}\kappa_n}+\frac{\cos\lambda_n'\left(\frac{a}{2}-\xi\right)}{\cos\lambda_n'\frac{a}{2}\lambda_n'}\right]\sin\beta_n\eta(A_n)$$

$$+\frac{1}{D}\sum_{m=1,3}^{\infty}\frac{1}{\kappa_m^2+\lambda_m'^2}\left[-\frac{\cosh\kappa_m\left(\frac{b}{2}-\eta\right)}{\cosh\frac{b}{2}\kappa_m}+\frac{\cos\lambda_m'\left(\frac{b}{2}-\eta\right)}{\cos\frac{b}{2}\lambda_m'}\right]\sin\alpha_m\xi(C_m) \tag{5.1.7}$$

5.1.2 应力函数

四边固定的弯曲厚矩形板可以认为是在四直边上分别受到分布弯矩作用的四边简支弯曲厚矩形板,据 3.1.2 节可知,四边简支板的 $E_0=F_0=G_0=H_0=0$, 故本小节可假设

$$\varphi(\xi,\eta)=\sum_{n=1,3}^{\infty}[E_n\cosh\delta_n\xi+F_n\cosh\delta_n(a-\xi)]\cos\beta_n\eta$$
$$+\sum_{m=1,3}^{\infty}[G_m\cosh\gamma_m\eta+H_m\cosh\gamma_m(b-\eta)]\cos\alpha_m\xi \tag{5.1.8}$$

仿文 4.1.2 节应力函数的计算,可得

$$F_n=-\frac{\beta_n}{\delta_n\sinh\delta_n a}A_n \tag{5.1.9}$$

$$E_n=\frac{\beta_n}{\delta_n\sinh\delta_n a}A_n \tag{5.1.10}$$

$$H_m=-\frac{\alpha_m}{\gamma_m\sinh\gamma_m b}C_m \tag{5.1.11}$$

$$G_m=\frac{\alpha_m}{\gamma_m\sinh\gamma_m b}C_m \tag{5.1.12}$$

将式(5.1.9)~式(5.1.12)代入式(5.1.8),则得

$$\varphi(\xi,\eta)=\sum_{n=1,3}^{\infty}[\cosh\delta_n\xi-\cosh\delta_n a(a-\xi)]\frac{\beta_n}{\delta_n\sinh\delta_n a}\cos\beta_n\eta(A_n)$$
$$-\sum_{m=1,3}^{\infty}[-\cosh\gamma_m(b-\eta)+\cosh\gamma_m\eta]\frac{\alpha_m}{\gamma_m\sinh\gamma_m b}\cos\alpha_m\xi(C_m) \tag{5.1.13}$$

5.1.3 边界条件

均布谐载作用下四边固定弯曲厚矩形板应满足的边界条件为

$$w_{\xi=0}=w_{\xi=a}=w_{\eta=0}=w_{\eta=b}=0 \tag{5.1.14}$$

$$\omega_{\eta\xi0}=\omega_{\eta\xi a}=\omega_{\xi\eta0}=\omega_{\xi\eta b}=0 \tag{5.1.15}$$

$$\omega_{\xi\xi0}=\omega_{\xi\xi a}=0 \tag{5.1.16}$$

$$\omega_{\eta\eta 0} = \omega_{\eta\eta b} = 0 \tag{5.1.17}$$

边界条件式(5.1.14)和式(5.1.15)均已预先满足。

对于式(2.2.12)的情况,边界条件式(5.1.16)和式(5.1.17)的执行方程分别为

$$\left\{\left[1 + \frac{h^2}{5(1-\nu)}\left(\frac{kh^2}{10}\lambda^2 - \beta_n^2\right)\right]\kappa_n \tanh\frac{a}{2}\kappa_n + \frac{h^2}{5(1-\nu)}\kappa_n^3 \tanh\frac{a}{2}\kappa_n\right.$$

$$- \left[1 + \frac{h^2}{5(1-\nu)}\left(\frac{kh^2}{10}\lambda^2 - \beta_n^2\right)\right]\lambda_n \tanh\frac{a}{2}\lambda_n - \frac{h^2}{5(1-\nu)}\lambda_n^3 \tanh\frac{a}{2}\lambda_n$$

$$\left.- \frac{2h^2}{5(1-\nu)}\sqrt{\lambda^2 + \left(\frac{kh^2}{20}\lambda^2\right)^2}\frac{\beta_n^2}{\delta_n}\tanh\frac{a}{2}\delta_n\right\}(A_n)$$

$$+ \frac{2}{b}\sum_{m=1,3}^{\infty}\frac{[1+(-1)^n]\alpha_m}{\kappa_m^2 - \lambda_m^2}$$

$$\cdot\left\{\left[1 + \frac{h^2}{5(1-\nu)}\frac{kh^2}{10}\lambda^2 + \frac{h^2}{5(1-\nu)}(\kappa_m^2 - \alpha_m^2)\right]\frac{\beta_n^2}{\kappa_m^2 + \beta_n^2}\right.$$

$$- \left[1 + \frac{h^2}{5(1-\nu)}\frac{kh^2}{10}\lambda^2 + \frac{h^2}{5(1-\nu)}(\lambda_m^2 - \alpha_m^2)\right]\frac{\beta_n^2}{\lambda_m^2 + \beta_n^2}$$

$$\left.+ \frac{8h^2}{5(1-\nu)}\sqrt{\lambda^2 + \left(\frac{kh^2}{20}\lambda^2\right)^2}\frac{\alpha_m\beta_n}{\gamma_m^2 + \beta_n^2}\right\}(C_m)$$

$$= \frac{4q}{b}\frac{1}{\beta_n}\left(\left\{\left(1 + \frac{kh^2}{10}\beta_n^2\right)\left[1 + \frac{kh^2}{10}\frac{h^2}{5(1-\nu)}\lambda^2 + \frac{h^2}{5(1-\nu)}(\kappa_n^2 - \beta_n^2)\right]\right.\right.$$

$$\left.- \frac{kh^2}{10}\kappa_n^2\left[1 + \frac{h^2}{5(1-\nu)}\kappa_n^2\right]\right\}\frac{1}{\kappa_n}\tanh\frac{a}{2}\kappa_n$$

$$- \left\{\left(1 + \frac{kh^2}{10}\beta_n^2\right)\left[1 + \frac{kh^2}{10}\frac{h^2}{5(1-\nu)}\lambda^2 + \frac{h^2}{5(1-\nu)}(\lambda_n^2 - \beta_n^2)\right]\right.$$

$$\left.\left.- \frac{kh^2}{10}\lambda_n^2\left[1 + \frac{h^2}{5(1-\nu)}\lambda_n^2\right]\right\}\frac{1}{\lambda_n}\tanh\frac{a}{2}\lambda_n\right) \tag{5.1.18}$$

$$\left\{\left[1 + \frac{h^2}{5(1-\nu)}\left(\frac{kh^2}{10}\lambda^2 - \alpha_m^2\right)\right]\kappa_m \tanh\frac{b}{2}\kappa_m + \frac{h^2}{5(1-\nu)}\kappa_m^3 \tanh\frac{b}{2}\kappa_m\right.$$

$$- \left[1 + \frac{h^2}{5(1-\nu)}\left(\frac{kh^2}{10}\lambda^2 - \alpha_m^2\right)\right]\lambda_m \tanh\frac{b}{2}\lambda_m - \frac{h^2}{5(1-\nu)}\lambda_m^3 \tanh\frac{b}{2}\lambda_m$$

$$\left.- \frac{2h^2}{5(1-\nu)}\sqrt{\lambda^2 + \left(\frac{kh^2}{20}\lambda^2\right)^2}\frac{\alpha_m^2}{\gamma_m}\tanh\frac{b}{2}\gamma_m\right\}(C_m)$$

$$
+\frac{2}{a}\sum_{n=1,3}^{\infty}\frac{[1-(-1)^m]\beta_n}{\kappa_n^2-\lambda_n^2}
$$

$$
\cdot\left\{\left[1+\frac{h^2}{5(1-\nu)}\frac{kh^2}{10}\lambda^2+\frac{h^2}{5(1-\nu)}(\kappa_n^2-\beta_n^2)\right]\frac{\alpha_m^2}{\kappa_n^2+\alpha_m^2}\right.
$$

$$
-\left[1+\frac{h^2}{5(1-\nu)}\frac{kh^2}{10}\lambda^2+\frac{h^2}{5(1-\nu)}(\lambda_n^2-\beta_n^2)\right]\frac{\alpha_m^2}{\lambda_n^2+\alpha_m^2}
$$

$$
\left.+\frac{8h^2}{5(1-\nu)}\sqrt{\lambda^2+\left(\frac{kh^2}{10}\lambda^2\right)^2}\frac{\alpha_m\beta_n}{\delta_n^2+\alpha_m^2}\right\}(A_n)
$$

$$
=\frac{4q}{a}\frac{1}{\alpha_m}\left(\left\{\left(1+\frac{kh^2}{10}\alpha_m^2\right)\left[1+\frac{kh^2}{10}\frac{h^2}{5(1-\nu)}\lambda^2+\frac{h^2}{5(1-\nu)}(\kappa_m^2-\alpha_m^2)\right]\right.\right.
$$

$$
\left.-\frac{kh^2}{10}\kappa_m^2\left[1+\frac{h^2}{5(1-\nu)}\kappa_m^2\right]\right\}\frac{1}{\kappa_m}\tanh\frac{b}{2}\kappa_m
$$

$$
-\left\{\left(1+\frac{kh^2}{10}\alpha_m^2\right)\left[1+\frac{kh^2}{10}\frac{h^2}{5(1-\nu)}\lambda^2+\frac{h^2}{5(1-\nu)}(\lambda_m^2-\alpha_m^2)\right]\right.
$$

$$
\left.\left.-\frac{kh^2}{10}\lambda_m^2\left[1+\frac{h^2}{5(1-\nu)}\lambda_m^2\right]\right\}\frac{1}{\lambda_m}\tanh\frac{b}{2}\lambda_m\right) \tag{5.1.19}
$$

对于式(2.2.15)的情况,利用式(2.2.17)和式(2.2.18)易于得到与式(5.1.18)和式(5.1.19)相应的边界条件,故从略。

5.1.4 数值计算结果分析

边界条件执行方程式(5.1.18)和式(5.1.19)组成二组无穷联立方程组。对方程组中的 A_n 和 C_m 各截取 10 项,组成 20×20 阶线性方程组。编程计算,则得下列图表。

表 5.1.1 和表 5.1.2 分别给出了方板和矩形板在不同厚跨比 $\left(\frac{h}{a}\right)$ 和不同频率比 $\left(\frac{\omega}{\omega_{11}}\right)$ 时固定边幅值弯矩与板中点最大幅值挠度。图 5.1.2 给出了固定边幅值弯矩随频率比的变化关系;图 5.1.3 给出了板中点幅值挠度的频率特性曲线;图 5.1.4 和图 5.1.5 分别给出了固定边中点最大幅值弯矩和板中点最大幅值挠度随跨厚比变化的取值规律。

为了证明结果的准确性,取跨厚比 $\frac{h}{a}=0.01$ 时所得结果列于表 5.1.3 并与文献[62]所得结果进行了比较。

表 5.1.1　固定边弯矩幅值及最大幅值挠度

ω/ω_{11}	ν	$M_{x0(qa^2)}$, $a/b=1.0$, $h/a=0.3$					$w_{\max}\left(\frac{qa^4}{E}\times 10^3\right)$
		$y/b=0.1$	$y/b=0.2$	$y/b=0.3$	$y/b=0.4$	$y/b=0.5$	
0.10	0.3 1/6	-0.016108 -0.017074	-0.026124 -0.027671	-0.033884 -0.036085	-0.038977 -0.041565	-0.040692 -0.043298	0.001324 0.001279
0.30	0.3 1/6	-0.017229 -0.018099	-0.027724 -0.029354	-0.036103 -0.038344	-0.041529 -0.044240	-0.043387 -0.046258	0.001421 0.001373
0.50	0.3 1/6	-0.019842 -0.020530	-0.031863 -0.033459	-0.041571 -0.043967	-0.047957 -0.050893	-0.050185 -0.053309	0.001664 0.001608
0.80	0.3 1/6	-0.031602 -0.031697	-0.050620 -0.052237	-0.066560 -0.069686	-0.077334 -0.081502	-0.081141 -0.085676	0.002781 0.002693
ω/ω_{11}	ν	$M_{x0}(qa^2)$, $a/b=1.0$, $h/a=0.2$					$w_{\max}\left(\frac{qa^4}{E}\times 10^3\right)$
		$y/b=0.1$	$y/b=0.2$	$y/b=0.3$	$y/b=0.4$	$y/b=0.5$	
0.10	0.3 1/6	-0.015537 -0.015436	-0.026618 -0.027111	-0.036209 -0.037268	-0.042626 -0.044022	-0.044870 -0.046371	0.002992 0.002987
0.30	0.3 1/6	-0.016433 -0.016278	-0.028230 -0.028725	-0.038551 -0.039630	-0.045498 -0.046953	-0.047926 -0.049512	0.003223 0.003220
0.50	0.3 1/6	-0.018689 -0.018367	-0.032292 -0.032726	-0.044413 -0.045559	-0.052659 -0.054274	-0.055558 -0.057338	0.003804 0.003805
0.80	0.3 1/6	-0.029461 -0.028434	-0.051763 -0.052055	-0.072571 -0.074253	-0.087148 -0.089810	-0.092354 -0.095362	0.006623 0.006665
ω/ω_{11}	ν	$M_{x0}(qa^2)$, $a/b=1.0$, $h/a=0.1$					$w_{\max}\left(\frac{qa^4}{E}\times 10^3\right)$
		$y/b=0.1$	$y/b=0.2$	$y/b=0.3$	$y/b=0.4$	$y/b=0.5$	
0.10	0.3 1/6	-0.011869 -0.011533	-0.025507 -0.025545	-0.038093 -0.038416	-0.046453 -0.046924	-0.049341 -0.049856	0.016598 0.017278
0.30	0.3 1/6	-0.012466 -0.012069	-0.027050 -0.027022	-0.040678 -0.040929	-0.049806 -0.050201	-0.052974 -0.053411	0.018040 0.018748
0.50	0.3 1/6	-0.014002 -0.013438	-0.031029 -0.030798	-0.047353 -0.047372	-0.058475 -0.058613	-0.062369 -0.062540	0.021785 0.022517
0.80	0.3 1/6	-0.022472 -0.020748	-0.053097 -0.051091	-0.084528 -0.082133	-0.106877 -0.104116	-0.114869 -0.111960	0.042828 0.043038

表 5.1.2 固定边弯矩幅值及最大幅值挠度

ω/ω_{11}	$M_0(qa^2)$	$x/a,y/b,a/b=0.5,h/a=0.2,\nu=0.3$					w_{max}
		0.1	0.2	0.3	0.4	0.5	$\left(\frac{qa^4}{E}\times10^8\right)$
0.10	M_{x0}	−0.029846	−0.054016	−0.070086	−0.078138	−0.080487	0.005439
	M_{y0}	−0.017003	−0.029450	−0.040624	−0.048352	−0.510264	
0.30	M_{x0}	−0.031329	−0.057249	−0.074866	−0.083907	−0.086579	0.005885
	M_{y0}	−0.017849	−0.030887	−0.042870	−0.050858	−0.053751	
0.50	M_{x0}	−0.034996	−0.065309	−0.086901	−0.098498	−0.102035	0.007016
	M_{y0}	−0.019777	−0.034432	−0.047890	−0.057258	−0.060591	
0.80	M_{x0}	−0.052414	−0.104437	−0.146538	−0.171872	−0.180170	0.012752
	M_{y0}	−0.028934	−0.051161	−0.072471	−0.087706	−0.093219	
ω/ω_{11}	$M_0(qa^2)$	$x/a,y/b,a/b=0.5,h/a=0.2,\nu=0.3$					w_{max}
		0.1	0.2	0.3	0.4	0.5	$\left(\frac{qa^4}{E}\times10^8\right)$
0.10	M_{x0}	−0.027293	−0.056008	−0.073186	−0.080900	−0.082973	0.031919
	M_{y0}	−0.012265	−0.027098	−0.041438	−0.051289	−0.054752	
0.30	M_{x0}	−0.028536	−0.059432	−0.078490	−0.087348	−0.089805	0.034800
	M_{y0}	−0.012701	−0.028303	−0.043538	−0.054075	−0.057795	
0.50	M_{x0}	−0.031679	−0.068192	−0.092201	−0.104144	−0.107626	0.042367
	M_{y0}	−0.013796	−0.031341	−0.048859	−0.061148	−0.065516	
0.80	M_{x0}	−0.048422	−0.116202	−0.169277	−0.200318	−0.210359	0.085948
	M_{y0}	−0.019524	−0.474378	−0.772556	−0.990345	−0.106928	

表 5.1.3 固定边幅值弯矩及最大幅值挠度比较

ω/ω_{11}	$M_{x0}=M_{y0}$ (qa^2)	$x/a,y/b,a/b=1.0,h/a=0.01,\nu=0.3$					w_{max} (qa^4/D)
		0.1	0.2	0.3	0.4	0.5	
0.30	本书	−0.008351	−0.026201	−0.042059	−0.052279	−0.055785	0.001400
	文献[65]	−0.008340	−0.028730	−0042090	−0.052320	−0.055800	0.001397
0.50	本书	−0.009069	−0.029975	−0.049247	−0.061957	−0.068343	0.001715
	文献[65]	−0.009038	−0.029980	−0.049260	−0.061970	−0.066350	0.001711
0.80	本书	−0.013459	−0.053297	−0.093875	−0.122208	−0.132269	0.003689
	文献[65]	−0.013280	−0.053100	−0.093580	−0.128400	−0.131800	0.003667

（续）

ω/ω_{11}	$M_{x0}(qa^2)$ $M_{y0}(qa^2)$		$x/a,y/b;a/b=2.0,h/a=0.01,\nu=0.3$ 0.1	0.2	0.3	0.4	0.5	w_{max} (qa^4/D)
0.30	M_{x0}	本书	−0.002018	−0.006738	−0.011162	−0.014126	−0.015158	0.000176
		文献[65]	−0.002041	−0.006753	−0.011170	−0.014140	−0.015170	0.000175
	M_{y0}	本书	−0.006744	−0.015198	−0.020012	−0.022146	−0.022722	
		文献[65]	−0.006804	−0.015082	−0.020040	−0.022286	−0.022750	
0.50	M_{x0}	本书	−0.002248	−0.007563	−0.012707	−0.016219	−0.017453	0.000217
		文献[65]	−0.002131	−0.007420	−0.012540	−0.016040	−0.017260	0.000216
	M_{y0}	本书	−0.007318	−0.017423	−0.023643	−0.026637	−0.027497	
		文献[65]	−0.007494	−0.017530	−0.023710	−0.026680	−0.027530	
0.80	M_{x0}	本书	−0.002646	−0.011290	−0.020529	−0.027180	−0.029575	0.000473
		文献[65]	−0.002667	−0.011310	−0.020540	−0.027190	−0.029580	0.000472
	M_{y0}	本书	−0.011350	−0.03141	−0.046125	−0.054827	−0.057644	
		文献[65]	−0.014360	−0.031190	−0.046170	−0.054860	−0.057680	

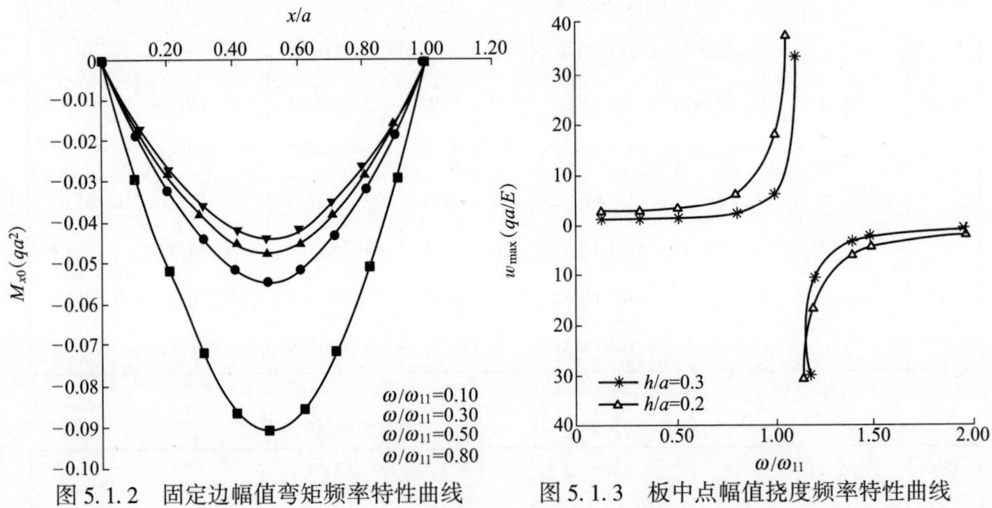

图 5.1.2　固定边幅值弯矩频率特性曲线

图 5.1.3　板中点幅值挠度频率特性曲线

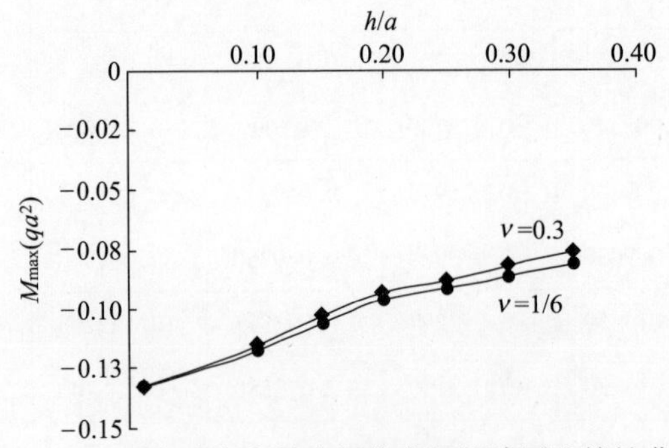

图 5.1.4　固定边中点最大幅值弯矩的跨厚比特性曲线

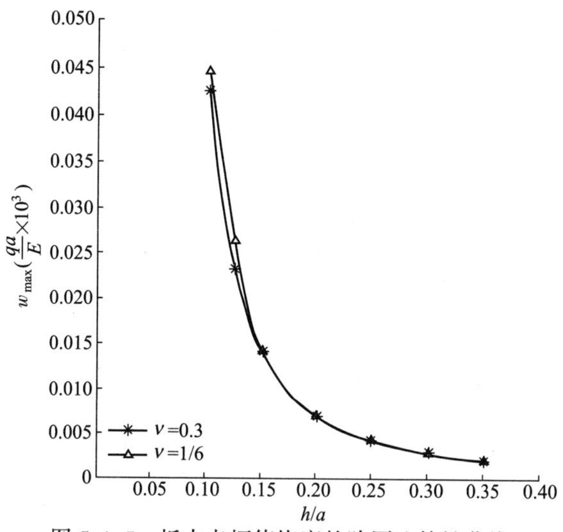

图 5.1.5　板中点幅值挠度的跨厚比特性曲线

5.2　一集中谐载作用下四边固定的弯曲厚矩形板

5.2.1　幅值挠曲面方程

考虑一在一集中谐载作用下的四边固定弯曲厚矩形板,如图 5.2.1(a)所示。如将此一集中谐载代以一集中幅值谐载,则得如图 5.2.1(b)所示幅值弯曲厚矩形板。解除其固定边的弯曲约束,代以幅值分布弯矩 M_{x0},M_{xa},M_{y0}和 M_{yb},则得图 5.2.1(c)所示幅值弯曲厚矩形板实际系统。并假设

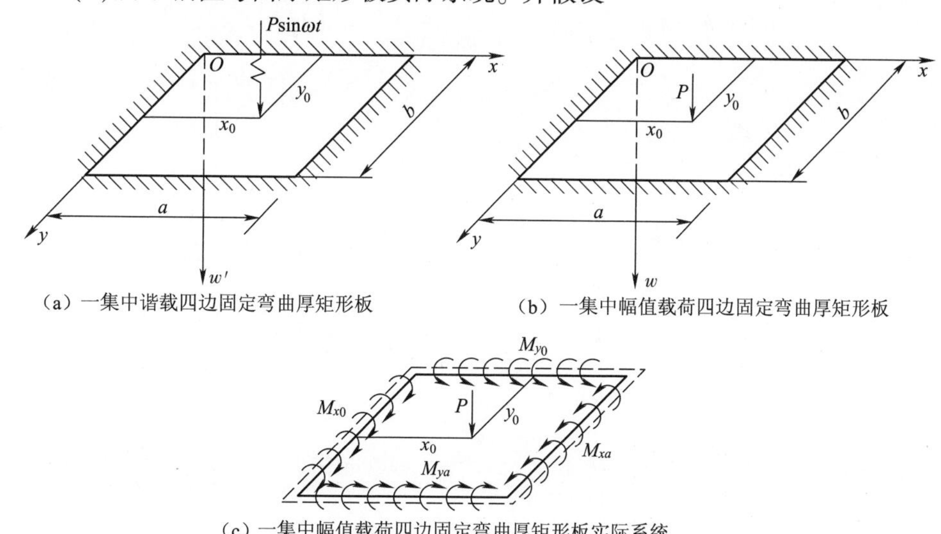

(a) 一集中谐载四边固定弯曲厚矩形板

(b) 一集中幅值载荷四边固定弯曲厚矩形板

(c) 一集中幅值载荷四边固定弯曲厚矩形板实际系统

图 5.2.1　一集中谐载及一集中幅载荷作用下四边固定弯曲厚矩形板其及实际系统

$$M_{x0}=\sum_{n=1,2}^{\infty}A_n\sin\beta_n y \tag{5.2.1}$$

$$M_{xa}=\sum_{n=1,2}^{\infty}B_n\sin\beta_n y \tag{5.2.2}$$

$$M_{y0}=\sum_{m=1,2}^{\infty}C_m\sin\alpha_m x \tag{5.2.3}$$

$$M_{yb}=\sum_{m=1,2}^{\infty}D_m\sin\alpha_m x \tag{5.2.4}$$

在图2.2.1所示幅值拟基本系统和图5.2.1(c)所示幅值弯曲厚矩形板实际系统之间应用修正的功的互等定理,则得

$$w(\xi,\eta)=\int_0^a\int_0^b\left[P\delta(x-x_0,y-y_0)-\frac{kh^2}{10}\nabla^2P\delta(x-x_0,y-y_0)\right]\cdot w_1(x,y;\xi,\eta)\mathrm{d}x\mathrm{d}y-\int_0^b M_{x0}\omega_{1xx0}\mathrm{d}y+\int_0^b M_{xa}\omega_{1xxa}\mathrm{d}y-\int_0^a M_{y0}\omega_{1yy0}\mathrm{d}x+\int_0^a M_{yb}\omega_{1yyb}\mathrm{d}x \tag{5.2.5}$$

仿4.2.1节幅值挠曲面方程的求解,可直接得到本节问题的解。对于式(2.2.12)的情况,可分别得到

$$w_{\leqslant x_0}(\xi,\eta)=-\frac{2P}{Db}\sum_{n=1,2}^{\infty}\frac{1}{\kappa_n^2-\lambda_n^2}\left[\frac{\sinh\kappa_n(a-x_0)}{\kappa_n\sinh\kappa_n a}\sinh\kappa_n\xi-\frac{\sinh\lambda_n(a-x_0)}{\lambda_n\sinh\lambda_n\alpha}\sinh\lambda_n\xi\right]\cdot\sin\beta_n y_0\sin\beta_n\eta+\frac{2P}{Db}\frac{kh^2}{10}\sum_{n=1,2}^{\infty}\frac{1}{\kappa_n^2-\lambda_n^2}\left[(\kappa_n^2-\beta_n^2)\frac{\sinh k_n(a-x_0)}{\kappa_n\sinh\kappa_n a}\cdot\sinh\kappa_n\xi-(\lambda_n^2-\beta_n^2)\frac{\sinh\lambda_n(a-x_0)}{\lambda_n\sinh\lambda_n a}\sinh\lambda_n\xi\right]\cdot\sin\beta_n y_0\sin\beta_n\eta+w_{Mx0}+w_{Mxa}+w_{My0}+w_{Myb}\quad(0\leqslant\xi\leqslant x_0) \tag{5.2.6}$$

$$w_{\geqslant x_0}(\xi,\eta)=-\frac{2P}{Db}\sum_{n=1,2}^{\infty}\frac{1}{\kappa_n^2-\lambda_n^2}\left[\frac{\sinh\kappa_n x_0}{\kappa_n\sinh\kappa_n a}\sinh\kappa_n(a-\xi)-\frac{\sinh\lambda_n x_0}{\lambda_n\sinh\lambda_n a}\sinh\lambda_n(a-\xi)\right]\cdot\sin\beta_n y_0\sin\beta_n\eta+\frac{2P}{Db}\frac{kh^2}{10}\sum_{n=1,2}^{\infty}\frac{1}{\kappa_n^2-\lambda_n^2}\left[(\kappa_n^2-\beta_n^2)\frac{\sinh\kappa_n x_0}{\kappa_n\sinh\kappa_n a}\cdot\sinh\kappa_n(a-\xi)-(\lambda_n^2-\beta_n^2)\frac{\sinh\lambda_n x_0}{\lambda_n\sinh\lambda_n a}\sinh\lambda_n(a-\xi)\right]\sin\beta_n y_0\sin\beta_n\eta+w_{Mx0}+w_{Mxa}+w_{My0}+w_{Myb}\quad(x_0\leqslant\xi\leqslant a) \tag{5.2.7}$$

$$w_{\leqslant y_0}(\xi,\eta)=-\frac{2P}{Da}\sum_{m=1,2}^{\infty}\frac{1}{\kappa_m^2-\lambda_m^2}\left[\frac{\sinh\kappa_m(b-y_0)}{\kappa_m\sinh\kappa_m b}\sinh\kappa_m\eta-\frac{\sinh\lambda_m(b-y_0)}{\lambda_m\sinh\lambda_m b}\sinh\lambda_m\eta\right]\cdot\sin\alpha_m x_0\sin\alpha_m\xi+\frac{2P}{Da}\frac{kh^2}{10}\sum_{m=1,2}^{\infty}\frac{1}{\kappa_m^2-\lambda_m^2}\left[(\kappa_m^2-\alpha_m^2)\frac{\sinh\kappa_m(b-y_0)}{\kappa_m\sinh\kappa_m b}\right.$$

$$\cdot \sinh\kappa_m\eta - (\lambda_m^2 - \alpha_m^2)\frac{\sinh\lambda_m(b-y_0)}{\lambda_m\sinh\lambda_m b}\sinh\lambda_m\eta\Big]\sin\alpha_m x_0\sin\alpha_m\xi$$

$$+ w_{Mx0} + w_{Mxa} + w_{My0} + w_{Myb} \qquad (0 \leqslant \eta \leqslant y_0)$$

(5.2.8)

$$w_{\geqslant y_0}(\xi,\eta) = -\frac{2P}{Da}\sum_{m=1,2}^{\infty}\frac{1}{\kappa_m^2-\lambda_m^2}\left[\frac{\sinh\kappa_m y_0}{\kappa_m\sinh\kappa_m b}\sinh\kappa_m(b-\eta) - \frac{\sinh\lambda_m y_0}{\lambda_m\sinh\lambda_m b}\sinh\lambda_m(b-\eta)\right]$$

$$\cdot \sin\alpha_m x_0\sin\alpha_m\xi + \frac{2P}{Da}\frac{kh^2}{10}\sum_{m=1,2}^{\infty}\frac{1}{\kappa_m^2-\lambda_m^2}\Big[(\kappa_m^2-\alpha_m^2)\frac{\sinh\kappa_m y_0}{\kappa_m\sinh\kappa_m b}\sinh\kappa_m(b-\eta)$$

$$-(\lambda_m^2-\alpha_m^2)\frac{\sinh\lambda_m y_0}{\lambda_m\sinh\lambda_m b}\sinh\lambda_m(b-\eta)\Big]\sin a_m x_0\sin\alpha_n\xi$$

$$+ w_{Mx0} + w_{Mxa} + w_{My0} + w_{Myb} \qquad (y_0 \leqslant \eta \leqslant b) \quad (5.2.9)$$

其中

$$w_{Mx0} = -\int_0^b M_{x0}\omega_{1xx0}\mathrm{d}y \tag{5.2.10}$$

$$w_{Mxa} = \int_0^b M_{xa}\omega_{1xxa}\mathrm{d}y \tag{5.2.11}$$

$$w_{My0} = -\int_0^a M_{y0}\omega_{1yy0}\mathrm{d}x \tag{5.2.12}$$

$$w_{Myb} = \int_0^a M_{yb}\omega_{1yyb}\mathrm{d}x \tag{5.2.13}$$

参考式(4.2.4)和式(4.2.5),应有

$$w_{Mx0} = -\frac{1}{D}\sum_{n=1,2}^{\infty}\frac{1}{\kappa_n^2-\lambda_n^2}\left[\frac{\sinh\kappa_n(a-\xi)}{\sinh\kappa_n a} - \frac{\sinh\lambda_n(a-\xi)}{\sinh\lambda_n a}\right]\sin\beta_n\eta(A_n)$$

(5.2.14)

$$w_{Mxa} = -\frac{1}{D}\sum_{n=1,2}^{\infty}\frac{1}{\kappa_n^2-\lambda_n^2}\left(\frac{\sinh\kappa_n\xi}{\sinh\kappa_n a} - \frac{\sinh\lambda_n\xi}{\sinh\lambda_n a}\right)\sin\beta_n\eta(B_n) \tag{5.2.15}$$

$$w_{My0} = -\frac{1}{D}\sum_{m=1,2}^{\infty}\frac{1}{\kappa_m^2-\lambda_m^2}\left[\frac{\sinh\kappa_m(b-\eta)}{\sinh\kappa_m b} - \frac{\sinh\lambda_m(b-\eta)}{\sinh\lambda_m b}\right]\sin\alpha_m\xi(C_m)$$

(5.2.16)

$$w_{Myb} = -\frac{1}{D}\sum_{m=1,2}^{\infty}\frac{1}{\kappa_m^2-\lambda_m^2}\left(\frac{\sinh\kappa_m\eta}{\sinh\kappa_m b} - \frac{\sinh\lambda_m\eta}{\sinh\lambda_m b}\right)\sin a_m\xi(D_m) \tag{5.2.17}$$

5.2.2 应力函数

假设应力函数为

$$\varphi(\xi,\eta) = \sum_{n=1,2}^{\infty}[E_n\cosh\delta_n\xi + F_n\cosh\delta_n(a-\xi)]\cos\beta_n\eta$$

$$+\sum_{m=1,2}^{\infty}\left[G_m\cosh\gamma_m\eta+H_m\cosh\gamma_m(b-\eta)\right]\cos\alpha_m\xi \tag{5.2.18}$$

仿文5.1.2小节应力函数的计算,可得本小节的 E_n,F_n,G_m 和 H_m 分别为

$$F_n=-\frac{\beta_n}{\delta_n\sinh\delta_n a}(A_n) \tag{5.2.19}$$

$$E_n=\frac{\beta_n}{\delta_n\sinh\delta_n a}(B_n) \tag{5.2.20}$$

$$H_m=-\frac{\alpha_m}{\gamma_m\sinh r_m b}(C_m) \tag{5.2.21}$$

$$G_m=\frac{\alpha_m}{\gamma_m\sinh r_m b}(D_m) \tag{5.2.22}$$

将式(5.2.19)~式(5.2.22)代入式(5.2.18)中,则得

$$\begin{aligned}\varphi(\xi,\eta)=&\sum_{n=1,2}^{\infty}\left[B_n\cosh\delta_n\xi-A_n\cosh\delta_n(a-\xi)\right]\frac{\beta_n}{\delta_n\sinh\delta_n a}\cos\beta_n\eta\\&+\sum_{m=1,2}^{\infty}\left[D_m\cosh\gamma_m\eta-C_m\cosh\gamma_m(b-\eta)\right]\frac{\alpha_m}{\gamma_m\sinh\gamma_m b}\cos\alpha_m\xi\end{aligned} \tag{5.2.23}$$

5.2.3 边界条件

幅值挠曲面方程和应力函数应满足的边界条件为

$$\omega_{\xi\xi 0}=0 \tag{5.2.24}$$

$$\omega_{\xi\xi a}=0 \tag{5.2.25}$$

$$\omega_{\eta\eta 0}=0 \tag{5.2.26}$$

$$\omega_{\eta\eta b}=0 \tag{5.2.27}$$

考虑到幅值挠曲面方程式(5.2.6)~式(5.2.17),应力函数式(5.2.23)、式(1.1.91)和式(1.1.92),并进行一系列计算,则得边界条件式(5.2.24)~式(5.2.27)的执行方程分别为

$$\begin{aligned}&-\frac{1}{D}\left(\frac{1}{\kappa_n^2-\lambda_n^2}\left\{\left[1+\frac{h^2}{5(1-\nu)}\left(\kappa_n^2-\beta_n^2+\frac{kh^2}{10}\lambda^2\right)\right]\kappa_n\coth\kappa_n a\right.\right.\\&\left.\left.-\left[1+\frac{h^2}{5(1-\nu)}\left(\lambda_n^2-\beta_n^2+\frac{kh^2}{10}\lambda^2\right)\right]\lambda_n\coth\lambda_n a\right\}-\frac{h^2}{5(1-\nu)}\frac{\beta_n^2}{\delta_n}\coth\delta_n a\right)(A_n)\\&+\frac{1}{D}\left(\frac{1}{\kappa_n^2-\lambda_n^2}\left\{\left[1+\frac{h^2}{5(1-\nu)}\left(\kappa_n^2-\beta_n^2+\frac{kh^2}{10}\lambda^2\right)\right]\frac{\kappa_n}{\sinh\kappa_n a}\right.\right.\\&\left.\left.-\left[1+\frac{h^2}{5(1-\nu)}\left(\lambda_n^2-\beta_n^2+\frac{kh^2}{10}\lambda^2\right)\right]\frac{\lambda_n}{\sinh\lambda_n a}\right\}-\frac{h^2}{5(1-\nu)}\frac{\beta_n^2}{\delta_n}\frac{1}{\sinh\delta_n a}\right)(B_n)\end{aligned}$$

$$
\begin{aligned}
&+\frac{2}{Db}\sum_{m=1,2}^{\infty}\left(\frac{\alpha_m\beta_n}{\kappa_m^2-\lambda_m^2}\left\{\frac{1}{\kappa_m^2+\beta_n^2}\left[1+\frac{h^2}{5(1-\nu)}\left(\frac{kh^2}{10}\lambda^2+\kappa_m^2-\alpha_m^2\right)\right]-\frac{1}{\lambda_m^2+\beta_n^2}\right.\right.\\
&\left.\left.\cdot\left[1+\frac{h^2}{5(1-\nu)}\left(\frac{kh^2}{10}\lambda^2+\lambda_m^2-\alpha_m^2\right)\right]\right\}+\frac{h^2}{5(1-\nu)}\frac{\alpha_m\beta_n}{\gamma_m^2+\beta_n^2}\right)(C_m)\\
&-\frac{2}{Db}\sum_{m=1,2}^{\infty}\left(\frac{\alpha_m\beta_n(-1)^n}{\kappa_m^2-\lambda_m^2}\left\{\frac{1}{\kappa_m^2+\beta_n^2}\left[1+\frac{h^2}{5(1-\nu)}\left(\frac{kh^2}{10}\lambda^2+\kappa_m^2-\alpha_m^2\right)\right]\right.\right.\\
&\left.\left.-\frac{1}{\lambda_m^2+\beta_n^2}\left[1+\frac{h^2}{5(1-\nu)}\left(\frac{kh^2}{10}\lambda^2+\lambda_m^2-\alpha_m^2\right)\right]\right\}+\frac{h^2}{5(1-\nu)}\frac{\alpha_m\beta_n(-1)^n}{\gamma_m^2+\beta_n^2}\right)(D_m)\\
&=-\frac{2P}{Db}\frac{1}{\kappa_n^2-\lambda_n^2}\left\{\left[1+\frac{h^2}{10}\frac{\nu}{1-\nu}(\kappa_n^2-\beta_n^2)-\frac{kh^4}{50(1-\nu)}(\kappa_n^2-\beta_n^2)^2+\frac{kh^4}{50(1-\nu)}\lambda^2\right.\right.\\
&\left.-\frac{k^2h^6\lambda^2}{500(1-\nu)}(\kappa_n^2-\beta_n^2)\right]\frac{\sinh\kappa_n(a-x_0)}{\sinh\kappa_n a}-\left[1+\frac{h^2}{10}\frac{\nu}{1-\nu}(\lambda_n^2-\beta_n^2)\right.\\
&\left.-\frac{kh^4}{50(1-\nu)}(\lambda_n^2-\beta_n^2)^2+\frac{kh^4}{50(1-\nu)}\lambda^2-\frac{k^2h^6\lambda^2}{500(1-\nu)}(\lambda_n^2-\beta_n^2)\right]\\
&\left.\cdot\frac{\sinh\lambda_n(a-x_0)}{\sinh\lambda_n a}\right\}\sin\beta_n y_0
\end{aligned}
\tag{5.2.28}
$$

$$
\begin{aligned}
&-\frac{1}{D}\left(\frac{1}{\kappa_n^2-\lambda_n^2}\left\{\left[1+\frac{h^2}{5(1-\nu)}\left(\kappa_n^2-\beta_n^2+\frac{kh^2}{10}\lambda^2\right)\right]\frac{\kappa_n}{\sinh\kappa_n a}\right.\right.\\
&\left.\left.-\left[1+\frac{h^2}{5(1-\nu)}\left(\lambda_n^2-\beta_n^2+\frac{kh^2}{10}\lambda^2\right)\right]\lambda_n\sinh\lambda_n a\right\}-\frac{h^2}{5(1-\nu)}\frac{\beta_n^2}{\delta_n}\frac{1}{\sinh\delta_n a}\right)(A_n)\\
&+\frac{1}{D}\left(\frac{1}{\kappa_n^2-\lambda_n^2}\left\{\left[1+\frac{h^2}{5(1-\nu)}\left(\kappa_n^2-\beta_n^2+\frac{kh^2}{10}\lambda^2\right)\right]\kappa_n\coth\kappa_n a\right.\right.\\
&\left.\left.-\left[1+\frac{h^2}{5(1-\nu)}\left(\lambda_n^2-\beta_n^2+\frac{kh^2}{10}\lambda^2\right)\right]\frac{\lambda_n}{\coth\lambda_n a}\right\}-\frac{h^2}{5(1-\nu)}\frac{\beta_n^2}{\delta_n}\coth\delta_n a\right)(B_n)\\
&+\frac{2}{Db}\sum_{m=1,2}^{\infty}\left(\frac{\alpha_m\beta_n(-1)^m}{\kappa_m^2-\lambda_m^2}\left\{\frac{1}{\kappa_m^2+\beta_n^2}\left[1+\frac{h^2}{5(1-\nu)}\left(\frac{kh^2}{10}\lambda^2+\kappa_m^2-\alpha_m^2\right)\right]\right.\right.\\
&\left.\left.-\frac{1}{\lambda_m^2+\beta_n^2}\left[1+\frac{h^2}{5(1-\nu)}\left(\frac{kh^2}{10}\lambda^2+\lambda_m^2-\alpha_m^2\right)\right]\right\}+\frac{h^2}{5(1-\nu)}\frac{\alpha_m\beta_n(-1)^m}{\gamma_m^2+\beta_n^2}\right)(C_m)\\
&-\frac{2}{Db}\sum_{m=1,2}^{\infty}\left(\frac{\alpha_m\beta_n(-1)^{m+n}}{\kappa_m^2-\lambda_m^2}\left\{\frac{1}{\kappa_m^2+\beta_n^2}\left[1+\frac{h^2}{5(1-\nu)}\left(\frac{kh^2}{10}\lambda^2+\kappa_m^2-\alpha_m^2\right)\right]\right.\right.\\
&\left.\left.-\frac{1}{\lambda_m^2+\beta_n^2}\left[1+\frac{h^2}{5(1-\nu)}\left(\frac{kh^2}{10}\lambda^2+\lambda_m^2-\alpha_m^2\right)\right]\right\}+\frac{h^2}{5(1-\nu)}\frac{\alpha_m\beta_n(-1)^{m+n}}{\gamma_m^2+\beta_n^2}\right)(D_m)
\end{aligned}
$$

$$= \frac{2P}{Db}\frac{1}{\kappa_n^2 - \lambda_n^2}\left\{\left[1 + \frac{h^2}{10}\frac{\nu}{1-\nu}(\kappa_n^2 - \beta_n^2) - \frac{kh^4}{50(1-\nu)}(\kappa_n^2 - \beta_n^2)^2 + \frac{kh^4}{50(1-\nu)}\lambda^2\right.\right.$$

$$\left.- \frac{k^2h^6\lambda^2}{500(1-\nu)}(\kappa_n^2 - \beta_n^2)\right]\frac{\sinh\kappa_n x_0}{\sinh\kappa_n a} - \left[1 + \frac{h^2}{10}\frac{\nu}{1-\nu}(\lambda_n^2 - \beta_n^2)\right.$$

$$\left.\left.- \frac{kh^4}{50(1-\nu)}(\lambda_n^2 - \beta_n^2)^2 + \frac{kh^4}{50(1-\nu)}\lambda^2 - \frac{k^2h^6\lambda^2}{500(1-\nu)}(\lambda_n^2 - \beta_n^2)\right]\frac{\sinh\lambda_n x_0}{\sinh\lambda_n a}\right\}\sin\beta_n y_0$$

(5.2.29)

$$+ \frac{2}{Da}\sum_{n=1,2}^{\infty}\left(\frac{\alpha_m\beta_n}{\kappa_n^2 - \lambda_n^2}\left\{\frac{1}{\kappa_n^2 - \alpha_m^2}\left[1 + \frac{h^2}{5(1-\nu)}\left(\frac{kh^2}{10}\lambda^2 + \kappa_n^2 - \beta_n^2\right)\right] - \frac{1}{\lambda_n^2 + \alpha_m^2}\right.\right.$$

$$\left.\left.\cdot\left[1 + \frac{h^2}{5(1-\nu)}\left(\frac{kh^2}{10}\lambda^2 + \lambda_n^2 - \beta_n^2\right)\right]\right\} - \frac{h^2}{5(1-\nu)}\frac{\alpha_m\beta_n}{\delta_n^2 + \alpha_m^2}\right)(A_n)$$

$$- \frac{2}{Da}\sum_{n=1,2}^{\infty}\left(\frac{\alpha_m\beta_n(-1)^m}{\kappa_n^2 - \lambda_n^2}\left\{\frac{1}{\kappa_n^2 + \alpha_m^2}\left[1 + \frac{h^2}{5(1-\nu)}\left(\frac{\kappa h^2}{10}\lambda^2 + \kappa_n^2 - \beta_n^2\right)\right] - \frac{1}{\lambda_n^2 + \alpha_m^2}\right.\right.$$

$$\left.\left.\left[1 + \frac{h^2}{5(1-\nu)}\left(\frac{kh^2}{10}\lambda^2 + \lambda_n^2 - \beta_n^2\right)\right]\right\} - \frac{h^2}{5(1-\nu)}\frac{\alpha_m\beta_n(-1)^m}{\delta_n^2 + \alpha_m^2}\right)(B_n)$$

$$- \frac{1}{D}\left(\frac{1}{\kappa_m^2 - \lambda_m^2}\left\{\left[1 + \frac{h^2}{5(1-\nu)}\left(\kappa_m^2 + \alpha_m^2 + \frac{kh^2}{10}\lambda^2\right)\right]\kappa_m\coth\kappa_m b\right.\right.$$

$$\left.\left.- \left[1 + \frac{h^2}{5(1-\nu)}\left(\lambda_n^2 - \beta_n^2 + \frac{kh^2}{10}\lambda^2\right)\right]\lambda_m\coth\lambda_m b\right\} + \frac{h^2}{5(1-\nu)}\frac{\alpha_m^2}{\gamma_m}\coth\gamma_m b\right)(C_m)$$

$$+ \frac{1}{D}\left(\frac{1}{\kappa_m^2 - \lambda_m^2}\left\{\left[1 + \frac{h^2}{5(1-\nu)}\left(\kappa_m^2 - \alpha_m^2 + \frac{kh^2}{10}\lambda^2\right)\right]\frac{\kappa_m}{\coth\kappa_m b}\right.\right.$$

$$\left.\left.- \left[1 + \frac{h^2}{5(1-\nu)}\left(\lambda_n^2 - \beta_n^2 + \frac{kh^2}{10}\lambda^2\right)\right]\frac{\lambda_m}{\sinh\lambda_m b}\right\} + \frac{h^2}{5(1-\nu)}\frac{\alpha_m^2}{\gamma_m}\frac{1}{\sinh\gamma_m b}\right)(D_m)$$

$$= -\frac{2P}{Da}\frac{1}{\kappa_m^2 - \lambda_m^2}\left\{\left[1 + \frac{h^2}{10}\frac{v}{1-\nu}(\kappa_m^2 - \alpha_m^2) - \frac{kh^4}{50(1-\nu)}(\kappa_m^2 - \alpha_m^2)^2 + \frac{kh^4}{50(1-\nu)}\lambda^2\right.\right.$$

$$\left.- \frac{k^2h^6\lambda^2}{500(1-\nu)}(\kappa_m^2 - \alpha_m^2)\right]\frac{\sinh\kappa_m(b - y_0)}{\sinh\kappa_m b} - \left[1 + \frac{h^2}{10}\frac{\nu}{1-\nu}(\lambda_m^2 - \alpha_m^2)\right.$$

$$\left.\left.- \frac{kh^4}{50(1-\nu)}(\lambda_m^2 - \alpha_m^2)^2 + \frac{kh^4}{50(1-\nu)}\lambda^2 - \frac{k^2h^6\lambda^2}{500(1-\nu)}(\lambda_m^2 - \alpha_m^2)\right]\frac{\sinh\lambda_m(b - y_0)}{\sinh\lambda_m b}\right\}\sin\alpha_m x_0$$

(5.2.30)

$$\frac{2}{Da}\sum_{n=1,2}^{\infty}\left(\frac{\alpha_m\beta_n(-1)^n}{\kappa_n^2 - \lambda_n^2}\left\{\frac{1}{\kappa_n^2 + \alpha_m^2}\left[1 + \frac{h^2}{5(1-\nu)}\left(\frac{kh^2}{10}\lambda^2 + \kappa_n^2 - \beta_n^2\right)\right] - \frac{1}{\lambda_n^2 + \alpha_m^2}\right.\right.$$

$$
\cdot\left[1+\frac{h^2}{5(1-\nu)}\left(\frac{kh^2}{10}\lambda^2+\lambda_n^2-\beta_n^2\right)\right]\Bigg\}-\frac{h^2}{5(1-\nu)}\frac{\alpha_m\beta_n(-1)^n}{\delta_n^2+\alpha_m^2}\Bigg)(A_n)
$$

$$
-\frac{2}{Da}\sum_{n=1,2}^{\infty}\left(\frac{\alpha_m\beta_n(-1)^{m+n}}{\kappa_n^2-\lambda_n^2}\left\{\frac{1}{\kappa_n^2+\alpha_m^2}\left[1+\frac{h^2}{5(1-\nu)}\left(\frac{kh^2}{10}\lambda^2+\kappa_n^2-\beta_n^2\right)\right]-\frac{1}{\lambda_n^2+\alpha_m^2}\right.\right.
$$

$$
\cdot\left[1+\frac{h^2}{5(1-\nu)}\left(\frac{kh^2}{10}\lambda^2+\lambda_n^2-\beta_n^2\right)\right]\Bigg\}-\frac{h^2}{5(1-\nu)}\frac{\alpha_m\beta_n(-1)^{m+n}}{\delta_n^2+\alpha_m^2}\Bigg)(B_n)
$$

$$
-\frac{1}{D}\left(\frac{1}{\kappa_m^2-\lambda_m^2}\left\{\left[1+\frac{h^2}{5(1-\nu)}\left(\kappa_m^2+\alpha_m^2+\frac{kh^2}{10}\lambda^2\right)\right]\frac{\kappa_m}{\sinh\kappa_m b}\right.\right.
$$

$$
-\left[1+\frac{h^2}{5(1-\nu)}\left(\lambda_n^2-\beta_n^2+\frac{kh^2}{10}\lambda^2\right)\right]\frac{\lambda_m}{\sinh\lambda_m b}\Bigg\}+\frac{h^2}{5(1-\nu)}\frac{\alpha_m^2}{\gamma_m}\frac{1}{\sinh\gamma_{mb}}\Bigg)(C_m)
$$

$$
+\frac{1}{D}\left(\frac{1}{\kappa_m^2-\lambda_m^2}\left\{\left[1+\frac{h^2}{5(1-\nu)}\left(\kappa_m^2-\alpha_m^2+\frac{\kappa h^2}{10}\lambda^2\right)\right]\kappa_m\coth\kappa_m b\right.\right.
$$

$$
-\left[1+\frac{h^2}{5(1-\nu)}\left(\lambda_n^2-\beta_n^2+\frac{kh^2}{10}\lambda^2\right)\right]\lambda_m\coth\lambda_m b\Bigg\}+\frac{h^2}{5(1-\nu)}\frac{\alpha_m^2}{\gamma_m}\coth\gamma_m b\Bigg)(D_m)
$$

$$
=\frac{2P}{Da}\frac{1}{\kappa_m^2-\lambda_m^2}\left\{\left[1+\frac{h^2}{10}\frac{\nu}{1-\nu}(\kappa_m^2-\alpha_m^2)-\frac{kh^4}{50(1-\nu)}(\kappa_m^2-\alpha_m^2)^2+\frac{kh^4}{50(1-\nu)}\lambda^2\right.\right.
$$

$$
\left.-\frac{k^2h^6\lambda^2}{500(1-\nu)}(\kappa_m^2-\alpha_m^2)\right]\frac{\sinh\kappa_m y_0}{\sinh\kappa_m b}-\left[1+\frac{h^2}{10}\frac{\nu}{1-\nu}(\lambda_m^2-\alpha_m^2)-\right.
$$

$$
\left.\left.\frac{kh^4}{50(1-\nu)}(\lambda_m^2-\alpha_m^2)^2+\frac{kh^4}{50(1-\nu)}\lambda^2-\frac{k^2h^6\lambda^2}{500(1-\nu)}(\lambda_m^2-\alpha_m^2)\right]\frac{\sinh\lambda_m y_0}{\sinh\lambda_m b}\right\}\sin\alpha_m x_0
\tag{5.2.31}
$$

5.2.4 数值计算与有限元分析

本节所给出的数值参数与3.2.3节相同。首先给出 $\frac{x}{a}=0.5$ 截面上的幅值挠曲线,然后给出 $y=0$ 固定边的幅值弯矩。

表5.2.1~表5.2.3分别给出了 $\frac{h}{a}=0.1$、0.2、0.3在 $\frac{x}{a}=0.5$ 截面上的幅值挠度,而图5.2.2~图5.2.4分别表示出相应的幅值挠度曲线。表5.2.4~表5.2.6分别列出 $\frac{h}{a}=0.1$、0.2、0.3时在 $y=0$ 固定边的幅值弯矩,而图5.2.5~图5.2.7分别示出了相应的幅值弯矩图。

表 5.2.1 四边固定 $h/a=0.1, x/a=0.5$ 幅值挠曲线 (10^{-10}m)

y/b	$0.1\omega_{11}$		$0.3\omega_{11}$		$0.5\omega_{11}$		$0.6\omega_{11}$	
	Ansys	本书方法	Ansys	本书方法	Ansys	本书方法	Ansys	本书方法
0	0	0	0	0	0	0	0	0
0. 1	36. 32	38. 33	40. 19	42. 49	50. 46	53. 37	60. 54	67. 39
0. 2	108. 65	113. 28	119. 47	124. 70	148. 10	154. 71	176. 14	190. 57
0. 3	202. 17	207. 15	220. 41	226. 10	268. 56	275. 87	315. 63	333. 50
0. 4	299. 71	304. 89	323. 47	329. 41	386. 07	393. 76	447. 14	467. 13
0. 5	408. 57	422. 60	432. 72	449. 18	501. 72	518. 90	567. 52	598. 01

表 5.2.2 四边固定 $h/a=0.2, x/a=0.5$ 幅值挠曲线 (10^{-10}m)

y/b	$0.1\omega_{11}$		$0.3\omega_{11}$		$0.5\omega_{11}$		$0.6\omega_{11}$	
	Ansys	本书方法	Ansys	本书方法	Ansys	本书方法	Ansys	本书方法
0	0	0	0	0	0	0	0	0
0. 1	7. 59	7. 96	8. 41	8. 80	10. 61	10. 91	12. 78	12. 33
0. 2	18. 96	20. 25	20. 91	22. 24	26. 06	27. 30	31. 12	31. 00
0. 3	34. 27	35. 51	37. 40	38. 64	45. 65	46. 59	53. 72	52. 64
0. 4	52. 75	53. 42	56. 76	57. 39	67. 31	67. 48	77. 59	75. 28
0. 5	93. 70	94. 52	97. 99	98. 81	109. 24	109. 71	120. 16	118. 17

表 5.2.3 四边固定 $h/a=0.3, x/a=0.5$ 幅值挠曲线 (10^{-10}m)

y/b	$0.1\omega_{11}$		$0.3\omega_{11}$		$0.5\omega_{11}$		$0.6\omega_{11}$	
	Ansys	本书方法	Ansys	本书方法	Ansys	本书方法	Ansys	本书方法
0	0	0	0	0	0	0	0	0
0. 1	3. 61	3. 75	4. 01	4. 13	5. 06	5. 05	6. 09	5. 72
0. 2	8. 19	8. 79	9. 04	9. 61	11. 28	11. 65	13. 49	13. 21
0. 3	14. 46	15. 02	15. 79	16. 27	19. 28	19. 39	22. 69	21. 82
0. 4	24. 33	23. 12	26. 01	24. 70	30. 40	28. 61	34. 67	31. 69
0. 5	50. 09	48. 32	51. 89	50. 03	56. 57	54. 26	61. 11	57. 59

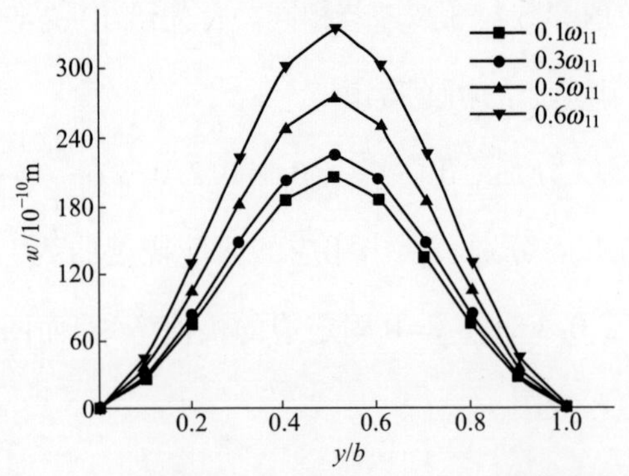

图 5.2.2 四边固定 $h/a=0.1, x/a=0.5$ 幅值挠曲线

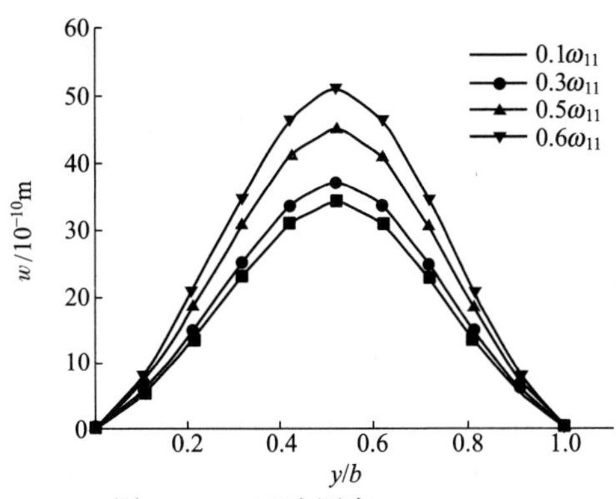

图 5.2.3　四边固定 $h/a=0.2$，$x/a=0.5$ 幅值挠曲线

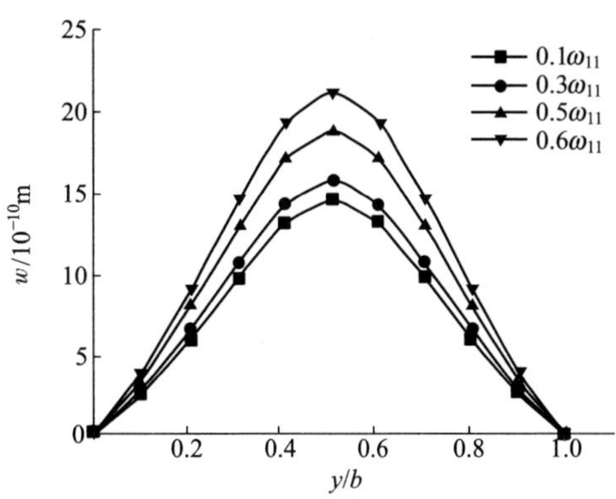

图 5.2.4　四边固定 $h/a=0.3$，$x/a=0.5$ 幅值挠曲线

表 5.2.4　四边固定 $h/a=0.1$，$y=0$ 处幅值弯矩　(N·m)

x/a	$0.1\omega_{11}$	$0.3\omega_{11}$	$0.5\omega_{11}$	$0.6\omega_{11}$
0	0	0	0	0
0.1	-1.84	-2.07	-2.69	-3.31
0.2	-4.54	-5.08	-6.52	-7.96
0.3	-7.79	-8.68	-11.04	-13.39
0.4	-10.44	-11.59	-14.66	-17.7
0.5	-11.46	-12.71	-16.03	-19.34

表 5.2.5　四边固定 $h/a=0.2$，$y=0$ 幅值弯矩　(N·m)

x/a	$0.1\omega_{11}$	$0.3\omega_{11}$	$0.5\omega_{11}$	$0.6\omega_{11}$
0	0	0	0	0
0.1	-2.75	-3.05	-3.86	-4.67
0.2	-5.06	-5.61	-7.08	-8.53
0.3	-7.23	-8.00	-10.04	-12.07
0.4	-8.83	-9.75	-12.21	-14.64
0.5	-9.42	-10.4	-13.01	-15.59

表 5.2.6　四边固定 $h/a=0.3$，$y=0$ 处幅值弯矩　(N·m)

x/a	$0.1\omega_{11}$	$0.3\omega_{11}$	$0.5\omega_{11}$	$0.6\omega_{11}$
0	0	0	0	0
0.1	-2.70	-2.98	-3.73	-4.47
0.2	-4.68	-5.16	-6.44	-7.71
0.3	-6.29	-6.92	-8.62	-10.31
0.4	-7.37	-8.12	-10.09	-12.05
0.5	-7.77	-8.54	-10.61	-12.67

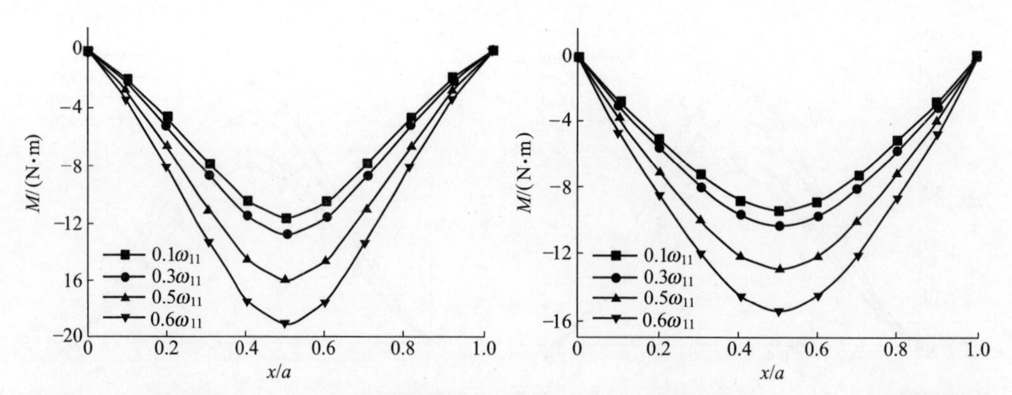

图 5.2.5　四边固定 $h/a=0.1, y=0$ 处幅值弯矩　图 5.2.6　四边固定 $h/a=0.2, y=0$ 处幅值弯矩

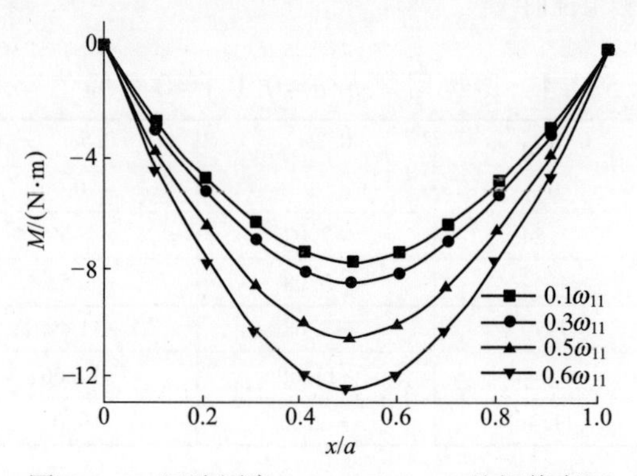

图 5.2.7　四边固定 $h/a=0.3, y=0$ 处幅值弯矩

第6章　谐载作用下三边固定一边自由的弯曲厚矩形板

本章将介绍在均布谐载和一集中谐载作用下三边固定一边自由弯曲厚矩形板的动力响应。

6.1　均布谐载作用下三边固定一边自由的弯曲厚矩形板

6.1.1　幅值挠曲面方程

考虑一在均布谐载作用下三边固定一边自由的弯曲厚矩形板，如图6.1.1(a)所示。如将均布谐载代以均布幅值谐载，则得如图6.1.1(b)所示幅值弯曲厚矩形板。解除其三个固定边的弯曲约束，分别代以分布幅值弯矩M_{x0}，M_{y0}和M_{yb}；自由边的幅值挠度和幅值扭角分别表示为w_{xa}和ω_{yxa}，则得如图6.1.1(c)所示幅值弯曲厚矩形板的实际系统，并假设

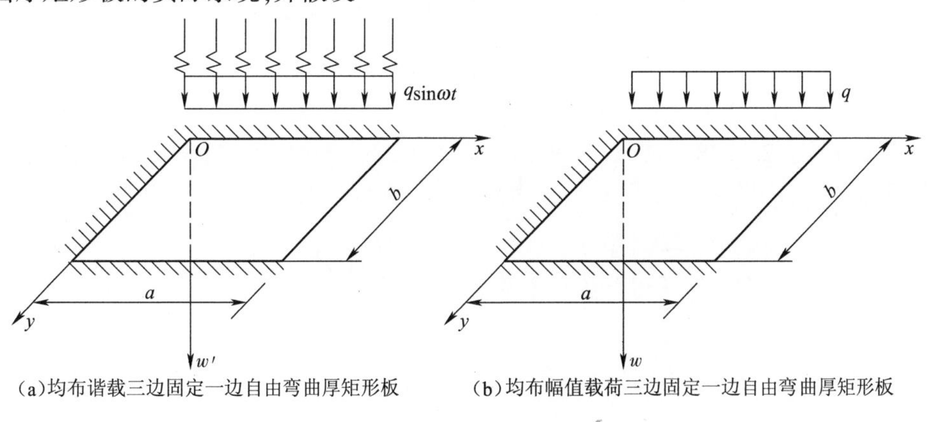

(a)均布谐载三边固定一边自由弯曲厚矩形板　(b)均布幅值载荷三边固定一边自由弯曲厚矩形板

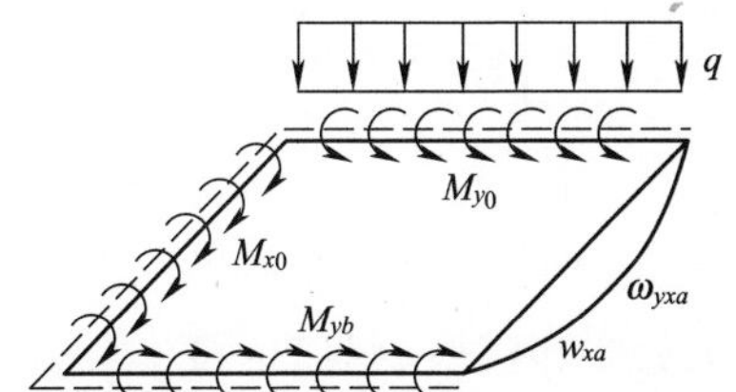

(c)均布幅值载荷三边固定一边自由弯曲厚矩形板实际系统

图6.1.1　均布谐载及均布幅值载荷作用下三边固定一边自由弯曲厚矩形板及其实际系统

$$M_{x0}(y)=\sum_{n=1,3}^{\infty}A_n\sin\beta_n y \tag{6.1.1}$$

$$M_{y0}(x)=M_{yb}(x)=\sum_{m=1,2}^{\infty}C_m\sin\alpha_m x \tag{6.1.2}$$

$$w_{xa}(y)=\sum_{n=1,3}^{\infty}b_n\sin\beta_n y \tag{6.1.3}$$

$$\omega_{yxa}(y)=\sum_{n=1,3}^{\infty}f_n\cos\beta_n y \tag{6.1.4}$$

在图2.2.1所示幅值拟基本系统和图6.1.1(c)所示幅值弯曲厚矩形板实际系统之间应用修正的功的互等定理,则得

$$\begin{aligned}&w(\xi,\eta)+\int_0^b w_{xa}Q_{1xa}\mathrm{d}y+\int_0^b\omega_{yxa}M_{1yxxa}\mathrm{d}y\\&=\int_0^a\int_0^b\left[q-\frac{kh^2}{10}\nabla^2(q)\right]w_1(x,y;\xi,\eta)\mathrm{d}x\mathrm{d}y\\&\quad-\int_0^b M_{x0}\omega_{1xx0}\mathrm{d}y-\int_0^a M_{y0}\omega_{1yy0}\mathrm{d}x+\int_0^a M_{yb}\omega_{1yyb}\mathrm{d}x\end{aligned} \tag{6.1.5}$$

假设幅值挠曲面方程为

$$\begin{cases}w(\xi,\eta)=\displaystyle\sum_{m=1,2}^{\infty}\sum_{n=1,3}^{\infty}A_{mn}\sin\alpha_m\xi\sin\beta_n\eta\\ w(x,y)=\displaystyle\sum_{m=1,2}^{\infty}\sum_{n=1,3}^{\infty}A_{mn}\sin\alpha_m x\sin\beta_n y\end{cases} \tag{6.1.6}$$

$$(0\leqslant x<a,0\leqslant y\leqslant b)$$

将式(6.1.1)~式(6.1.4),式(6.1.6)、式(2.2.8b)、式(2.3.25)、式(2.3.27)、式(2.3.28)、式(2.3.30)和式(2.3.34)一并代入式(6.1.5)中,经过计算,则得A_{mn},再将它代入式(6.1.6)第一式中,则得

$$\begin{aligned}w(\xi,\eta)=&\sum_{m=1,2}^{\infty}\sum_{n=1,3}^{\infty}\left\{\frac{16q}{Dab}\frac{1}{\alpha_m\beta_n K_{dmn}^2}\left[1+\frac{kh^2}{10}(\alpha_m^2+\beta_n^2)\right]\right.\\&+\frac{2}{Da}\frac{\alpha_m}{K_{dmn}^2}(A_n)+\frac{4}{Db}\frac{\beta_n}{K_{dmn}^2}(C_m)-\frac{2}{a}\frac{(-1)^m}{K_{dmn}^2}\alpha_m(\alpha_m^2+\beta_n^2)(b_n)\\&\left.+(1-\nu)\frac{2}{a}\frac{(-1)^m}{K_{dmn}^2}\alpha_m\beta_n(f_n)\right\}\sin\alpha_m\xi\sin\beta_n\eta\\=&w_1+w_2+w_3+w_4+w_5\quad(0\leqslant x<a,0\leqslant y\leqslant b)\end{aligned} \tag{6.1.7}$$

为加快收敛速度和消除幅值挠度和弯矩在边界上出现第二类间断点,需将式(6.1.7)中一个方向的三角级数之和转换成双曲函数。

对于式(2.2.12)的情况:

应用附录式(A.66)和式(A.65)、式(6.1.7)中的w_1,w_2和w_3分别可以转换为

$$w_1 = \frac{4q}{Da}\sum_{m=1,3}^{\infty}\frac{1}{\alpha_m}(1+\frac{kh^2}{10}\alpha_m^2)\left\{\frac{1}{\kappa_m^2-\lambda_m^2}\left[\frac{\cosh\kappa_m\left(\frac{b}{2}-\eta\right)}{\kappa_m^2\cosh\kappa_m\frac{b}{2}}-\frac{\cosh\lambda_m\left(\frac{b}{2}-\eta\right)}{\lambda_m^2\cosh\lambda_m\frac{b}{2}}\right]\right.$$

$$\left.+\frac{1}{\kappa_m^2\lambda_m^2}\right\}\sin\alpha_m\xi+\frac{4q}{Da}\sum_{m=1,3}^{\infty}\frac{1}{\alpha_m}\frac{kh^2}{10}\frac{1}{\kappa_m^2-\lambda_m^2}\left[-\frac{\cosh\kappa_m\left(\frac{b}{2}-\eta\right)}{\cosh\kappa_m\frac{b}{2}}+\frac{\cosh\lambda_m\left(\frac{b}{2}-\eta\right)}{\cosh\lambda_m\frac{b}{2}}\right]$$

$$\cdot\sin\alpha_m\xi=\frac{4q}{Db}\sum_{n=1,3}^{\infty}\frac{1}{\beta_n}(1+\frac{kh^2}{10}\beta_n^2)\left\{\frac{1}{\kappa_n^2-\lambda_n^2}\left[\frac{\cosh\kappa_n\left(\frac{a}{2}-\xi\right)}{\kappa_n^2\cosh\kappa_n\frac{a}{2}}-\frac{\cosh\lambda_m\left(\frac{a}{2}-\xi\right)}{\lambda_n^2\cosh\lambda_n\frac{a}{2}}\right]\right.$$

$$\left.+\frac{1}{\kappa_n^2\lambda_n^2}\right\}\sin\beta_n\eta+\frac{4q}{Db}\sum_{n=1,3}^{\infty}\frac{1}{\beta_n}\frac{kh^2}{10}\frac{1}{\kappa_n^2-\lambda_n^2}\left[-\frac{\cosh\kappa_n\left(\frac{a}{2}-\xi\right)}{\cosh\kappa_n\frac{a}{2}}+\frac{\cosh\lambda_n\left(\frac{a}{2}-\xi\right)}{\cosh\lambda_m\frac{a}{2}}\right]\sin\beta_n\eta$$

(6.1.8)

$$w_2=\frac{1}{D}\sum_{n=1,3}^{\infty}\frac{1}{\kappa_n^2-\lambda_n^2}\left[-\frac{\sinh\kappa_n(a-\xi)}{\sinh\kappa_n a}+\frac{\sinh\lambda_n(a-\xi)}{\sinh\lambda_n a}\right]\sin\beta_x\eta(A_n)$$

(6.1.9)

$$w_3=\frac{1}{D}\sum_{m=1,2}^{\infty}\frac{1}{\kappa_m^2-\lambda_m^2}\left[-\frac{\cosh\kappa_m\left(\frac{b}{2}-\eta\right)}{\cosh\kappa_m\frac{b}{2}}+\frac{\mathrm{conh}\lambda_m\left(\frac{b}{2}-\eta\right)}{\cosh\lambda_m\frac{b}{2}}\right]\sin\alpha_m\xi(C_m)$$

(6.1.10)

根据文献[40]附录,式(A.63),式(6.1.7)w_4 和 w_5 可转换为

$$w_4=\sum_{n=1,3}^{\infty}\frac{1}{\kappa_n^2-\lambda_n^2}\left[-(\beta_n^2-\kappa_n^2)\frac{\sinh\kappa_n\xi}{\sinh\kappa_n a}+(\beta_n^2-\lambda_n^2)\frac{\sinh\lambda_n\xi}{\sinh\lambda_n a}\right]\sin\beta_n\eta(b_n)$$

(6.1.11)

$$w_5=(1-\nu)\sum_{n=1,3}^{\infty}\frac{\beta_n}{\kappa_n^2-\lambda_n^2}\left(\frac{\sinh\kappa_n\xi}{\sinh\kappa_n a}-\frac{\sinh\lambda_n\xi}{\sinh\lambda_n a}\right)\sin\beta_n\eta(f_n) \quad (6.1.12)$$

对于式(2.2.15)情况,式(6.1.7)转化成为

$$w(\xi,\eta)=\frac{4q}{Da}\sum_{m=1,3}^{\infty}\frac{1}{\alpha_m}(1+\frac{kh^2}{10}\alpha_m^2)\left\{\frac{1}{\kappa_m^2+\lambda'^2_m}\left[\frac{\cosh\kappa_m(\frac{b}{2}-\eta)}{\kappa_m^2\cosh\kappa_m\frac{b}{2}}+\frac{\cos\lambda'_m(\frac{b}{2}-\eta)}{\lambda'^2_m\cos\lambda'_m\frac{b}{2}}\right]\right.$$

$$-\frac{1}{\kappa_m^2\lambda_m'^2}\Bigg\}\sin\alpha_m\xi+\frac{4q}{Da}\sum_{m=1,3}^{\infty}\frac{1}{\alpha_m}\frac{kh^2}{10}\frac{1}{\kappa_m^2+\lambda_m'^2}\left[-\frac{\cosh\kappa_m(\frac{b}{2}-\eta)}{\cosh\kappa_m\frac{b}{2}}\right.$$

$$\left.+\frac{\cos\lambda_m'(\frac{b}{2}-\eta)}{\cos\lambda_m'\frac{b}{2}}\right]\sin\alpha_m\xi\ (\text{或}\frac{4q}{Db}\sum_{n=1,3}^{\infty}\frac{1}{\beta_n}(1+\frac{kh^2}{10}\beta_n^2)$$

$$\left\{\frac{1}{\kappa_n^2+\lambda_n'^2}\left[\frac{\cosh\kappa_n(\frac{a}{2}-\xi)}{\kappa_n^2\cosh\kappa_n\frac{a}{2}}-\frac{\cos\lambda_n'(\frac{a}{2}-\xi)}{\lambda_n'^2\cos\lambda_n'\frac{a}{2}}\right]-\frac{1}{\kappa_n^2\lambda_n'^2}\right\}\sin\beta_n\eta$$

$$+\frac{4q}{Db}\sum_{n=1,3}^{\infty}\frac{1}{\beta_n}\frac{kh^2}{10}\frac{1}{\kappa_n^2+\lambda_n'^2}\left[-\frac{\cosh\kappa_n(\frac{a}{2}-\xi)}{\cosh\kappa_n\frac{a}{2}}+\frac{\cos\lambda_n(\frac{a}{2}-\xi)}{\cos\lambda_n'\frac{a}{2}}\right]\sin\beta_n\eta)$$

$$+\frac{1}{D}\sum_{n=1,3}^{\infty}\frac{1}{\kappa_n^2+\lambda_n'^2}\left[-\frac{\sinh\kappa_n(a-\xi)}{\sinh\kappa_n a}+\frac{\sin\lambda_n'(a-\xi)}{\sin\lambda_n' a}\right]\sin\beta_n\eta(A_n)$$

$$+\frac{1}{D}\sum_{m=1,2}^{\infty}\frac{1}{\kappa_m^2+\lambda_m'^2}\left[-\frac{\cosh\kappa_m(\frac{b}{2}-\eta)}{\cosh\kappa_m\frac{b}{2}}+\frac{\cos\lambda_m'(\frac{b}{2}-\eta)}{\cos\lambda_m'\frac{b}{2}}\right]\sin\alpha_m\xi(C_m)$$

$$+\sum_{n=1,3}^{\infty}\frac{1}{\kappa_n^2+\lambda_n'^2}\left[-(\beta_n^2-\kappa_n^2)\frac{\sinh\kappa_n\xi}{\sinh\kappa_n\alpha}+(\beta_n^2+\lambda_n'^2)\frac{\sin\lambda_n'\xi}{\sin\lambda_n' a}\right]\sin\beta_n\eta(b_n)$$

$$+(1-\nu)\sum_{n=1,3}^{\infty}\frac{\beta_n}{\kappa_n^2+\lambda_n'^2}\left(\frac{\sinh\kappa_n\xi}{\sinh\kappa_n a}-\frac{\sin\lambda_n'\xi}{\sin\lambda_n' a}\right)\sin\beta_n\eta(f_n)\qquad(6.1.13)$$

6.1.2 应力函数

假设应力函数为

$$\varphi(\xi,\eta)=\sum_{n=1,3}^{\infty}[E_n\cosh\delta_n\xi+F_n\cosh(a-\xi)]\cos\beta_a\eta$$
$$+\sum_{m=1,2}^{\infty}[G_m\cosh\gamma_m\eta+H_m\cosh\gamma_m(b-\eta)]\cos\alpha_m\xi+E_0\cosh\delta_0\xi$$

(6.1.14)

仿文四边固定弯曲厚矩形板应力函数式(5.1.13)求解过程,可知

$$F_n = -\frac{\beta_n}{\delta_n \sinh\delta_n a}(A_n) \tag{6.1.15}$$

$$G_m = -\frac{\alpha_m}{\gamma_m \sinh\gamma_m b}(C_m) \tag{6.1.16}$$

$$H_m = \frac{\alpha_m}{\gamma_m \sinh\gamma_m b}(D_m) \tag{6.1.17}$$

据 $\xi=a$ 边的弯矩为零的边界条件,可得

$$-D(1-\nu)\sum_{n=1,3}^{\infty}\beta_n^2\sin\beta_n\eta(b_n) - D(1-\nu)\sum_{n=1,3}^{\infty}\beta_n\sin\beta_n\eta(f_n)$$

$$-D(1-\nu)\frac{h^2}{5}\sum_{n=1,3}^{\infty}\beta_n^3\sin\beta_n\eta(f_n) - \frac{h^2}{5}\sum_{n=1,3}^{\infty}E_n\beta_n\delta_n\sinh\delta_n a\sin\beta_n\eta = 0 \tag{6.1.18}$$

于是得

$$E_n = -D(1-\nu)\frac{5}{h^2}\frac{\beta_n}{\delta_n\sinh\delta_n a}(b_n)$$

$$-D(1-\nu)\left(\frac{5}{h^2}+\beta_n^2\right)\frac{1}{\delta_n\sinh\delta_n a}(f_n) \tag{6.1.19}$$

再据 $\xi=a$ 边扭角的边界条件,可得

$$-\sum_{n=1,3}^{\infty}\beta_n\cos\beta_n\eta(b_n) - \frac{h^2}{5}\sum_{n=1,3}^{\infty}\beta_n^2\cos\beta_n\eta(f_n) - \frac{h^2}{5D(1-\nu)}$$

$$\cdot\sum_{n=1,3}^{\infty}E_n\delta_n\sinh\delta_n a\cos\beta_n\eta - \frac{h^2}{5D(1-\nu)}E_0\delta_0\sinh\delta_0 a$$

$$=\sum_{n=1,3}^{\infty}f_n\cos\beta_n\eta \tag{6.1.20}$$

注意式(6.1.19),可由式(6.1.20)得

$$E_0 = 0 \tag{6.1.21}$$

将式(6.1.15)、式(6.1.16)、式(6.1.17)、式(6.1.19)和式(6.1.21)代入式(6.1.14),最后则得应力函数为

$$\varphi(\xi,\eta) = \sum_{n=1,3}^{\infty}\left[-\frac{\beta_n}{\delta_n\sinh\delta_n a}\cosh\delta_n(a-\xi)\right]\cos\beta_n\eta(A_n)$$

$$-\sum_{m=1,2}^{\infty}\frac{\alpha_n}{\gamma_m\sinh\gamma_m b}[\cosh\gamma_m\eta - \cosh\gamma_m(b-\eta)]\cos\alpha_m\xi(C_m)$$

$$-D(1-\nu)\sum_{n=1,3}^{\infty}\left[-\frac{5}{h^2}\beta_n(b_n) + \left(\frac{5}{h^2}+\beta_n^2\right)(f_n)\right]$$

$$\cdot\cosh\delta_n\xi\frac{1}{\delta_n\sinh\delta_n a}\cos\beta_n\eta \tag{6.1.22}$$

6.1.3 边界条件

均布谐载作用下三边固定一边自由弯曲厚矩形板应满足的边界条件分别为

$$\omega_{\xi\xi 0} = 0 \tag{6.1.23}$$

$$\omega_{\eta\eta 0} = 0 \tag{6.1.24}$$

$$Q_{\xi\xi a} = 0 \tag{6.1.25}$$

$$M_{\xi\eta\xi a} = 0 \tag{6.1.26}$$

对于式(2.2.12)的情况：

边界条件式(6.1.23)的执行方程为

$$\frac{1}{D}\left\{\left[1+\frac{h^2}{5(1-\nu)}\left(\frac{kh^2}{10}\lambda^2+\kappa_n^2-\beta_n^2\right)\right]\kappa_n\coth\kappa_n a\right.$$

$$-\left[1+\frac{h^2}{5(1-\nu)}\left(\frac{kh^2}{10}\lambda^2+\lambda_n^2-\beta_n^2\right)\right]\lambda_n\coth\lambda_n a$$

$$\left.-\frac{h^2}{5(1-\nu)}(\kappa_n^2-\lambda_n^2)\frac{\beta_n}{\delta_n}\coth\delta_n a\right\}(A_n)$$

$$+\frac{4}{Db}\sum_{m=1,2}^{\infty}(\kappa_m^2-\lambda_m^2)\alpha_m\beta_n\left\{\frac{1}{K_{dmn}}\left[1+\frac{h^2}{5(1-\nu)}\left(\frac{kh^2}{10}\lambda^2-\alpha_m^2-\beta_n^2\right)\right]\right.$$

$$\left.+\frac{h^2}{5(1-\nu)}\frac{1}{\gamma_m^2+\beta_n^2}\right\}(C_m)$$

$$+\left\{\left[1+\frac{h^2}{5(1-\nu)}\left(\frac{kh^2}{10}\lambda^2+\kappa_n^2-\beta_n^2\right)\right](\kappa_n^2-\beta_n^2)\kappa_n\frac{1}{\sinh\kappa_n a}\right.$$

$$-\left[1+\frac{h^2}{5(1-\nu)}\left(\frac{kh^2}{10}\lambda^2+\lambda_n^2-\beta_n^2\right)\right](\lambda_n^2-\beta_n^2)\lambda_n\frac{1}{\sinh\lambda_n a}$$

$$\left.-(\lambda_n^2-\beta_n^2)\frac{\beta_n^2}{\delta_n}\frac{1}{\sinh\delta_n a}\right\}(b_n)$$

$$+(1-\nu)\beta_n\left\{\left[1+\frac{h^2}{5(1-\nu)}\left(\frac{kh^2}{10}\lambda^2+\kappa_n^2-\beta_n^2\right)\right]\kappa_n\frac{1}{\sinh\kappa_n a}\right.$$

$$-\left[1+\frac{h^2}{5(1-\nu)}\left(\frac{kh^2}{10}\lambda^2+\lambda_n^2-\beta_n^2\right)\right]\lambda_n\frac{1}{\sinh\lambda_n a}$$

$$\left.-\frac{h^2}{5(1-\nu)}\left(\frac{5}{h^2}+\beta_n^2\right)(\kappa_n^2-\lambda_n^2)\frac{1}{\delta_n\sinh\delta_n a}\right\}(f_n)$$

$$=\frac{4q}{Db}\frac{1}{\beta_n}\left(\left\{\left(1+\frac{kh^2}{10}\beta_n^2\right)\left[1+\frac{h^2}{5(1-\nu)}\left(\frac{kh^2}{10}\boldsymbol{\lambda}^2+\kappa_n^2-\beta_n^2\right)\right]\right.\right.$$

$$-\frac{kh^2}{10}\kappa_n^2\left[1+\frac{h^2}{5(1-\nu)}\left(\frac{kh^2}{10}\lambda^2+\kappa_n^2\right)\right]\right\}\frac{1}{\kappa_n}\tanh\frac{a}{2}\kappa_n$$

$$-\left\{\left(1+\frac{kh^2}{10}\beta_n^2\right)\left[1+\frac{h^2}{5(1-\nu)}\left(\frac{kh^2}{10}\lambda^2+\lambda_n^2-\beta_n^2\right)\right]\right.$$

$$\left.-\frac{kh^2}{10}\lambda_n^2\left[1+\frac{h^2}{5(1-\nu)}\left(\frac{kh^2}{10}\lambda^2+\lambda_n^2\right)\right]\right\}\frac{1}{\lambda_n}\tanh\frac{a}{2}\lambda_n\Bigg) \tag{6.1.27}$$

边界条件式(6.1.24)的执行方程为

$$\frac{2}{Da}\sum_{n=1,3}^{\infty}(\kappa_n^2-\lambda_n^2)a_m\beta_n\left\{\frac{1}{K_{dmn}}\left[1+\frac{h^2}{5(1-\nu)}\left(\frac{kh^2}{10}\lambda^2-\alpha_m^2-\beta_n^2\right)\right]\right.$$

$$\left.+\frac{h^2}{5(1-\nu)}\frac{1}{\delta_n^2+\alpha_m^2}\right\}(A_n)$$

$$+\frac{1}{D}\left\{\left[1+\frac{h^2}{5(1-\nu)}\left(\frac{kh^2}{10}\lambda^2+\kappa_m^2-\alpha_m^2\right)\right]\kappa_m\tanh\frac{b}{2}\kappa_m\right.$$

$$\left.-\left[1-\frac{h^2}{5(1-\nu)}\left(\frac{kh^2}{10}\lambda^2+\lambda_m^2-\alpha_m^2\right)\right]\lambda_m\tanh\frac{b}{2}\lambda_m\right\}(C_m)$$

$$-(-1)^m\frac{2}{a}\sum_{n=1,3}^{\infty}(\kappa_n^2-\lambda_n^2)\alpha_m\beta_n\left\{\left[\frac{1}{K_{dmn}}(\alpha_m^2+\beta_n^2)\right.\right.$$

$$\left.\left.\cdot\frac{h^2}{5(1-\nu)}\left(\frac{kh^2}{10}\lambda^2-\alpha_m^2-\beta_n^2\right)\right]-\frac{1}{\delta_n^2+\alpha_m^2}\right\}(b_n)$$

$$+(-1)^m\frac{2}{a}(1-\nu)\sum_{n=1,3}^{\infty}(\kappa_n^2-\lambda_n^2)\alpha_m\left\{\frac{1}{K_{dmn}}\beta_n^2\left[1+\frac{h^2}{5(1-\nu)}\right.\right.$$

$$\left.\left.\cdot\left(\frac{kh^2}{10}\lambda^2-\alpha_m^2-\beta_n^2\right)\right]+\frac{h^2}{5(1-\nu)}\left(\frac{5}{h^2}+\beta_n^2\right)\frac{1}{\delta_n^2+\alpha_m^2}\right\}(f_n)$$

$$=\frac{4q}{Da}\frac{1}{\alpha_m}\left(\left\{\left(1+\frac{kh^2}{10}\alpha_m^2\right)\left[1+\frac{h^2}{5(1-\nu)}\left(\frac{kh^2}{10}\lambda^2+\kappa_m^2-\alpha_m^2\right)\right]\right.\right.$$

$$\left.-\frac{kh^2}{10}\kappa_m^2\left[1+\frac{h^2}{5(1-\nu)}\left(\frac{kh^2}{10}\lambda^2+\kappa_m^2\right)\right]\right\}\frac{1}{\kappa_m}\tanh\frac{b}{2}\kappa_m$$

$$-\left\{\left(1+\frac{kh^2}{10}\alpha_m^2\right)\left[1+\frac{h^2}{5(1-\nu)}\left(\frac{kh^2}{10}\lambda^2+\lambda_m^2-\alpha_m^2\right)\right]\right.$$

$$\left.\left.-\frac{kh^2}{10}\lambda_m^2\left[1+\frac{h^2}{5(1-\nu)}\left(\frac{kh^2}{10}\lambda^2+\lambda_m^2\right)\right]\right\}\frac{1}{\lambda_m}\tanh\frac{b}{2}\lambda_m\right) \tag{6.1.28}$$

边界条件式(6.1.25)的执行方程为

$$\frac{1}{D}\left[\left(\frac{kh^2}{10}\lambda^2+\kappa_n^2-\beta_n^2\right)\kappa_n\frac{1}{\sinh\kappa_n a}-\left(\frac{kh^2}{10}\lambda^2+\lambda_n^2-\beta_n^2\right)\right.$$

$$\left.\cdot\lambda_n\frac{1}{\sinh\lambda_n a}-(\kappa_n^2-\lambda_n^2)\frac{\beta_n^2}{\delta_n}\frac{1}{\sinh\delta_n a}\right](A_n)$$

$$+\frac{4}{Db}\sum_{m=1,2}^{\infty}(-1)^m(\kappa_m^2-\lambda_m^2)\alpha_m\beta_n\left[\frac{1}{K_{dmn}}\left(\frac{kh^2}{10}\lambda^2-\alpha_m^2-\beta_n^2\right)+\frac{1}{\gamma_m^2+\beta_n^2}\right](C_m)$$

$$+\left[\left(\frac{kh^2}{10}\lambda^2+\kappa_n^2-\beta_n^2\right)(\kappa_n^2-\beta_n^2)\kappa_n\coth\kappa_n a\right.$$

$$-\left(\frac{kh^2}{10}\lambda^2+\lambda_n^2-\beta_n^2\right)(\lambda_n^2-\beta_n^2)\lambda_n\coth\lambda_n a$$

$$\left.-\frac{5}{h^2}(1-\nu)(\kappa_n^2-\lambda_n^2)\frac{\beta_n^2}{\delta_n}\coth\delta_n a\right](b_n)$$

$$+(1-\nu)\beta_n\left[\left(\frac{kh^2}{10}\lambda^2+\kappa_n^2-\beta_n^2\right)\kappa_n\coth\kappa_n a\right.$$

$$\left.-\left(\frac{kh^2}{10}\lambda^2+\lambda_n^2-\beta_n^2\right)\lambda_n\coth\lambda_n a-\left(\frac{5}{h^2}+\beta_n^2\right)(\kappa_n^2-\lambda_n^2)\frac{1}{\delta_n}\coth\delta_n a\right](f_n)$$

$$=\frac{4q}{Db}\frac{1}{\beta_n}\left\{-\left(\frac{kh^2}{10}\lambda^2+\kappa_n^2-\beta_n^2\right)\left[1-\frac{kh^2}{10}(\kappa_n^2-\beta_n^2)\right]\frac{1}{\kappa_n}\tanh\frac{a}{2}\kappa_n\right.$$

$$\left.+\left(\frac{kh^2}{10}\lambda^2+\lambda_n^2-\beta_n^2\right)\left[1-\frac{kh^2}{10}(\lambda_n^2-\beta_n^2)\right]\frac{1}{\lambda_n}\coth\frac{a}{2}\lambda_n\right\}\qquad(6.1.29)$$

边界条件式(6.1.26)的执行方程为

$$\frac{1}{D}\left\{\left[(1-\nu)+\frac{h^2}{5}\left(\frac{kh^2}{10}\lambda^2+\kappa_n^2-\beta_n^2\right)\right]\kappa_n\frac{1}{\sinh\kappa_n a}\right.$$

$$-\left[(1-\nu)+\frac{h^2}{5}\left(\frac{kh^2}{10}\lambda^2+\lambda_n^2-\beta_n^2\right)\right]\lambda_n\frac{1}{\sinh\lambda_n a}$$

$$\left.-\frac{h^2}{10}(\kappa_n^2-\lambda_n^2)\frac{1}{\delta_n}(\delta_n^2+\beta_n^2)\frac{1}{\sinh\delta_n a}\right\}\beta_n(A_n)$$

$$+\frac{4}{Db}\sum_{m=1,2}^{\infty}(-1)^m\alpha_m(\kappa_m^2-\lambda_m^2)\left\{\frac{\beta_n^2}{K_{dmn}}\left[(1-\nu)\right.\right.$$

$$+\frac{h^2}{5}\left(\frac{kh^2}{10}\lambda^2-\alpha_m^2-\beta_n^2\right)\Bigg]+\frac{h^2}{10}\frac{\gamma_m^2+\alpha_m^2}{\gamma_m^2+\beta_n^2}\Bigg\}(C_m)$$

$$+\Bigg\{(\kappa_n^2-\beta_n^2)\left[(1-\nu)+\frac{h^2}{5}\left(\frac{kh^2}{10}\lambda^2+\alpha_n^2-\beta_n^2\right)\right]\kappa_n\coth\kappa_n a$$

$$-(\lambda_n^2-\beta_n^2)\left[(1-\nu)+\frac{h^2}{5}\left(\frac{kh^2}{10}\lambda^2+\lambda_n^2-\beta_n^2\right)\right]\lambda_n\coth\lambda_n a$$

$$-\frac{1}{2}(1-\nu)(\kappa_n^2-\lambda_n^2)\left(\delta_n+\frac{\beta_n^2}{\delta_n}\right)\coth\delta_n a\Bigg\}\beta_n(b_n)$$

$$+(1-\nu)\Bigg\{\left[(1-\nu)+\frac{h^2}{5}\left(\frac{kh^2}{10}\lambda^2+\kappa_n^2-\beta_n^2\right)\right]\beta_n^2\kappa_n\coth\kappa_n a$$

$$+\left[(1-\nu)+\frac{h^2}{5}\left(\frac{kh^2}{10}\lambda^2+\lambda_n^2-\beta_n^2\right)\right]\beta_n^2\lambda_n\coth\lambda_n a$$

$$-\left(\frac{1}{2}+\frac{h^2}{10}\beta_n^2\right)(\kappa_n^2-\lambda_n^2)\left(\delta_n+\frac{\beta_n^2}{\delta_n}\right)\coth\delta_n a\Bigg\}(f_n)$$

$$=\frac{4q}{Db}\Bigg\{-\left[1-\frac{kh^2}{10}(\kappa_n^2-\beta_n^2)\right]\left[(1-\nu)+\frac{h^2}{5}\left(\frac{kh^2}{10}\lambda^2+\kappa_n^2-\beta_n^2\right)\right]$$

$$\cdot\frac{1}{\kappa_n}\tanh\frac{a}{2}\kappa_n$$

$$+\left[\frac{1-kh^2}{10}(\lambda_n^2-\beta_n^2)\right]\left[(1-\nu)+\frac{h^2}{5}\left(\frac{kh^2}{10}\lambda^2+\lambda_n^2-\beta_n^2\right)\right]$$

$$\cdot\frac{1}{\lambda_n}\tanh\frac{a}{2}\lambda_n\Bigg\}\tag{6.1.30}$$

求解方程式(6.1.27)~式(6.1.30)即可求得诸未知常数 A_n,C_m,b_n 和 f_n。

6.1.4 数值计算与分析

方程式(6.1.27)~式(6.1.30)是四组未知常数 A_n,C_m,b_n 和 f_n 的联立方程。在该方程组中,m 和 n 各截取 30 项便可以得到足够精度的稳态响应。

在表 6.1.1~表 6.1.4 中和图 6.1.2~图 6.1.5 中,取 $a/b=\frac{1}{2}$,$\nu=\frac{1}{6}$。

对不同的厚跨比 h/a 和不同的频率比 ω/ω_{11},表 6.1.1~表 6.1.4 分别给出了固定边分布幅值弯矩 M_{x0} 和 M_{y0}、自由边的幅值挠度 w_{xa} 和幅值扭角 ω_{yxa}。

表 6.1.1　沿 $x=0$ 边的幅值弯矩 $M_{x0}(qa^2)$

ω/ω_{11}	h/a	M_{x0}					
		$y/b=0.1$	$y/b=0.1$	$y/b=0.2$	$y/b=0.3$	$y/b=0.4$	$y/b=0.5$
0.1	0.1	0.00000	−0.034890	−0.97821	−0.156215	−0.194584	−0.207756
	0.2	0.00000	−0.045220	−0.102253	−0.156022	0.192084	−0.204593
	0.3	0.00000	−0.056307	−0.109081	−0.157667	−0.190494	−0.201956
0.3	0.1	0.000000	−0.036138	−0.103438	−0.166977	−0.209187	−0.223756
	0.2	0.000000	−0.047385	−0.108559	−0.167061	−0.206663	−0.220465
	0.3	0.000000	−0.059563	−0.116332	−0.169232	−0.205257	−0.217886
0.5	0.1	0.000000	−0.039451	−0.118451	−0.195820	−0.248376	−0.266718
	0.2	0.000000	−0.053126	−0.125356	−0.196538	−0.245646	−0.262925
	0.3	0.000000	−0.068188	−0.135585	−0.200004	−0.244585	−0.260339
0.8	0.1	0.000000	−0.061623	−0.220449	−0.392854	−0.516836	−0.561281
	0.2	0.000000	−0.091054	−0.237274	−0.393906	−0.507377	−0.548250
	0.3	0.000000	−0.124221	−0.261312	−0.401772	−0.503099	−0.539630

表 6.1.2　沿 $y=0$ 边的幅值弯矩 $M_{y0}(qa^2)$

ω/ω_{11}	h/a	M_{y0}					
		$x/a=0.0$	$x/a=0.2$	$x/a=0.4$	$x/a=0.6$	$x/a=0.8$	$x/a=0.95$
0.1	0.1	0.00000	−0.043885	−0.119233	−0.207239	−0.338398	−0.682398
	0.2	0.00000	−0.057482	−0.132511	−0.224135	−0.355801	−0.767543
	0.3	0.00000	−0.075915	−0.156793	−0.257904	−0.417143	−1.067892
0.3	0.1	0.000000	−0.045921	−0.126792	−0.222881	−0.366875	−0.742233
	0.2	0.000000	−0.060651	−0.141408	−0.242301	−0.385259	−0.831483
	0.3	0.000000	−0.080715	−0.167953	−0.277996	−0.451235	−1.153675
0.5	0.1	0.000000	−0.051360	−0.147061	−0.264941	−0.443627	−0.903739
	0.2	0.000000	−0.069096	−0.165183	−0.287298	−0.464353	−1.003333
	0.3	0.000000	−0.093472	−0.197683	−0.331642	−0.542410	−1.383220
0.8	0.1	0.000000	−0.088303	−0.285651	−0.554198	−0.973941	−2.022941
	0.2	0.000000	−0.125393	−0.324651	−0.597486	−0.999927	−2.169338
	0.3	0.000000	−0.176936	−0.393143	−0.685979	−1.146655	−2.906212

表 6.1.3　沿 $x=a$ 边的幅值挠度 $w(qa^4/D)$

ω/ω_{11}	h/a	w					
		$y/b=0.0$	$y/b=0.1$	$y/b=0.2$	$y/b=0.3$	$y/b=0.4$	$y/b=0.5$
0.1	0.1	0.00000	0.005407	0.014632	0.023486	0.029587	0.031741
	0.2	0.00000	0.006656	0.016978	0.028567	0.033100	0.035397
	0.3	0.00000	0.008689	0.020673	0.031333	0.038474	0.040969
0.3	0.1	0.000000	0.005898	0.016013	0.025770	0.032523	0.034913
	0.2	0.000000	0.007247	0.018561	0.029133	0.036368	0.038918
	0.3	0.000000	0.009445	0.022578	0.034336	0.042251	0.045023
0.5	0.1	0.000000	0.007224	0.019736	0.031935	0.040449	0.043476
	0.2	0.000000	0.008837	0.022818	0.036036	0.045164	0.048396
	0.3	0.000000	0.011469	0.027679	0.042387	0.052381	0.055899
0.8	0.1	0.000000	0.016399	0.045504	0.074630	0.095375	0.102832
	0.2	0.000000	0.019618	0.051709	0.082945	0.104981	0.112874
	0.3	0.000000	0.024904	0.061585	0.095973	0.119884	0.128402

表 6.1.4　沿 $x=a$ 边的幅值扭角 $\omega_{yxa}(qa^3/D)$

ω/ω_{11}	h/a	ω_{yxa}						
		$y/b=0.025$	$y/b=0.1$	$y/b=0.3$	$y/b=0.5$	$y/b=0.7$	$y/b=0.9$	$y/b=0.975$
0.1	0.1	−0.018500	−0.03591	−0.035570	0.000000	0.035570	0.035919	0.018500
	0.2	−0.021479	−0.034270	−0.034100	0.000000	0.034100	0.034270	0.021479
	0.3	−0.028506	−0.032710	−0.032656	0.000000	0.032656	0.032710	0.028506
0.3	0.1	−0.020136	−0.039196	−0.039220	0.000000	0.039220	0.039196	0.020136
	0.2	−0.023292	−0.037383	−0.037590	0.000000	0.037590	0.037383	0.023293
	0.3	−0.030819	−0.035646	−0.035965	0.000000	0.035965	0.035646	0.030819
0.5	0.1	−0.024549	−0.047996	−0.049037	0.000000	0.049037	0.047996	0.024549
	0.2	−0.028164	−0.045728	−0.046962	0.000000	0.046962	0.045728	0.028164
	0.3	−0.037008	−0.043485	−0.044822	0.000000	0.044822	0.043485	0.037008
0.8	0.1	−0.055094	−0.107400	−0.115511	0.000000	0.115511	0.107400	0.055094
	0.2	−0.061195	−0.101577	−0.109934	0.000000	0.109934	0.101577	0.061195
	0.3	−0.078042	−0.094868	−0.103158	0.000000	0.103158	0.094868	0.078042

取 $h/a=0.2$，图 6.1.2～图 6.1.5 分别给出了幅值弯矩 M_{x0} 和 M_{y0}，自由边的幅值挠度 w_{xa} 和幅值扭角 ω_{yxa} 随 $y/h(x/a)$ 与 ω/ω_{11} 的变化曲线。

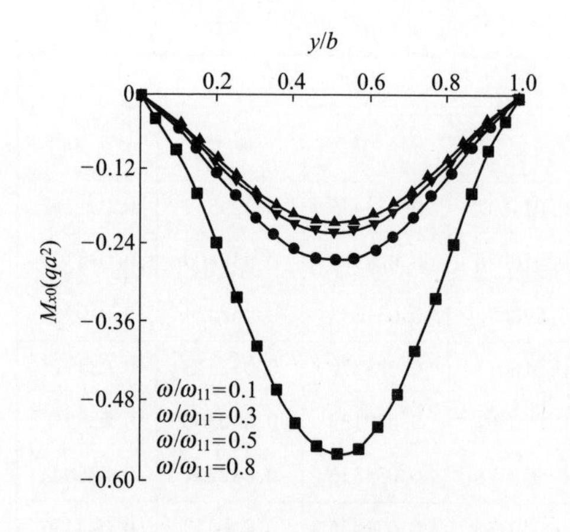

图 6.1.2 随 y/b 变化的幅值弯矩

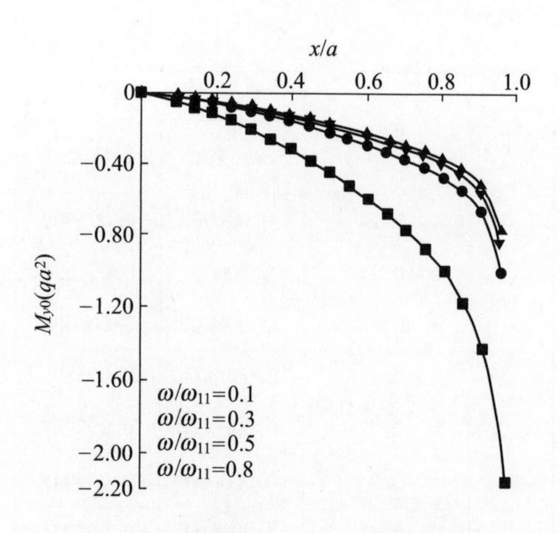

图 6.1.3 随 x/a 变化的幅值弯矩

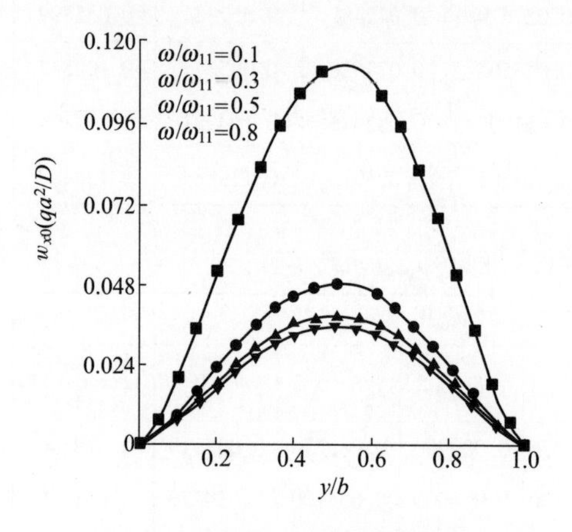

图 6.1.4 随 y/b 变化的幅值挠度

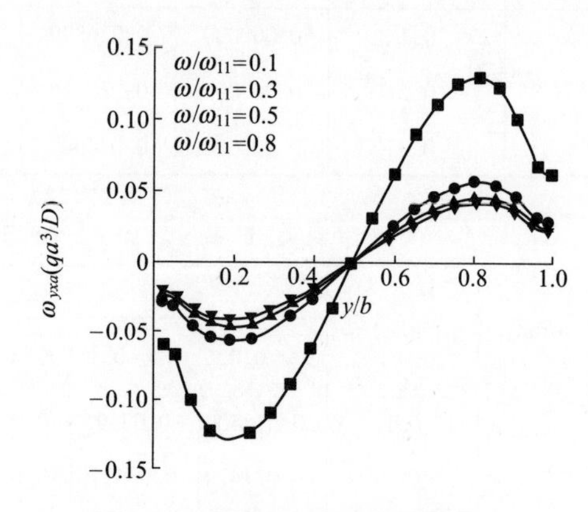

图 6.1.5 随 y/b 变化的幅值扭角

表 6.1.5 给出了厚跨比 $h/a=0.01$ 时，按厚板理论计算与按薄板理论计算的固定边幅值弯矩 M_{x0}，M_{y0} 和自由边幅值挠度 w_{xa} 的比较。可以看出，当厚跨比很小时，横向剪切变形和挤压变形对板的弯曲变形影响很小。

表 6.1.5 固定边幅值弯矩与自由边幅值挠度

ω/ω_{11}	M_{x0}，M_{y0} W_{xa}		x/a，y/b；$a/b=1.0$，$h/a=0.01$，$\nu=1/6$						
			0.05	0.15	0.35	0.50	0.70	0.90	0.95
0.3	M_{x0}	本书	−0.001523	−0.017045	−0.050954	−0.060002	−0.044223	−0.008007	−0.001523
		文献[34]	−0.001391	−0.017020	−0.051020	−0.060080	−0.044270	−0.007943	−0.001391
	M_{y0}	本书	−0.001542	−0.017528	−0.054433	−0.068765	−0.080063	−0.081697	−0.130296
		文献[34]	−0.001452	−0.017540	−0.054580	−0.068770	−0.079980	−0.080880	−0.130300
	w_{xa}	本书	0.000116	0.000807	0.002569	0.003101	0.002189	0.000403	0.000116
		文献[34]	0.000115	0.000806	0.002568	0.003101	0.002188	0.000402	0.000115

（续）

ω/ω_{11}	M_{x0}, M_{y0} W_{xa}		x/a, y/b, $a/b=1.0$, $h/a=0.01$, $\nu=1/6$						
			0.05	0.15	0.35	0.50	0.70	0.90	0.95
0.5	M_{x0}	本书	−0.001444	−0.018377	−0.057445	−0.068164	−0.049544	−0.008368	−0.001444
		文献[34]	−0.001284	−0.018380	−0.057680	−0.068470	−0.049730	−0.008299	−0.001284
	M_{y0}	本书	−0.001486	−0.018987	−0.062070	−0.080041	−0.095595	−0.099450	−0.160048
		文献[34]	−0.001382	−0.019040	−0.062440	−0.080340	−0.095890	−0.098880	−0.160800
	w_{xa}	本书	0.000144	0.000999	0.003202	0.003873	0.002725	0.000498	0.000144
		文献[34]	0.000143	0.001003	0.003217	0.003892	0.002738	0.000499	0.000143
0.8	M_{x0}	本书	−0.000925	−0.026032	−0.095937	−0.116755	−0.080989	−0.010337	−0.000925
		文献[34]	−0.000516	−0.026390	−0.098530	−0.120100	−0.083080	−0.010250	−0.000516
	M_{y0}	本书	−0.001117	−0.027507	−0.108396	−0.154439	−0.204266	−0.216327	−0.358647
		文献[34]	−0.000951	−0.028140	−0.111800	−0.154300	−0.201400	−0.221600	−0.371900
	w_{xa}	本书	0.000327	0.002282	0.007411	0.008996	0.006290	0.001135	0.000327
		文献[34]	0.000335	0.002363	0.007686	0.009332	0.006522	0.001173	0.000335

6.2 一集中谐载作用下三边固定一边自由的弯曲厚矩形板

6.2.1 幅值挠曲面方程

考虑一在一集中谐载作用下三边固定一边自由的弯曲厚矩形板，如图6.2.1(a)所示。如将此一集中谐载代以一集中幅值谐载，则得如图6.2.1(b)所示幅值弯曲厚矩形板。解除其三个固定边的弯曲约束，代以幅值分布弯矩 M_{x0}，M_{y0} 和 M_{yb}；自由边的幅值挠度和扭角分别表示为 w_{xa} 和 ω_{yxa}，则得幅值弯曲厚矩形板实际系统图6.2.1(c)。并假设

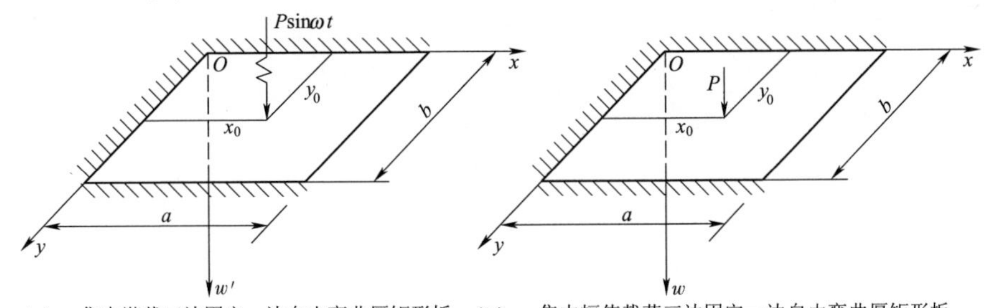

(a) 一集中谐载三边固定一边自由弯曲厚矩形板　(b) 一集中幅值载荷三边固定一边自由弯曲厚矩形板

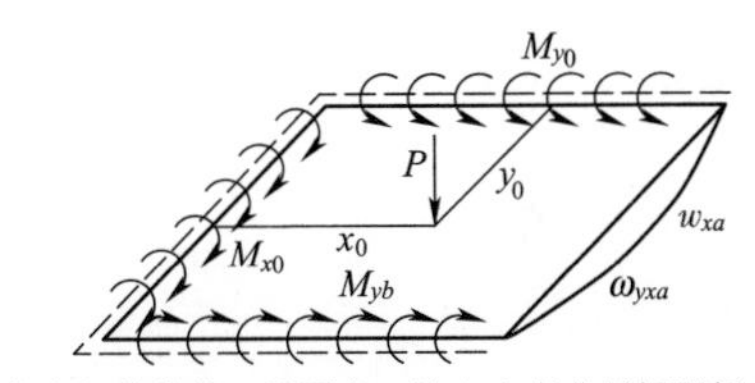

(c) 一集中幅值载荷三边固定一边自由弯曲厚矩形板实际系统

图6.2.1　一集中谐载及一集中幅值载荷作用下三边固定一边自由弯曲厚矩形板及其实际系统

$$M_{x0} = \sum_{n=1,2}^{\infty} A_n \sin\beta_n y \tag{6.2.1}$$

$$M_{y0} = \sum_{m=1,2}^{\infty} C_m \sin\alpha_m x \tag{6.2.2}$$

$$M_{yb} = \sum_{m=1,2}^{\infty} D_m \sin\alpha_m x \tag{6.2.3}$$

$$w_{xa} = \sum_{n=1,2}^{\infty} b_n \sin\beta_n y \tag{6.2.4}$$

$$\omega_{yxa} = \sum_{n=1,2}^{\infty} f_n \cos\beta_n y \tag{6.2.5}$$

在图2.2.1所示幅值拟基本系统和图6.2.1(c)所示幅值弯曲厚矩形板实际系统之间应用修正的功的互等定理,则得

$$\begin{aligned}
& w(\xi,\eta) + \int_0^b Q_{1xxa} w_{xa} \mathrm{d}y + \int_0^b M_{1xyxa} \omega_{yxa} \mathrm{d}x \\
&= \int_0^a \int_0^b \left[P\delta(x - x_0, y - y_0) - \frac{kh^2}{10} \nabla^2 P\delta(x - x_0, y - y_0) \right] w_1(x, y; \xi, \eta) \mathrm{d}x\mathrm{d}y \\
&- \int_0^b M_{x0} \omega_{1xx0} \mathrm{d}y - \int_0^a M_{y0} \omega_{1yy0} \mathrm{d}x + \int_0^a M_{yb} \omega_{1yyb} \mathrm{d}x
\end{aligned} \tag{6.2.6}$$

参考式(5.2.6)~式(5.2.9)中一集中谐载幅值挠曲面方程的计算,式(6.2.6)可以写为

$$\begin{aligned}
w(\xi,\eta)_{\leqslant x_0} &= -\frac{2P}{Db} \sum_{n=1,2}^{\infty} \frac{1}{\kappa_n^2 - \lambda_n^2} \left[\frac{\sinh\kappa_n(a - x_0)}{\kappa_n \sinh k_n a} \sinh\kappa_n \xi \right. \\
&\left. - \frac{\sinh\lambda_n(a - x_0)}{\lambda_n \sinh\lambda_n a} \sinh\lambda_n \xi \right] \sin\beta_n y_0 \sin\beta_n \eta \\
&+ \frac{2P}{Db} \frac{kh^2}{10} \sum_{n=1,2}^{\infty} \frac{1}{\kappa_n^2 - \lambda_n^2} \left[(\kappa_n^2 - \beta_n^2) \frac{\sinh\kappa_n(a - x_0)}{\kappa_n \sinh k_n a} \sinh\kappa_n \xi \right. \\
&\left. - (\lambda_n^2 - \beta_n^2) \frac{\sinh\lambda_n(a - x_0)}{\lambda_n \sinh\lambda_n a} \sinh\lambda_n \xi \right] \sin\beta_n y_0 \sin\beta_n \eta \\
&+ w_{Mx0} + w_{My0} + w_{Myb} + w_{Wxa} + w_{\omega yxa} \qquad (0 \leqslant \xi \leqslant x_0)
\end{aligned} \tag{6.2.7}$$

$$\begin{aligned}
w(\xi,\eta)_{\geqslant x_0} &= -\frac{2P}{Db} \sum_{n=1,2}^{\infty} \frac{1}{\kappa_n^2 - \lambda_n^2} \left[\frac{\sinh\kappa_n x_0}{\kappa_n \sinh\kappa_n a} \sinh\kappa_n(a - \xi) \right. \\
&\left. - \frac{\sinh\lambda_n x_0}{\lambda_n \sinh\lambda_n a} \sinh\lambda_n(a - \xi) \right] \sin\beta_n y_0 \sin\beta_n \eta \\
&+ \frac{2P}{Db} \frac{kh^2}{10} \sum_{n=1,2}^{\infty} \frac{1}{\kappa_n^2 - \lambda_n^2} \left[(\kappa_n^2 - \beta_n^2) \frac{\sinh\kappa_n x_0}{\kappa_n \sinh\kappa_n a} \sinh\kappa_n(a - \xi) \right.
\end{aligned}$$

$$
-(\lambda_n^2-\beta_n^2)\frac{\sinh\lambda_n x_0}{\lambda_n\sinh\lambda_n a}\sinh\lambda_n(a-\xi)\Bigg]\sin\beta_n y_0\sin\beta_n\eta
$$

$$
+w_{Mx0}+w_{My0}+w_{Myb}+w_{Wxa}+w_{\omega yxa}\qquad(x_0\leqslant\xi\leqslant a)\tag{6.2.8}
$$

$$
w(\xi,\eta)_{\leqslant y_0}=-\frac{2P}{Db}\sum_{n=1,2}^{\infty}\frac{1}{\kappa_m^2-\lambda_m^2}\Bigg[\frac{\sinh\kappa_m(b-y_0)}{\kappa_m\sinh\kappa_m b}\sinh\kappa_m\eta
$$

$$
-\frac{\sinh\lambda_m(b-y_0)}{\lambda_m\sinh\lambda_n b}\sinh\lambda_n\eta\Bigg]\sin\alpha_m x_0\sin\alpha_m\xi
$$

$$
+\frac{2P}{Da}\frac{kh^2}{10}\sum_{m=1,2}^{\infty}\frac{1}{\kappa_m^2-\lambda_m^2}\Bigg[(\kappa_m^2-\alpha_m^2)\frac{\sinh\kappa_m(b-y_0)}{\kappa_m\sinh\kappa_m b}\sinh\kappa_m\eta
$$

$$
-(\lambda_m^2-\alpha_m^2)\frac{\sinh\lambda_m(b-y_0)}{\lambda_m\sinh\lambda_n b}\sinh\lambda_m\eta\Bigg]\sin a_m x_0\sin\alpha_m\xi
$$

$$
+w_{Mx0}+w_{My0}+w_{Myb}+w_{Wxa}+w_{\omega yxa}\qquad(0\leqslant\eta\leqslant y_0)\tag{6.2.9}
$$

$$
w(\xi,\eta)_{\geqslant y_0}=-\frac{2P}{Da}\sum_{m=1,2}^{\infty}\frac{1}{\kappa_m^2-\lambda_m^2}\Bigg[\frac{\sinh\kappa_m y_0}{\kappa_m\sinh\kappa_m b}\sinh\kappa_m(b-\eta)
$$

$$
-\frac{\sinh\lambda_m y_0}{\lambda_m\sinh\lambda_m b}\sinh\lambda_m(b-\eta)\Bigg]\sin\alpha_m x_0\sin\alpha_m\xi
$$

$$
+\frac{2P}{Da}\frac{kh^2}{10}\sum_{m=1,2}^{\infty}\frac{1}{\kappa_m^2-\lambda_m^2}\Bigg[(\kappa_m^2-\alpha_m^2)\frac{\sinh k_m y_0}{\kappa_m\sinh\kappa_m b}\sinh\kappa_m(b-\eta)
$$

$$
-(\lambda_m^2-\alpha_m^2)\frac{\sinh\lambda_m y_0}{\lambda_m\sinh\lambda_n b}\sinh\lambda_m(b-\eta)\Bigg]\sin a_m x_0\sin\alpha_m\xi
$$

$$
+w_{Mx0}+w_{My0}+w_{Myb}+w_{Wxa}+w_{\omega yxa}\qquad(y_0\leqslant\eta\leqslant b)\tag{6.2.10}
$$

注意到式(6.2.1)和式(2.3.1),得

$$
w_{Mx0}\equiv-\int_0^b M_{x0}\omega_{1xx0}\mathrm{d}y=-\int_0^b\sum_{n=1,2}^{\infty}A_n\sin\beta_n y\frac{2}{Db}\sum_{n=1,2}^{\infty}\frac{1}{\kappa_n^2-\lambda_n^2}\Bigg[\frac{\sinh\kappa_n(a-\xi)}{\sinh\kappa_n a}
$$

$$
-\frac{\sinh\lambda_n(a-\xi)}{\sinh\lambda_n a}\Bigg]\sin\beta_n\eta\sin\beta_n y\mathrm{d}y
$$

$$
=-\frac{1}{D}\sum_{n=1,2}^{\infty}\frac{1}{\kappa_n^2-\lambda_n^2}\Bigg[\frac{\sinh\kappa_n(a-\xi)}{\sinh\kappa_n a}-\frac{\sinh\lambda_n(a-\xi)}{\sinh\lambda_n a}\Bigg]\sin\beta_n\eta(A_n)\tag{6.2.11}
$$

注意到式(6.2.2)和式(2.3.3),得

$$
w_{My0}\equiv-\int_0^a M_{y0}\omega_{1yy0}\mathrm{d}x=-\int_0^a\sum_{n=1,2}^{\infty}C_m\sin\alpha_m x\frac{2}{Da}\sum_{m=1,2}^{\infty}\frac{1}{\kappa_m^2-\lambda_m^2}
$$

$$
\cdot\Bigg[\frac{\sinh\kappa_m(b-\eta)}{\sinh\kappa_n b}-\frac{\sinh\lambda_m(b-\eta)}{\sinh\lambda_m b}\Bigg]\sin\alpha_n\xi\sin\alpha_m x\mathrm{d}x
$$

$$=-\frac{1}{D}\sum_{m=1,2}^{\infty}\frac{1}{\kappa_m^2-\lambda_m^2}\left[\frac{\sinh\kappa_m(b-\eta)}{\sinh\kappa_m b}-\frac{\sinh\lambda_m(b-\xi)}{\sinh\lambda_m b}\right]\sin\alpha_m\xi(C_m) \tag{6.2.12}$$

注意到式(6.2.3)和式(2.3.4),得

$$w_{Myb}\equiv\int_0^a M_{yb}\omega_{1yyb}\mathrm{d}x=-\int_0^a\sum_{m=1,2}^{\infty}D_m\sin\alpha_m x\frac{2}{Da}\sum_{n=1,2}^{\infty}-\frac{1}{\kappa_m^2-\lambda_m^2}$$

$$\cdot\left(\frac{\sinh\kappa_m\eta}{\sinh\kappa_m b}-\frac{\sinh\lambda_m\eta}{\sinh\lambda_m b}\right)\sin\alpha_m\xi\sin\alpha_m x\mathrm{d}x$$

$$=-\frac{1}{D}\sum_{m=1,2}^{\infty}\frac{1}{\kappa_m^2-\lambda_m^2}\left(\frac{\sinh\kappa_m\eta}{\sinh\kappa_m b}-\frac{\sinh\lambda_m\eta}{\sinh\lambda_m b}\right)\sin\alpha_m\xi(D_m) \tag{6.2.13}$$

注意到式(6.2.4)和式(2.3.6),得

$$w_{wxa}\equiv-\int_0^b Q_{1xxa}w_{xa}\mathrm{d}y=-\int_0^b\frac{2}{b}\sum_{n=1,2}^{\infty}\frac{1}{\kappa_n^2-\lambda_n^2}\left[-(\kappa_n^2-\beta_n^2)\frac{\sinh\kappa_n\xi}{\sinh\kappa_n a}\right.$$

$$\left.+(\lambda_n^2-\beta_n^2)\frac{\sinh\lambda_n\xi}{\sinh\lambda_n a}\right]\sin\beta_n\eta\sin\beta_n y\sum_{n=1,2}^{\infty}b_n\sin\beta_n y\mathrm{d}y$$

$$=\sum_{n=1,2}^{\infty}\frac{1}{\kappa_n^2-\lambda_n^2}\left[(\kappa_n^2-\beta_n^2)\frac{\sinh\kappa_n\xi}{\sinh\kappa_n a}-(\lambda_n^2-\beta_n^2)\frac{\sinh\lambda_n\xi}{\sinh\lambda_n a}\right]\sin\beta_m\eta(b_n) \tag{6.2.14}$$

注意到式(6.2.5)和式(2.3.10),得

$$w_{\omega yxa}\equiv-\int_0^b M_{1xyxa}\omega_{yxa}\mathrm{d}y=\int_0^b\frac{2}{b}(1-\nu)\sum_{n=1,2}^{\infty}\frac{\beta_n}{\kappa_n^2-\lambda_n^2}$$

$$\cdot\left(\frac{\sinh\kappa_n\xi}{\sinh\kappa_n a}-\frac{\sinh\lambda_n\xi}{\sinh\lambda_n a}\right)\sin\beta_n\eta\cos\beta_n y\sum_{n=1,2}^{\infty}f_n\cos\beta_n y\mathrm{d}y$$

$$=(1-\nu)\sum_{n=1,2}^{\infty}\frac{\beta_n}{\kappa_n^2-\lambda_n^2}\left(\frac{\sinh\kappa_n\xi}{\sinh\kappa_n a}-\frac{\sinh\lambda_n\xi}{\sinh\lambda_n a}\right)\sin\beta_n\eta(f_n) \tag{6.2.15}$$

6.2.2 应力函数

仿6.1.2节应力函数式(6.1.22)的求解过程,可得本问题的应力函数为

$$\varphi(\xi,\eta)=-\sum_{n=1,2}^{\infty}\cosh\delta_n(a-\xi)\frac{\beta_n}{\delta_n\sinh\delta_n a}\cos\beta_n\eta(A_n)$$

$$+\sum_{m=1,2}^{\infty}\cosh\gamma_m(b-\eta)\frac{\alpha_m}{\gamma_m\sinh\gamma_m b}\cos\alpha_m\xi(C_m)$$

$$-\sum_{m=1,2}^{\infty}\cosh\gamma_m\eta\frac{\alpha_m}{\gamma_m\sinh\gamma_m b}\cos\alpha_m\xi(D_m)$$

$$- D(1-\nu)\frac{5}{h^2}\sum_{n=1,2}^{\infty}\frac{\beta_n}{\delta_n \sinh\delta_n a}\cosh\delta_n\xi\cos\beta_n\eta(b_n)$$

$$- D(1-\nu)\sum_{n=1,2}^{\infty}\left(\frac{5}{h^2}+\beta_n^2\right)\frac{1}{\delta_n \sinh\delta_n a}\cosh\delta_n\xi\cos\beta_n\eta(f_n)$$

$$- D(1-\nu)\frac{5}{h^2}\frac{1}{\delta_0 \sinh\delta_0 a}\cosh\delta_0\xi(f_0) \tag{6.2.16}$$

6.2.3 边界条件

在一集中谐载作用下三边固定一边自由的幅值弯曲厚矩形板应满足的边界条件分别为

$$\omega_{\xi\xi 0} = 0 \tag{6.2.17}$$

$$\omega_{\eta\eta 0} = 0 \tag{6.2.18}$$

$$\omega_{\eta\eta b} = 0 \tag{6.2.19}$$

$$Q_{\xi\xi a} = 0 \tag{6.2.20}$$

$$M_{\xi\eta\xi an} = 0 \tag{6.2.21}$$

$$M_{\xi\eta\xi an0} = 0 \tag{6.2.22}$$

边界条件式(6.2.17)~式(6.2.22)的执行方程分别为

$$-\frac{1}{D}\left(\frac{1}{\kappa_n^2-\lambda_n^2}\left\{\left[1+\frac{h^2}{5(1-\nu)}\left(\kappa_n^2-\beta_n^2+\frac{kh^2}{10}\lambda^2\right)\right]\kappa_n\coth\kappa_n a - \right.\right.$$

$$\left.\left.\left[1+\frac{h^2}{5(1-\nu)}\left(\lambda_n^2-\beta_n^2+\frac{kh^2}{10}\lambda^2\right)\right]\lambda_n\coth\lambda_n a\right\} - \frac{h^2}{5(1-\nu)}\frac{\beta_n^2}{\delta_n}\coth\delta_n a\right)(A_n)$$

$$+\frac{2}{Db}\sum_{m=1,2}^{\infty}\left(\frac{\alpha_m\beta_n}{\kappa_m^2-\lambda_m^2}\left\{\frac{1}{\kappa_m^2+\beta_n^2}\left[1+\frac{h^2}{5(1-\nu)}\left(\frac{kh^2}{10}\lambda^2+\kappa_m^2-\alpha_m^2\right)\right]\right.\right.$$

$$\left.\left.-\frac{1}{\lambda_m^2+\beta_n^2}\left[1+\frac{h^2}{5(1-\nu)}\left(\frac{kh^2}{10}\lambda^2+\lambda_m^2-\alpha_m^2\right)\right]\right\}+\frac{h^2}{5(1-\nu)}\frac{\alpha_m\beta_n}{\gamma_m^2+\beta_n^2}\right)(C_m)$$

$$-\frac{2}{Db}\sum_{m=1,2}^{\infty}\left(\frac{\alpha_m\beta_n(-1)^n}{\kappa_m^2-\lambda_m^2}\left\{\frac{1}{\kappa_m^2+\beta_n^2}\left[1+\frac{h^2}{5(1-\nu)}\left(\frac{kh^2}{10}\lambda^2+\kappa_m^2-\alpha_m^2\right)\right]\right.\right.$$

$$\left.\left.-\frac{1}{\lambda_m^2+\beta_n^2}\left[1+\frac{h^2}{5(1-\nu)}\left(\frac{kh^2}{10}\lambda^2+\lambda_m^2-\alpha_m^2\right)\right]\right\}+\frac{h^2}{5(1-\nu)}\frac{\alpha_m\beta_n(-1)^n}{\gamma_m^2+\beta_n^2}\right)(D_m)$$

$$-\left(\left\{\frac{1}{\kappa_n^2-\lambda_n^2}\left[\kappa_n^2-\beta_n^2+\frac{h^2}{5(1-\nu)}\left((\kappa_n^2-\beta_n^2)^2+\frac{kh^2}{10}\lambda^2(\kappa_n^2-\beta_n^2)\right)\right]\right.\right.$$

$$\left.\cdot\frac{\kappa_n}{\sinh\kappa_n a}-\left[\lambda_n^2-\beta_n^2+\frac{h^2}{5(1-\nu)}\left((\lambda_n^2-\beta_n^2)^2+\frac{kh^2}{10}\lambda^2(\lambda_n^2-\beta_n^2)\right)\frac{\lambda_n}{\sinh\lambda_n a}\right]\right\}$$

$$\left.-\frac{\beta_n}{\delta_n}\frac{1}{\sinh\delta_n a}\right)(b_n)$$

$$
-\left(\frac{\beta_n}{\kappa_n^2-\lambda_n^2}\left\{\left[(1-\nu)+\frac{h^2}{5}\left(\kappa_n^2-\beta_n^2+\frac{kh^2}{10}\lambda^2\right)\right]\frac{\kappa_n}{\sinh\kappa_n a}\right.\right.
$$

$$
\left.-\left[(1-\nu)+\frac{h^2}{5}\left(\lambda_n^2-\beta_n^2+\frac{kh^2}{10}\lambda^2\right)\right]\frac{\lambda_n}{\sinh\lambda_n a}\right\}
$$

$$
\left.-\left(1+\frac{h^2}{5}\beta_n^2\right)\frac{\beta_n}{\delta_n}\frac{1}{\sinh\delta_n a}(f_n)\right)
$$

$$
=-\frac{2P}{Db}\frac{1}{\kappa_n^2-\lambda_n^2}\left\{\left[1+\frac{h^2}{10}\frac{\nu}{1-\nu}(\kappa_n^2-\beta_n^2)-\frac{kh^4}{50(1-\nu)}(\kappa_n^2-\beta_n^2)^2+\frac{kh^4}{50(1-\nu)}\lambda^2\right.\right.
$$

$$
\left.-\frac{k^2h^6\lambda^2}{500(1-\nu)}(\kappa_n^2-\beta_n^2)\right]\frac{\sinh\kappa_n(a-x_0)}{\sinh\kappa_n a}-\left[1+\frac{h^2}{10}\frac{\nu}{1-\nu}(\lambda_n^2-\beta_n^2)\right.
$$

$$
\left.-\frac{kh^4}{50(1-\nu)}(\lambda_n^2-\beta_n^2)^2+\frac{kh^4}{50(1-\nu)\lambda^2}-\frac{k^2h^6\lambda^2}{500(1-\nu)}(\lambda_n^2-\beta_n^2)\right]
$$

$$
\left.\cdot\frac{\sinh\lambda_n(a-x_0)}{\sinh\lambda_n a}\right\}\sin\beta_n y_0 \tag{6.2.23}
$$

$$
\frac{2}{Da}\sum_{n=1,2}^{\infty}\left(\frac{a_m\beta_n}{\kappa_n^2-\lambda_n^2}\left\{\frac{1}{\kappa_n^2+\alpha_m^2}\left[1+\frac{h^2}{5(1-\nu)}\left(\frac{kh^2}{10}\lambda^2+\kappa_n^2-\beta_n^2\right)\right]-\frac{1}{\lambda_n^2+\alpha_m^2}\right.\right.
$$

$$
\left.\left.\cdot\left[1+\frac{h^2}{5(1-\nu)}\left(\frac{kh^2}{10}\lambda^2+\lambda_n^2-\beta_n^2\right)\right]\right\}-\frac{h^2}{5(1-\nu)}\frac{\alpha_m\beta_n}{\delta_n^2+\alpha_m^2}\right)(A_n)
$$

$$
-\frac{1}{D}\left(\frac{1}{\kappa_m^2-\lambda_m^2}\left\{\left[1+\frac{h^2}{5(1-\nu)}\left(\kappa_m^2-\alpha_m^2+\frac{kh^2}{10}\lambda^2\right)\right]\kappa_m\coth k_m b\right.\right.
$$

$$
\left.\left.-\left[1+\frac{h^2}{5(1-\nu)}\left(\lambda_m^2-\alpha_m^2+\frac{kh^2}{10}\lambda^2\right)\right]\lambda_m\coth\lambda_m b\right\}+\frac{h^2}{5(1-\nu)}\frac{\alpha_m^2}{\gamma_m}\coth\gamma_m b\right)(C_m)
$$

$$
+\frac{1}{D}\left(\frac{1}{\kappa_m^2-\lambda_m^2}\left\{\left[1+\frac{h^2}{5(1-\nu)}\left(\kappa_m^2-\alpha_m^2+\frac{kh^2}{10}\lambda^2\right)\right]\frac{\kappa_m}{\sinh\kappa_m b}\right.\right.
$$

$$
\left.\left.-\left[1+\frac{h^2}{5(1-\nu)}\left(\lambda_m^2-\alpha_m^2+\frac{kh^2}{10}\lambda^2\right)\right]\frac{\lambda_m}{\sinh\lambda_m b}\right\}+\frac{h^2}{5(1-\nu)}\frac{\alpha_m^2}{\gamma_m}\frac{1}{\sinh\gamma_m b}\right)(D_m)
$$

$$
+\frac{2}{a}\sum_{n=1,2}^{\infty}\left(\frac{\alpha_m\beta_n(-1)^m}{\kappa_n^2-\lambda_n^2}\left\{\left[(\kappa_n^2-\beta_n^2)\left(1+\frac{h^2}{5(1-\nu)}\left(\kappa_n^2-\beta_n^2+\frac{kh^2}{10}\lambda^2\right)\right)\right]\right.\right.
$$

$$
\cdot\frac{1}{\kappa_n^2+\alpha_m^2}-\left[(\lambda_n^2-\beta_n^2)\left(1+\frac{h^2}{5(1-\nu)}\left(\lambda_n^2-\beta_n^2+\frac{kh^2}{10}\lambda^2\right)\right)\right]
$$

$$
\left.\left.\cdot\frac{1}{\lambda_n^2+\alpha_m^2}\right\}-\frac{\alpha_m\beta_n(-1)^m}{\delta_n^2+\alpha_m^2}\right)(b_n)
$$

$$+\frac{2}{a}\sum_{n=1,2}^{\infty}\left(\frac{\alpha_m\beta_n^2(-1)^m}{\kappa_n^2-\lambda_n^2}\left\{\left[1-\nu+\frac{h^2}{5}(\kappa_n^2-\beta_n^2)+\frac{kh^4}{50}\lambda^2\right]\frac{1}{\kappa_n^2+\alpha_m^2}-\left[1-\nu\right.\right.\right.$$

$$\left.\left.\left.+\frac{h^2}{5}(\lambda_n^2-\beta_n^2)+\frac{kh^4}{50}\lambda^2\right]\frac{1}{\lambda_n^2+\alpha_m^2}\right\}-\left(1+\frac{h^2}{5}\beta_n^2\right)\frac{\alpha_m(-1)^m}{\delta_n^2+\alpha_m^2}\right)(f_n)$$

$$=-\frac{2P}{Da}\frac{1}{\kappa_m^2-\lambda_m^2}\left\{\left[1+\frac{h^2}{10}\frac{\nu}{1-\nu}(\kappa_m^2-\alpha_m^2)-\frac{kh^4}{50(1-\nu)}(\kappa_m^2-\alpha_m^2)^2+\frac{kh^4}{50(1-\nu)}\lambda^2\right.\right.$$

$$\left.-\frac{k^2h^6\lambda^2}{500(1-\nu)}(\kappa_m^2-\alpha_m^2)\right]\frac{\sinh\kappa_m(b-y_0)}{\sinh\kappa_m b}$$

$$-\left[1+\frac{h^2}{10}\frac{\nu}{1-\nu}(\lambda_m^2-\alpha_m^2)-\frac{kh^4}{50(1-\nu)}(\lambda_m^2-\alpha_m^2)^2+\frac{kh^4}{50(1-\nu)}\lambda^2-\right.$$

$$\left.\left.\frac{k^2h^6\lambda^2}{500(1-\nu)}(\lambda_m^2-\alpha_m^2)\right]\frac{\sinh\lambda_m(b-y_0)}{\sinh\lambda_m b}\right\}\sin\alpha_m x_0 \tag{6.2.24}$$

$$+\frac{2}{Da}\sum_{n=1,2}^{\infty}\left(\frac{a_m\beta_n(-1)^n}{\kappa_n^2-\lambda_n^2}\left\{\frac{1}{\kappa_n^2+\alpha_m^2}\left[1+\frac{h^2}{5(1-\nu)}\left(\frac{\kappa h^2}{10}\lambda^2+\kappa_n^2-\beta_n^2\right)\right]-\right.\right.$$

$$\left.\left.\frac{1}{\lambda_n^2+\alpha_m^2}\left[1+\frac{h^2}{5(1-\nu)}\left(\frac{kh^2}{10}\lambda^2+\lambda_n^2-\beta_n^2\right)\right]\right\}-\frac{h^2}{5(1-\nu)}\frac{\alpha_m\beta_n}{\delta_n^2+\alpha_m^2}\right)(A_n)$$

$$-\frac{1}{D}\left(\frac{1}{\kappa_m^2-\lambda_m^2}\left\{\left[1+\frac{h^2}{5(1-\nu)}\left(\kappa_m^2-\alpha_m^2+\frac{kh^2}{10}\lambda^2\right)\right]\frac{\kappa_m}{\coth\kappa_m b}\right.\right.$$

$$\left.\left.-\left[1+\frac{h^2}{5(1-\nu)}\left(\lambda_m^2-\alpha_m^2+\frac{kh^2}{10}\lambda^2\right)\right]\frac{\lambda_m}{\sinh\lambda_m b}\right\}+\frac{h^2}{5(1-\nu)}\frac{\alpha_m^2}{\gamma_m}\frac{1}{\sinh\lambda_m b}\right)(C_m)$$

$$+\frac{1}{D}\left(\frac{1}{\kappa_m^2-\lambda_m^2}\left\{\left[1+\frac{h^2}{5(1-\nu)}\left(\kappa_m^2-\alpha_m^2+\frac{kh^2}{10}\lambda^2\right)\right]\kappa_m\coth\kappa_m b\right.\right.$$

$$\left.\left.-\left[1+\frac{h^2}{5(1-\nu)}\left(\lambda_m^2-\alpha_m^2+\frac{\kappa h^2}{10}\lambda^2\right)\right]\lambda_m\coth\lambda_m b\right\}+\frac{h^2}{5(1-\nu)}\frac{\alpha_m^2}{\gamma_m}\mathrm{cothh}\gamma_m b\right)(D_m)$$

$$+\frac{2}{a}\sum_{n=1,2}^{\infty}\left(\frac{\alpha_m\beta_n(-1)^{m+n}}{\kappa_n^2-\lambda_n^2}\left\{\left[(\kappa_n^2-\beta_n^2)\left(1+\frac{h^2}{5(1-\nu)}\left(\kappa_n^2-\beta_n^2+\frac{kh^2}{10}\lambda^2\right)\right)\right]\right.\right.$$

$$\left.\cdot\frac{1}{\kappa_n^2+\alpha_m^2}-\left[(\lambda_n^2-\beta_n^2)\left(1+\frac{h^2}{5(1-\nu)}\left(\lambda_n^2-\beta_n^2+\frac{kh^2}{10}\lambda^2\right)\right)\right]\frac{1}{\lambda_n^2+\alpha_m^2}\right\}$$

$$\left.-\frac{\alpha_m\beta_n(-1)^{m+n}}{\delta_n^2+\alpha_m^2}\right)(b_n)$$

$$+\frac{2}{a}\sum_{n=1,2}^{\infty}\left(\frac{\alpha_m\beta_n^2(-1)^{m+n}}{\kappa_n^2-\lambda_n^2}\left\{\left[1-\nu+\frac{h^2}{5}(\kappa_n^2-\beta_n^2)+\frac{kh^4}{50}\lambda^2\right]\frac{1}{\kappa_n^2+\alpha_m^2}-\left[1-\nu\right.\right.\right.$$

$$+\frac{h^2}{5}(\lambda_n^2-\beta_n^2)+\frac{kh^4}{50}\lambda^2\Bigg]\frac{1}{\lambda_n^2+\alpha_m^2}\Bigg\}-\left(1+\frac{h^2}{5}\beta_n^2\right)\frac{\alpha_m(-1)^{m+n}}{\delta_n^2+\alpha_m^2}\Bigg)(f_n)$$

$$=-\frac{2P}{Da}\frac{1}{\kappa_m^2-\lambda_m^2}\Bigg\{\Bigg[1+\frac{h^2}{10}\frac{\nu}{1-\nu}(\kappa_m^2-\alpha_m^2)-\frac{kh^4}{50(1-\nu)}(\kappa_m^2-\alpha_m^2)^2+\frac{kh^4}{50(1-\nu)}\lambda^2$$

$$-\frac{k^2h^6\lambda^2}{500(1-\nu)}(\kappa_m^2-\alpha_m^2)\Bigg]\frac{\sinh\kappa_m y_0}{\sinh\kappa_m b}-\Bigg[1+\frac{h^2}{10}\frac{\nu}{1-\nu}(\lambda_m^2-\alpha_m^2)$$

$$-\frac{kh^4}{50(1-\nu)}(\lambda_m^2-\alpha_m^2)^2+\frac{kh^4}{50(1-\nu)}\lambda^2-\frac{k^2h^6\lambda^2}{500(1-\nu)}(\lambda_m^2-\alpha_m^2)\Bigg]$$

$$\cdot\frac{\sinh\lambda_m y_0}{\sinh\lambda_m b}\Bigg\}\sin\alpha_m x_0 \tag{6.2.25}$$

$$-\Bigg\{\frac{1}{\kappa_n^2-\lambda_n^2}\Bigg[\left(\kappa_n^2-\beta_n^2+\frac{kh^2}{10}\lambda^2\right)\frac{\kappa_n}{\sinh\kappa_n a}-\left(\lambda_n^2-\beta_n^2+\frac{kh^2}{10}\lambda^2\right)\frac{\lambda_n}{\sinh\lambda_n a}\Bigg]$$

$$-\frac{\beta_n^2}{\delta_n}\frac{1}{\sinh\delta_a}\Bigg\}(A_n)$$

$$+\frac{2}{b}\sum_{m=1,2}^{\infty}\Bigg\{\frac{\alpha_m\beta_n(-1)^m}{\kappa_m^2-\lambda_m^2}\Bigg[\left(\kappa_m^2-\alpha_m^2+\frac{kh^2}{10}\lambda^2\right)\frac{1}{\kappa_m^2+\beta_n^2}-\left(\lambda_m^2-\alpha_m^2+\frac{kh^2}{10}\lambda^2\right)$$

$$\cdot\frac{1}{\lambda_m^2+\beta_n^2}\Bigg]+\frac{\alpha_m\beta_n(-1)^m}{\gamma_m^2+\beta_n^2}\Bigg\}(C_m)$$

$$-\frac{2}{b}\sum_{m=1,2}^{\infty}\Bigg\{\frac{\alpha_m\beta_n(-1)^{m+n}}{\kappa_m^2-\lambda_m^2}\Bigg[\left(\kappa_m^2-\alpha_m^2+\frac{kh^2}{10}\lambda^2\right)\frac{1}{\kappa_m^2+\beta_n^2}-\left(\lambda_m^2-\alpha_m^2+\frac{kh^2}{10}\lambda^2\right)$$

$$\cdot\frac{1}{\lambda_m^2+\beta_n^2}\Bigg]+\frac{\alpha_m\beta_n(-1)^{m+n}}{\gamma_m^2+\beta_n^2}\Bigg\}(D_m)$$

$$-D\Bigg(\frac{1}{\kappa_n^2-\lambda_n^2}\Bigg\{\Bigg[(\kappa_n^2-\beta_n^2)^2+\frac{kh^2}{10}\lambda^2(\kappa_n^2-\beta_n^2)\Bigg]\kappa_n\coth\kappa_n a-\Bigg[(\lambda_n^2-\beta_n^2)^2$$

$$+\frac{kh^2}{10}\lambda^2(\lambda_n^2-\beta_n^2)\Bigg]\lambda_n\coth\lambda_n a\Bigg\}-(1-\nu)\frac{5}{h^2}\frac{\beta_n^2}{\delta_n}\coth\delta_n a\Bigg)(b_n)$$

$$-D(1-\nu)\Bigg(\frac{\beta_n}{\kappa_n^2-\lambda_n^2}\Bigg\{\Bigg[(\kappa_n^2-\beta_n^2)+\frac{kh^2}{10}\lambda^2\Bigg]\kappa_n\coth\kappa_n a-\Bigg[(\lambda_n^2-\beta_n^2)$$

$$+\frac{kh^2}{10}\lambda^2\Bigg]\lambda_n\coth\lambda_n a\Bigg\}-\left(\frac{5}{h^2}+\beta_n^2\right)\frac{\beta_n}{\delta_n}\coth\delta_n a\Bigg)(f_n)$$

$$=\frac{2P}{b}\frac{1}{\kappa_n^2-\lambda_n^2}\Bigg\{\Bigg[(\kappa_n^2-\beta_n^2)-\frac{kh^2}{10}(\kappa_n^2-\beta_n^2)+\frac{kh^2}{10}\lambda^2-\frac{k^2h^4\lambda^2}{100}(\kappa_n^2-\beta_n^2)\Bigg]\frac{\sinh\kappa_n x_0}{\sinh\kappa_n a}$$

$$
-\left[(\lambda_n^2-\beta_n^2)-\frac{kh^2}{10}(\lambda_n^2-\beta_n^2)^2+\frac{kh^2}{10}\lambda^2-\frac{k^2h^4\lambda^4}{100}(\lambda_n^2-\beta_n^2)\right]\frac{\sinh\lambda_n x_0}{\sinh\lambda_n a}\Bigg\}\sin\beta_n y_0 \tag{6.2.26}
$$

$$
-\left(\frac{\beta_n}{\kappa_n^2-\lambda_n^2}\left\{\left[1-\nu+\frac{h^2}{5}\left(\kappa_n^2-\beta_n^2+\frac{kh^2}{10}\lambda^2\right)\right]\frac{\kappa_n}{\sinh\kappa_n a}-\left[1-\nu+\frac{h^2}{5}\left(\lambda_n^2\right.\right.\right.\right.
$$

$$
\left.\left.\left.\left.-\beta_n^2+\frac{kh^2}{10}\lambda^2\right)\right]\frac{\lambda_n}{\sinh\lambda_n a}\right\}-\frac{h^2}{10}\beta_n\frac{\beta_n^2+\delta^2}{\delta_n}\frac{1}{\sinh\delta_n}\right)(A_n)
$$

$$
+\frac{2}{b}\sum_{m=1,2}^{\infty}\left(\frac{\alpha_m\beta_n^2(-1)^m}{\kappa_m^2-\lambda_m^2}\left\{\left[1-\nu+\frac{h^2}{5}\left(\kappa_m^2-\alpha_m^2+\frac{kh^2}{10}\lambda^2\right)\right]\frac{1}{\kappa_m^2+\beta_n^2}\right.\right.
$$

$$
\left.-\left[1-\nu+\frac{h^2}{5}\left(\lambda_m^2-\alpha_m^2+\frac{kh^2}{10}\lambda^2\right)\right]\frac{1}{\lambda_m^2+\beta_n^2}\right\}
$$

$$
\left.+\frac{h^2}{10}\alpha_m\beta_n(-1)^m\frac{\gamma_m^2+\alpha_m^2}{\gamma_m^2}\frac{1}{\gamma_m^2+\beta_n^2}\right)(C_m)
$$

$$
-\frac{2}{b}\sum_{m=1,2}^{\infty}\left(\frac{\alpha_m\beta_n(-1)^{m+n}}{\kappa_m^2-\lambda_m^2}\left\{\left[1-\nu+\frac{h^2}{5}\left(\kappa_m^2-\alpha_m^2+\frac{kh^2}{10}\lambda^2\right)\right]\frac{1}{\kappa_m^2+\beta_n^2}\right.\right.
$$

$$
\left.-\left[1-\nu+\frac{h^2}{5}\left(\lambda_m^2-\alpha_m^2+\frac{kh^2}{10}\lambda^2\right)\right]\frac{1}{\lambda_m^2+\beta_n^2}\right\}
$$

$$
\left.+\frac{h^2}{10}\alpha_m\beta_n^2(-1)^{m+n}\frac{\gamma_m^2+\alpha_m^2}{\gamma_m^2}\frac{1}{\lambda_m^2+\beta_n^2}\right)(D_m)
$$

$$
-D\left(\left(\frac{\beta_n}{\kappa_n^2-\lambda_n^2}\left\{\left[(1-\nu)(\kappa_n^2-\beta_n^2)+\frac{h^2}{5}\left((\kappa_n^2-\beta_n^2)^2\right.\right.\right.\right.\right.
$$

$$
\left.\left.+\frac{kh^2}{10}\lambda^2(\kappa_n^2-\beta_n^2)\right)\right]\kappa_n\sinh\kappa_n a-\left[(1-\nu)(\lambda_n^2-\beta_n^2)+\frac{h^2}{5}\left((\lambda_n^2-\beta_n^2)^2\right.\right.
$$

$$
\left.\left.\left.\left.+\frac{kh^2}{10}\lambda^2(\lambda_n^2-\beta_n^2)\right)\right]\lambda_n\coth\lambda_n a\right\}-\frac{1-\nu}{2}\beta_n\frac{\beta_n^2+\delta_n^2}{\delta_n}\coth\delta_n a\right)(b_n)
$$

$$
-D(1-\nu)\left(\frac{\beta_n^2}{\kappa_n^2-\lambda_n^2}\left\{\left[1-\nu+\frac{h^2}{5}\left(\kappa_n^2-\beta_n^2+\frac{\kappa h^2}{10}\lambda^2\right)\right]\kappa_n\coth\kappa_n a\right.\right.
$$

$$
\left.-\left[1-\nu+\frac{h^2}{5}\left(\lambda_n^2-\beta_n^2+\frac{kh^2}{10}\lambda^2\right)\right]\lambda_n\coth\lambda_n a\right\}
$$

$$
\left.-\left(\frac{1}{2}+\frac{h^2}{10}\beta_n^2\right)\frac{\beta_n^2+\delta_n^2}{\delta_n}\coth\delta_n a\right)(f_n)
$$

$$
= \frac{2P}{b}\frac{1}{\kappa_n^2-\lambda_n^2}\left\{\left[1-\nu+\frac{\nu h^2}{10}(\kappa_n^2-\beta_n^2)-\frac{kh^2}{50}(\kappa_n^2-\beta_n^2)^2+\frac{kh^2}{50}\lambda^2-\frac{k^2h^4\lambda^2}{500}(\kappa_n^2-\beta_n^2)\right]\right.
$$

$$
\cdot\frac{\sinh\kappa_n x_0}{\sinh\kappa_n a}-\left[1-\nu+\frac{\nu h^2}{50}(\lambda_n^2-\beta_n^2)-\frac{kh^2}{50}(\lambda_n^2-\beta_n^2)^2+\frac{kh^2}{50}\lambda^2-\frac{k^2h^4\lambda^4}{500}(\lambda_n^2-\beta_n^2)\right]
$$

$$
\left.\cdot\frac{\sinh\lambda_n x_0}{\sinh\lambda_n a}\right\}\sin\beta_n y_0 \tag{6.2.27}
$$

$$
f_0 = 0 \tag{6.2.28}
$$

6.2.4 数值计算与有限元分析

本节所给出的数值参数与3.2.3节的相同。本节给出了$\frac{h}{a}$=0.1、0.2、0.3，$\frac{x}{a}$=0.5截面上的幅值挠度，列于表6.2.1～表6.2.3，相应的幅值挠度曲线示于图6.2.2～图6.2.4；同时给出了$\frac{h}{a}$=0.1、0.2、0.3，$y=0$固定边上的幅值弯矩，列于表6.2.4～表6.2.6，相应的幅值弯矩，示于图6.2.5～图6.2.7。

表6.2.1　三边固定一边自由，$h/a=0.1$，$x/a=0.5$幅值挠度　(10^{-10}m)

y/b	$0.1\omega_{11}$		$0.3\omega_{11}$		$0.5\omega_{11}$		$0.6\omega_{11}$	
	Ansys	本书方法	Ansys	本书方法	Ansys	本书方法	Ansys	本书方法
0	0	0	0	0	0	0	0	0
0.1	43.41	45.81	46.31	48.98	53.58	57.04	60.27	64.64
0.2	130.12	136.47	138.46	145.59	159.38	168.9	178.70	191.02
0.3	239.91	247.56	254.20	262.99	290.12	302.51	323.33	340.1
0.4	349.78	358.25	368.55	378.39	415.71	429.96	459.31	479.06
0.5	463.12	480.72	483.45	502.6	534.52	558.62	577.26	611.96

表6.2.2　三边固定一边自由，$h/a=0.2$，$x/a=0.5$幅值挠度　(10^{-10}m)

y/b	$0.1\omega_{11}$		$0.3\omega_{11}$		$0.5\omega_{11}$		$0.6\omega_{11}$	
	Ansys	本书方法	Ansys	本书方法	Ansys	本书方法	Ansys	本书方法
0	0	0	0	0	0	0	0	0
0.1	9.10	9.76	9.74	10.48	11.35	12.32	12.83	14.1
0.2	22.57	24.79	24.08	26.53	27.87	31.06	31.37	35.42
0.3	40.23	42.75	42.69	45.53	487.85	52.71	54.53	59.62
0.4	60.43	62.6	63.59	66.13	71.52	65.24	78.82	84.02
0.5	101.95	104.41	105.35	108.21	113.84	118.04	121.65	127.5

表6.2.3　三边固定一边自由，$h/a=0.3$，$x/a=0.5$幅值挠度　(10^{-10}m)

y/b	$0.1\omega_{11}$		$0.3\omega_{11}$		$0.5\omega_{11}$		$0.6\omega_{11}$	
	Ansys	本书方法	Ansys	本书方法	Ansys	本书方法	Ansys	本书方法
0	0	0	0	0	0	0	0	0
0.1	4.32	4.75	4.63	5.11	5.43	6.06	6.16	6.97
0.2	9.67	10.96	10.34	11.76	12.03	13.84	13.58	15.86
0.3	16.80	18.26	17.84	19.46	20.47	22.61	22.88	25.65
0.4	27.27	27.08	28.60	28.58	31.91	32.49	34.95	36.26
0.5	53.21	52.54	54.63	54.16	58.17	58.35	61.42	62.39

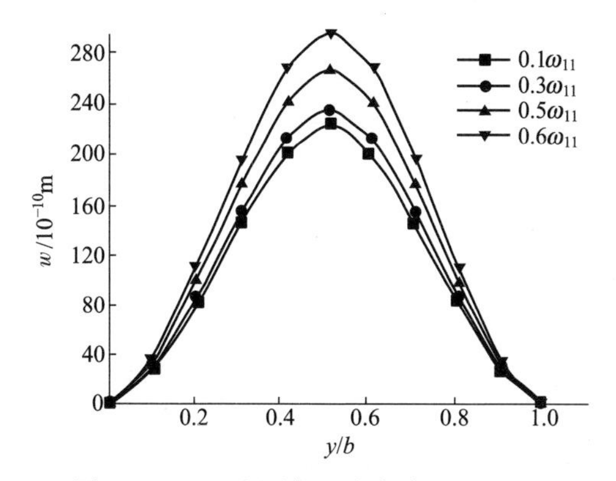

图 6.2.2　三边固定一边自由，$h/a=0.1$ $x/a=0.5$ 幅值挠度曲线

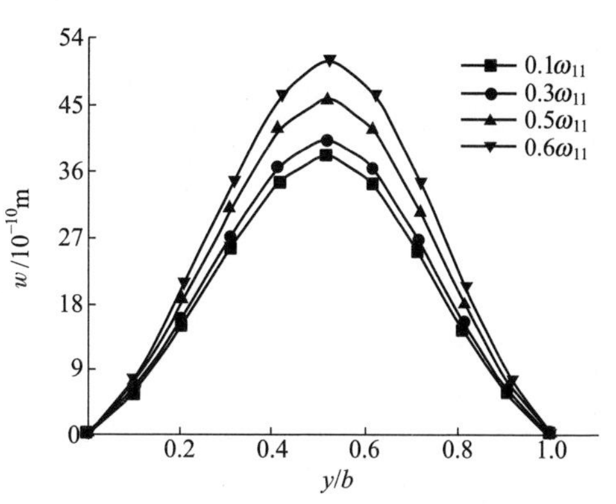

图 6.2.3　三边固定一边自由，$h/a=0.2$ $x/a=0.5$ 幅值挠度曲线

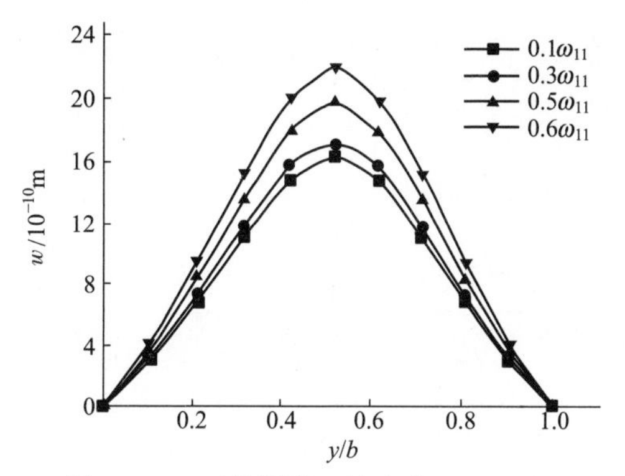

图 6.2.4　三边固定一边自由，$h/a=0.3$ $x/a=0.5$ 幅值挠度曲线

表 6.2.4　三边固定一边自由，$h/a=0.1, y=0$ 幅值弯矩　(N·m)

x/a	$0.1\omega_{11}$	$0.3\omega_{11}$	$0.5\omega_{11}$	$0.6\omega_{11}$
0	0	0	0	0
0.1	-1.95	-2.08	-2.40	-2.70
0.2	-4.90	-5.22	-6.02	-6.75
0.3	-8.64	-9.21	-10.62	-11.93
0.4	-12.04	-12.85	-14.88	-16.80
0.5	-14.14	-15.15	-17.75	-20.23
0.6	-14.46	-15.62	-18.66	-21.62
0.7	-13.31	-14.58	-17.99	-21.39
0.8	-11.03	-12.35	-15.96	-19.66
0.9	-7.59	-8.77	-12.08	-15.56
1	0	0	0	0

表 6. 2. 5　三边固定一边自由, $h/a=0.2$, $y=0$ 幅值弯矩　(N·m)

x/a	$0.1\omega_{11}$	$0.3\omega_{11}$	$0.5\omega_{11}$	$0.6\omega_{11}$
0	0	0	0	0
0. 1	-3. 12	-3. 34	-3. 89	-4. 41
0. 2	-5. 84	-6. 24	-7. 28	-8. 27
0. 3	-8. 57	-9. 18	-10. 75	-12. 26
0. 4	-10. 89	-11. 70	-13. 81	-15. 85
0. 5	-12. 38	-13. 36	-15. 96	-18. 52
0. 6	-12. 67	-13. 78	-16. 75	-19. 74
0. 7	-11. 80	-12. 97	-16. 16	-19. 42
0. 8	-9. 72	-10. 83	-13. 90	-17. 10
0. 9	-6. 54	-7. 41	-9. 83	-12. 39
1	0	0	0	0

表 6. 2. 6　三边固定一边自由, $h/a=0.3$, $y=0$ 幅值弯矩　(N·m)

x/a	$0.1\omega_{11}$	$0.3\omega_{11}$	$0.5\omega_{11}$	$0.6\omega_{11}$
0	0	0	0	0
0. 1	-3. 25	-3. 50	-4. 13	-4. 75
0. 2	-5. 70	-6. 13	-7. 25	-8. 35
0. 3	-7. 84	-8. 44	-10. 03	-11. 60
0. 4	-9. 49	-10. 25	-12. 26	-14. 26
0. 5	-10. 48	-11. 37	-13. 73	-16. 11
0. 6	-10. 58	-11. 54	-14. 14	-16. 78
0. 7	-9. 81	-10. 79	-13. 44	-16. 18
0. 8	-8. 08	-8. 96	-11. 39	-13. 91
0. 9	-5. 55	-6. 21	-8. 04	-9. 96
1	0	0	0	0

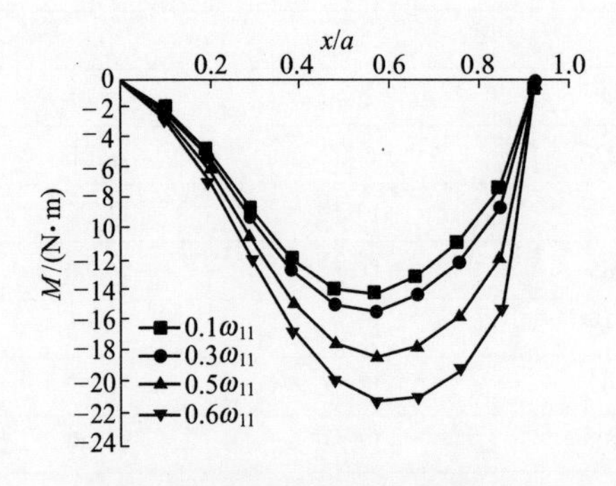

图 6. 2. 5　三边固定一边自由,
$h/a=0.1$, $y=0$ 幅值弯矩

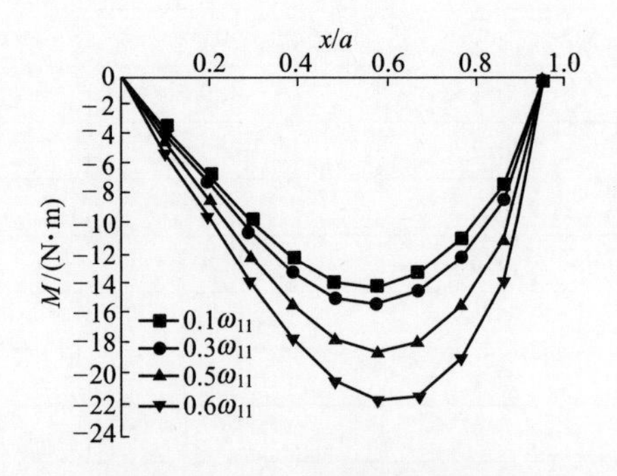

图 6. 2. 6　三边固定一边自由,
$h/a=0.2$, $y=0$ 幅值弯矩

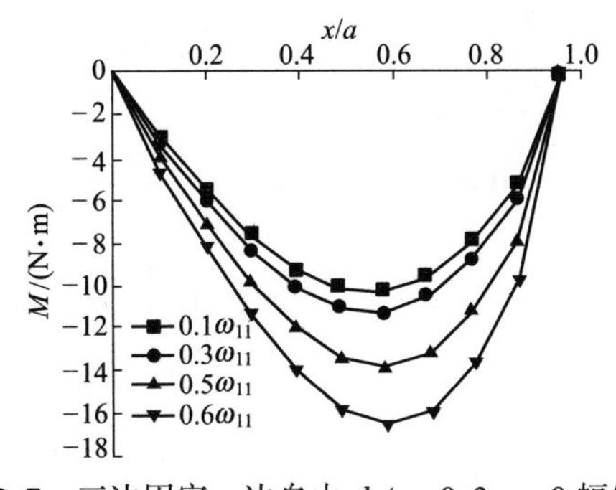

图 6.2.7 三边固定一边自由, $h/a=0.3$, $y=0$ 幅值弯矩

第7章　谐载作用下两邻边固定一边自由另一边简支的弯曲厚矩形板

首先介绍在均布谐载作用下两邻边固定一边自由另一边简支的弯曲厚矩形板，其次介绍在一集中谐载作用下上述弯曲厚矩形板的动力响应。

7.1　在均布谐载作用下两邻边固定一边自由另一边简支的弯曲厚矩形板

7.1.1　幅值挠曲面方程

考虑一在均布谐载作用下两邻边固定一边自由另一边简支的弯曲厚矩形板，如图7.1.1(a)所示。如将均布谐载代以均布幅值谐载，则得图7.1.1(b)所示幅值弯曲厚矩形板。在该弯曲厚矩形板中，解除两固定边的弯曲约束，分别代以两分布幅值弯矩 M_{x0} 和 M_{y0}；自由边的幅值挠度和幅值扭角分别表示为 w_{xa} 和 ω_{yxa}，则得如图7.1.1(c)所示幅值弯曲厚矩形板实际系统。并假设

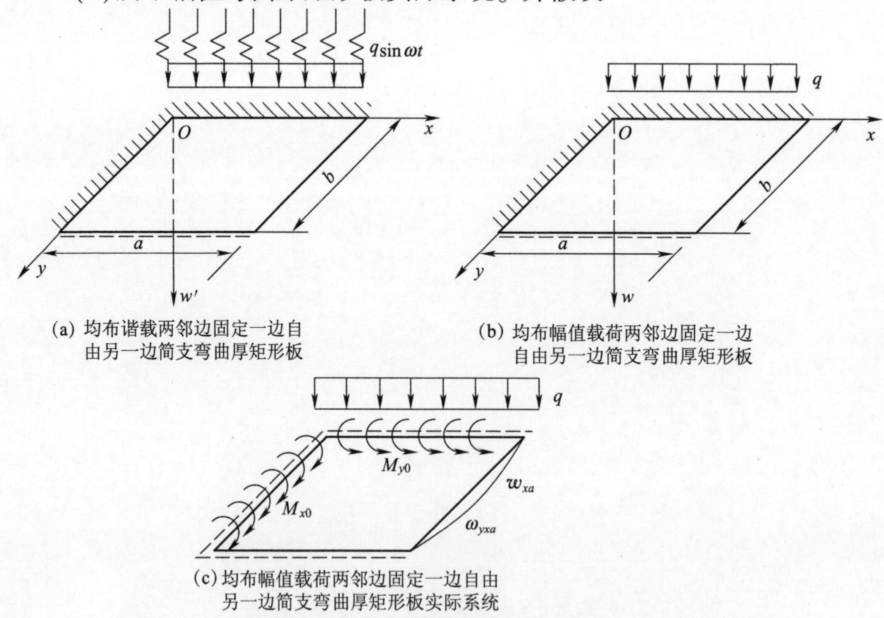

(a) 均布谐载两邻边固定一边自由另一边简支弯曲厚矩形板

(b) 均布幅值载荷两邻边固定一边自由另一边简支弯曲厚矩形板

(c) 均布幅值载荷两邻边固定一边自由另一边简支弯曲厚矩形板实际系统

图7.1.1　均布谐载及均布幅值载荷作用下两邻边固定一边自由另一边简支弯曲厚矩形板及其实际系统

$$M_{x0}(y)=\sum_{n=1,2}^{\infty}A_n\sin\beta_n y \tag{7.1.1}$$

$$M_{y0}(x)=\sum_{m=1,2}^{\infty}C_m\sin\alpha_m x \tag{7.1.2}$$

$$w_{xa}(y)=\sum_{n=1,2}^{\infty}b_n\sin\beta_n y \tag{7.1.3}$$

$$\omega_{yxa}(y)=\sum_{n=1,2}^{\infty}f_n\cos\beta_n y+f_0 \tag{7.1.4}$$

在图 2.2.1 所示幅值拟基本系统和图 7.1.1(c)所示幅值弯曲厚矩形板实际系统之间应用修正的功的互等定理,则得

$$\begin{aligned}&w(\xi,\eta)+\int_0^b Q_{1xa}w_{xa}\mathrm{d}y+\int_0^b M_{1yxa}\omega_{yxa}\mathrm{d}y\\&=\int_0^a\int_0^b\left(q-\frac{kh^2}{10}\nabla^2 q\right)w_1(x,y;\xi,\eta)\mathrm{d}x\mathrm{d}y\\&\quad-\int_0^b M_{x0}\omega_{1xx0}\mathrm{d}y-\int_0^a M_{y0}\omega_{1yy0}\mathrm{d}x\end{aligned} \tag{7.1.5}$$

假设幅值挠曲面方程为

$$\begin{aligned}w(\xi,\eta)&=\sum_{m=1,2}^{\infty}\sum_{n=1,2}^{\infty}A_{mn}\sin\alpha_m\xi\sin\beta_n\eta\\w(x,y)&=\sum_{m=1,2}^{\infty}\sum_{n=1,2}^{\infty}A_{mn}\sin\alpha_m x\sin\beta_n y\end{aligned} \tag{7.1.6}$$

$$0\leqslant x<a,0\leqslant y\leqslant b;0\leqslant\xi<a,0\leqslant\eta\leqslant b$$

将式(7.1.1)~式(7.1.4)、式(7.1.6)、式(2.2.8b)、式(2.3.25)、式(2.3.27)、式(2.3.30)和式(2.3.34)代入式(7.1.5)中,则得

$$\begin{aligned}w(\xi,\eta)=&\sum_{m=1,2}^{\infty}\sum_{n=1,2}^{\infty}\left\{\frac{16q}{Dab}\frac{1}{\alpha_m\beta_n K_{dmn}}\left[1+\frac{kh^2}{10}(\alpha_m^2+\beta_n^2)\right]+\frac{2}{Da}\frac{\alpha_m}{K_{dmn}}(A_n)\right.\\&+\frac{2}{Db}\frac{\beta_n}{K_{dmn}}(C_m)-\frac{2}{a}\frac{(-1)^m}{K_{dmn}}\alpha_m(\alpha_m^2+\beta_n^2)(b_n)\\&\left.+(1-\nu)\frac{2}{a}\frac{(-1)^m}{K_{dmn}}\alpha_m\beta_n(f_n)\right\}\sin\alpha_m\xi\sin\beta_n\eta\\&=w_1+w_2+w_3+w_4+w_5\end{aligned} \tag{7.1.7}$$

为加快收敛速度和消除幅值挠度与弯矩在边界上出现的第二类间断点,需将式(7.1.7)中一个方向的三角级数之和转换成双曲函数。

对于式(2.2.12)的情况:

参考式(3.1.5)、式(3.1.6)和式(3.1.7),式(7.1.7)中的 w_1 可转换为

$$w_1 = \frac{4q}{Da}\sum_{m=1,3}^{\infty}\frac{1}{\alpha_m}\left(1+\frac{kh^2}{10}\alpha_m^2\right)\left\{\frac{1}{\kappa_m^2-\lambda_m^2}\left[\frac{\cosh\kappa_m\left(\frac{b}{2}-\eta\right)}{\kappa_m^2\cosh\kappa_m\frac{b}{2}}\right.\right.$$

$$\left.\left.-\frac{\cosh\lambda_m\left(\frac{b}{2}-\eta\right)}{\lambda_m^2\cosh\lambda_m\frac{b}{2}}\right]+\frac{1}{\kappa_m^2\lambda_m^2}\right\}\sin\alpha_m\xi$$

$$+\frac{4q}{Da}\sum_{m=1,3}^{\infty}\frac{1}{\alpha_m}\frac{kh^2}{10}\frac{1}{\kappa_m^2-\lambda_m^2}\left[-\frac{\cosh\kappa_m\left(\frac{b}{2}-\eta\right)}{\kappa_m^2\cosh\kappa_m\frac{b}{2}}+\frac{\cosh\lambda_m\left(\frac{b}{2}-\eta\right)}{\cosh\lambda_m\frac{b}{2}}\right]\sin\alpha_m\xi$$

$$=\frac{4q}{Db}\sum_{n=1,3}^{\infty}\frac{1}{\beta_n}\left(1+\frac{kh^2}{10}\beta_n^2\right)\left\{\frac{1}{\kappa_n^2-\lambda_n^2}\left[\frac{\cosh\kappa_n\left(\frac{a}{2}-\xi\right)}{\kappa_n^2\cosh\kappa_n\frac{a}{2}}\right.\right.$$

$$\left.\left.-\frac{\cosh\lambda_n\left(\frac{a}{2}-\xi\right)}{\lambda_n^2\cosh\lambda_n\frac{b}{2}}\right]+\frac{1}{\kappa_n^2\lambda_n^2}\right\}\sin\beta_n\eta$$

$$+\frac{4q}{Db}\sum_{n=1,3}^{\infty}\frac{1}{\beta_n}\frac{kh^2}{10}\frac{1}{\kappa_n^2-\lambda_n^2}\left[-\frac{\cosh\kappa_n\left(\frac{a}{2}-\xi\right)}{\cosh\kappa_n^2\frac{a}{2}}+\frac{\cosh\lambda_n\left(\frac{a}{z}-\xi\right)}{\cosh\lambda_n\frac{a}{2}}\right]\sin\beta_m\eta$$

(7.1.8)

参考式(4.1.5)中含 A_n 项的求解,式(7.1.7)中的 w_2 可转换为

$$w_2 = -\int_0^b M_{x0}\omega_{1xx0}\mathrm{d}y = \frac{1}{D}\sum_{n=1,2}^{\infty}\frac{1}{\kappa_n^2-\lambda_n^2}\left[-\frac{\sinh\kappa_n(\alpha-\xi)}{\sinh\kappa_n a}+\frac{\sinh\lambda_n(\alpha-\xi)}{\sinh\lambda_n a}\right]$$

$$\cdot\sin\beta_n\eta(A_n) \qquad (7.1.9)$$

与式(7.1.9)的求解类似,可得式(7.1.7)中的 w_3 为

$$w_3 = -\int_0^a M_{y0}\omega_{1yy0}\mathrm{d}x = \frac{1}{D}\sum_{m=1,2}^{\infty}\frac{1}{\kappa_m^2-\lambda_m^2}\left[-\frac{\sinh\kappa_m(b-\eta)}{\sinh\kappa_m b}+\frac{\sinh\lambda_m(b-\eta)}{\sinh\lambda_m b}\right]$$

$$\cdot\sin\alpha_m\xi(C_m) \qquad (7.1.10)$$

与式(6.1.11)的求解类似,式(7.1.7)中的 w_4 可转换为

$$w_4 = -\int_0^b Q_{1xa} w_{xa} \mathrm{d}y = \sum_{n=1,2}^{\infty} \frac{1}{\kappa_n^2 - \lambda_n^2} \left[(\kappa_n^2 - \beta_n^2) \frac{\sinh\kappa_n \xi}{\sinh\kappa_n a} - (\lambda_n^2 - \beta_n^2) \frac{\sinh\lambda_n \xi}{\sinh\lambda_n a} \right]$$

$$\cdot \sin\beta_n \eta (b_n) \tag{7.1.11}$$

与式(6.1.12)的求解类似,式(7.1.7)中的 w_5 可转换为

$$w_5 = -\int_0^b M_{1yxa} \omega_{yxa} \mathrm{d}y = (1-\nu) \sum_{n=1,2}^{\infty} \frac{\beta_N}{\kappa_n^2 - \lambda_n^2} \left(\frac{\sinh\kappa_n \xi}{\sinh\kappa_n a} - \frac{\sinh\lambda_n \xi}{\sinh\lambda_n a} \right)$$

$$\cdot \sin\beta_n \eta (f_n) \tag{7.1.12}$$

对于式(2.2.15)情况,式(7.1.7)转化成为

$$w(\xi,\eta) = \frac{4q}{Da} \sum_{m=1,3}^{\infty} \frac{1}{\alpha_m} \left(1 + \frac{kh^2}{10}\alpha_m^2\right) \left\{ \frac{1}{\kappa_m^2 + \lambda_m'^2} \left[\frac{\cosh\kappa_m \left(\frac{b}{2} - \eta\right)}{\kappa_m^2 \cosh\kappa_m \frac{b}{2}} + \frac{\cos\lambda_m' \left(\frac{b}{2} - \eta\right)}{\lambda_m'^2 \cos\lambda_m \frac{b}{2}} \right] - \frac{1}{\kappa_m^2 \lambda_m'^2} \right\} \sin\alpha_m \xi$$

$$+ \frac{4q}{Da} \sum_{m=1,3}^{\infty} \frac{1}{\alpha_m} \frac{kh^2}{10} \frac{1}{\kappa_m^2 + \lambda_m'^2} \left[-\frac{\cosh\kappa_m \left(\frac{b}{2} - \eta\right)}{\cosh\kappa_m \frac{b}{2}} + \frac{\cos\lambda_m' \left(\frac{b}{2} - \eta\right)}{\cos\lambda_m' \frac{b}{2}} \right] \sin\alpha_m \xi$$

$$\left(或 \frac{4q}{Db} \sum_{n=1,3}^{\infty} \frac{1}{\beta_n} \left(1 + \frac{kh^2}{10}\beta_n^2\right) \left\{ \frac{1}{\kappa_n^2 + \lambda_n'^2} \left[\frac{\cosh\kappa_n \left(\frac{a}{2} - \xi\right)}{\kappa_n^2 \cosh\kappa_n \frac{a}{2}} - \frac{\cos\lambda_n' \left(\frac{a}{2} - \xi\right)}{\lambda_n'^2 \cos\lambda_n' \frac{a}{2}} \right] - \frac{1}{\kappa_n^2 \lambda_n'^2} \right\} \sin\beta_n \eta \right.$$

$$\left. + \frac{4q}{Db} \sum_{m=1,3}^{\infty} \frac{1}{\beta_n} \frac{kh^2}{10} \frac{1}{\kappa_n^2 + \lambda_n'^2} \left[-\frac{\cosh\kappa_n \left(\frac{a}{2} - \xi\right)}{\cosh\kappa_m \frac{a}{2}} + \frac{\cos\lambda_n' \left(\frac{a}{2} - \xi\right)}{\cos\lambda_n' \frac{a}{2}} \right] \sin\beta_n \eta \right)$$

$$+ \frac{1}{D} \sum_{n=1,3}^{\infty} \frac{1}{\kappa_n^2 + \lambda_n'^2} \left[-\frac{\sinh\kappa_n (a - \xi)}{\sinh\kappa_n a} + \frac{\sin\lambda_n' (a - \xi)}{\sin\lambda_n' a} \right] \sin\beta_n \eta (A_n)$$

$$+\frac{1}{D}\sum_{m=1,2}^{\infty}\frac{1}{\kappa_m^2+\lambda_m'^2}\left[-\frac{\sinh\kappa_m(b-\eta)}{\sinh\kappa_m b}+\frac{\sin\lambda_m'(b-\eta)}{\sin\lambda_m' b}\right]\sin\alpha_m\xi(C_m)$$

$$+\sum_{n=1,3}^{\infty}\frac{1}{\kappa_n^2+\lambda_n'^2}\left[-(\beta_n^2-\kappa_n^2)\frac{\sinh\kappa_n\xi}{\sinh\kappa_n a}+(\beta_n^2+\lambda_n'^2)\frac{\sin\lambda_n'\xi}{\sin\lambda_n' a}\right]\sin\beta_n\eta(b_n)$$

$$+(1-\nu)\sum_{n=1,3}^{\infty}\frac{\beta_n}{\kappa_n^2+\lambda_n'^2}\left(\frac{\sinh\kappa_n\xi}{\sinh\kappa_n a}-\frac{\sin\lambda_n'\xi}{\sin\lambda_n' a}\right)\sin\beta_n\eta(f_n) \tag{7.1.13}$$

7.1.2 应力函数

假设应力函数为

$$\varphi(\xi,\eta)=\sum_{n=1,2}^{\infty}[E_n\cosh\delta_n\xi+F_n\cosh(a-\xi)]\cos\beta_n\eta$$

$$+\sum_{m=1,2}^{\infty}[G_m\cosh\gamma_m\eta+H_m\cosh\gamma_m(b-\eta)]\cos\alpha_m\xi$$

$$+E_0\cosh\delta_0\xi \tag{7.1.14}$$

仿三边固定一边自由 6.1.2 节应力函数的计算,则得

$$F_n=-\frac{\beta_n}{\delta_n\sinh\delta_n a}(A_n) \tag{7.1.15}$$

$$G_m=0 \tag{7.1.16}$$

$$H_m=\frac{\alpha_m}{\gamma_m\sinh\gamma_m b}(C_m) \tag{7.1.17}$$

$$E_n=-D(1-\nu)\frac{5}{h^2}\frac{\beta_n}{\delta_n\sinh\delta_n a}(b_n)$$

$$-D(1-\nu)\left(\frac{5}{h^2}+\beta_n^2\right)\frac{1}{\delta_n\sinh\delta_n a}(f_n) \tag{7.1.18}$$

再根据 $\xi=a$ 边扭角的边界条件,可得

$$-\sum_{n=1,3}^{\infty}\beta_n\cos\beta_n\eta(b_n)-\frac{h^2}{5}\sum_{n=1,3}^{\infty}\beta_n^2\cos\beta_n\eta(f_n)-\frac{h^2}{50(1-\nu)}$$

$$\cdot\sum_{n=1,3}^{\infty}E_n\delta_n\sinh\delta_n a\cos\beta_n\eta-\frac{h^2}{5D(1-\nu)}E_0\delta_0\sinh\delta_0 a$$

$$=\sum_{n=1,3}^{\infty}f_n\cos\beta_n\eta+f_0 \tag{7.1.19}$$

注意到式(7.1.18),可由式(7.1.19)得

$$E_0=-D(1-\nu)\frac{5}{h^2}\frac{1}{\delta_0\sinh\delta_0 a}(f_0) \tag{7.1.20}$$

将式(7.1.15)~式(7.1.8)和式(7.1.20)代入式(7.1.14)中,则得

$$
\begin{aligned}
\varphi(\xi,\eta) = & \sum_{n=1,3}^{\infty}\left[-\frac{\beta_n}{\delta_n \sinh\delta_n a}\cosh\delta_n(a-\xi)\right]\cos\beta_n\eta(A_n) \\
& + \sum_{m=1,3}^{\infty}\left[\frac{\alpha_m}{\gamma_m \sinh\gamma_m b}\cosh\gamma_m(b-\eta)\right]\cos\alpha_m\xi(C_m) \\
& - D(1-\nu)\sum_{n=1,3}^{\infty}\left[\frac{5}{h^2}\beta_n(b_n) + \left(\frac{5}{h^2}+\beta_n^2\right)(f_n)\right]\frac{\cosh\delta_n\xi}{\delta_n \sinh\delta_n a}\cos\beta_n\eta \\
& - D(1-\nu)\frac{5}{h^2}\frac{\cosh\delta_n\xi}{\delta_n \sinh\delta_n a}(f_0)
\end{aligned} \tag{7.1.21}
$$

7.1.3 边界条件

本问题应满足的边界条件为

$$\omega_{\xi\xi 0} = 0 \tag{7.1.22}$$

$$\omega_{\eta\eta 0} = 0 \tag{7.1.23}$$

$$Q_{\xi\xi a} = 0 \tag{7.1.24}$$

$$M_{\xi\eta\xi an} = 0 \tag{7.1.25}$$

$$M_{\xi\eta\xi an0} = 0 \tag{7.1.26}$$

对于式(2.2.12)的情况：

边界条件式(7.1.22)的执行方程为

$$
\begin{aligned}
& -\frac{1}{D}\left\{\left[1+\frac{h^2}{5(1-\nu)}\left(\frac{kh^2}{10}\lambda^2+\kappa_n^2-\beta_n^2\right)\right]\kappa_n\coth\kappa_n a\right. \\
& -\left[1+\frac{h^2}{5(1-\nu)}\left(\frac{kh^2}{10}\lambda^2+\lambda_n^2-\beta_n^2\right)\right]\lambda_n\coth\lambda_n a \\
& \left.-\frac{h^2}{5(1-\nu)}(\kappa_n^2-\lambda_n^2)\frac{\beta_m}{\delta_n}\coth\delta_n a\right\}(A_n) \\
& +\frac{4}{Db}\sum_{m=1,2}^{\infty}(\kappa_m^2-\lambda_m^2)\alpha_m\beta_n\left\{\frac{1}{K_{dmn}^2}\left[1+\frac{h^2}{5(1-\nu)}\right.\right. \\
& \left.\left.\cdot\left(\frac{kh^2}{10}\lambda^2-\alpha_m^2-\beta_n^2\right)\right]+\frac{h^2}{5(1-\nu)}\frac{1}{\gamma_m^2+\beta_n^2}\right\}(C_m) \\
& -\left\{\left[1+\frac{h^2}{5(1-\nu)}\left(\frac{kh^2}{10}\lambda^2+\kappa_n^2-\beta_n^2\right)\right](\kappa_n^2-\beta_n^2)\kappa_n\frac{1}{\sinh\kappa_n a}\right. \\
& -\left[1+\frac{h^2}{5(1-\nu)}\left(\frac{kh^2}{10}\lambda^2+\lambda_n^2-\beta_n^2\right)\right](\lambda_n^2-\beta_n^2)\lambda_n\frac{1}{\sinh\lambda_n a} \\
& \left.-(\kappa_n^2-\lambda_n^2)\frac{\beta_n^2}{\delta_n}\frac{1}{\sinh\delta_n a}\right\}(b_n)
\end{aligned}
$$

$$+(1-\nu)\beta_n\left\{\left[1+\frac{h^2}{5(1-\nu)}\left(\frac{kh^2}{10}\lambda^2+\kappa_n^2-\beta_n^2\right)\right]\kappa_n\frac{1}{\sinh\kappa_n a}\right.$$

$$-\left[1+\frac{h^2}{5(1-\nu)}\left(\frac{kh^2}{10}\lambda^2+\lambda_n^2-\beta_n^2\right)\right]\lambda_n\frac{1}{\sin\lambda_n a}$$

$$\left.-\frac{h^2}{5(1-\nu)}\left(\frac{5}{h^2}+\beta_n^2\right)(\kappa_n^2-\lambda_n^2)\frac{1}{\delta_n}\frac{1}{\sinh\delta_n a}\right\}(f_n)$$

$$=\frac{4q}{Db}\frac{1}{\beta_n}\left(\left\{\left(1+\frac{kh^2}{10}\beta_n^2\right)\left[1+\frac{h^2}{5(1-\nu)}\left(\frac{kh^2}{10}\lambda^2+\kappa_n^2-\beta_n^2\right)\right]\right.\right.$$

$$\left.-\frac{kh^2}{10}\kappa_n^2\left[1+\frac{h^2}{5(1-\nu)}\left(\frac{kh^2}{10}\lambda^2+\kappa_n^2\right)\right]\right\}\frac{1}{\kappa_n}\tanh\frac{a}{2}\kappa_n$$

$$-\left\{\left(1+\frac{kh^2}{10}\beta_n^2\right)\left[1+\frac{h^2}{5(1-\nu)}\left(\frac{kh^2}{10}\lambda^2+\lambda_n^2-\beta_n^2\right)\right]\right.$$

$$\left.\left.-\frac{kh^2}{10}\lambda_n^2\left[1+\frac{h^2}{5(1-\nu)}\left(\frac{kh^2}{10}\lambda^2+\lambda_n^2\right)\right]\right\}\frac{1}{\lambda_n}\tanh\frac{a}{2}\lambda_n\right) \tag{7.1.27}$$

边界条件式(7.1.23)的执行方程为

$$-\frac{1}{Da}\sum_{n=1,3}^{\infty}(\kappa_n^2-\lambda_n^2)\alpha_m\beta_n\left\{\frac{1}{K_{dmn}^2}\left[1+\frac{h^2}{5(1-\nu)}\left(\frac{kh^2}{10}\lambda^2+\alpha_m^2-\beta_n^2\right)\right]\right.$$

$$\left.+\frac{h^2}{5(1-\nu)}\frac{1}{\delta_n^2+\alpha_m^2}\right\}(A_n)$$

$$+\frac{1}{D}\left\{\left[1+\frac{h^2}{5(1-\nu)}\left(\frac{kh^2}{10}\lambda^2+\kappa_m^2-\alpha_m^2\right)\right]\kappa_m\tanh\frac{b}{2}\kappa_m\right.$$

$$\left.-\left[1+\frac{h^2}{5(1-\nu)}\left(\frac{kh^2}{10}\lambda^2+\lambda_m^2-\alpha_m^2\right)\right]\lambda_m\tanh\frac{b}{2}\lambda_m\right\}(C_m)$$

$$-(-1)^m\frac{2}{a}\sum_{n=1,3}^{\infty}(\kappa_n^2-\lambda_n^2)\alpha_m\beta_n\left\{\frac{1}{K_{dmn}^2}(\alpha_m^2+\beta_n^2)\left[1+\frac{h^2}{5(1-\nu)}\right.\right.$$

$$\left.\left.\cdot\left(\frac{kh^2}{10}\lambda^2-\alpha_m^2-\beta_n^2\right)\right]-\frac{1}{\delta_n^2+\alpha_m^2}\right\}(b_n)$$

$$+(-1)^m\frac{2}{a}(1-\nu)\sum_{n=1,3}^{\infty}(\kappa_n^2-\lambda_n^2)\alpha_m\left\{\frac{1}{K_{dmn}}\beta_n^2\left[1+\frac{h^2}{5(1-\nu)}\right.\right.$$

$$\left.\left.\cdot\left(\frac{kh^2}{10}\lambda^2-\alpha_m^2-\beta_n^2\right)\right]+\frac{h^2}{5(1-\nu)}\left(\frac{5}{h^2}+\beta_n^2\right)\frac{1}{\delta_n^2+\alpha_m^2}\right\}(f_n)$$

$$
\begin{aligned}
&= \frac{4q}{Da}\frac{1}{\alpha_m}\left(\left\{\left(1+\frac{kh^2}{10}\alpha_m^2\right)\left[1+\frac{h^2}{5(1-\nu)}\left(\frac{kh^2}{10}\lambda^2+\kappa_m^2-\alpha_m^2\right)\right]\right.\right.\\
&\left.-\frac{kh^2}{10}\kappa_m^2\left[1+\frac{h^2}{5(1-\nu)}\left(\frac{kh^2}{10}\lambda^2+\kappa_m^2\right)\right]\right\}\frac{1}{\kappa_m}\tanh\frac{b}{2}\kappa_m\\
&-\left\{\left(1+\frac{kh^2}{10}\alpha_m^2\right)\left[1+\frac{h^2}{5(1-\nu)}\left(\frac{kh^2}{10}\lambda^2+\lambda_m^2-\alpha_m^2\right)\right]\right.\\
&\left.\left.-\frac{kh^2}{10}\lambda_m^2\left[1+\frac{h^2}{5(1-\nu)}\left(\frac{kh^2}{10}\lambda^2+\lambda_m^2\right)\right]\right\}\frac{1}{\lambda_m}\tanh\frac{b}{2}\lambda_m\right)
\end{aligned}
\tag{7.1.28}
$$

边界条件式(7.1.24)的执行方程为

$$
\begin{aligned}
&\frac{1}{D}\left[\left(\frac{kh^2}{10}\lambda^2+\kappa_n^2-\beta_n^2\right)\kappa_n\frac{1}{\sinh\kappa_n a}-\left(\frac{kh^2}{10}\lambda^2+\lambda_n^2-\beta_n^2\right)\lambda_n\frac{1}{\sinh\lambda_n a}\right.\\
&\left.-(\kappa_n^2-\lambda_n^2)\frac{\beta_n^2}{\delta_n}\frac{1}{\sinh\delta_n a}\right](A_n)\\
&+\frac{4}{Db}\sum_{m=1,2}^{\infty}(-1)^m(\kappa_n^2-\lambda_m^2)\alpha_m\beta_n\left\{\frac{1}{K_{dmn}^2}\left[\frac{kh^2}{10}\lambda^2-(\alpha_m^2+\beta_n^2)\right]\right.\\
&\left.+\frac{1}{\gamma_m^2+\beta_n^2}\right\}(C_m)\\
&+\left[\left(\frac{kh^2}{10}\lambda^2+\kappa_n^2-\beta_n^2\right)(\kappa_n^2-\beta_n^2)\kappa_n\coth\kappa_n a\right.\\
&-\left(\frac{kh^2}{10}\lambda^2+\lambda_n^2-\beta_n^2\right)(\lambda_n^2-\beta_n^2)\lambda_n\coth\lambda_n a\\
&\left.-\frac{5}{h^2}(1-\nu)(\kappa_n^2-\lambda_n^2)-\frac{\beta_n^2}{\delta_n}\coth\delta_n a\right]\quad(b_n)\\
&+(1-\nu)\beta_n\left[\left(\frac{kh^2}{10}\lambda^2+\kappa_n^2-\beta_n^2\right)\kappa_n\coth\kappa_n a\right.\\
&-\left(\frac{kh^2}{10}\lambda^2+\lambda_n^2-\beta_n^2\right)\lambda_n\coth\lambda_n a\\
&\left.-\left(\frac{5}{h^2}+\beta_n^2\right)(\kappa_n^2-\lambda_n^2)\frac{1}{\delta_n}\coth\delta_n a\right](f_n)\\
&=-\frac{4q}{Db}\frac{1}{\beta_n}\left\{\left(\frac{kh^2}{10}\lambda^2+\kappa_n^2-\beta_n^2\right)\left[1-\frac{kh^2}{10}(\kappa_n^2-\beta_n^2)\right]\right.
\end{aligned}
$$

$$\cdot \frac{1}{\kappa_n}\tanh\frac{a}{2}\kappa_n$$

$$-\left(\frac{kh^2}{10}\lambda^2+\lambda_n^2-\beta_n^2\right)\left[1-\frac{kh^2}{10}(\lambda_n^2-\beta_n^2)\right]\frac{1}{\lambda_n}\tanh\frac{a}{2}\lambda_n\Bigg\} \tag{7.1.29}$$

边界条件式(7.1.25)的执行方程为

$$\frac{1}{D}\Bigg\{\left[(1-\nu)+\frac{h^2}{5}\left(\frac{kh^2}{10}\lambda^2+\kappa_n^2-\beta_n^2\right)\right]\kappa_n\frac{1}{\sinh\kappa_n a}$$

$$-\left[(1-\nu)+\frac{h^2}{5}\left(\frac{kh^2}{10}\lambda^2+\lambda_n^2-\beta_n^2\right)\right]\lambda_n\frac{1}{\sinh\lambda_n a}$$

$$-\frac{h^2}{10}\frac{1}{\delta_n}(\delta_n^2+\beta_n^2)\frac{1}{\sinh\delta_n a}\Bigg\}\beta_n(A_n)$$

$$+\frac{4}{Db}\sum_{m=1,2}^{\infty}(-1)^m\alpha_m(\kappa_m^2-\lambda_m^2)\Bigg\{\frac{1}{\kappa_{dmn}^2}\beta_n^2\Bigg[(1-\nu)$$

$$+\frac{h^2}{5}\left(\frac{kh^2}{10}\lambda^2-\alpha_m^2-\beta_n^2\right)\Bigg]+\frac{h^2}{10}\frac{\gamma_m^2+\alpha_m^2}{\gamma_m^2+\beta_n^2}\Bigg\}(C_m)$$

$$+\Bigg\{(\kappa_n^2-\beta_n^2)\left[(1-\nu)+\frac{h^2}{5}\left(\frac{kh^2}{10}\lambda^2+\kappa_n^2-\beta_n^2\right)\right]\kappa_n\coth\kappa_n a$$

$$-(\lambda_n^2-\beta_n^2)\left[(1-\nu)+\frac{h^2}{5}\left(\frac{kh^2}{10}\lambda^2+\lambda_n^2-\beta_n^2\right)\right]\lambda_n\coth\lambda_n a$$

$$-\frac{1}{2}(1-\nu)(\kappa_n^2-\lambda_n^2)\left(\delta_n+\frac{\beta_n^2}{\delta_n}\right)\coth\delta_n a\Bigg\}\beta_n(b_n)$$

$$+(1-\nu)\Bigg\{\left[(1-\nu)+\frac{h^2}{5}\left(\frac{kh^2}{10}\lambda^2+\kappa_n^2-\beta_n^2\right)\right]\beta_n^2\kappa_n\coth\kappa_n a$$

$$-\left[(1-\nu)+\frac{h^2}{5}\left(\frac{kh^2}{10}\lambda^2+\lambda_n^2-\beta_n^2\right)\right]\beta_n^2\lambda_n\coth\lambda_n a$$

$$-\left(\frac{1}{2}+\frac{h^2}{10}\beta_n^2\right)(\kappa_n^2-\lambda_n^2)\left(\delta_n+\frac{\beta_n^2}{\delta_n}\right)\coth\delta_n a\Bigg\}(f_n)$$

$$=-\frac{4q}{Db}\Bigg\{\left[1-\frac{kh^2}{10}(\kappa_n^2-\beta_n^2)\right]\left[(1-\nu)+\frac{h^2}{5}\left(\frac{kh^2}{10}\lambda^2+\kappa_n^2-\beta_n^2\right)\right]$$

$$\cdot\frac{1}{\kappa_n}\tanh\frac{a}{2}\kappa_n$$

$$-\left[1-\frac{kh^2}{10}(\lambda_n^2-\beta_n^2)\right]\left[(1-\nu)+\frac{h^2}{5}\left(\frac{kh^2}{10}\lambda^2+\lambda_n^2-\beta_n^2\right)\right]$$

$$\cdot\frac{1}{\lambda_n}\tanh\frac{a}{2}\lambda_n\Big\}\tag{7.1.30}$$

边界条件式(7.1.26)的执行方程为

$$\frac{2}{Db}\sum_{m=1,2}^{\infty}(-1)^m(\kappa_m^2-\lambda_m^2)\alpha_m\frac{h^2}{10}\left(1+\frac{\alpha_m^2}{\gamma_m^2}\right)(C_m)$$

$$-\frac{1}{2}(1-\nu)(\kappa_0^2-\lambda_0^2)\delta_0\coth\delta_0 a(f_0)$$

$$=-\frac{4q}{Db}\left\{\left(1-\frac{kh^2}{10}\kappa_0^2\right)\left[(1-\nu)+\frac{h^2}{5}\left(\frac{kh^2}{10}\lambda^2+\kappa_0^2\right)\right]\frac{1}{\kappa_0}\tanh\frac{a}{2}\kappa_0\right.$$

$$\left.-\left(1-\frac{kh^2}{10}\lambda_0^2\right)\left[(1-\nu)+\frac{h^2}{5}\left(\frac{kh^2}{10}\lambda^2+\lambda_0^2\right)\right]\frac{1}{\lambda_0}\tanh\frac{a}{2}\lambda_0\right\}\tag{7.1.31}$$

对于式(2.2.15)的情况,应用式(2.2.16)和式(2.2.18)易于得到与执行边界条件式(7.1.27)~式(7.1.31)相应的执行边界条件,故从略。

7.2 一集中谐载作用下两邻边固定一边自由另一边简支的弯曲厚矩形板

7.2.1 幅值挠曲面方程

考虑一在一集中谐载作用下两邻边固定一边自由另一边简支的弯曲厚矩形板,如图 7.2.1(a)所示。如将此一集中谐载以一集中幅值谐载代替,则得图 7.2.1(b)所示幅值弯曲厚矩形板。在该矩形板中,解除两固定边的弯曲约束,分别代以幅值分布弯矩 M_{x0} 和 M_{y0};自由边的幅值挠度和幅值扭角分别表示为 w_{xa} 和 ω_{yxa},则得如图 7.2.1(c)所示幅值弯曲厚矩形板实际系统。并假设

$$M_{x0}=\sum_{n=1,2}^{\infty}A_n\sin\beta_n y\tag{7.2.1}$$

$$M_{y0}=\sum_{m=1,2}^{\infty}C_m\sin\alpha_m x\tag{7.2.2}$$

$$w_{xa}=\sum_{n=1,2}^{\infty}b_n\sin\beta_n y\tag{7.2.3}$$

$$\omega_{yxa}=\sum_{n=1,2}^{\infty}f_n\cos\beta_n y+f_0\tag{7.2.4}$$

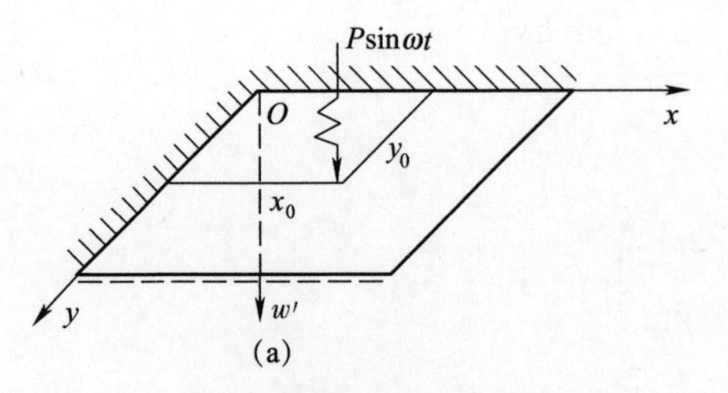

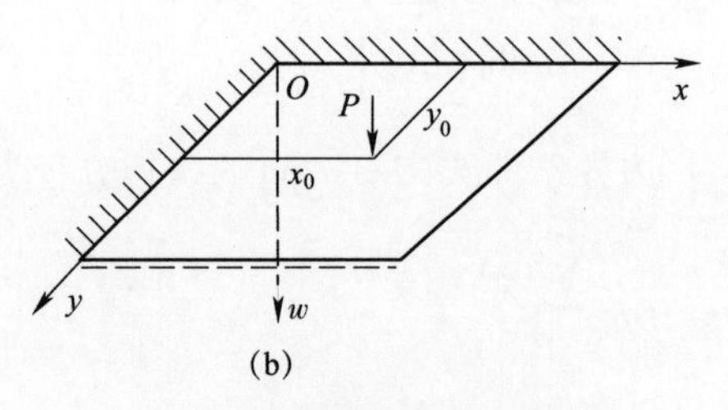

（a） 一集中谐载两邻边固定一边自由另一边简支弯曲厚矩形板

（b） 一集中幅值载荷两邻边固定一边自由另一边简支弯曲厚矩形板

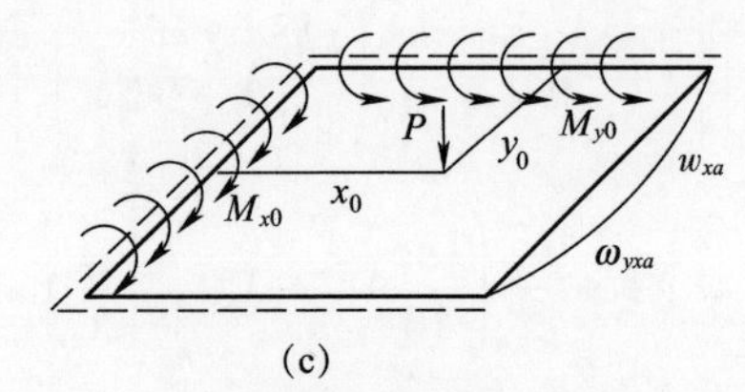

（c） 一集中幅值载荷两邻边固定一边自由另一边简支弯曲厚矩形实际系统

图 7.2.1 一集中谐载及一集中幅值载荷作用下两邻边固定一边自由另一边简支弯曲厚矩形极及其实际系统

在图 2.2.1 所示幅值拟基本系统和图 7.2.1(c)所示幅值弯曲厚矩形板实际系统之间应用修正的功的互等定理,则得

$$w(\xi,\eta)+\int_0^b Q_{1xa}w_{xa}\mathrm{d}y+\int_0^b M_{1xyxa}\omega_{yxa}\mathrm{d}x$$
$$=\int_0^a\int_0^b\left[P\delta(x-x_0,y-y_0)-\frac{kh^2}{10}\nabla^2P\delta(x-x_0,y-y_0)\right]w_1(x,y,\xi,\eta)\mathrm{d}x\mathrm{d}y$$
$$-\int_0^b M_{x0}\omega_{1xx0}\mathrm{d}y-\int_0^a M_{y0}\omega_{1yy0}\mathrm{d}x \tag{7.2.5}$$

假设幅值挠曲面方程为

$$w(\xi,\eta)=\sum_{m=1,2}^{\infty}\sum_{n=1,2}^{\infty}A_{mn}\sin\alpha_m\xi\sin\beta_n\eta$$
$$w(x,y)=\sum_{m=1,2}^{\infty}\sum_{n=1,2}^{\infty}A_{mn}\sin\alpha_m x\sin\beta_n y$$
$$(0\leqslant x<a,0\leqslant y\leqslant b;0\leqslant\xi<a,0\leqslant\eta\leqslant b) \tag{7.2.6}$$

仿 4.2.1 节一集中谐载所引起幅值挠曲面方程的计算,再根据 7.1.2 节式(7.1.7)中 w_2,w_3,w_4 和 w_5 的计算,对于式(2.2.12)的情况,则得本问题的幅值挠曲面方程为

$$w(\xi,\eta)_{\leqslant x_0}=-\frac{2P}{Db}\sum_{n=1,2}^{\infty}\frac{1}{\kappa_n^2-\lambda_n^2}\left[\frac{\sinh\kappa_n(a-x_0)}{\kappa_n\sinh\kappa_n a}\sinh\kappa_n\xi-\frac{\sinh\lambda_n(a-x_0)}{\lambda_n\sinh\lambda_n a}\sinh\lambda_n\xi\right]$$

$$\cdot \sin\beta_n y_0 \sin\beta_n \eta + \frac{2P}{Db}\frac{kh^2}{10}\sum_{n=1,2}^{\infty}\frac{1}{\kappa_n^2-\lambda_n^2}\left[(\kappa_n^2-\beta_n^2)\frac{\sinh\kappa_n(a-x_0)}{\kappa_n\sinh k_n a}\sinh\kappa_n\xi-(\lambda_n^2-\beta_n^2)\right.$$

$$\left.\cdot\frac{\sinh\lambda_n(a-x_0)}{\lambda_n\sinh\lambda_n a}\sinh\lambda_n\xi\right]\sin\beta_n y_0\sin\beta_n\eta + w_{Mx0}+w_{My0}+w_{wxa}+w_{\omega yxa}$$

$$(0 \leqslant \xi \leqslant x_0) \tag{7.2.7}$$

$$w(\xi,\eta)_{\geqslant x_0} = -\frac{2P}{Db}\sum_{n=1,2}^{\infty}\frac{1}{\kappa_n^2-\lambda_n^2}\left[\frac{\sinh\kappa_n x_0}{\kappa_n\sinh\kappa_n a}\sinh\kappa_n(a-\xi)-\frac{\sinh\lambda_n x_0}{\lambda_n\sinh\lambda_n a}\sinh\lambda_n(a-\xi)\right]$$

$$\cdot\sin\beta_n y_0\sin\beta_n\eta+\frac{2P}{Db}\frac{kh^2}{10}\sum_{n=1,2}^{\infty}\frac{1}{\kappa_n^2-\lambda_n^2}\left[(\kappa_n^2-\beta_n^2)\frac{\sinh\kappa_n x_0}{\kappa_n\sinh\kappa_n a}\sinh\kappa_n(a-\xi)-(\lambda_n^2-\beta_n^2)\right.$$

$$\left.\cdot\frac{\sinh\lambda_n x_0}{\lambda_n\sinh\lambda_n a}\sinh\lambda_n(a-\xi)\right]\sin\beta_n y_0\sin\beta_n\eta+w_{Mx0}+w_{My0}+w_{wxa}+w_{\omega yxa}$$

$$(x_0 \leqslant \xi \leqslant a) \tag{7.2.8}$$

$$w(\xi,\eta)_{\leqslant y_0} = -\frac{2P}{Da}\sum_{m=1,2}^{\infty}\frac{1}{\kappa_m^2-\lambda_m^2}\left[\frac{\sinh\kappa_m(b-y_0)}{\kappa_m\sinh\kappa_m b}\sinh\kappa_m\eta-\frac{\sinh\lambda_m(b-y_0)}{\lambda_m\sinh\lambda_m b}\sinh\lambda_m\eta\right]$$

$$\cdot\sin\alpha_m x_0\sin\alpha_m\xi+\frac{2P}{Da}\frac{kh^2}{10}\sum_{m=1,2}^{\infty}\frac{1}{\kappa_m^2-\lambda_m^2}\left[(\kappa_m^2-\alpha_m^2)\frac{\sinh\kappa_m(b-y_0)}{\kappa_m\sinh\kappa_m b}\sinh\kappa_m\eta-(\lambda_m^2-\alpha_m^2)\right.$$

$$\left.\cdot\frac{\sinh\lambda_m(b-y_0)}{\lambda_m\sinh\lambda_m b}\sinh\lambda_m\eta\right]\sin\alpha_m x_0\sin\alpha_m\xi+w_{Mx0}+w_{My0}+w_{wxa}+w_{\omega yxa}$$

$$(0 \leqslant \eta \leqslant y_0) \tag{7.2.9}$$

$$w(\xi,\eta)_{\geqslant y_0} = -\frac{2P}{Da}\sum_{m=1,2}^{\infty}\frac{1}{\kappa_m^2-\lambda_m^2}\left[\frac{\sinh\kappa_m y_0}{\kappa_m\sinh\kappa_m b}\sinh\kappa_m(b-\eta)-\frac{\sinh\lambda_m y_0}{\lambda_m\sinh\lambda_m b}\sinh\lambda_m(b-\eta)\right]$$

$$\cdot\sin\alpha_m x_0\sin\alpha_m\xi+\frac{2P}{Da}\frac{kh^2}{10}\sum_{m=1,2}^{\infty}\frac{1}{\kappa_m^2-\lambda_m^2}\left[(\kappa_m^2-\alpha_m^2)\frac{\sinh\kappa_m y_0}{\kappa_m\sinh\kappa_m b}\sinh\kappa_m(b-\eta)-(\lambda_m^2-\alpha_m^2)\right.$$

$$\left.\cdot\frac{\sinh\lambda_m y_0}{\lambda_m\sinh\lambda_m b}\sinh\lambda_m(b-\eta)\right]\sin\alpha_m x_0\sin\alpha_m\xi+w_{Mx0}+w_{My0}+w_{wxa}+w_{\omega yxa}$$

$$(y_0 \leqslant \eta \leqslant b) \tag{7.2.10}$$

以上四式中的 w_{Mx0}，w_{My0}，w_{wxa}和 $w_{\omega yxa}$分别为

$$w_{Mx0} = -\frac{1}{D}\sum_{n=1,2}^{\infty}\frac{1}{\kappa_n^2-\lambda_n^2}\left[\frac{\sinh\kappa_n(a-\xi)}{\sinh\kappa_n a}-\frac{\sinh\lambda_n(a-\xi)}{\sinh\lambda_n a}\right]\sin\beta_n\eta(A_n) \tag{7.2.11}$$

$$w_{My0} = -\frac{1}{D}\sum_{m=1,2}^{\infty}\frac{1}{\kappa_m^2-\lambda_m^2}\left[\frac{\sinh\kappa_m(b-\eta)}{\sinh\kappa_m b}-\frac{\sinh\lambda_m(b-\eta)}{\sinh\lambda_m b}\right]\sin\alpha_m\xi(C_m) \tag{7.2.12}$$

$$w_{wxa} = \sum_{n=1,2}^{\infty} \frac{1}{\kappa_m^2 - \lambda_n^2}\left[(\kappa_n^2 - \beta_n^2) \frac{\sinh\kappa_n\xi}{\sinh\kappa_n a} - (\lambda_n^2 - \beta_n^2) \frac{\sinh\lambda_n\xi}{\sinh\lambda_n a}\right] \sin\beta_n\eta (b_n) \tag{7.2.13}$$

$$w_{\omega yxa} = (1 - \nu) \sum_{n=1,2}^{\infty} \frac{\beta_n}{\kappa_n^2 - \lambda_n^2}\left(\frac{\sinh\kappa_n\xi}{\sinh\kappa_n a} - \frac{\sinh\lambda_n\xi}{\sinh\lambda_n a}\right) \sin\beta_n\eta (f_n) \tag{7.2.14}$$

7.2.2 应力函数

本问题的应力函数与7.1.2节的应力函数相同，也为式(7.1.21)。

7.2.3 边界条件

本问题应满足的边界条件为

$$\omega_{\xi\xi 0} = 0 \tag{7.2.15}$$

$$\omega_{\eta\eta 0} = 0 \tag{7.2.16}$$

$$Q_{\xi\xi a} = 0 \tag{7.2.17}$$

$$M_{\xi\eta\xi an} = 0 \tag{7.2.18}$$

$$M_{\xi\eta\xi a0} = 0 \tag{7.2.19}$$

对于式(2.2.1.2)的情况：

由 $\omega_{\xi\xi 0}=0$ 推导出的边界条件执行方程为

$$-\frac{1}{D}\left(\frac{1}{\kappa_n^2 - \lambda_n^2}\left\{\left[1 + \frac{h^2}{5(1-\nu)}\left(\kappa_n^2 - \beta_n^2 + \frac{kh^2}{10}\lambda^2\right)\right]\kappa_n\coth\kappa_n a - \left[1 + \frac{h^2}{5(1-\nu)}\right.\right.\right.$$

$$\left.\left.\left.\left(\lambda_n^2 - \beta_n^2 + \frac{kh^2}{10}\lambda^2\right)\right] \cdot \lambda_n\coth\lambda_n a\right\} - \frac{h^2}{5(1-\nu)}\frac{\beta_n^2}{\delta_n}\coth\delta_n a\right)(A_n)$$

$$+\frac{2}{Db}\sum_{m=1,2}^{\infty}\left(\frac{\alpha_m\beta_n}{\kappa_m^2 - \lambda_m^2}\left\{\frac{1}{\kappa_m^2 + \beta_n^2}\left[1 + \frac{h^2}{5(1-\nu)}\left(\frac{kh^2}{10}\lambda^2 + \kappa_m^2 - \alpha_m^2\right)\right] - \frac{1}{\lambda_m^2 + \beta_n^2}\right.\right.$$

$$\left.\left.\left[1 + \frac{h^2}{5(1-\nu)} \cdot \left(\frac{kh^2}{10}\lambda^2 + \lambda_m^2 - \alpha_m^2\right)\right]\right\} + \frac{h^2}{5(1-\nu)}\frac{\alpha_m\beta_n}{\gamma_m^2 + \beta_n^2}\right)(C_m)$$

$$-\left(\left\{\frac{1}{\kappa_n^2 - \lambda_n^2}\left[\kappa_n^2 - \beta_n^2 + \frac{h^2}{5(1-\nu)}\left((\kappa_n^2 - \beta_n^2)^2 + \frac{kh^2}{10}\lambda^2(\kappa_n^2 - \beta_n^2)\right)\right]\frac{\kappa_n}{\sinh k_n a}\right.\right.$$

$$\left.\left.-\left\{\lambda_n^2 - \beta_n^2 + \frac{h^2}{5(1-\nu)}\left[(\lambda_n^2 - \beta_n^2)^2 + \frac{kh^2}{10}\lambda^2(\lambda_n^2 - \beta_n^2)\right]\right\}\frac{\lambda_n}{\sinh\lambda_n a} - \frac{\beta_n}{\delta_n}\frac{1}{\sinh\delta_n a}\right\}\right)(b_n)$$

$$
-\left(\frac{\beta_n}{\kappa_n^2-\lambda_n^2}\left\{\left[1-\nu+\frac{h^2}{5}\left(\kappa_n^2-\beta_n^2+\frac{kh^2}{10}\lambda^2\right)\right]\frac{\kappa_n}{\sinh\kappa_n a}-\left[1-\nu+\frac{h^2}{5}\left(\lambda_n^2-\beta_n^2+\frac{kh^2}{10}\lambda^2\right)\right]\right.\right.
$$

$$
\left.\left.\cdot\frac{\lambda_n}{\sinh\lambda_n a}\right\}-\left(1+\frac{h^2}{5}\beta_n^2\right)\frac{\beta_n}{\delta_n}\frac{1}{\sinh\delta_n a}\right)(f_n)
$$

$$
=-\frac{2P}{Db}\frac{1}{\kappa_n^2-\lambda_n^2}\left\{\left[1+\frac{h^2}{10}\frac{\nu}{1-\nu}(\kappa_n^2-\beta_n^2)-\frac{kh^4}{50(1-\nu)}(\kappa_n^2-\beta_n^2)^2+\frac{kh^4}{50(1-\nu)}\lambda^2\right.\right.
$$

$$
\left.-\frac{k^2h^6\lambda^2}{500(1-\nu)}\cdot(\kappa_n^2-\beta_n^2)\right]\frac{\sinh\kappa_n(a-x_0)}{\sinh\kappa_n a}-\left[1+\frac{h^2}{10}\frac{\nu}{1-\nu}(\lambda_n^2-\beta_n^2)-\frac{kh^4}{50(1-\nu)}\right.
$$

$$
\left.\left.(\lambda_n^2-\beta_n^2)^2+\frac{kh^4}{50(1-\nu)}\lambda^2-\frac{k^2h^6\lambda^2}{500(1-\nu)}(\lambda_n^2-\beta_n^2)\right]\frac{\sinh\lambda_n(a-x_0)}{\sinh\lambda_n a}\right\}\sin\beta_n y_0 \tag{7.2.20}
$$

由 $\omega_{\eta\eta 0}=0$ 推导出的边界条件执行方程为

$$
+\frac{2}{Da}\sum_{n=1,2}^{\infty}\left(\frac{\alpha_m\beta_n}{\kappa_n^2-\lambda_n^2}\left\{\frac{1}{\kappa_n^2+\alpha_m^2}\left[1+\frac{h^2}{5(1-\nu)}\left(\frac{kh^2}{10}\lambda^2+\kappa_n^2-\beta_n^2\right)\right]-\frac{1}{\lambda_n^2+\alpha_m^2}\right.\right.
$$

$$
\left.\left.\left[1+\frac{h^2}{5(1-\nu)}\cdot\left(\frac{kh^2}{10}\lambda^2+\lambda_n^2-\beta_n^2\right)\right]\right\}-\frac{h^2}{5(1-\nu)}\frac{\alpha_m\beta_n}{\delta_n^2+\alpha_m^2}\right)(A_n)
$$

$$
-\frac{1}{D}\left(\frac{1}{\kappa_m^2-\lambda_m^2}\left\{\left[1+\frac{h^2}{5(1-\nu)}\left(\kappa_m^2-\alpha_m^2+\frac{kh^2}{10}\lambda^2\right)\right]\kappa_m\coth\kappa_m b-\left[1+\frac{h^2}{5(1-\nu)}\right.\right.\right.
$$

$$
\left.\left.\left.\left(\lambda_m^2-\alpha_n^2+\frac{kh^2}{10}\lambda^2\right)\right]\cdot\lambda_m\coth\lambda_m b\right\}+\frac{h^2}{5(1-\nu)}\frac{\alpha_m^2}{\lambda_m}\coth\lambda_m b\right)(C_m)
$$

$$
+\frac{2}{a}\sum_{n=1,2}^{\infty}\left(\frac{\alpha_m\beta_n(-1)^m}{\kappa_n^2-\lambda_n^2}\left\{\left[(k_n^2-\beta_n^2)\left(1+\frac{h^2}{5(1-\nu)}\left(\kappa_n^2-\beta_n^2+\frac{kh^2}{10}\lambda^2\right)\right)\right]\frac{1}{k_n^2+\alpha_m^2}\right.\right.
$$

$$
\left.\left.-\left[(\lambda_n^2-\beta_n^2)\cdot\left(1+\frac{h^2}{5(1-\nu)}\left(\lambda_n^2-\beta_n^2+\frac{kh^2}{10}\lambda^2\right)\right)\right]\frac{1}{\lambda_n^2+\alpha_m^2}\right\}-\frac{\alpha_m\beta_n(-1)^m}{\delta_n^2+\alpha_m^2}\right)(b_n)
$$

$$
+\frac{2}{a}\sum_{n=1,2}^{\infty}\left(\frac{\alpha_m\beta_n^2(-1)^m}{\kappa_n^2-\lambda_n^2}\left\{\left[1-\nu+\frac{h^2}{5}(\kappa_n^2-\beta_n^2)+\frac{kh^4}{50}\lambda^2\right]\frac{1}{\kappa_n^2+\alpha_m^2}-\right.\right.
$$

$$\left[1-\nu+\frac{h^2}{5}(\lambda_n^2-\beta_n^2)+\frac{kh^4}{50}\lambda^2\right]\frac{1}{\lambda_n^2+\alpha_m^2}\Bigg\}-\left(1+\frac{h^2}{5}\beta_n^2\right)\frac{\alpha_m(-1)^m}{\delta_n^2+\alpha_m^2}\Bigg)(f_n)$$

$$=-\frac{2P}{Da}\frac{1}{\kappa_m^2-\lambda_m^2}\Bigg\{\Bigg[1+\frac{h^2}{10}\frac{\nu}{1-\nu}(\kappa_m^2-\alpha_m^2)-\frac{kh^4}{50(1-\nu)}(\kappa_m^2-\alpha_m^2)^2+\frac{kh^4}{50(1-\nu)}\lambda^2$$

$$-\frac{k^2h^2\lambda^2}{500(1-\nu)}\cdot(\kappa_m^2-\alpha_m^2)\Bigg]\frac{\sinh\kappa_m(b-y_0)}{\sinh\kappa_m b}-\Bigg[1+\frac{h^2}{10}\frac{\nu}{1-\nu}(\lambda_m^2-\alpha_m^2)$$

$$-\frac{kh^4}{50(1-\nu)}(\lambda_m^2-\alpha_m^2)^2+\frac{kh^4}{50(1-\nu)}\lambda^2-\frac{k^2h^6\lambda^2}{500(1-\nu)}(\lambda_m^2-\alpha_m^2)\Bigg]$$

$$\frac{\sinh\lambda_m(b-y_0)}{\sinh\lambda_m b}\Bigg\}\sin\alpha_m x_0 \tag{7.2.21}$$

由 $Q_{\xi\xi a}=0$ 推导出的边界条件执行方程为

$$-\Bigg\{\frac{1}{\kappa_n^2-\lambda_n^2}\Bigg[\left(\kappa_n^2-\beta_n^2+\frac{kh^2}{10}\lambda^2\right)\frac{\kappa_n}{\sinh\kappa_n a}-\left(\lambda_n^2-\beta_n^2+\frac{kh^2}{10}\lambda^2\right)\frac{\lambda_n}{\sinh\lambda_n a}\Bigg]$$

$$-\frac{\beta_n^2}{\delta_n}\frac{1}{\sinh\delta_n a}\Bigg\}(A_n)+\frac{2}{b}\sum_{m=1,2}^{\infty}\Bigg\{\frac{\alpha_m\beta_n(-1)^m}{\kappa_m^2-\lambda_m^2}\Bigg[\left(\kappa_m^2-\alpha_m^2+\frac{kh^2}{10}\lambda^2\right)\frac{1}{\kappa_m^2+\beta_n^2}$$

$$-\left(\lambda_m^2-\alpha_m^2+\frac{kh^2}{10}\lambda^2\right)\frac{1}{\lambda_m^2+\beta_n^2}\Bigg]+\frac{\alpha_m\beta_n(-1)^m}{\gamma_m^2+\beta_n^2}\Bigg\}(C_m)-D\Bigg(\frac{1}{\kappa_n^2-\lambda_n^2}$$

$$\Bigg\{\left[(\kappa_n^2-\beta_n^2)^2+\frac{kh^2}{10}\lambda^2(\kappa_n^2-\beta_n^2)\right]\kappa_n\coth\kappa_n a$$

$$-\left[(\lambda_n^2-\beta_n^2)^2+\frac{kh^2}{10}\lambda^2(\lambda_n^2-\beta_n^2)\right]$$

$$\cdot\lambda_n\coth\lambda_n\alpha\Bigg\}-(1-\nu)\frac{5}{h^2}\frac{\beta_n^2}{\delta_n}\coth\delta_n a\Bigg)(b_n)-D(1-\nu)\Bigg(\frac{\beta_n}{\kappa_n^2-\lambda_n^2}\Bigg\{\Bigg[(\kappa_n^2-\beta_n^2)$$

$$+\frac{kh^2}{10}\lambda^2\Bigg]\kappa_n\coth\kappa_n a-\left[(\lambda_n^2-\beta_n^2)+\frac{kh^2}{10}\lambda^2\right]\lambda_n\coth\lambda_n a\Bigg\}-\left(\frac{5}{h^2}+\beta_n^2\right)\frac{\beta_n}{\delta_n}\coth\delta_n a\Bigg)(f_n)$$

$$=\frac{2P}{b}\frac{1}{\kappa_n^2-\lambda_n^2}\Bigg\{\Bigg[(\kappa_n^2-\beta_n^2)-\frac{kh^2}{10}(\kappa_n^2-\beta_n^2)+\frac{kh^2}{10}\lambda^2-\frac{k^2h^4\lambda^2}{100}(\kappa_n^2-\beta_n^2)\Bigg]\frac{\sinh\kappa_n x_0}{\sinh\kappa_n a}$$

$$-\left[(\lambda_n^2-\beta_n^2)-\frac{kh^2}{10}(\lambda_n^2-\beta_n^2)^2+\frac{kh^2}{10}\lambda^2-\frac{k^2h^4\lambda^2}{100}(\lambda_n^2-\beta_n^2)\right]\frac{\cosh\lambda_n x_0}{\sinh\lambda_n a}\Bigg\}\sin\beta_n y_0$$

$$(7.2.22)$$

由 $M_{\xi\eta\xi a}=0$ 推导出的边界条件执行方程为

$$-\left(\frac{\beta_n}{\kappa_n^2-\lambda_n^2}\left\{\left[1-\nu+\frac{h^2}{5}\left(\kappa_n^2-\beta_n^2+\frac{kh^2}{10}\lambda^2\right)\right]\frac{\kappa_n}{\sinh\kappa_n a}-\left[1-\nu+\frac{h^2}{5}\left(\lambda_n^2-\beta_n^2+\frac{kh^2}{10}\lambda^2\right)\right]\cdot\frac{\lambda_n}{\sinh\lambda_n a}\right\}-\frac{h^2}{10}\beta_n\frac{\beta_n^2+\delta_n^2}{\delta_n}\frac{1}{\sinh\delta_n}\right)(A_n)+\frac{2}{b}\sum_{m=1,2}^{\infty}\left(\frac{\alpha_m\beta_n^2(-1)^m}{\kappa_m^2-\lambda_m^2}\left\{\left[1-\nu+\frac{h^2}{5}\left(\kappa_m^2-\alpha_m^2+\frac{kh^2}{10}\lambda^2\right)\right]\frac{1}{\kappa_m^2+\beta_n^2}-\left[1-\nu+\frac{h^2}{5}\left(\lambda_m^2-\alpha_m^2+\frac{kh^2}{10}\lambda^2\right)\right]\frac{1}{\lambda_m^2+\beta_n^2}\right\}+\frac{h^2}{10}\alpha_m\beta_n^2(-1)^m\frac{\gamma_m^2+\alpha_m^2}{\gamma_m^2}\frac{1}{\gamma_m^2+\beta_n^2}\right)(C_m)-D\left(\frac{\beta_n}{\kappa_n^2-\lambda_n^2}\left\{\left[(1-\nu)(\kappa_n^2-\beta_n^2)+\frac{h^2}{5}\left((\kappa_n^2-\beta_n^2)^2+\frac{kh^2}{10}\lambda^2(\kappa_n^2-\beta_n^2)\right)\right]\kappa_n\coth\kappa_n a-\left[(1-\nu)\cdot(\lambda_n^2-\beta_n^2)+\frac{h^2}{5}\left((\lambda_n^2-\beta_n^2)^2+\frac{kh^2}{10}\lambda^2(\lambda_n^2-\beta_n^2)\right)\right]\lambda_n\coth\lambda_n a\right\}-\frac{1-\nu}{2}\beta_n\frac{\beta_n^2+\delta_n^2}{\delta_n}\coth\delta_n a\right)(b_n)-D(1-\nu)\left(\frac{\beta_n^2}{\kappa_n^2-\lambda_n^2}\left\{\left[1-\nu+\frac{h^2}{5}\left(\kappa_n^2-\beta_n^2+\frac{kh^2}{10}\lambda^2\right)\right]\kappa_n\coth\kappa_n a-\left[1-\nu+\frac{h^2}{5}\left(\lambda_n^2-\beta_n^2+\frac{kh^2}{10}\lambda^2\right)\right]\lambda_n\coth\lambda_n a\right\}-\left(\frac{1}{2}+\frac{h^2}{10}\beta_n^2\right)\frac{\beta_n^2+\delta_n^2}{\delta_n}\coth\delta_n a\right)(f_n)=\frac{2P}{b}\frac{\beta_n}{\kappa_n^2-\lambda_n^2}\left\{\left[1-\nu+\frac{kh^2}{10}(\kappa_n^2-\beta_n^2)-\frac{kh^4}{50}(\kappa_n^2-\beta_n^2)^2+\frac{kh^4}{50}\lambda^2-\frac{k^2h^6\lambda^2}{500}(\kappa_n^2-\beta_n^2)\right]\frac{\sinh\kappa_n x_0}{\sinh\kappa_n a}-\left[1-\nu+\frac{kh^2}{10}(\lambda_n^2-\beta_n^2)-\frac{kh^4}{50}(\lambda_n^2-\beta_n^2)^2+\frac{kh^4}{50}\lambda^2-\frac{k^2h^6\lambda^2}{500}(\lambda_n^2-\beta_n^2)\right]\frac{\sinh\lambda_n x_0}{\sinh\lambda_n a}\right\}\sin\beta_{ny_0} \quad (7.2.23)$$

由 $M_{\xi\eta\xi an0}=0$ 推导出的边界条件执行方程为

$$f_0=0 \quad (7.2.24)$$

7.2.4 数值计算和有限元分析

本节所给出的数值参数与3.2.3节的相同。本节给出了$\frac{h}{a}=0.1$、0.2、0.3情况下,在$\frac{x}{a}=0.5$截面上的幅值挠度,列于表7.2.1~表7.2.3,相应的幅值挠度曲线示于图 7.2.2~图 7.2.4。同时还给出了$\frac{h}{a}=0.1$、0.2、0.3 情况下 $y=0$ 固定边的幅值弯矩。这些幅值列于表 7.2.4~表 7.2.6,相应的幅值弯矩示于图 7.2.5~图 7.2.7。

表 7.2.1　两邻边固定一边自由一边简支,$h/a=0.1$,$x/a=0.5$ 幅值挠度(10^{-10}m)

y/b	$0.1\omega_{11}$		$0.3\omega_{11}$		$0.5\omega_{11}$		$0.6\omega_{11}$	
	Ansys	本书方法	Ansys	本书方法	Ansys	本书方法	Ansys	本书方法
0	0	0	0	0	0	0	0	0
0.1	51.46	54.00	54.44	57.18	61.99	65.35	69.05	73.11
0.2	156.67	163.69	165.63	173.34	188.43	198.17	209.83	221.86
0.3	291.92	300.61	307.99	317.74	348.95	361.88	387.50	404.13
0.4	430.81	440.07	453.18	463.71	510.33	524.76	564.21	583.32
0.5	572.11	590.22	598.36	617.90	665.53	689.51	729.00	758.32
0.6	481.61	489.68	508.63	517.99	577.91	591.34	643.50	661.97
0.7	382.73	389.25	406.90	414.51	468.99	480.11	527.90	543.38
0.8	263.93	268.58	282.06	287.51	328.70	336.71	373.03	384.25
0.9	134.30	136.07	144.00	146.82	168.98	173.15	192.75	198.62
1	0	0	0	0	0	0	0	0

表 7.2.2　两邻边固定一边自由一边简支,$h/a=0.2$,$x/a=0.5$ 幅值挠度(10^{-10}m)

y/b	$0.1\omega_{11}$		$0.3\omega_{11}$		$0.5\omega_{11}$		$0.6\omega_{11}$	
	Ansys	本书方法	Ansys	本书方法	Ansys	本书方法	Ansys	本书方法
0	0	0	0	0	0	0	0	0
0.1	10.61	11.26	11.27	11.98	12.94	13.82	14.49	15.57
0.2	26.61	28.98	28.22	30.79	32.31	35.47	36.14	39.94
0.3	47.61	50.31	50.31	53.28	57.17	60.97	63.60	68.34
0.4	71.58	73.73	75.23	77.67	84.51	87.86	93.22	97.63
0.5	116.56	118.83	120.74	123.32	131.37	134.95	141.37	146.11
0.6	77.89	79.49	82.14	83.99	93.00	95.66	103.25	106.90
0.7	58.87	60.56	62.63	64.52	72.25	74.81	81.35	84.73
0.8	39.83	41.05	42.62	43.99	49.80	51.64	56.60	59.03
0.9	20.10	20.73	21.58	22.29	25.41	26.36	29.04	30.30
1	0	0	0	0	0	0	0	0

表 7.2.3 两邻边固定一边自由一边简支,$h/a=0.3,x/a=0.5$ 幅值挠度(10^{-10}m)

y/b	$0.1\omega_{11}$		$0.3\omega_{11}$		$0.5\omega_{11}$		$0.6\omega_{11}$	
	Ansys	本书方法	Ansys	本书方法	Ansys	本书方法	Ansys	本书方法
0	0	0	0	0	0	0	0	0
0.1	4.96	5.39	5.29	5.75	6.13	6.70	6.92	7.59
0.2	11.15	12.50	11.86	13.31	13.67	15.43	15.36	17.44
0.3	19.38	20.82	20.52	22.07	23.40	25.33	26.09	28.43
0.4	31.03	30.66	32.52	32.26	36.29	36.41	39.81	40.36
0.5	57.96	57.00	59.38	58.79	63.87	63.41	67.83	67.81
0.6	32.83	32.14	34.50	33.90	38.75	38.44	42.75	42.78
0.7	22.68	23.45	24.14	24.97	27.88	28.92	31.40	32.70
0.8	15.00	15.59	16.08	16.70	18.84	19.61	21.45	22.39
0.9	7.49	7.79	8.06	8.39	9.53	9.92	10.91	11.40
1	0	0	0	0	0	0	0	0

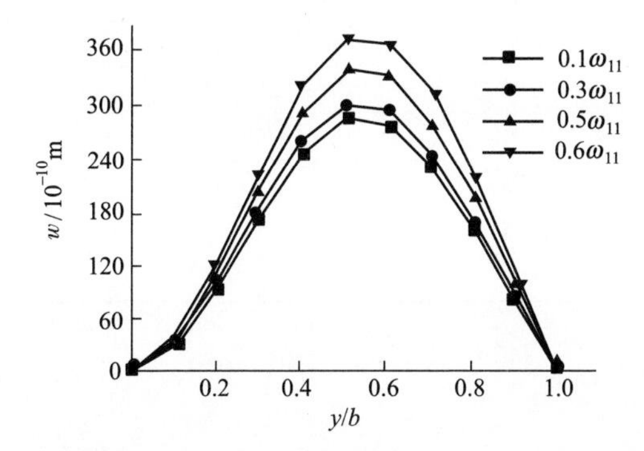

图 7.2.2 两邻边固定一边自由一边简支,$h/a=0.1,x/a=0.5$ 幅值挠度曲线

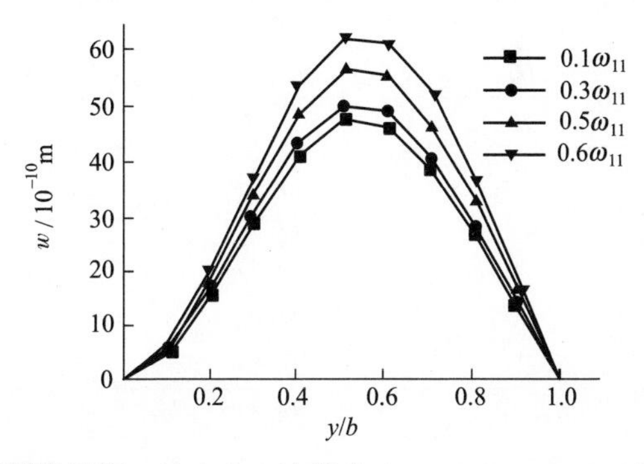

图 7.2.3 两邻边固定一边自由一边简支,$h/a=0.2,x/a=0.5$ 幅值挠度曲线

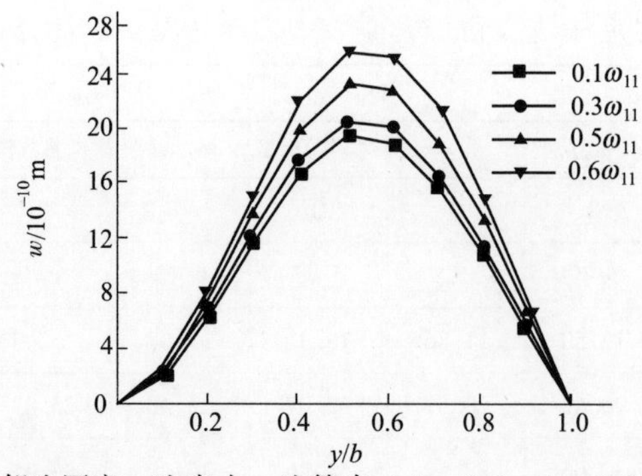

图 7.2.4 两邻边固定一边自由一边简支，$h/a=0.3$，$x/a=0.5$ 幅值挠度曲线

表 7.2.4 两邻边固定一边自由一边简支，$h/a=0.1$，$y=0$ 幅值弯矩

(N·m)

x/a	$0.1\omega_{11}$	$0.3\omega_{11}$	$0.5\omega_{11}$	$0.6\omega_{11}$
0	0	0	0	0
0.1	-2.18	-2.29	-2.57	-2.83
0.2	-5.55	-5.84	-6.56	-7.23
0.3	-9.93	-10.47	-11.81	-13.07
0.4	-14.06	-14.86	-16.89	-18.8
0.5	-16.92	-17.97	-20.68	-23.26
0.6	-17.96	-19.23	-22.55	-25.77
0.7	-17.5	-18.99	-22.92	-26.79
0.8	-15.73	-17.36	-21.75	-26.13
0.9	-12.05	-13.59	-17.79	-22.03
1	0	0	0	0

表 7.2.5 两邻边固定一边自由一边简支，$h/a=0.2$，$y=0$ 幅值弯矩

(N·m)

x/a	$0.1\omega_{11}$	$0.3\omega_{11}$	$0.5\omega_{11}$	$0.6\omega_{11}$
0	0	0	0	0
0.1	-3.60	-3.81	-4.35	-4.86
0.2	-6.76	-7.17	-8.2	-9.17
0.3	-10.02	-10.64	-12.23	-13.74
0.4	-12.91	-13.75	-15.93	-18.03
0.5	-14.97	-16.03	-18.80	-21.48
0.6	-15.77	-17.01	-20.27	-23.47
0.7	-15.27	-16.63	-20.24	-23.81
0.8	-13.19	-14.52	-18.10	-21.67
0.9	-9.36	-10.43	-13.31	-16.22
1	0	0	0	0

表 7.2.6　两邻边固定一边自由一边简支，$h/a=0.3$，$y=0$ 幅值弯矩

(N·m)

x/a	$0.1\omega_{11}$	$0.3\omega_{11}$	$0.5\omega_{11}$	$0.6\omega_{11}$
0	0	0	0	0
0.1	-3.76	-4.01	-4.64	-5.25
0.2	-6.61	-7.05	-8.18	-9.27
0.3	-9.14	-9.76	-11.39	-12.94
0.4	-11.17	-11.97	-14.05	-16.06
0.5	-12.51	-13.46	-15.95	-18.37
0.6	-12.88	-13.93	-16.70	-19.42
0.7	-12.24	-13.33	-16.22	-19.07
0.8	-10.37	-11.37	-14.05	-16.71
0.9	-7.32	-8.08	-10.13	-12.17
1	0	0	0	0

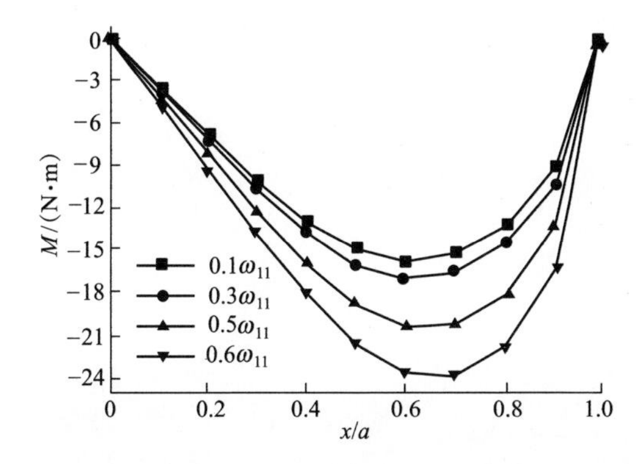

图 7.2.5　两邻边固定一边自由一边简支，$h/a=0.1$，$y=0$ 幅值弯矩

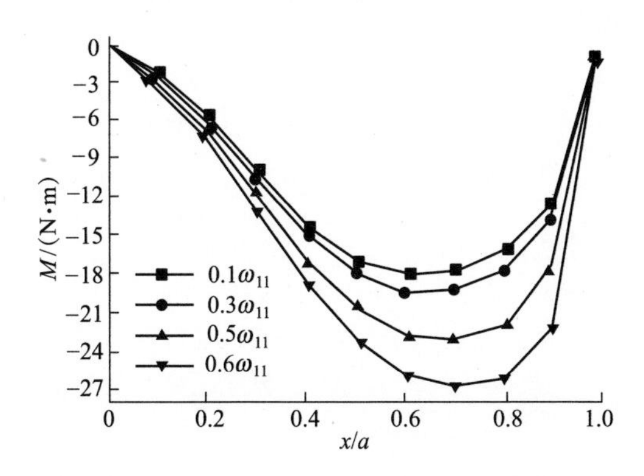

图 7.2.6　两邻边固定一边自由一边简支，$h/a=0.2$，$y=0$ 幅值弯矩

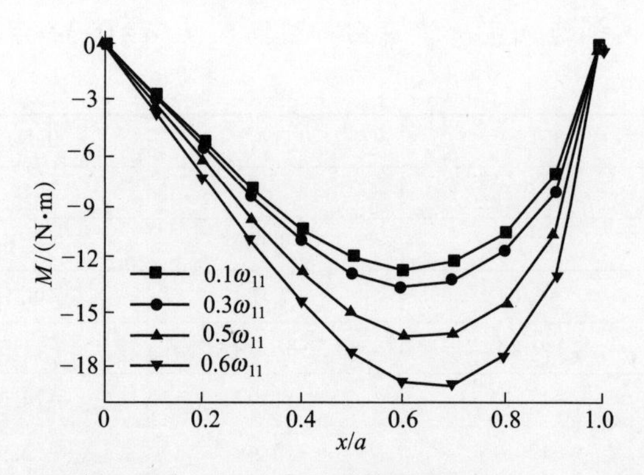

图 7.2.7　两邻边固定一边自由一边简支，$h/a=0.3$，$y=0$ 幅值弯矩

第 8 章　均布谐载作用下悬臂弯曲厚矩形板

在谐载作用下悬臂弯曲厚矩形板是很难求解的问题,应用修正的功的互等法求解这类问题比较简单。本章将介绍在均布谐载作用下悬臂弯曲厚矩形板的动力响应。

8.1　幅值挠曲面方程

考虑一在均布谐载作用下的悬臂弯曲厚矩形板,如图 8.1.1(a)所示。如将均布谐载代以均布幅值谐载,则得图 8.1.1(b)所示幅值弯曲厚矩形板。去掉幅值弯曲厚矩形板固定边的弯曲约束,代以幅值分布弯矩 M_{y0};自由边的幅值挠度分别表示为 w_{x0},w_{xa}和 w_{yb};相应的幅值扭角分别表示为 ω_{yx0},ω_{yxa}和 ω_{xyb},则得幅值弯曲厚矩形板实际系统图 8.1.1(c)。并假设

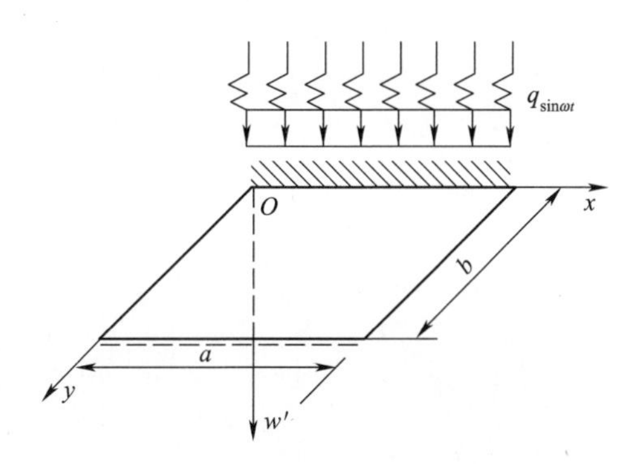

(a) 均布谐载作用下的弯曲厚矩形板

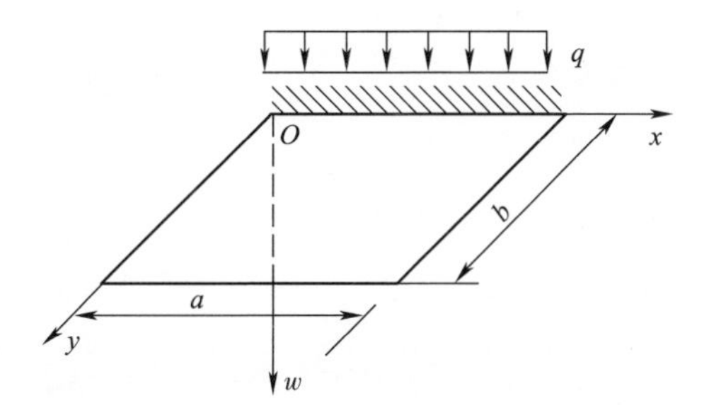

(b) 均布幅值载荷作用下的弯曲厚矩形板

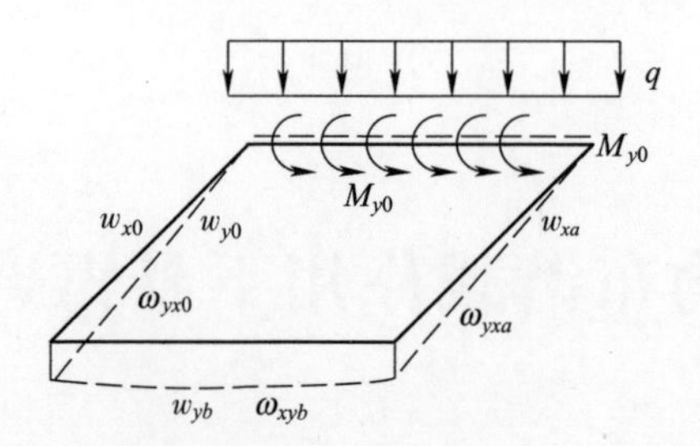

(c) 均布幅值载荷弯曲厚矩形板实际系统

图 8.1.1 均布谐载及均布幅值载荷作用下悬臂弯曲厚矩形板及其实际系统

$$M_{y0} = \sum_{m=1,3}^{\infty} C_m \sin\alpha_m x \tag{8.1.1}$$

$$w_{x0} = w_{xa} = \sum_{n=1,2}^{\infty} a_n \sin\beta_n y + \frac{y}{b}k_3 \tag{8.1.2}$$

$$w_{yb} = \sum_{m=1,3}^{\infty} d_m \sin\alpha_m x + k_3 \tag{8.1.3}$$

$$\omega_{yx0} = \omega_{yxa} = e_0 + \sum_{n=1,2}^{\infty} e_n \cos\beta_n y \tag{8.1.4}$$

$$\omega_{xyb} = \sum_{m=1,3}^{\infty} h_m \cos\alpha_m x \tag{8.1.5}$$

在图 2.2.1 所示幅值拟基本系统和图 8.1.1(c)所示弯曲厚矩形板幅值实际系统之间应用修正的功的互等定理,则得

$$\begin{aligned} w(\xi,\eta) &- \int_0^b Q_{1xx0} w_{x0} \mathrm{d}y + \int_0^b Q_{1xxa} w_{xa} \mathrm{d}y + \int_0^a Q_{1yyb} w_{yb} \mathrm{d}x \\ &- \int_0^b M_{1xyx0} \omega_{yx0} \mathrm{d}y + \int_0^b M_{1xyxa} \omega_{yxa} \mathrm{d}y + \int_0^a M_{1xyyb} \omega_{xyb} \mathrm{d}x \\ &= \int_0^a \int_0^b \left(q - \frac{kh^2}{10} \nabla^2 q \right) w_1(x, y_1; \xi, \eta) \mathrm{d}x\mathrm{d}y \\ &- \int_0^a M_{y0} \omega_{1yy0} \mathrm{d}x \end{aligned} \tag{8.1.6}$$

将式(8.1.1)~式(8.1.5)、式(2.3.5)、式(2.3.6)、式(2.3.8)、式(2.3.9)、式(2.3.10)、式(2.3.12)和式(2.3.3)代入式(8.1.6),并注意到式(3.1.5)、式(3.1.6)和式(3.1.7)的求解过程,对于式(2.2.12)的情况,则得

$$w(\xi,\eta) = \frac{4q}{Da} \sum_{m=1,3}^{\infty} \frac{1}{\alpha_m} \left(1 + \frac{kh^2}{10}\alpha_m^2\right) \left\{ \frac{1}{\kappa_m^2 - \lambda_m^2} \left[\frac{\cosh\kappa_m\left(\frac{b}{2} - \eta\right)}{\kappa_m^2 \cosh\kappa_m \frac{b}{2}} - \frac{\cosh\lambda_m\left(\frac{b}{2} - \eta\right)}{\lambda_m^2 \cosh\lambda_m \frac{b}{2}} \right] \right.$$

$$\left. + \frac{1}{\kappa_m^2 \lambda_m^2} \right\} \sin\alpha_m \xi + \frac{4q}{Da} \sum_{m=1,3}^{\infty} \frac{1}{\alpha_m} \frac{kh^2}{10} \frac{1}{\kappa_m^2 - \lambda_m^2} \left[-\frac{\cosh\kappa_m\left(\frac{b}{2} - \eta\right)}{\cosh\kappa_m \frac{b}{2}} + \frac{\cosh\lambda_m\left(\frac{b}{2} - \eta\right)}{\cosh\lambda_m \frac{b}{2}} \right]$$

$$\cdot \sin\alpha_m\xi \left(\text{or } \frac{4q}{Db}\sum_{n=1,3}^{\infty}\frac{1}{\beta_n}\left(1+\frac{kh^2}{10}\beta_n^2\right)\left\{\frac{1}{\kappa_n^2-\lambda_n^2}\left[\frac{\cosh\kappa_n\left(\frac{a}{2}-\xi\right)}{\kappa_n^2\cosh\kappa_n\frac{a}{2}}-\frac{\cosh\lambda_m\left(\frac{a}{2}-\xi\right)}{\lambda_n^2\cosh\lambda_n\frac{a}{2}}\right]\right.\right.$$

$$\left.\left.+\frac{1}{\kappa_n^2\lambda_n^2}\right\}\sin\beta_n\eta+\frac{4q}{Db}\sum_{n=1,3}^{\infty}\frac{1}{\beta_n}\frac{kh^2}{10}\frac{1}{\kappa_n^2-\lambda_n^2}\left[-\frac{\cosh\kappa_n\left(\frac{a}{2}-\xi\right)}{\cosh\kappa_n\frac{a}{2}}+\frac{\cosh\lambda_n\left(\frac{a}{2}-\xi\right)}{\cosh\lambda_n\frac{a}{2}}\right]\sin\beta_n\eta\right)$$

$$+\frac{1}{D}\sum_{m=1,3}^{\infty}\frac{1}{\kappa_m^2-\lambda_m^2}\left[-\frac{\sinh\kappa_m(b-\eta)}{\sinh\kappa_m b}+\frac{\sinh\lambda_m(b-\eta)}{\sinh\lambda_m b}\right]\sin\alpha_m\xi(C_m)$$

$$+\sum_{m=1,3}^{\infty}\frac{1}{\kappa_m^2-\lambda_m^2}\left[(\kappa_m^2-\alpha_m^2)\frac{\sinh\kappa_m\eta}{\sinh\kappa_m b}-(\lambda_m^2-\alpha_m^2)\frac{\sinh\lambda_m\eta}{\sinh\lambda_m b}\right]\sin\alpha_m\xi(d_m)$$

$$+\sum_{n=1,2}^{\infty}\frac{1}{\kappa_n^2-\lambda_n^2}\left[(\kappa_n^2-\beta_n^2)\frac{\cosh\kappa_n\left(\frac{a}{2}-\xi\right)}{\cosh\kappa_n\frac{a}{2}}-(\lambda_n^2-\beta_n^2)\frac{\cosh\lambda_n\left(\frac{a}{2}-\xi\right)}{\cosh\lambda_n\frac{a}{2}}\right]\sin\beta_n\eta(a_n)$$

$$+(1-\nu)\sum_{m=1,3}^{\infty}\frac{\alpha_m}{\kappa_m^2-\lambda_m^2}\left(\frac{\sinh\kappa_m\eta}{\sinh\kappa_m b}-\frac{\sinh\lambda_m\eta}{\sinh\lambda_m b}\right)\sin\alpha_m\xi(h_m)$$

$$+(1-\nu)\sum_{n=1,2}^{\infty}\frac{\beta_n}{\kappa_n^2-\lambda_n^2}\left[\frac{\cosh\kappa_n\left(\frac{a}{2}-\xi\right)}{\cosh\kappa_n\frac{a}{2}}-\frac{\cosh\lambda_n(\frac{a}{2}-\xi)}{\cosh\lambda_n\frac{a}{2}}\right]\sin\beta\xi_n\eta(e_n)$$

$$+\frac{\eta}{b}(k_3)+4\lambda^2\frac{1}{a}\sum_{m=1,3}^{\infty}\frac{1}{\alpha_m(\kappa_m^2-\lambda_m^2)}\left\{\left[1-\frac{kh^2}{10}(\kappa_m^2-\alpha_m^2)\right]\frac{\sinh\kappa_m\eta}{\kappa_m^2\sin\kappa_m b}\right.$$

$$\left.-\left[1-\frac{kh^2}{10}(\lambda_m^2-\alpha_m^2)\right]\frac{\sinh\lambda_m\eta}{\lambda_m^2\sinh\lambda_m b}+\frac{\kappa_m^2-\lambda_m^2}{\kappa_m^2\lambda_m^2}\frac{\eta}{b}\right\}\sin\alpha_m\xi(k_3)$$

$$\left(\text{或}\frac{\eta}{b}(k_3)-2\lambda^2\frac{1}{b}\sum_{n=1,2}^{\infty}\frac{(-1)^n}{\beta_n(\kappa_n^2-\lambda_n^2)}\left\{\left[1-\frac{kh^2}{10}(\kappa_n^2-\beta_n^2)\right]\frac{\cosh\kappa_n\left(\frac{a}{2}-\xi\right)}{\kappa_n^2\cosh\kappa_n\frac{a}{2}}\right.\right.$$

$$\left.\left.-\left[1-\frac{kh^2}{10}(\lambda_n^2-\beta_n^2)\right]\frac{\cosh\lambda_n\left(\frac{a}{2}-\xi\right)}{\lambda_n^2\cosh\lambda_n\frac{a}{2}}+\frac{\kappa_n^2-\lambda_n^2}{\kappa_n^2\lambda_n^2}\right\}\sin\beta_n\eta(k_3)\right)$$

(8. 1. 7)

对于式(2. 2. 15)的情况,应用式(2. 2. 18)即可得到与式(8. 1. 7)相应的幅值挠曲面方程。

8.2 应 力 函 数

假设应力函数为

$$\varphi(\xi,\eta) = \sum_{n=1,2}^{\infty} [E_n\cosh\delta_n\xi + F_n\cosh\delta_n(a-\xi)]\cos\beta_n\eta$$
$$+ \sum_{m=1,3}^{\infty} [G_m\cosh\gamma_m\eta + H_m\cosh\gamma_m(b-\eta)]\cos\alpha_m\xi$$
$$+ E_0\cosh\delta_0\xi + F_0\cosh\delta_0(a-\xi) \tag{8.2.1}$$

易知,式(8.2.1)已满足应力函数方程式(1.1.59)。

由边界幅值项 $C_m, a_n, d_m e_0, e_n h_m, k_3$ 和应力函数项 $E_n, F_n, G_m, H_m, E_0, F_0$ 的挠度所产生的边界幅值弯矩等于所施加的边界幅值弯矩来确定应力函数的诸常数组 E_n, F_n, G_m 和 H_m;由上述诸项的挠度所产生的边界幅值扭角等于所施加的边界幅值扭角来确定 E_0 和 F_0 两个常数。

首先计算 $\xi=0$ 边的幅值弯矩平衡。

由 a_n 所引起的幅值挠度对 $\xi=0$ 边幅值弯矩的贡献为

$$M_{\varepsilon_0 a_n} = -D(1-\nu)\sum_{n=1,2}^{\infty}\beta_n^2\sin\beta_n\eta(a_n) \tag{8.2.2}$$

由 e_n 所引起的幅值挠度对 $\xi=0$ 边幅值弯矩的贡献为

$$M_{\varepsilon_0 e_n} = -D(1-\nu)\sum_{n=1,2}^{\infty}\sin\beta_n\eta(e_n) - D(1-\nu)\frac{h^2}{5}\sum_{n=1,2}^{\infty}\beta_n^2\sin\beta_n\eta(e_n) \tag{8.2.3}$$

由应力函数项对 $\xi=0$ 边幅值弯矩的贡献为

$$M_{\xi 0\varphi} = \frac{h^2}{5}\sum_{n=1,2}^{\infty}\delta_n\beta_n\sinh\delta_n a\sin\beta_n\eta(E_n) \tag{8.2.4}$$

由于 $\xi=0$ 为自由边,无幅值弯矩作用,故有

$$M_{\varepsilon_0 a_n} + M_{\varepsilon_0 e_n} + M_{\varepsilon_0\varphi} = 0 \tag{8.2.5}$$

将式(8.2.2)~式(8.2.4)代入式(8.2.5)中,则得

$$F_n = D(1-\nu)\left[\frac{5}{h^2}\beta_n(a_n) + \left(\frac{5}{h^2}+\beta_n^2\right)(e_n)\right]\frac{1}{\delta_n\sinh\delta_n a} \tag{8.2.6}$$

据 $\xi=a$ 边,$\eta=0$ 边和 $\eta=b$ 边的内外幅值弯矩平衡条件,可分别得到

$$E_n = -D(1-\nu)\left[\frac{5}{h^2}\beta_n(a_n) + \left(\frac{5}{h_2}+\beta_n^2\right)(e_n)\right]\frac{1}{\delta_n\sinh\delta_n a} \tag{8.2.7}$$

$$H_m = D(1-\nu)\frac{\alpha_m}{\gamma_m\sinh\gamma_m b}(C_m) \tag{8.2.8}$$

$$G_m = D(1-\nu)\left[\frac{5}{h^2}\alpha_m(d_m) + \left(\frac{5}{h^2}+\alpha_m^2\right)(h_m)\right]\frac{1}{\gamma_m\sinh\gamma_m b} \tag{8.2.9}$$

由 a_n, e_n 和应力函数项对 $\xi=0$ 边扭角贡献总和等于所施加的扭角，于是有

$$\omega_{\eta\varepsilon_0 a_n} + \omega_{\eta\varepsilon_0 e_n} + \omega_{\eta\varepsilon_0\varphi} = \sum_{n=1,2}^{\infty} e_n \cos\beta_n\eta + e_0 \tag{8.2.10}$$

由于

$$\omega_{\eta\varepsilon_0 a_n} = -\sum_{n=1,2}^{\infty} \beta_n \cos\beta_n\eta (a_n) \tag{8.2.11}$$

$$\omega_{\eta\varepsilon_0 e_n} = -\frac{h^2}{5}\sum_{n=1,2}^{\infty} \beta_n^2 \cos\beta_n\eta (e_n) \tag{8.2.12}$$

$$\begin{aligned}\omega_{\eta\varepsilon_0\varphi} &= -\frac{1}{D(1-\nu)}\frac{h^2}{5}\left[\frac{\partial\varphi(\xi,\eta)}{\partial\xi}\right]_{\xi=0} \\ &= \frac{1}{D(1-\nu)}\frac{h^2}{5}\sum_{n=1,2}^{\infty}\delta_n \sinh\delta_n a \cos\beta_n\eta (F_n) \\ &+ \frac{1}{D(1-\nu)}\frac{h^2}{5}\delta_0 \sinh\delta_0 a (F_0)\end{aligned} \tag{8.2.13}$$

将式(8.2.11)~式(8.2.13)代入式(8.2.10)，则得

$$F_0 = D(1-\nu)\frac{5}{h^2}\frac{1}{\delta_0\sinh\delta_0 a}\left(e_0 + \frac{1}{b}k_3\right) \tag{8.2.14}$$

同理可得

$$E_0 = -D(1-\nu)\frac{5}{h^2}\frac{1}{\delta_0\sinh\delta_0 a}\left(e_0 + \frac{1}{b}k_3\right) \tag{8.2.15}$$

将式(8.2.6)~式(8.2.9)、式(8.2.14)和式(8.2.15)代入式(8.2.1)，则得

$$\begin{aligned}\varphi(\xi,\eta) = &-D(1-\nu)\sum_{n=1,3}^{\infty}\left[\frac{5}{h^2}\beta_n(a_n) + \left(\frac{5}{h^2} + \beta_n^2\right)(e_n)\right] \\ &\cdot[\cosh\delta_n\xi - \cosh\delta_n(a-\xi)]\frac{1}{\delta_n\sinh\delta_n\alpha}\cos\beta_n\eta \\ &+ D(1-\nu)\sum_{m=1,3}^{\infty}\left[\frac{5}{h^2}\alpha_m(d_m) + \left(\frac{5}{h^2} + \alpha_m^2\right)(h_m)\right]\frac{\cosh\gamma_m\eta}{\gamma_m\sinh\gamma_m b}\cos\alpha_m\xi \\ &+ \sum_{m=1,3}^{\infty}\frac{\alpha_m\cosh\gamma_m(b-\eta)}{\gamma_m\sinh\gamma_m b}\cos\alpha_m\xi(C_m) \\ &+ D(1-\nu)\frac{5}{h^2}[\cosh\delta_0(a-\xi) - \cosh\delta_0\xi]\frac{1}{\delta_0\sinh\delta_0 a}\left[(e_n) + \frac{1}{b}(k_3)\right]\end{aligned} \tag{8.2.16}$$

8.3 边界条件

应满足的边界条件为

$$\omega_{\eta\eta 0}=0 \tag{8.3.1}$$

$$Q_{\eta\eta b}=0 \tag{8.3.2}$$

$$Q_{\xi\xi 0}=0 \tag{8.3.3}$$

$$M_{\xi\eta\eta bm}=0 \tag{8.3.4}$$

$$M_{\xi\eta\xi 0n}=0 \tag{8.3.5}$$

$$M_{\xi\eta\xi 0n0}=0 \tag{8.3.6}$$

$$-\sum_{n=1,2}^{\infty}(-1)^{n+1}\frac{Q_{\xi 0}}{\beta_n}+\sum_{m=1,3}^{\infty}\frac{Q_{\eta b}}{\alpha_m}=0 \tag{8.3.7}$$

对于式(2.2.12)的情况：

边界条件式(8.3.1)的执行方程为

$$\begin{aligned}
&\frac{1}{D}\left(\frac{\kappa_m\kappa_{1m}}{\tanh\kappa_m b}-\frac{\lambda_m\lambda_{1m}}{\tanh\lambda_m b}+\frac{S_2S_m\alpha_m^2}{\gamma_m\tanh\gamma_m b}\right)(C_m)\\
&+\frac{4}{a}\sum_{n=1,2}^{\infty}S_m\alpha_m\beta_n\left[\frac{\kappa_{1mn}(\alpha_n^2+\beta_n^2)}{K_{dmn}}+\frac{1}{\alpha_m^2+\delta_n^2}\right](a_n)\\
&+\left[\frac{\kappa_m\kappa_{1m}}{\tanh\kappa_m b}(\kappa_m^2-\alpha_m^2)-\frac{\lambda_m\lambda_{1m}}{\tanh\lambda_m b}(\lambda_m^2-\alpha_m^2)+\frac{S_m\alpha_m^2}{\gamma_m\sinh\gamma_m b}\right](d_m)\\
&-(1-\nu)\frac{4}{a}\sum_{n=1,2}^{\infty}S_m\alpha_m\left[\frac{\beta_n^2\kappa_{1mm}}{K_{dmm}}\left(\frac{5}{h^2}+\beta_n^2\right)\frac{S_2}{\alpha_m^2+\delta_n^2}\right](e_n)\\
&+(1-\nu)\alpha_m\left[\frac{\kappa_m\kappa_{1m}}{\sinh\kappa_m b}-\frac{\lambda_m\lambda_{1m}}{\sinh\lambda_m b}+\left(\frac{5}{h^2}+\alpha_m^2\right)\frac{S_2S_m}{\gamma_m\sinh\gamma_m b}\right](h_m)\\
&+\frac{4}{a}\frac{S_m}{\alpha_m}\left(\frac{S_3}{b}+(1+S_1\alpha_m^2)(S_3-S_2\alpha_m^2)\frac{\lambda^2}{\kappa_m^2\lambda_m^2 b}\right.\\
&\left.+\frac{\lambda^2}{S_m}\left\{[1-S_1(\kappa_m^2-\alpha_m^2)]\frac{\kappa_{1m}}{\kappa_m\sinh\kappa_m b}-[1-S_1(\lambda_m^2-\alpha_m^2)]\frac{\lambda_{1m}}{\lambda_m\sinh\lambda_m b}\right\}\right)(k_3)\\
&=\frac{4q}{Da}\frac{1}{\alpha_m}\left\{\kappa_{1m}[1-S_1(\kappa_m^2-\alpha_m^2)]\frac{1}{\kappa_m}\tanh\kappa_m b\right.\\
&\left.-\lambda_{1m}[1-S_1(\lambda_m^2-\alpha_m^2)]\frac{1}{\lambda_m}\tanh\lambda_m b\right\}
\end{aligned} \tag{8.3.8}$$

边界条件式(8.3.2)的执行方程为

$$\begin{aligned}
&\frac{1}{D}\left(\frac{\kappa_m\kappa_{2m}}{\sinh\kappa_m b}-\frac{\lambda_m\lambda_{2m}}{\sinh\lambda_m b}+\frac{S_m\alpha_m^2}{\gamma_m\sinh\gamma_m b}\right)(C_m)\\
&-\frac{4}{a}\sum_{n=1,2}^{\infty}(-1)^n\alpha_m\beta_nS_m\left[\frac{\kappa_{2mn}}{K_{dmn}}(\alpha_m^2+\beta_n^2)-\frac{1}{S_2(\alpha_m^2+\delta_n^2)}\right](a_n)\\
&+\left[\frac{\kappa_m\kappa_{2m}}{\tanh\kappa_m b}(\kappa_m^2-\alpha_m^2)-\frac{\lambda_m\lambda_{2m}}{\tanh\lambda_m b}(\lambda_m^2-\alpha_m^2)+\frac{S_m\alpha_m^2}{S_2\gamma_m\tanh\gamma_m b}\right](d_m)\\
&+(1-\nu)\frac{4}{a}\sum_{n=1,2}^{\infty}(-1)^n\alpha_mS_m\left[\frac{\kappa_{2mn}}{K_{dmn}}\beta_n^2+\left(\frac{5}{h^2}+\beta_n^2\right)\frac{1}{\alpha_m^2+\delta_n^2}\right](e_n)
\end{aligned}$$

$$+(1-\nu)\alpha_m\left[\frac{\kappa_m\kappa_{2m}}{\tanh\kappa_m b}-\frac{\lambda_m\lambda_{2m}}{\tanh\lambda_m b}+\left(\frac{5}{h^2}+\alpha_m^2\right)\frac{S_m}{\gamma_m\tanh\gamma_m b}\right](h_m)$$

$$+\frac{\lambda^2}{b}\left\{\frac{4}{\alpha_m}\left[\frac{\kappa_{2m}}{\kappa_m\tanh\kappa_m b}(1-S_1\kappa_m^2+S_1\alpha_m^2)-\frac{\lambda_{2m}}{\lambda_m\tanh\lambda_m b}(1-S_1\lambda_m^2+S_1\alpha_m^2)\right]\right.$$

$$\left.+S_m\left[S_1+\frac{4}{a\alpha_m\kappa_m^2\lambda_m^2}(S_1\lambda^2-\alpha_m^2)(1+S_1\alpha_m^2)\right]\right\}(k_3)$$

$$=-\frac{4q}{Da\alpha_m}\left[\frac{\kappa_{2m}}{\kappa_m}(1-S_1\kappa_m^2+S_1\alpha_m^2)\tanh\frac{1}{2}\kappa_m b\right.$$

$$\left.-\frac{\lambda_{2m}}{\lambda_m}(1-S_1\lambda_m^2+S_1\alpha_m^2)\tanh\frac{1}{2}\lambda_m b\right] \tag{8.3.9}$$

边界条件式(8.3.3)的执行方程为

$$\frac{2}{Db}\sum_{m=1,3}^{\infty}S_n\alpha_m\beta_n\left(\frac{\kappa_{2mn}}{K_{dmn}}+\frac{1}{\beta_m^2+\gamma_m^2}\right)(C_m)$$

$$+\left[\kappa_{2n}(\kappa_n^2-\beta_n^2)\kappa_n\tanh\frac{1}{2}\kappa_n a-\lambda_{2n}(\lambda_n^2-\beta_n^2)\lambda_n\tanh\frac{1}{2}\lambda_n a+\frac{S_n\beta_n^2}{S_2\delta_n}\tanh\frac{1}{2}\delta_n a\right](a_n)$$

$$-\frac{2}{b}\sum_{m=1,3}^{\infty}(-1)^n S_n\alpha_m\beta_n\left[\frac{\kappa_{2mn}}{K_{dmn}}(\alpha_m^2+\beta_n^2)-\frac{1}{S_2(\beta_n^2+\gamma_m^2)}\right](d_m)$$

$$+(1-\nu)\beta_n\left[\kappa_{2n}\kappa_n\tanh\frac{1}{2}\kappa_n a-\lambda_{2n}\lambda_n\tanh\frac{1}{2}\lambda_n a+\left(\frac{5}{h^2}+\beta_n^2\right)\frac{S_n}{\delta_n}\tanh\frac{1}{2}\delta_n a\right](e_n)$$

$$+(1-\nu)\frac{2}{b}\sum_{m=1,3}^{\infty}(-1)^n\beta_n S_n\left[\frac{\kappa_{2mn}}{K_{dmn}}\alpha_m^2+\left(\frac{5}{h^2}+\alpha_m^2\right)\frac{1}{\beta_n^2+\gamma_m^2}\right](h_m)$$

$$-\frac{2\lambda^2}{b}(-1)^n\frac{1}{\beta_n}\left[\frac{\kappa_{2n}}{\kappa_n}(1-S_1\kappa_n^2+S_1\beta_n^2)\tanh\frac{1}{2}\kappa_n a\right.$$

$$\left.-\frac{\lambda_{2n}}{\lambda_n}(1-S_1\lambda_n^2+S_1\beta_n^2)\tanh\frac{1}{2}\lambda_n a\right](k_3)$$

$$=-\frac{4q}{Db}\frac{1}{\beta_n}\left[\frac{\kappa_{2n}}{\kappa_n}(1-S_1\kappa_b^2+S_1\beta_n^2)\tanh\frac{1}{2}\kappa_n a\right.$$

$$\left.-\frac{\lambda_{2n}}{\lambda_n}(1-S_1\lambda_n^2+S_1\beta_n^2)\tanh\frac{1}{2}\lambda_n a\right] \tag{8.3.10}$$

边界条件式(8.3.4)的执行方程为

$$\frac{1}{D}\left[\frac{\alpha_{1m}\kappa_m}{\sinh\kappa_m b}-\frac{\beta_{1m}\lambda_m}{\sinh\lambda_m b}+\frac{S_2S_m(\alpha_m^2+\gamma_m^2)}{2\gamma_m\sinh\gamma_m b}\right](C_m)$$

$$+\frac{4}{a}\sum_{n=1,2}^{\infty}(-1)^n\beta_n S_m\left[\frac{\kappa_{1mn}}{K_{dmn}}\alpha_m(\alpha_m^2+\beta_n^2)+\frac{\alpha_m^2-\beta_m^2}{2\alpha_m(\alpha_m^2+\delta_n^2)}\right](a_n)$$

$$+\left[\frac{\kappa_{1m}\kappa_m(\kappa_m^2-\alpha_m^2)}{\tanh\kappa_m b}-\frac{\lambda_{1m}\lambda_m(\lambda_m^2-\alpha_m^2)}{\tanh\lambda_m b}+\frac{S_m(\alpha_m^2+\gamma_m^2)}{2\gamma_m\tanh\gamma_m b}\right](d_{\mathrm{m}})$$

$$-(1-\nu)\frac{4}{a}\sum_{n=1,2}^{\infty}(-1)^n S_m\left[\frac{\kappa_{1mn}}{K_{dmn}}\alpha_m\beta_n^2-\left(\frac{5}{h^2}+\beta_n^2\right)\frac{S_2(\alpha_m^2-\beta_n^2)}{2\alpha_m(\alpha_m^2+\delta_n^2)}\right](e_n)$$

$$+(1-\nu)\alpha_m\left[\frac{\kappa_{1m}\kappa_m}{\tanh\kappa_m b}-\frac{\lambda_{1m}\lambda_m}{\tanh\lambda_m b}+\left(\frac{5}{h^2}+\alpha_m^2\right)\frac{S_2S_m(\alpha_m^2+\gamma_m^2)}{2\alpha_m^2\gamma_m^2\tanh\gamma_m b}\right](h_m)$$

$$+\frac{4\lambda^2}{a}\frac{1}{\alpha_m}\left\{\frac{\kappa_{1m}[1-S_1(\kappa_m^2-\alpha_m^2)]}{\kappa_m\tanh\kappa_m b}-\frac{\lambda_{1m}[1-S_1(\lambda_m^2-\alpha_m^2)]}{\lambda_m\tanh\lambda_{mb}}\right.$$

$$\left.+\frac{S_m(1+S_1\alpha_m^2)(S_3-S_2\alpha_m^2)}{\kappa_m^2\lambda_m^2 b}\right\}(k_3)$$

$$=-\frac{4q}{Da}\frac{1}{\alpha_m}\left\{\frac{\kappa_{1m}}{\kappa_m}[1-S_1(\kappa_m^2-\alpha_m^2)]\tanh\frac{1}{2}\kappa_m b\right.$$

$$\left.-\frac{\lambda_{1m}}{\lambda_m}[1-S_1(\lambda_m^2-\alpha_m^2)]\tanh\frac{1}{2}\lambda_m b\right\} \tag{8.3.11}$$

边界条件式(8.3.5)的执行方程为

$$\frac{2}{Db}\sum_{m=1,3}^{\infty}S_n\alpha_m\left[\frac{\kappa_{1mn}}{K_{dmn}}\beta_n+\frac{S_2(\alpha_m^2-\beta_n^2)}{2\beta_n(\beta_n^2+\gamma_m^2)}\right](C_m)$$

$$-\left[\kappa_{1n}\kappa_n(\kappa_n^2-\beta_n^2)\tanh\frac{1}{2}\kappa_n a-\lambda_{1n}\lambda_n(\lambda_n^2-\beta_n^2)\tanh\frac{1}{2}\lambda_n a\right.$$

$$\left.+\frac{S_n(\delta_n^2-\beta_n^2)}{2\delta_n}\tanh\frac{1}{2}\delta_n a\right](a_n)$$

$$-(-1)^n\frac{2}{b}\sum_{m=1,3}^{\infty}S_n\alpha_m\left[\frac{\kappa_{1mn}}{\kappa_{dmn}}\beta_n(\alpha_m^2+\beta_n^2)\frac{\alpha_m^2-\beta_n^2}{2\beta_n(\beta_n^2+\gamma_m^2)}\right](d_m)$$

$$-(1-\nu)\beta_n\left[\kappa_{1n}\kappa_n\tanh\frac{1}{2}\kappa_n a-\lambda_{1n}\lambda_n\tanh\frac{1}{2}\lambda_n a+\left(1+\frac{5}{\beta_n^2h^2}\right)\right.$$

$$\left.\cdot\frac{S_2S_n(\delta_n^2-\beta_n^2)}{2\delta_n}\tanh\frac{1}{2}\delta_n a\right](e_n)$$

$$-\frac{1}{2}D(1-\nu)(\cosh\delta_0 a-1)\frac{\delta_0}{\sinh\delta_0 a}\left(e_0+\frac{1}{b}k_3\right)$$

$$+(-1)^n\frac{2}{b}(1-\nu)\sum_{m=1,3}^{\infty}S_n\alpha_m^2\left[\frac{\kappa_{1mm}}{K_{dmm}}\beta_n+\left(1+\frac{5}{\alpha_m^2h^2}\right)\frac{S_2(\alpha_m^2-\beta_n^2)}{2\beta_n(\beta_n^2+\gamma_m^2)}\right](h_m)$$

$$+(-1)^n\frac{2\lambda^2}{b\beta_n}\left\{\kappa_{1n}[1-S_1(\kappa_n^2-\beta_n^2)]\frac{1}{\kappa_n}\tanh\frac{1}{2}\kappa_n a\right.$$

$$\left.-\lambda_{1n}[1-S_1(\lambda_n^2-\beta_n^2)]\frac{1}{\lambda_n}\tanh\frac{1}{2}\lambda_n a\right\}(k_3)$$

$$=\frac{4q}{Db\beta_n}\left\{\kappa_{1n}[1-S_1(\kappa_n^2-\beta_n^2)]\frac{1}{\kappa_n}\tanh\frac{1}{2}\kappa_n a\right.$$

$$- \lambda_{1n}\left[1 - S_1(\lambda_n^2 - \beta_n^2)\right] \frac{1}{\lambda_n}\tanh\frac{1}{2}\lambda_n a\Big\} \qquad (8.3.12)$$

边界条件式(8.3.6)的执行方程为

$$- \left(\kappa_{10}\kappa_0^3\tanh\frac{1}{2}\kappa_0 a - \lambda_{10}\lambda_0^3\tanh\frac{1}{2}\lambda_0 a + \frac{1}{2}S_0\delta_0\tanh\frac{1}{2}\delta_0 a\right)(a_n)$$

$$- \frac{1}{2}D(1 - \nu)(\cosh\delta_0 a - 1)\frac{\delta_0}{\sinh\delta_0 a}\left(e_0 + \frac{1}{b}k_3\right) = 0 \qquad (8.3.13)$$

在 $x=0, y=b$ 角点处的静力条件式(8.3.7)的执行方程为

$$\frac{1}{D}\sum_{m=1,3}^{\infty}\left[\frac{1}{\alpha_m}\left(\frac{\kappa_{2m}\kappa_m}{\sinh\kappa_m b} - \frac{\lambda_{2m}\lambda_m}{\sinh\lambda_m b} + \frac{S_m\alpha_m^2}{\gamma_m\sinh\gamma_m b}\right)\right.$$

$$\left. + \frac{2}{b}\sum_{m=1,3}^{\infty}S_n\alpha_m(-1)^n\left(\frac{\kappa_{2mn}}{K_{dmn}} + \frac{1}{\beta_n^2 + \gamma_m^2}\right)\right](C_m)$$

$$+ \sum_{n=1,2}^{\infty}\left\{\frac{1}{\beta_n}\left[\kappa_m\kappa_{2n}(\kappa_n^2 - \beta_n^2)\tanh\frac{1}{2}\kappa_n a - \lambda_n\lambda_{2n}(\lambda_n^2 - \beta_n^2)\tanh\frac{1}{2}\lambda_n a + \frac{S_n}{S_2}\frac{\beta_n^2}{\delta_n}\tanh\frac{1}{2}\delta_n a\right]\right.$$

$$\left. - \frac{4}{a}\sum_{n=1,2}^{\infty}S_m\beta_n\left[\frac{\kappa_{2mn}}{K_{dmn}}(\alpha_m^2 + \beta_n^2) - \frac{1}{S_2(\alpha_m^2 + \delta_n^2)}\right]\right\}(-1)^n(a_n)$$

$$+ \sum_{m=1,3}^{\infty}\left\{\frac{1}{\alpha_m}\left[\frac{\kappa_m\kappa_{2n}(\kappa_m^2 - \alpha_m^2)}{\tanh\kappa_m b} - \frac{\lambda_m\lambda_{2m}(\lambda_m^2 - \alpha_m^2)}{\tanh\lambda_m b} + \frac{S_m\kappa_m^2}{S_2\gamma_m\tanh\gamma_m b}\right]\right.$$

$$\left. - \frac{2}{b}\sum_{n=1,2}^{\infty}S_n\alpha_m\left[\frac{\kappa_{2mn}}{K_{dmn}}(\alpha_m^2 + \beta_n^2) - \frac{1}{S_2(\gamma_m^2 + \beta_n^2)}\right]\right\}(d_m)$$

$$+ (1 - \nu)\sum_{n=1,2}^{\infty}\left\{\left[\kappa_n\kappa_{2n}\tanh\frac{1}{2}\kappa_n a - \lambda_n\lambda_{2n}\tanh\frac{1}{2}\lambda_n a\right.\right.$$

$$\left.\left. + \left(\frac{5}{h_2} + \gamma_n^2\right)\frac{S_n}{\delta_n}\tanh\frac{1}{2}\delta_n a\right] + \frac{4}{a}\sum_{m=1,2}^{\infty}S_m\left[\frac{\kappa_{2mn}}{K_{dmn}}\alpha_m^2 + \left(\frac{5}{h^2} + \kappa_n^2\right)\frac{1}{\alpha_m^2 + \delta_n^2}\right]\right\}(-1)^n(e_n)$$

$$+ (1 - \nu)\sum_{m=1,3}^{\infty}\left\{\left[\frac{\kappa_m\kappa_{2m}}{\tanh\kappa_m b} - \frac{\lambda_m\lambda_{2m}}{\tanh\lambda_m b} + \left(\frac{5}{h^2} + \alpha_m^2\right)\frac{S_m}{\gamma_m\tanh\gamma_m b}\right]\right.$$

$$\left. + \frac{2}{b}\sum_{n=1,2}^{\infty}S_n\left[\frac{\kappa_{2mn}}{K_{dmn}}\alpha_m^2 + \left(\frac{5}{h_2} + \alpha_m^2\right)\frac{1}{\beta_n^2 + \gamma_m^2}\right]\right\}(h_m)$$

$$+ \lambda^2\left(\sum_{m=1,3}^{\infty}\frac{1}{\alpha_m}\left\{S_m\left[S_1 + \frac{4(S_1\lambda^2 - \alpha_m^2)(1 + S_1\alpha_m^2)}{m\pi\kappa_m^2\lambda_m^2}\right] + \right.\right.$$

$$\left. + \frac{4}{\alpha_m}\left[\frac{\kappa_{2m}(1 - S\kappa_m^2 + S_1\alpha_m^2)}{\kappa_m\tanh\kappa_m b} - \frac{\lambda_{2m}(1 - S\lambda_m^2 + S_1\alpha_m^2)}{\lambda_m\tanh\lambda_m b}\right]\right\}$$

$$- 2\sum_{n=1,2}^{\infty}\frac{1}{\beta_n^2}\left[\frac{\kappa_{2n}(1 - S_1\kappa_n^2 + S_1\beta_n^2)}{\kappa_n}\tanh\frac{1}{2}\kappa_n a\right.$$

$$\left. - \frac{\lambda_{2n}(1 - S_1\lambda_n^2 + S_1\beta_n^2)}{\lambda_n}\tanh\frac{1}{2}\lambda_n a\right]\left(\frac{k_3}{b}\right)$$

$$= -\frac{4q}{D}\left\{\sum_{n=1,2}^{\infty}\frac{(-1)^n}{b\beta_n^2}\left[\frac{\kappa_{2n}(1-S_1\kappa_n^2+S_1\beta_n^2)}{\kappa_n}\tanh\frac{1}{2}\kappa_n a\right.\right.$$

$$\left.-\frac{\lambda_{2n}(1-S_1\lambda_n^2+S_1\beta_n^2)}{\lambda_n}\tanh\frac{1}{2}\lambda_n a\right]+\sum_{m=1,3}^{\infty}\frac{1}{a\alpha_m^2}\left[\frac{\kappa_{2m}(1-S_1\kappa_m^2+S_1\alpha_m^2)}{\kappa_m}\tanh\frac{1}{2}\kappa_m b\right.$$

$$\left.\left.-\frac{\lambda_{2m}(1-S_1\lambda_m^2+S_1\alpha_m^2)}{\lambda_m}\tanh\frac{1}{2}\lambda_m b\right]\right\} \tag{8.3.14}$$

在式(8.3.8)~式(8.3.14)中

$$S_1=\frac{kh^2}{10},S_2=\frac{h^2}{5(1-\nu)},S_3=1+S_1S_2\lambda^2$$

$$\kappa_m^2=\alpha_m^2-\frac{kh^2}{20}\lambda^2+\sqrt{\lambda^2+\left(\frac{kh^2}{20}\lambda^2\right)^2}$$

$$\lambda_m^2=\alpha_m^2-\frac{kh^2}{20}\lambda^2-\sqrt{\lambda^2+\left(\frac{kh^2}{20}\lambda^2\right)^2}$$

$$\kappa_n^2=\beta_n^2-\frac{kh^2}{20}\lambda^2+\sqrt{\lambda^2+\left(\frac{kh^2}{20}\lambda^2\right)^2}$$

$$\lambda_n^2=\beta_n^2-\frac{kh^2}{20}\lambda^2-\sqrt{\lambda^2+\left(\frac{kh^2}{20}\lambda^2\right)^2}$$

$$S_m=\kappa_m^2-\lambda_m^2=2\sqrt{\lambda^2+\left(\frac{kh^2}{20}\lambda^2\right)^2}$$

$$S_n=\kappa_n^2-\lambda_n^2=2\sqrt{\lambda^2+\left(\frac{kh^2}{20}\lambda^2\right)^2}$$

$$\kappa_{1m}=S_3+S_2(\kappa_m^2-\alpha_m^2)$$
$$\lambda_{1m}=S_3+S_2(\lambda_m^2-\alpha_m^2)$$
$$\kappa_{1n}=S_3+S_2(\kappa_n^2-\beta_n^2)$$
$$\lambda_{1n}=S_3+S_2(\lambda_n^2-\beta_n^2)$$
$$\kappa_{2m}=(\kappa_m^2-\alpha_m^2)+S_1\lambda^2$$
$$\lambda_{2m}=(\lambda_m^2-\alpha_m^2)+S_1\lambda^2$$
$$\kappa_{2n}=(\kappa_n^2-\beta_n^2)+S_1\lambda^2$$
$$\lambda_{2n}=(\lambda_n^2-\beta_n^2)+S_1\lambda^2$$
$$\kappa_{1mn}=S_3-S_2(\alpha_m^2+\beta_n^2)$$
$$\kappa_{2mn}=(\alpha_m^2+\beta_n^2)-S_1\lambda^2$$

8.4 数值计算与分析

解联立方程式(8.3.8)~式(8.3.14),取 $m=1,3,5,\cdots,29$,$n=1,2,3,\cdots,30$ 可

得 $C_m, a_n d_m, e_n, h_m, e_0$ 和 k_3。取 $\nu=\dfrac{1}{6}, a/b=1.0, h/a=0.2$,我们分别得到了自由边 $y=b$ 的幅值挠度 w_{yb} 和自由边 $x=0$ 的幅值挠度 w_{x0};自由边 $y=b$ 的幅值扭角 ω_{xyb} 和自由边 $x=0$ 的幅值扭角 ω_{yx0};固定边 $y=0$ 的幅值弯矩随不同频率比的变化曲线,这些曲线如图 8.4.1~图 8.4.5 所示。

在自由角点的幅值挠度,幅值扭角和固定边中点的幅值弯矩随厚跨比和频率比的弯化曲线分别如图 8.4.6~图 8.4.8 所示。从这三幅图可以看出,板越厚,相应的曲线对干扰频率的变化越敏感。

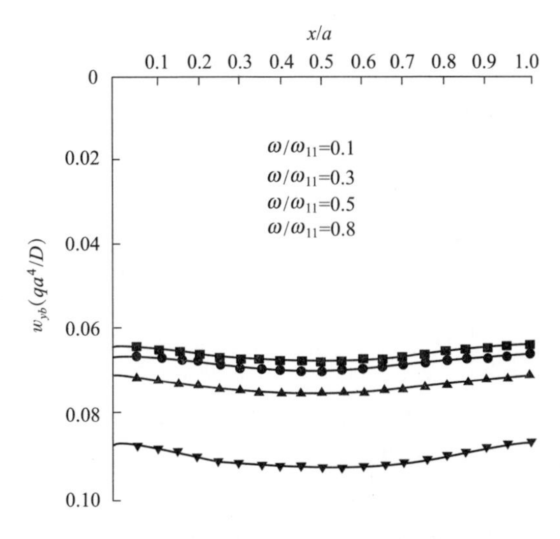

图 8.4.1 沿自由边 $y=b$ 的挠度曲线

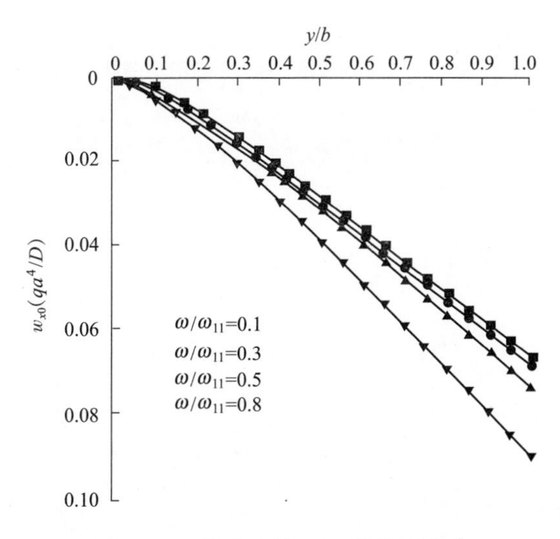

图 8.4.2 沿自由边 $x=0$ 的挠度曲线

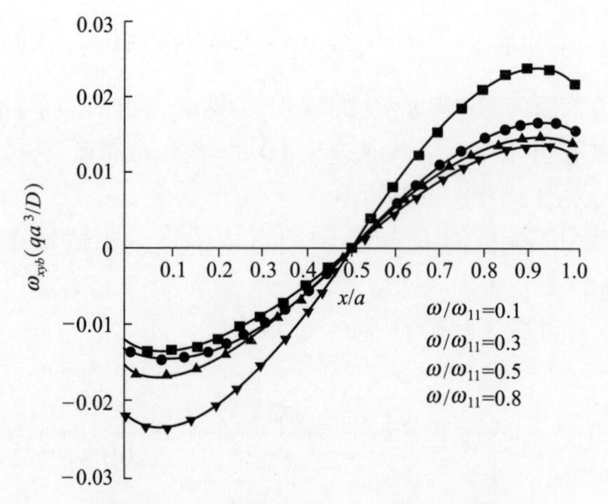

图 8.4.3　沿自由边 $y=b$ 的扭角曲线

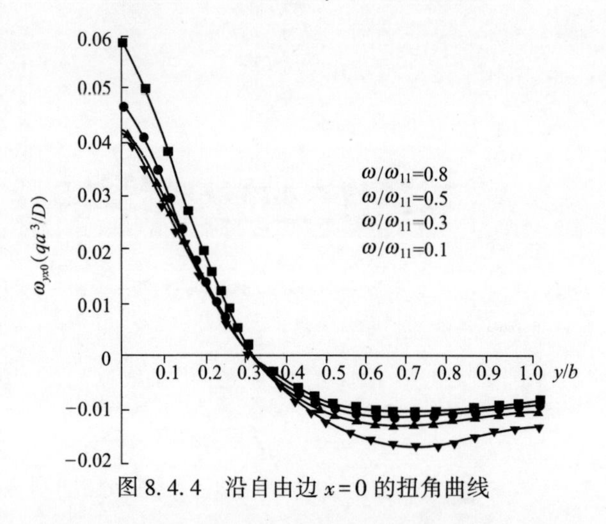

图 8.4.4　沿自由边 $x=0$ 的扭角曲线

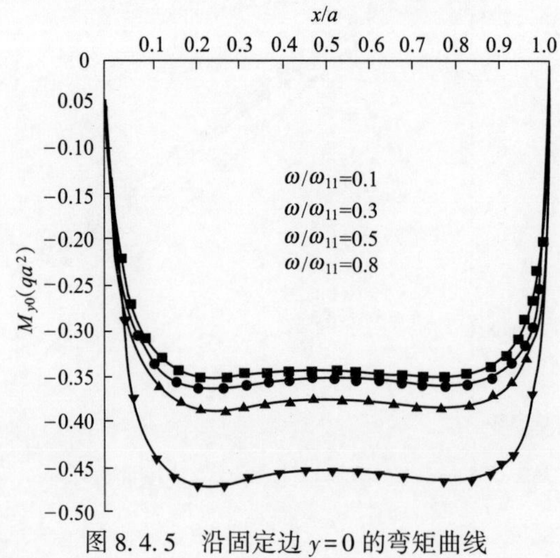

图 8.4.5　沿固定边 $y=0$ 的弯矩曲线

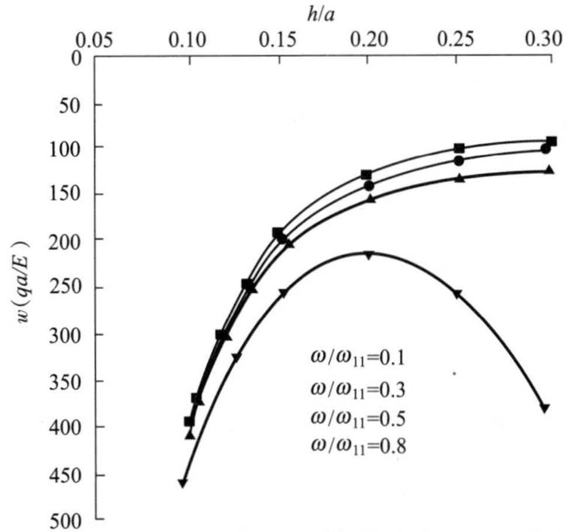

图 8.4.6　在 $x=a, y=b$ 自由角点的幅值挠度随 h/a 的变化曲线

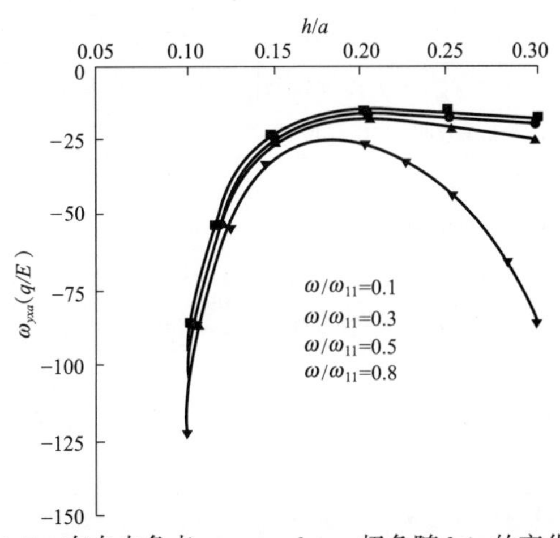

图 8.4.7　在自由角点 $x=a, y=b$ ω_{yxa} 扭角随 h/a 的变化曲线

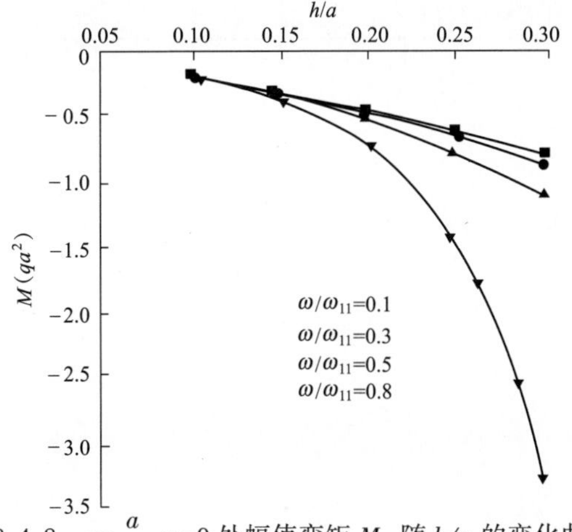

图 8.4.8　$x=\dfrac{a}{2}, y=0$ 处幅值弯矩 M_{y0} 随 h/a 的变化曲线

现在取厚跨比 $h/a=0.001$，当干扰力的频率远离共振频率时，本节所得的结果与文献[51]薄板所得到的结果是一致的。这说明厚矩形板自由角点的动力条件是正确的。然而，当干扰力频率与共振频率接近时，利用厚板理论和薄板理论所得的结果误差较大，这说明，两个频率越接近，这种误差越敏感，如表 8.4.1 所示。

表 8.4.1 本节的结果和文献[51]相应结果的比较

ω/ω_{11}	$x/a(y/b)$	0.05	0.15	0.30	0.50	0.70	0.90	1.00
0.3	M_{y_0}	−0.431471	−0.529379	−0.557721	−0.555714	−0.550679	−0.488009	0.000000
		(−0.49818)	(−0.58436)	(−0.58183)	(−0.56384)	(−0.56974)	(−0.58105)	0.000000
	w_{yb}	0.130143	0.131027	0.132030	0.132247	0.131859	0.130626	0.129527
		(0.14238)	(0.14263)	(0.14298)	(0.14306)	(0.14291)	(0.14251)	(0.14224)
	w_{x0}	0.000344	0.004356	0.024697	0.047167	0.081285	0.114984	0.129527
		(0.00049)	(0.00510)	(0.02615)	(0.04909)	(0.08482)	(0.12297)	(0.04224)
0.5	M_{y_0}	−0.530360	−0.660201	−0.700731	−0.699366	−0.691859	−0.606918	−0.000000
		(−0.59699)	(−0.70139)	(−0.69906)	(−0.67779)	(−0.68467)	(−0.69681)	(−0.000000)
	w_{yb}	0.168888	0.170083	0.171448	0.171747	0.171215	0.169541	0.168057
		(0.17435)	(0.17467)	(0.17512)	(0.17532)	(0.17504)	(0.17452)	(0.17417)
	w_{x0}	0.000419	0.005409	0.031292	0.060365	0.104953	0.149102	0.168057
		(0.00059)	(0.00614)	(0.03168)	(0.05969)	(0.10253)	(0.15045)	(0.17417)
0.8	M_{y_0}	−1.704457	−2.214749	−2.400980	−2.407466	−2.370302	−2.019652	0.000000
		(−1.23827)	(−1.46093)	(−1.46005)	(−1.41751)	(−1.43070)	(−1.44805)	(0.00000)
	w_{yb}	0.630785	0.635719	0.641468	0.642753	0.640469	0.633475	0.627366
		(0.38207)	(0.38289)	(0.38398)	(0.38424)	(0.38378)	(0.38249)	(0.38163)
	w_{x0}	0.001309	0.017913	0.109735	0.217464	0.386892	0.555774	0.627366
		(0.00122)	(0.01286)	(0.06755)	(0.12849)	(0.22500)	(0.32900)	(0.38163)
注：括号中的数据取自文献[32]								

第 9 章　弯曲厚矩形板的固有频率

本章将介绍求解某些边界条件弯曲厚矩形板固有频率的修正的功的互等法，给出相应边界条件弯曲厚矩形板的固有频率方程。通过 Matlab 数值计算给出不同弯曲厚矩形板不同振型下的固有频率,并将每一种边界条件下的修正的功的互等法所得的结果与 Ansys 有限元模拟结果逐一地进行了比较。

9.1　四边简支弯曲厚矩形板

9.1.1　幅值挠曲面方程

考虑一四边简支弯曲厚矩形板,如图 9.1.1 所示。该板自由振动幅值挠曲面控制方程为

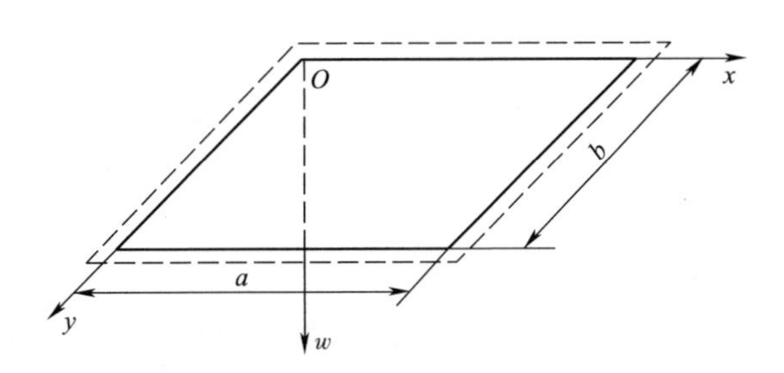

图 9.1.1　四边简支弯曲厚矩形板

$$\nabla^4 w + \frac{kh^2}{10}\lambda^2 \nabla^2 w - \lambda^2 w = 0 \tag{9.1.1}$$

或可以写为

$$\nabla^4 w = \lambda^2 w - \frac{kh^2}{10}\lambda^2 \nabla^2 w \tag{9.1.2}$$

在图 9.1.1 所示四边简支弯曲厚矩形板和图 2.1.1 所示弯曲厚矩形板的静力拟基本系统之间应用修正的功的互等定理,则得

$$w(\xi,\eta) = \int_0^a\int_0^b \left[D\lambda^2 w(x,y) - \frac{kh^2}{10}D\lambda^2 \nabla^2 w(x,y) \right] w'_1(x,y;\xi,\eta)\,\mathrm{d}x\mathrm{d}y \tag{9.1.3}$$

假设

$$w(\xi,\eta)=\sum_{m=1,2}^{\infty}\sum_{n=1,2}^{\infty}A_{mn}\sin\alpha_m\xi\sin\beta_n\eta \tag{9.1.4}$$

$$w(x,y)=\sum_{m=1,2}^{\infty}\sum_{n=1,2}^{\infty}A_{mn}\sin\alpha_m x\sin\beta_n y \tag{9.1.5}$$

将式(9.1.4)、式(9.1.5)和式(2.1.2)代入式(9.1.3)中,经过计算,则得

$$w(\xi,\eta)=\frac{4}{Dab}\sum_{m=1,2}^{\infty}\sum_{n=1,2}^{\infty}\frac{1}{(\alpha_m^2+\beta_m^2)^2-\left[\lambda^2+\frac{kh^2}{10}\lambda^2(\alpha_m^2+\beta_n^2)\right]}\cdot\sin\alpha_m\xi\sin\beta_n\eta \tag{9.1.6}$$

当式(9.1.6)中分母式趋于零时,幅值挠度趋于无穷大,因此该板的固有频率方程为

$$\lambda^2+\frac{kh^2}{10}\lambda^2(\alpha_m^2+\beta_n^2)=(\alpha_m^2+\beta_m^2)^2 \tag{9.1.7}$$

9.1.2 数值计算与有限元分析

首先,应用 Matlab 软件计算固有频率方程式(9.1.7)。给出的基本参数为:$E=200\text{GPa}$,$a=b=1\text{m}$,$\nu=0.3$,$h=0.1\text{m},0.2\text{m},0.3\text{m}$。$x$ 方向和 y 方向的半波数 m 和 n 分别各取从 1~8 的整数,则得到的固有频率列于表 9.1.1~表 9.1.3。

其次,采用 Ansys 有限元软件对弯曲厚矩形板进行模态分析。选用 solid185 单元,在平面内的 x 和 y 方向各划分 20 份;对 0.1m 板厚,沿 z 方向划分 4 份,对 0.2m 和 0.3m 板厚,沿 z 方向均划分为 8 份。模态提取的方法为 Block Lanczos 法,该法具有较快的收敛速度。简支边的约束情况为边界面上的节点沿边界面法线方向自由而其他两方向固定,三个方向的转动也都被约束。用有限元法所计算得到的固有频率分别列于表 9.1.4~表 9.1.6。应用修正的功的互等法和应用有限元法所得 $h=0.1\text{m}$, $h=0.2\text{m}$ 和 $h=0.3\text{m}$ 板厚固有频率的误差分别列于表 9.1.7~表 9.1.9中。

表 9.1.1 $h=0.1\text{m}$ 四边简支厚矩形板固有频率(本书的方法) (Hz)

m	$n=1$	$n=2$	$n=3$	$n=4$	$n=5$	$n=6$	$n=7$	$n=8$
1	470.26	1137.3	2204.8	3449.0	4912.0	6483.5	8116.9	9782.3
2	1137.3	1763.9	2732.2	3957.9	5361.5	6879.3	8466.6	10093
3	2204.8	2732.2	3621.3	4758.4	6074.6	7512.7	9030.0	10596
4	3449.0	3957.9	4758.4	5794.4	7008.5	8351.0	9782.3	11274
5	4912.0	5361.5	6074.6	7008.5	8116.9	9357.4	10695	12102
6	6483.5	6879.3	7512.7	8351.0	9357.4	10497	11739	13060
7	8116.9	8466.6	9030.0	9782.3	10695	11739	12890	14124
8	9782.3	10093	10596	11274	12102	13060	14124	15275

表 9.1.2 $h=0.2\text{m}$ 四边简支厚矩形板固有频率(本书的方法) (Hz)

m	$n=1$	$n=2$	$n=3$	$n=4$	$n=5$	$n=6$	$n=7$	$n=8$
1	881.94	1978.9	3439.7	5046.5	6697.2	8352.6	9999.9	11636
2	1978.9	2897.3	4175.4	5636.8	7180.1	8757.2	10346	11938
3	3439.7	4175.4	5248.5	6529.8	7930.4	9397.0	10901	12425
4	5046.5	5636.8	6529.8	7637.7	8888.5	10232	11636	13079
5	6697.2	7180.1	7930.4	8888.5	9999.9	11221	12521	13877
6	8352.6	8757.2	9397.0	10232	11221	12329	13528	14795
7	9999.9	10346	10901	11636	12521	12528	14632	15813
8	11635.7	11938	12425	13079	13877	14795	15813	16913

表 9.1.3 $h=0.3\text{m}$ 四边简支厚矩形板固有频率(本书的方法) (Hz)

m	$n=1$	$n=2$	$n=3$	$n=4$	$n=5$	$n=6$	$n=7$	$n=8$
1	1207.1	2504.3	4063.9	5682.1	7303.1	8914.9	10517	12110
2	2504.3	34990	4812.8	6264.7	7774.1	9308.3	10854	12405
3	4063.9	4812.8	5882.0	7139.7	8504.3	9930.5	11394	12881
4	5682.1	6264.7	7139.7	8219.6	9435.8	10743	12110	13520
5	7303.1	7774.1	8504.3	9435.8	10517	11706	12974	14299
6	8914.9	9308.3	9930.5	10743	11706	12787	13958	15199
7	10517	10854	11394	12110	12974	13958	15039	16197
8	12110	12405	12881	13520	14299	15199	16197	17279

表 9.1.4 $h=0.1\text{m}$ 四边简支厚矩形板固有频率(Ansys 有限元法) (Hz)

m	$n=1$	$n=2$	$n=3$	$n=4$	$n=5$	$n=6$	$n=7$	$n=8$
1	470.3	1139	2173	3485	5010	6705	8544	10512
2	1139	1740	2696	3935	5396	7036	8828	10757
3	2173	2696	3546	4676	6036	7588	9305	11170
4	3485	3935	4676	5682	6920	8360	9978	11756
5	5010	5396	6036	6920	8029	9344	10846	12520
6	6705	7036	7588	8360	9344	10531	11908	13466
7	8544	8828	9305	9978	10846	11908	13160	14596
8	10512	10757	11170	11756	12520	13466	14596	15906

表 9.1.5 $h=0.2m$ 四边简支厚矩形板固有频率(Ansys 有限元法) (Hz)

m	$n=1$	$n=2$	$n=3$	$n=4$	$n=5$	$n=6$	$n=7$	$n=8$
1	858.6	1899	3292	4864	6541	8295	10120	12020
2	1899	2751	3965	5400	6976	8654	10422	12276
3	3292	3965	4980	6240	7674	9240	10919	12703
4	4864	5400	6240	7324	8602	10038	11607	13300
5	6541	6976	7674	8602	9729	11027	12476	14076
6	8295	8654	9240	10038	11027	12192	13518	14996
7	10120	10422	10919	11607	12476	13518	14725	16090
8	12020	12276	12703	13300	14065	14996	16090	17345

表 9.1.6 $h=0.3m$ 四边简支厚矩形板固有频率(Ansys 有限元法) (Hz)

m	$n=1$	$n=2$	$n=3$	$n=4$	$n=5$	$n=6$	$n=7$	$n=8$
1	1150	2360	3849	5450	7114	8832	10609	12569
2	2360	3286	4559	5993	7549	9189	10909	12714
3	3849	4549	5579	6833	8241	9770	11403	13139
4	5450	5993	6833	7904	9156	10555	12083	13731
5	7114	7549	8241	9156	10260	11527	12794	14487
6	8832	9189	9770	10555	11527	12666	13962	15405
7	10609	10909	11403	12083	12794	13962	15145	16240
8	12569	12714	13139	13731	14487	15405	16240	17405

表 9.1.7 $h=0.1m$ 四边简支厚矩形板误差(两法的比较)

m	$n=1$	$n=2$	$n=3$	$n=4$	$n=5$	$n=6$	$n=7$	$n=8$
1	-0.01%	-0.015%	1.44%	-1.04%	-2.00%	-3.42%	-5.26%	-7.46%
2	-0.15%	1.35%	1.32%	0.58%	-0.64%	-0.28%	-4.27%	-6.58%
3	1.44%	1.32%	2.08%	1.73%	0.64%	-1.00%	-3.05%	-5.42%
4	-1.04%	0.58%	1.73%	1.94%	1.26%	-0.11%	-2.00%	-4.28%
5	-2.00%	-0.64%	-0.64%	1.26%	1.08%	0.14%	-1.41%	-3.45%
6	-3.42%	-2.28%	-1.00%	-0.11%	0.14%	-0.32%	-1.44%	-3.11%
7	-5.26%	-4.27%	-3.05%	-2.00%	-1.41%	-1.44%	-2.09%	-3.34%
8	-7.46%	-6.58%	-5.42%	-4.28%	-3.45%	-3.11%	-3.34%	-4.13%

表 9.1.8　$h=0.2$m 四边简支厚矩形板误差(两法的比较)

m	$n=1$	$n=2$	$n=3$	$n=4$	$n=5$	$n=6$	$n=7$	$n=8$
1	2.65%	4.04%	4.29%	3.62%	2.33%	0.69%	-1.20%	-3.30%
2	4.04%	5.05%	5.04%	4.20%	2.84%	1.18%	-0.73%	-2.83%
3	4.29%	5.04%	5.12%	4.44%	3.23%	1.67%	-0.17%	-2.24%
4	3.62%	4.20%	4.44%	4.11%	3.22%	1.90%	0.25%	-1.69%
5	2.33%	2.84%	3.23%	3.22%	2.71%	1.73%	0.36%	-1.43%
6	0.69%	1.18%	1.67%	1.90%	1.73%	1.11%	0.07%	-1.36%
7	-1.20%	-0.73%	-0.17%	0.25%	0.36%	0.07%	-0.64%	-1.75%
8	-3.30%	-2.83%	-2.24%	-1.69%	-1.35%	-1.36%	-1.75%	-2.55%

表 9.1.9　$h=0.3$m 四边简支厚矩形板误差(两法的比较)

m	$n=1$	$n=2$	$n=3$	$n=4$	$n=5$	$n=6$	$n=7$	$n=8$
1	4.73%	5.76%	5.29%	4.08%	2.59%	0.93%	-0.87%	-3.79%
2	5.76%	6.09%	5.27%	4.34%	2.90%	1.28%	-0.51%	-2.49%
3	5.29%	5.48%	5.15%	4.30%	3.10%	1.62%	-0.08%	-2.00%
4	4.08%	4.34%	4.30%	3.84%	2.97%	1.75%	0.22%	-1.56%
5	2.59%	2.90%	3.10%	2.97%	2.44%	1.53%	1.39%	-1.31%
6	0.93%	1.28%	1.62%	1.75%	1.53%	0.95%	-0.03%	-1.36%
7	-0.87%	-0.51%	-0.08%	0.22%	1.39%	-0.03%	-0.70%	-0.27%
8	-3.79%	-2.49%	-2.00%	-1.56%	-1.31%	-1.36%	-0.27%	-0.73%

9.1.3　结果分析

比较表 9.1.1～表 9.1.3 和表 9.1.4～表 9.1.6 可以看出，应用本书的方法所得的结果与有限元法所得的结果相当一致，相互验证了两个方法的正确性和精确度。

从两类表中都可以看出，随着板厚度的增加固有频率也随之增加；随着振型阶次的增加，固有频率也随之增加。

9.2　三边简支一边固定的弯曲厚矩形板

9.2.1　幅值挠曲面方程

现在考虑一三边简支一边固定的弯曲厚矩形板，如图 9.2.1(a)所示。解除其固定边的弯曲约束代以作用在简支边的分布弯矩$\overline{M}_{yb}$，则得一三边简支一边固定弯

曲厚矩形板的实际系统如图 9.2.1(b)所示。假设$\overline{M}_{yb}$为

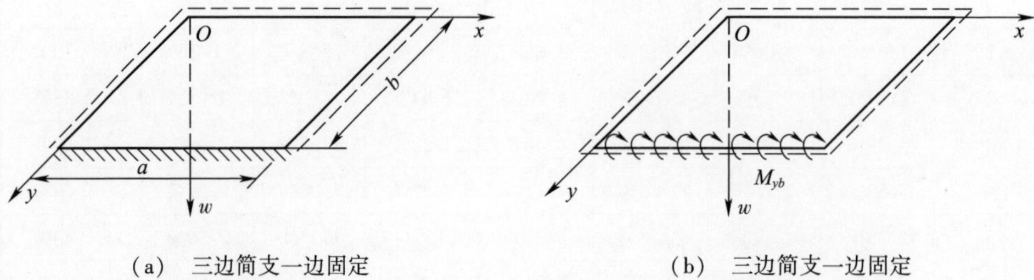

(a) 三边简支一边固定弯曲厚矩形板

(b) 三边简支一边固定弯曲厚矩形板实际系统

图 9.2.1 三边简支一边固定弯曲厚矩形板及其实际系统

$$M_{yb} = \sum_{m=1,2}^{\infty} D_m \sin\alpha_m x \tag{9.2.1}$$

在图 9.2.1(b)所示三边简支一边固定弯曲厚矩形板实际系统和图 2.2.1 所示弯曲矩形板幅值拟基本系统之间应用修正的功的互等定理,则得

$$w(\xi,\eta) = \int_0^a M_{yb}\omega_{1yyb}\mathrm{d}x \tag{9.2.2}$$

将式(9.2.1)和式(2.3.4)代入式(9.2.2),则得

$$w(\xi,\eta) = -\frac{1}{D}\sum_{m=1,2}^{\infty}\frac{1}{\kappa_m^2-\lambda_m^2}\left(\frac{\sinh\kappa_m\eta}{\sinh\kappa_m b}-\frac{\sinh\lambda_m\eta}{\sinh\lambda_m b}\right)\sin\alpha_m\xi(D_m) \tag{9.2.3}$$

据式(5.1.13)可知本问题的应力函数为

$$\varphi(\xi,\eta) = \sum_{m=1,2}^{\infty}\frac{\alpha_m}{\gamma_m\sinh\gamma_m b}\cosh\gamma_m\eta\cos\alpha_m\xi(D_m) \tag{9.2.4}$$

固定边 $\eta=b$ 的边界条件为

$$\omega_{\eta\eta b} = 0 \tag{9.2.5}$$

将挠曲面方程式(9.2.3)和应力函数式(9.2.4)代入式(1.1.92)中,经过计算,则得固有频率方程为

$$\frac{1}{D}\left(\frac{1}{\kappa_m^2-\lambda_m^2}\left\{\left[1+\frac{h^2}{5(1-\nu)}\left(\kappa_m^2-\alpha_m^2+\frac{kh^2}{10}\lambda^2\right)\right]\kappa_m\coth\kappa_m b-\left[1+\frac{h^2}{5(1-\nu)}\left(\lambda_m^2-\alpha_m^2+\frac{kh^2}{10}\lambda^2\right)\right]\lambda_m\coth\lambda_m a\right\}-\frac{h^2}{5(1-\nu)}\frac{\alpha_m^2}{\gamma_m}\coth\gamma_m b\right)=0 \tag{9.2.6}$$

9.2.2 数值计算与有限元分析

通过 Matlab 计算式(9.2.6)固有频率方程。给出的基本参数:$a=b=1$m, $E=200$GPa, $\nu=0.3$, $h=0.1$m、0.2m、0.3m; m 取 1~8 的整数。对应于每一个 m 值,

均能求出一固有频率。同时,应用 Ansys 对三边简支一边固定弯曲厚矩形板进行模态分析,求出每阶振型的固有频率。以弯曲厚矩形板采用三维实体建模,选用 Salid185单元。在 xy 平面内划分 20 份,对于 0.1m 板,沿板厚方向划分 4 份,对于 0.2m 和 0.3m 板,沿板厚方向划分 8 份。模态提取方法选用收敛速度较快的 Block Lanczo 法。简支边的约束与 9.1.2 节的简支边约束相同;固定边的约束为三个方向的转动和移动均被约束。两种方法所得的固有频率分别列于表 9.2.1 和表 9.2.2。与表 9.2.1 相对应的半波数—频率图如图 9.2.1 所示。对于不同板厚 $h=0.3$m,$h=0.2$m 和 $h=0.1$m 应用修正的功的互等法和有限元法所得到的半波—频率曲线的比较图分别如图 9.2.2~图 9.2.4 所示。

表 9.2.1 三边简支一边固定厚矩形板固有频率(本书的方法) (Hz)

h/m	$m=1$	$m=2$	$m=3$	$m=4$	$m=5$	$m=6$	$m=7$	$m=8$
0.3	1308.6	2529.0	4069.9	5683.4	7254.6	9306.7	10516	12110
0.2	994.26	2017.6	3453.0	5051.4	6699.1	8752.4	10005	11636
0.1	552.39	1177.8	2182.8	3460.5	4918.5	6487.3	8119.1	9783.6

表 9.2.2 三边简支一边固定厚矩形板固有频率(Ansys 有限元法)(Hz)

h/m	$m=1$	$m=2$	$m=3$	$m=4$	$m=5$	$m=6$	$m=7$	$m=8$
0.3	1261	2391	3860	5455	7116	8833	10611	12322
0.2	975.17	1942	3308	4872	6445	8297	10122	11835
0.1	561.84	1192	2211	3517	5036	6725	8556	10514

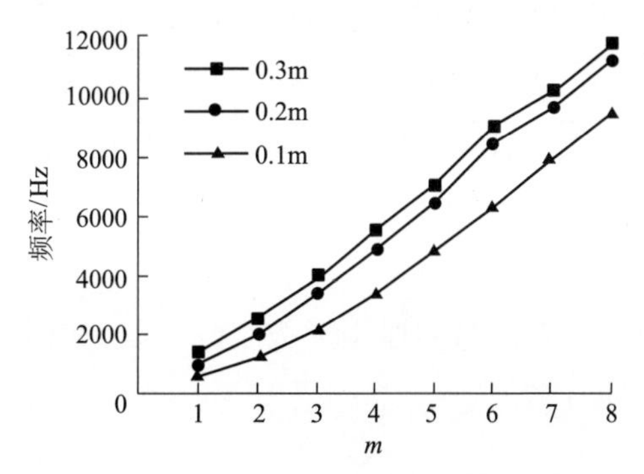

图 9.2.2 用修正的功的互等法所得到的结果

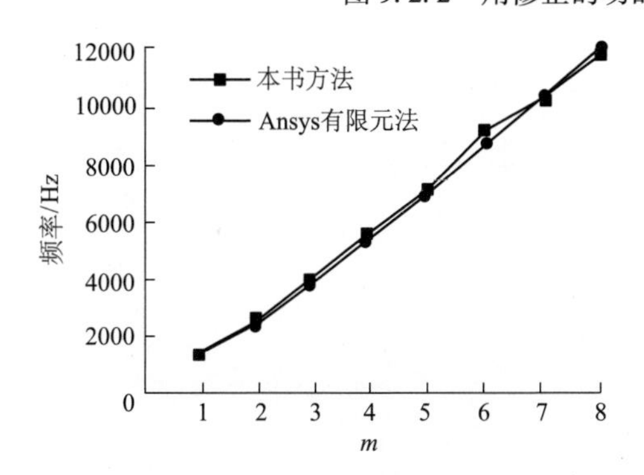

图 9.2.3 $h=0.3$m 两法所得频率对比图

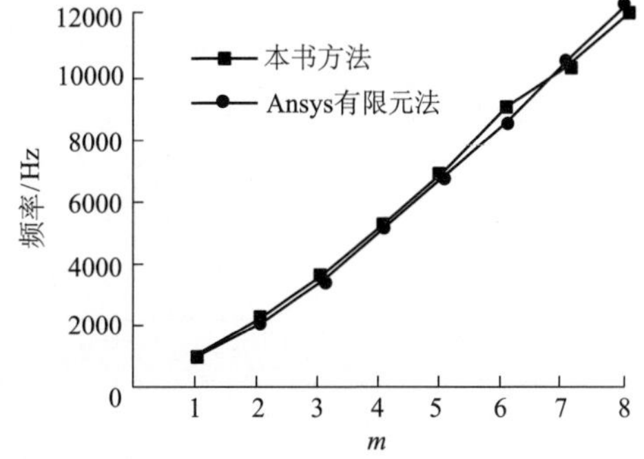

图 9.2.4 $h=0.2$m 两法所得频率对比图

9.2.3 结果分析

(1) 表9.2.1和表9.2.2分别给出了应用本书的修正的功的互等法和Ansys有限元法所给出的三边简支一边固定弯曲厚矩形板,在 $h=0.3\text{m}$, $h=0.2\text{m}$, $h=0.1\text{m}$ 和 $h=0.05\text{m}$ 不同板厚时的半波数—固有频率图。从图9.2.3~图9.2.5可以看出,用本书的方法和Ansys有限元法所得到的结果相当一致。

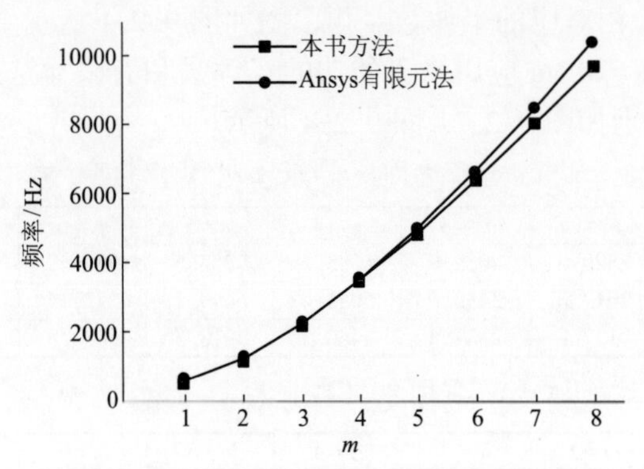

图9.2.5 $h=0.1\text{m}$ 两法所得频率对比图

(2) 从图9.2.1可以看出,随着板厚的增大,同一半波数的固有频率也在增大;对于同一厚度矩形板,随着半波数的增大固有频率也在增加。

9.3 三边简支一边自由弯曲厚矩形板

9.3.1 幅值挠曲面方程

考虑一三边简支一边自由弯曲厚矩形板实际系统,如图9.3.1所示。假设自由边的幅值挠度和扭角分别为

$$w_{yb} = \sum_{m=1,2}^{\infty} d_m \sin\alpha_m x \tag{9.3.1}$$

$$\omega_{xyb} = \sum_{m=1,2}^{\infty} h_m \cos\alpha_m x + h_0 \tag{9.3.2}$$

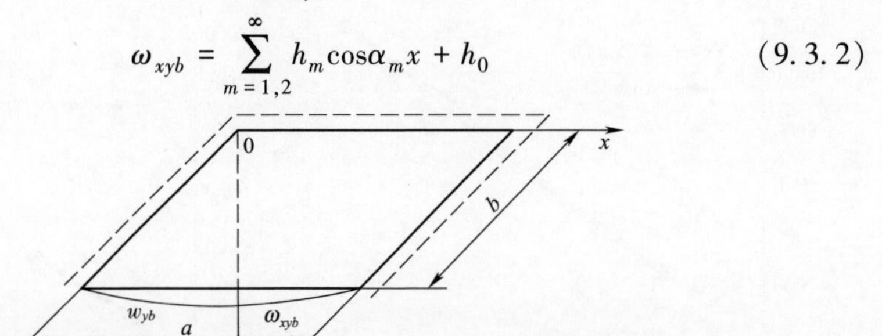

图9.3.1 三边简支一边自由弯曲厚矩形板实际系统

在图 9.3.1 所示弯曲厚矩形板实际系统和图 2.2.1 所示弯曲厚矩形板幅值拟基本系统之间应用修正的功的互等定理,则得

$$w(\xi,\eta) = -\int_0^a Q_{1yyb} w_{yb} \mathrm{d}x - \int_0^a M_{1xyyb} \omega_{xyb} \mathrm{d}x \tag{9.3.3}$$

将式(2.3.8)、式(2.3.12)、式(9.3.1)和式(9.3.2)代入式(9.3.3),则得三边简支一边自由弯曲厚矩形板自由振动的幅值挠曲面方程为

$$\begin{aligned} w(\xi,\eta) = & \sum_{m=1,2}^{\infty} \frac{1}{\kappa_m^2 - \lambda_m^2} \left[(\kappa_m^2 - \alpha_m^2) \frac{\sinh\kappa_m\eta}{\sinh\kappa_m b} - (\lambda_m^2 - \alpha_m^2) \frac{\sinh\lambda_m\eta}{\sinh\lambda_m b} \right] \sin\alpha_m\xi (d_m) \\ & + \sum_{m=1,2}^{\infty} \frac{\alpha_m(1-\nu)}{\kappa_m^2 - \lambda_m^2} \left(\frac{\sinh\kappa_m\eta}{\sinh\kappa_m b} + \frac{\sinh\lambda_m\eta}{\sinh\lambda_m b} \right) \sin\alpha_m\xi (h_m) \end{aligned} \tag{9.3.4}$$

9.3.2 应力函数

三边简支一边自由弯曲厚矩形板的应力函数与三边简支一边固定的弯曲厚矩形板的应力函数具有相同的形式,假设为

$$\begin{aligned} \varphi(\xi,\eta) = & \sum_{n=0,1,2}^{\infty} [E_n \cosh\delta_n\xi + F_n \cosh\delta_n(a-\xi)] \cos\beta_n\eta \\ & + \sum_{m=0,1,2}^{\infty} [G_m \cosh\gamma_m\eta + H_m \cosh\gamma_m(b-\eta)] \cos\alpha_m\xi \end{aligned} \tag{9.3.5}$$

$$\delta_n = \sqrt{\beta_n^2 + \frac{10}{h^2}}, \gamma_m = \sqrt{\alpha_m^2 + \frac{10}{h^2}} \tag{9.3.6}$$

由 $\xi=0,\xi=a,\eta=0$ 边界弯矩为零可以得到 $F_n=0,E_n=0$ 和 $H_m=0$,由厚矩形板的 $\xi=0,\xi=a,\eta=0$ 边界扭角为零可以得到 $E_0=F_0=H_0=0$,由 $\eta=b$ 边的弯矩为零得到

$$\begin{aligned} G_m = & D(1-\nu) \frac{5}{h^2} \frac{\alpha_m}{\gamma_m \sinh\gamma_m b} d_m \\ & + D(1-\nu) \left(\frac{5}{h^2} + \alpha_m^2 \right) \frac{1}{\gamma_m \sinh\gamma_m b} h_m \end{aligned} \tag{9.3.7}$$

由 $\eta=b$ 边的扭角边界条件,得到

$$G_0 = D(1-\nu) \frac{5}{h^2} \frac{1}{\gamma_0 \sinh\gamma_0 b} h_0 \tag{9.3.8}$$

故此种边界条件的应力函数为

$$\begin{aligned} \varphi(\xi,\eta) = & \sum_{m=1,2}^{\infty} D(1-\nu) \frac{5}{h^2} \frac{\alpha_m}{\gamma_m \sinh\gamma_m} \cosh\gamma_m\eta \cos\alpha_m\xi (d_m) \\ & + \sum_{m=1,2}^{\infty} D(1-\nu) \left(\frac{5}{h^2} + \alpha_m^2 \right) \frac{1}{\gamma_m \sinh\gamma_m} \cosh\gamma_m\eta \cos\alpha_m\xi (h_m) \\ & + D(1-\nu) \frac{5}{h^2} \frac{1}{\gamma_0 \sinh\gamma_0 b} \cosh\gamma_0\eta (h_0) \end{aligned} \tag{9.3.9}$$

9.3.3 边界条件

本节应该满足如下边界条件:

$$Q_{\eta\eta b}=0 \tag{9.3.10}$$

$$M_{\xi\eta\eta b}=0 \tag{9.3.11}$$

$$M_{\xi\eta\eta bm0}=0 \tag{9.3.12}$$

将三边简支一边自由弯曲厚矩形板的幅值挠曲面方程式(9.3.4)和应力函数式(9.3.9)相应地代入边界值表达式(1.1.87)和式(1.1.90),经计算得

根据边界条件 $Q_{\eta\eta b}=0$ 推导出的执行方程为

$$-D\sum_{m=1,2}^{\infty}\left(\frac{1}{\kappa_m^2-\lambda_m^2}\left\{\left[(\kappa_m^2-\alpha_m^2)^2+\frac{kh^2}{10}\lambda^2(\kappa_m^2-\alpha_m^2)\right]\kappa_m\coth\kappa_m b\right.\right.$$
$$\left.\left.-\left[(\lambda_m^2-\alpha_m^2)^2+\frac{kh^2}{10}\lambda^2(\lambda_m^2-\alpha_m^2)\right]\right\}-D(1-\nu)\frac{5}{h^2}\frac{\alpha_m^2}{\gamma_m}\coth\gamma_m b\right)(d_m)$$
$$-D(1-\nu)\sum_{m=1,2}^{\infty}\left(\frac{\alpha^2}{k_m^2-\lambda_m^2}\left\{\left[\kappa_m^2-\alpha_m^2+\frac{kh^2}{10}\lambda^2\right]\kappa_m\coth\kappa_m b\right.\right.$$
$$\left.\left.-\left[\lambda_m^2-\alpha_m^2+\frac{kh^2}{10}\lambda^2\right]\right\}\lambda_m\coth\lambda_m b-\left(\frac{5}{h^2}+\alpha_m^2\right)\frac{\alpha_m}{\gamma_m}\coth\gamma_m b\right)(h_m)$$
$$=0 \tag{9.3.13}$$

根据边界条件 $M_{\xi\eta\eta b}=0$ 推导出的执行方程为

$$-D\sum_{m=1,2}^{\infty}\left(\frac{\alpha_m}{\kappa_m^2-\lambda_m^2}\left\{\left[(1-\nu)+\frac{h^2}{5}\left(\kappa_m^2-\alpha_m^2+\frac{\kappa h^2}{10}\lambda^2\right)\right](\kappa_m^2-\alpha_m^2)\kappa_m\coth\kappa_m b\right.\right.$$
$$\left.-\left[(1-\nu)+\frac{h^2}{5}\left(\lambda_m^2-\alpha_m^2+\frac{kh^2}{10}\lambda^2\right)\right](\lambda_m^2-\alpha_m^2)\lambda_m\coth\lambda_m\eta\right\}$$
$$\left.-\frac{(1-\nu)}{2}\frac{\alpha_m(\alpha_m^2+\gamma_m^2)}{\gamma_m}\coth\gamma_m b\right)(d_m)$$
$$-D(1-\nu)\sum_{m=1,2}^{\infty}\left(\frac{\alpha_m^2}{\kappa_m^2-\lambda_m^2}\left\{\left[1-\nu+\frac{h^2}{5}\left(\kappa_m^2-\alpha_m^2+\frac{kh^2}{10}\lambda^2\right)\right]\kappa_m\coth k_m b\right.\right.$$
$$\left.-\left[1-\nu+\frac{h^2}{5}\left(\lambda_m^2-\alpha_m^2+\frac{kh^2}{10}\lambda^2\right)\right]\lambda_m\coth\lambda_m b\right\}$$
$$\left.-\frac{1}{2}\left(1+\frac{h^2}{5}\alpha_m^2\right)\frac{\alpha_m^2+\gamma_m^2}{\gamma_m}\coth\gamma_m b\right)(h_m)=0 \tag{9.3.14}$$

由 $M_{\eta\xi\eta bm0}=0$ 得

$$h_0 = 0 \tag{9.3.15}$$

式(9.3.13)和式(9.3.14)联立方程组分母系数矩阵行列式为零构成这一问题的固有频率方程。

9.3.4 数值计算和有限元分析

应用 Matlab 程序计算。基本参数与半波数与 9.2.2 节相同。Ansys 有限波也与 9.2.2 节相同,自由边的每一点三个移动方向和三个转动方向均不加约束。

应用本书的修正的功的互等法和 Ansys 有限元程序算得的固有频率分别列于表 9.3.1 和表 9.3.2。与表 9.3.1 相应的半波数—频率图如图 9.3.2 所示。应用修正的功的互等法和有限元 Ansys 程序所算得的不同板厚 $h=0.3\text{m}$, $h=0.2\text{m}$ 和 $h=0.1\text{m}$ 半波数—频率图的比较图分别如图 9.3.3~图 9.3.5 所示。

表 9.3.1 三边简支一边自由厚矩形板固有频率(本书的方法) (Hz)

h/m	$m=1$	$m=2$	$m=3$	$m=4$	$m=5$	$m=6$	$m=7$	$m=8$
0.3	752.68	2169.6	3809.5	5476.0	7126.2	8756.5	10371	11972
0.2	534.33	1686.6	3197.1	4841.5	6518.3	8191.7	9851.1	11495
0.1	279.29	953.77	1986.4	3282.9	4754.8	6334.0	7973.8	9644.2

表 9.3.2 三边简支一边自由厚矩形板固有频率(Ansys 有限元法) (Hz)

h/m	$m=1$	$m=2$	$m=3$	$m=4$	$m=5$	$m=6$	$m=7$	$m=8$
0.3	727.29	2054	3615	5257	6946	8678	10466	12280
0.2	527.47	1634	3076	4682	6382	8153	9990	11860
0.1	286.42	979.68	2035	3364	4901	6602	8443	10410

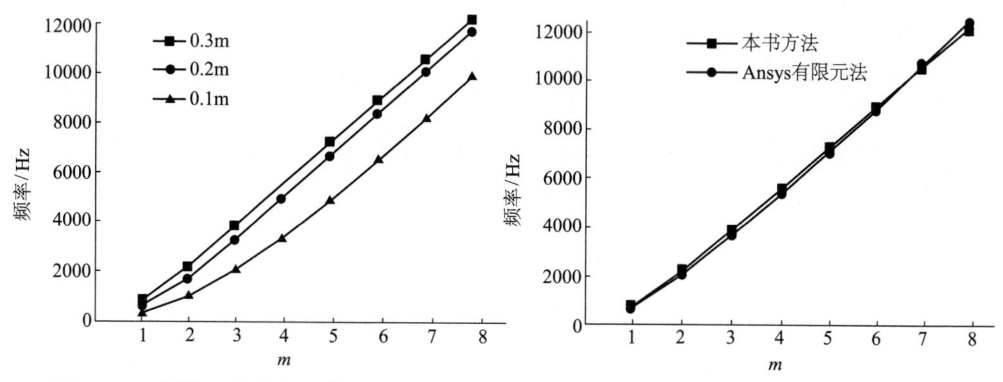

图 9.3.2 用修正的功的互等法所得结果

图 9.3.3 $h=0.3\text{m}$ 两法所得频率对比图

9.3.5 结果分析

(1) 从图 9.3.3~图 9.3.5 可以看出,对于 $h=0.3\text{m}$, $h=0.2\text{m}$ 和 $h=0.1\text{m}$ 的厚板,由修正的功的互等法所得到的结果和 Ansys 有限元法所得到的结果相当一致。

(2) 从图 9.3.2 可以看出,同一半波数,随着板厚的增加,固有频率也在增加,同一板厚,随着半波数的增加,固有频率也在增加。

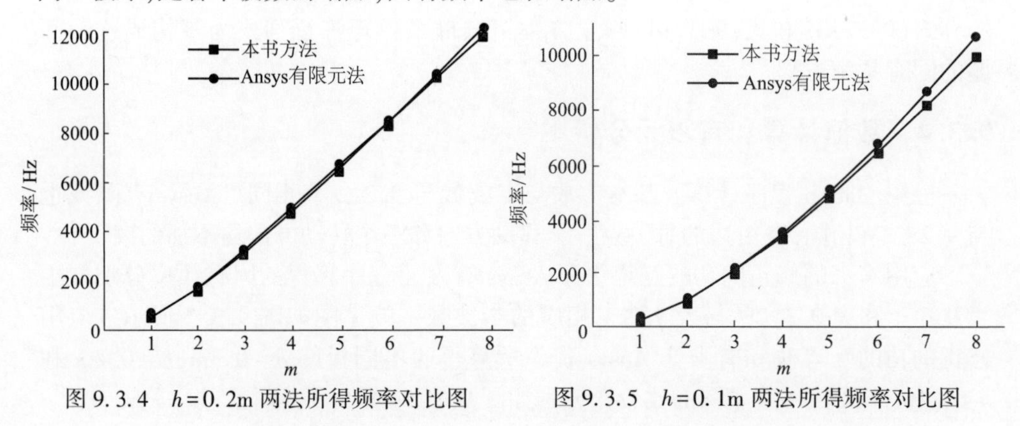

图 9.3.4 $h=0.2\text{m}$ 两法所得频率对比图　　图 9.3.5 $h=0.1\text{m}$ 两法所得频率对比图

9.4 两对边简支另两对边固定的弯曲厚矩形板

9.4.1 幅值挠曲面方程及应力函数

考虑一两对边简支另两对边固定的弯曲厚矩形板,如图 9.4.1(a)所示。解除其两固定边的弯曲约束代以幅值分布弯矩 M_{y0} 和 M_{yb},则得两对边简支另两对边固定弯曲厚矩形板的实际系统,如图 9.4.1(b)所示。并假设幅值分布弯矩分别为

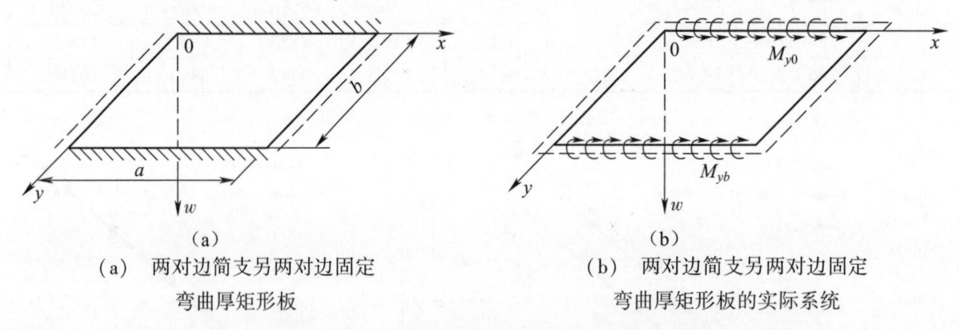

(a) 两对边简支另两对边固定弯曲厚矩形板　　(b) 两对边简支另两对边固定弯曲厚矩形板的实际系统

图 9.4.1 两对边简支另两对边固定弯曲厚矩形板及其实际系统

$$M_{y0} = \sum_{m=1,2}^{\infty} C_m \sin\alpha_m x \tag{9.4.1}$$

$$M_{yb} = \sum_{m=1,2}^{\infty} D_m \sin\alpha_m x \tag{9.4.2}$$

在图 9.4.1(b)所示弯曲厚矩形板实际系统和图 2.2.1 所示弯曲厚矩形板幅值拟基本系统之间应用修正的功的互等定理,则得

$$w(\xi,\eta) = -\int_0^a M_{y0}\omega_{1yy0}\mathrm{d}y + \int_0^a M_{yb}\omega_{1yyb}\mathrm{d}y \tag{9.4.3}$$

将式(9.4.1)、式(9.4.2)、式(2.3.3)和式(2.3.4)代入式(9.4.3)中,则得两对边简支另两对边固定弯曲厚矩形板自由振动的幅值挠曲面方程为

$$w(\xi,\eta)=-\frac{1}{D}\sum_{m=1,2}^{\infty}\frac{1}{\kappa_m^2-\lambda_m^2}\left[\frac{\sinh\kappa_m(b-\eta)}{\sinh\kappa_m b}-\frac{\sinh\lambda_m(b-\eta)}{\sinh\lambda_m b}\right]\sin\alpha_m\xi(C_m)$$
$$-\frac{1}{D}\sum_{m=1,2}^{\infty}\frac{1}{\kappa_m^2-\lambda_m^2}\left[\frac{\sinh\kappa_m\eta}{\sinh\kappa_m b}-\frac{\sinh\lambda_m\eta}{\sinh\lambda_m b}\right]\sin\alpha_m\xi(D_m) \tag{9.4.4}$$

假设应力函数为

$$\varphi(\xi,\eta)=\sum_{n=0,1,2}^{\infty}[E_n\cosh\delta_n\xi+F_n\cosh\delta_n(a-\xi)]\cos\beta_n\eta$$
$$+\sum_{m=0,1,2}^{\infty}[G_m\cosh\gamma_m\eta+H_m\cosh\gamma_m(b-\eta)]\cos\alpha_m\xi \tag{9.4.5}$$

由四边的扭角为零可以得到$E_0=0,F_0=0,G_0=0,H_0=0$,由$\xi=0,\xi=a$边的弯矩为零可以得到$E_n=0,F_n=0$,由$\eta=0,\eta=b$边的弯矩边界条件可以得到

$$G_m=-\frac{\alpha_m}{\gamma_m\sinh\gamma_m b}D_m \tag{9.4.6}$$

$$H_m=\frac{\alpha_m}{\gamma_m\sinh\gamma_m b}C_m \tag{9.4.7}$$

则应力函数为

$$\varphi(\xi,\eta)=-\sum_{n=1,2}^{\infty}\frac{\alpha_m}{\gamma_m\sinh\gamma_m b}\cosh\gamma_m\eta\cos\alpha_m\xi(D_m)$$
$$+\sum_{n=1,2}^{\infty}\frac{\alpha_m}{\gamma_m\sinh\gamma_m b}\cosh\gamma_m(b-\eta)\cos\alpha_m\xi(C_m) \tag{9.4.8}$$

9.4.2 边界条件和固有频率方程

两对边简支另两对边固定弯曲厚矩形板应满足的边界条件为

$$\omega_{\eta\eta 0}=0 \tag{9.4.9}$$
$$\omega_{\eta\eta b}=0 \tag{9.4.10}$$

将挠曲面方程式(9.4.4)和应力函数式(9.4.8)代入式(1.1.92),则得与式(9.4.9)和式(9.4.10)相应边界条件的执行方程,分别为

$$-\frac{1}{D}\sum_{n=1,2}^{\infty}\left(\frac{1}{\kappa_m^2-\lambda_m^2}\left\{\left[1+\frac{h^2}{5(1-\nu)}\left(\kappa_m^2-\alpha_m^2+\frac{kh^2}{10}\lambda^2\right)\right]\kappa_m\coth\kappa_m b\right.\right.$$
$$\left.-\left[1+\frac{h^2}{5(1-\nu)}\left(\lambda_m^2-\alpha_m^2+\frac{kh^2}{10}\lambda^2\right)\right]\lambda_m\coth\lambda_m b\right\}$$
$$\left.-\frac{h^2}{5(1-\nu)}\frac{\alpha_m^2}{\gamma_m}\coth\gamma_m b\right)(C_m)$$
$$+\frac{1}{D}\sum_{n=1,2}^{\infty}\left(\frac{1}{\kappa_m^2-\lambda_m^2}\left\{\left[1+\frac{h^2}{5(1-\nu)}\left(\kappa_m^2-\alpha_m^2+\frac{kh^2}{10}\lambda^2\right)\right]\kappa_m\frac{1}{\sinh\kappa_m b}\right.\right.$$

$$-\left[1+\frac{h^2}{5(1-\nu)}\left(\lambda_m^2-\alpha_m^2+\frac{kh^2}{10}\lambda^2\right)\right]\lambda_m\frac{1}{\sinh\lambda_m b}\Bigg\}$$

$$-\frac{h^2}{5(1-\nu)}\frac{\alpha_m^2}{\gamma_m}\frac{1}{\sinh\gamma_m b}\Bigg)(D_m)=0 \tag{9.4.11}$$

$$-\frac{1}{D}\sum_{n=1,2}^{\infty}\left(\frac{1}{\kappa_m^2-\lambda_m^2}\left\{\left[1+\frac{h^2}{5(1-\nu)}\left(\kappa_m^2-\alpha_m^2+\frac{kh^2}{10}\lambda^2\right)\right]\kappa_m\frac{1}{\sinh\kappa_m b}\right.\right.$$

$$-\left[1+\frac{h^2}{5(1-\nu)}\left(\lambda_m^2-\alpha_m^2+\frac{kh^2}{10}\lambda^2\right)\right]\lambda_m\frac{1}{\sinh\lambda_m b}\Bigg\}$$

$$-\frac{h^2}{5(1-\nu)}\frac{\alpha_m^2}{\gamma_m}\frac{1}{\sinh\gamma_m b}\Bigg)(C_m)$$

$$+\frac{1}{D}\sum_{n=1,2}^{\infty}\left(\frac{1}{\kappa_m^2-\lambda_m^2}\left\{\left[1+\frac{h^2}{5(1-\nu)}\left(\kappa_m^2-\alpha_m^2+\frac{kh^2}{10}\lambda^2\right)\right]\kappa_m\coth\kappa_m b\right.\right.$$

$$-\left[1+\frac{h^2}{5(1-\nu)}\left(\lambda_m^2-\alpha_m^2+\frac{kh^2}{10}\lambda^2\right)\right]\lambda_m\coth\lambda_m b\Bigg\}$$

$$-\frac{h^2}{5(1-\nu)}\frac{\alpha_m^2}{\gamma_m}\coth\gamma_m b\Bigg)(D_m)=0 \tag{9.4.12}$$

方程式(9.4.11)和方程式(9.4.12)的联立方程组分母系数矩阵行列式为零构成这一问题的固有频率方程。

9.4.3 数值计算和有限元分析

应用Matlab计算和Ansys有限元模拟与9.2.2节相同。应用修正的功的互等定理和应用Ansys有限元模拟所计算的固有频率分别列于表9.4.1和表9.4.2。与表9.4.1相应的半波数—固有频率图如图9.4.2所示。应用Matlab计算和Ansys有限元法计算所得到的对于不同厚度 $h=0.3$ m, $h=0.2$ m 和 $h=0.1$ m 半波数—固有频率比较图分别如图9.4.3~图9.4.5所示。

表9.4.1 两对边简支另两对边固定厚矩形板固有频率(本书的方法) (Hz)

h/m	$m=1$	$m=2$	$m=3$	$m=4$	$m=5$	$m=6$	$m=7$	$m=8$
0.3	1417.8	2555.1	4076.0	5684.9	7303.1	8914.3	10516	12109
0.2	1124.3	2060.9	3467.3	5056.5	6700.9	8354.0	10000	11635
0.1	657.82	1227.7	2206.8	3473.1	4925.4	6491.1	8121.4	9785.0

表9.4.2 两对边简支另两对边固定厚矩形板固有频率(Ansys有限元法) (Hz)

h/m	$m=1$	$m=2$	$m=3$	$m=4$	$m=5$	$m=6$	$m=7$	$m=8$
0.3	1385	2426	3871	5460	7119	8835	10612	12461
0.2	1114	1990	3327	4880	6549	8300	10123	12022
0.1	675.10	1245	2237	3530	5044	6730	8559	10516

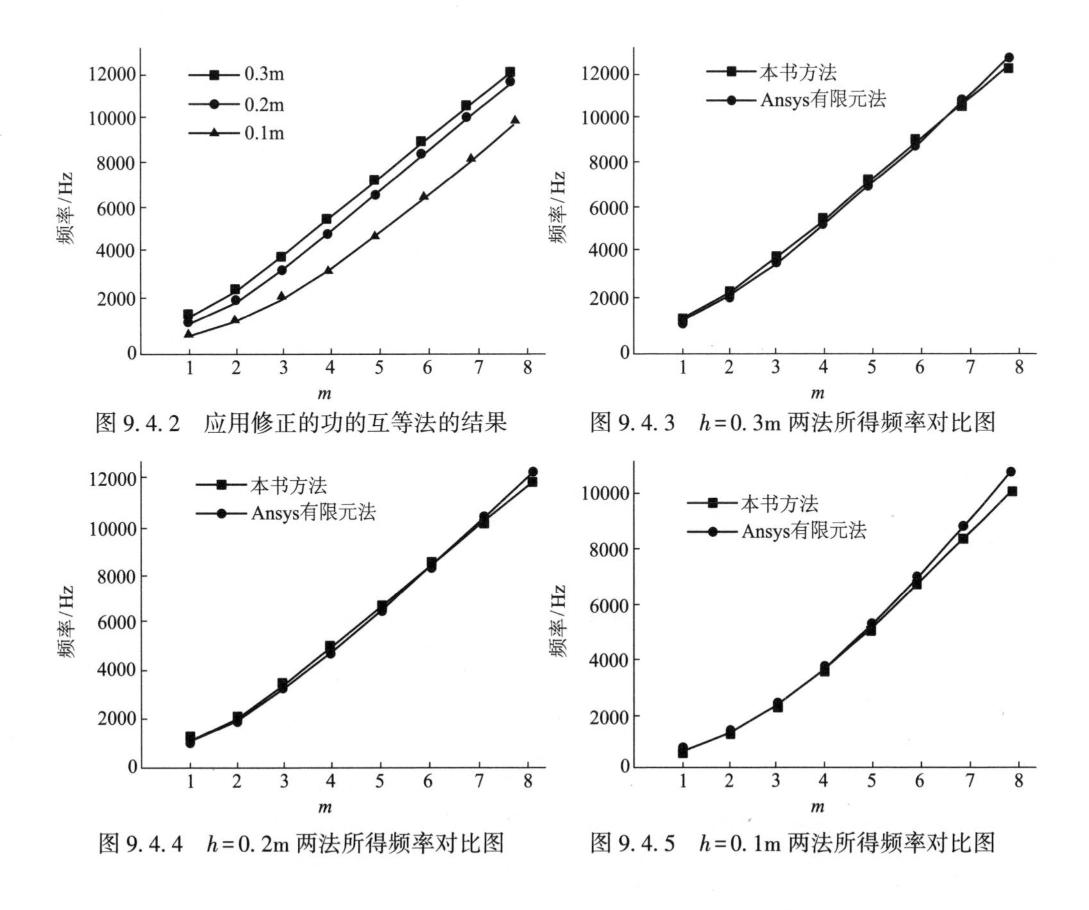

图 9.4.2　应用修正的功的互等法的结果

图 9.4.3　$h=0.3$m 两法所得频率对比图

图 9.4.4　$h=0.2$m 两法所得频率对比图

图 9.4.5　$h=0.1$m 两法所得频率对比图

9.5　两对边简支一边固定另一边自由的弯曲厚矩形板

9.5.1　幅值挠曲面方程与应力函数

考虑一两对边简支一边固定与另一边自由的弯曲厚矩形板，如图 9.5.1(a)所示。解除其固定边的弯曲约束代以幅值分布弯矩 M_{y0}，自由边的幅值挠度和扭角分别表示为 w_{yb} 和 ω_{xyb}，则得该弯曲厚矩形板的实际系统，如图 9.5.1(b)所示，并假设

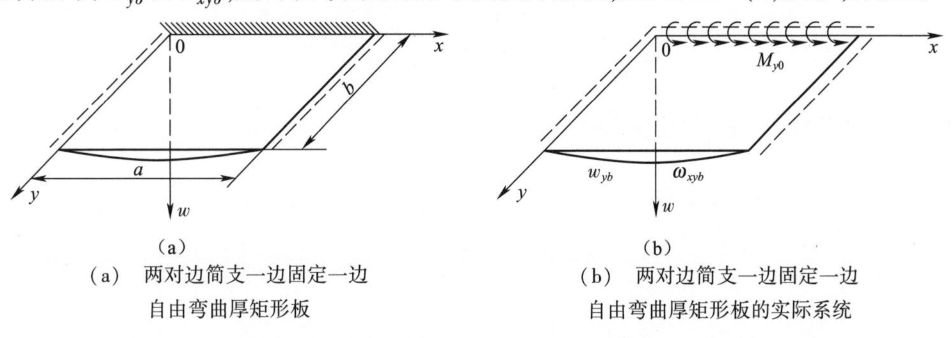

(a)　　(b)

(a)　两对边简支一边固定一边自由弯曲厚矩形板

(b)　两对边简支一边固定一边自由弯曲厚矩形板的实际系统

图 9.5.1　两对边简支一边固定一边自由弯曲厚矩形板及其实际系统

$$M_{y0} = \sum_{m=1,2}^{\infty} C_m \sin\alpha_m x \tag{9.5.1}$$

$$w_{yb} = \sum_{m=1,2}^{\infty} d_m \sin\alpha_m x \tag{9.5.2}$$

$$\omega_{xyb} = \sum_{m=1,2}^{\infty} h_m \cos\alpha_m x \tag{9.5.3}$$

在图 9.5.1(b)所示弯曲厚矩形板实际系统和图 2.2.1 所示幅值拟基本系统之间应用修正的功的互等定理,则得

$$w(\xi,\eta) = -\int_0^a M_{y0}\omega_{1yy0}\mathrm{d}x - \int_0^a Q_{1yyb}w_{yb}\mathrm{d}x - \int_0^a M_{1xyyb}\omega_{xyb}\mathrm{d}x \tag{9.5.4}$$

将式(9.5.1)~式(9.5.3)、式(2.3.3)、式(2.3.8)和式(2.3.12)代入式(9.5.4),则得幅值挠曲面方程为

$$\begin{aligned}
w(\xi,\eta) = & -\frac{1}{D}\sum_{m=1,2}^{\infty}\frac{1}{\kappa_m^2-\lambda_m^2}\left[\frac{\sinh\kappa_m(b-\eta)}{\sinh\kappa_m b} - \frac{\sinh\lambda_m(b-\eta)}{\sinh\lambda_m b}\right]\sin\alpha_m\xi(C_m) \\
& + \sum_{m=1,2}^{\infty}\frac{1}{\kappa_m^2-\lambda_m^2}\left[(\kappa_m^2-\alpha_m^2)\frac{\sinh\kappa_m\eta}{\sinh\kappa_m b} - (\lambda_m^2-\alpha_m^2)\frac{\sinh\lambda_m\eta}{\sinh\lambda_m b}\right]\sin\alpha_m\xi(d_m) \\
& + \sum_{m=1,2}^{\infty}\frac{\alpha_m(1-\nu)}{\kappa_m^2-\lambda_m^2}\left(\frac{\sinh\kappa_m\eta}{\sinh\kappa_m b} - \frac{\sinh\lambda_m\eta}{\sinh\lambda_m b}\right)\sin\alpha_m\xi(h_m)
\end{aligned} \tag{9.5.5}$$

与 9.4.1 节应力函数的求解过程类似,可得本问题的应力函数为

$$\begin{aligned}
\varphi(\xi,\eta) = & \sum_{m=1,2}^{\infty}\frac{\alpha_m}{\gamma_m\sinh\gamma_m b}\cosh\gamma_m(b-\eta)\cos\alpha_m\xi(C_m) \\
& + D(1-\nu)\frac{5}{h^2}\sum_{m=1,2}^{\infty}\frac{\alpha_m}{\gamma_m\sinh\gamma_m b}\cosh\gamma_m\eta\cos\alpha_m\xi(d_m) \\
& + D(1-\nu)\sum_{m=1,2}^{\infty}\left(\frac{5}{h^2}+\alpha_m^2\right)\frac{1}{\gamma_m\sinh\gamma_m b}\cosh\gamma_m\eta\cos\alpha_m\xi(h_m) \\
& + D(1-\nu)\frac{5}{h^2}\frac{1}{\gamma_0\sinh\gamma_0 b}\cosh\gamma_0\eta(h_0)
\end{aligned} \tag{9.5.6}$$

9.5.2 边界条件与固有频率方程

本问题的边界条件为

$$\omega_{\eta\eta 0} = 0 \tag{9.5.7}$$

$$Q_{\eta\eta b} = 0 \tag{9.5.8}$$

$$M_{\eta\xi\eta bm} = 0 \tag{9.5.9}$$

$$M_{\eta\xi\eta bm0}=0 \tag{9.5.10}$$

将式(9.5.5)和式(9.5.6)代入式(1.1.92)中,则得边界条件 $\omega_{\eta\eta0}=0$ 的执行方程为

$$\begin{aligned}
&-\frac{1}{D}\sum_{m=1,2}^{\infty}\left(\frac{1}{\kappa_m^2-\lambda_m^2}\left\{\left[1+\frac{h^2}{5(1-\nu)}\left(\kappa_m^2-\alpha_m^2+\frac{\kappa h^2}{10}\lambda^2\right)\right]\kappa_m\cosh\kappa_m b\right.\right.\\
&\qquad\left.-\left[1+\frac{h^2}{5(1-\nu)}\left(\lambda_m^2-\alpha_m^2+\frac{kh^2}{10}\lambda^2\right)\right]\lambda_m\coth\lambda_m b\right\}\\
&\qquad\left.-\frac{h^2}{5(1-\nu)}\frac{\alpha_m^2}{\gamma_m}\coth\gamma_m b\right)(C_m)\\
&-\sum_{m=1,2}^{\infty}\left(\frac{1}{\kappa_m^2-\lambda_m^2}\left\{\left[1+\frac{h^2}{5(1-\nu)}\left(\kappa_m^2-\alpha_m^2+\frac{kh^2}{10}\lambda^2\right)\right](\kappa_m^2-\alpha_m^2)\kappa_m\frac{1}{\sinh\kappa_m b}\right.\right.\\
&\left.\left.-\left[1+\frac{h^2}{5(1-\nu)}\left(\lambda_m^2-\alpha_m^2+\frac{kh^2}{10}\lambda^2\right)\right](\lambda_m^2-\alpha_m^2)\lambda_m\frac{1}{\sinh\lambda_m b}\right\}-\frac{\alpha_m^2}{\gamma_m}\frac{1}{\sinh\gamma_m b}\right)(d_m)\\
&-\sum_{m=1,2}^{\infty}\left(\frac{\alpha_m(1-\nu)}{\kappa_m^2-\lambda_m^2}\left\{\left[1+\frac{h^2}{5(1-\nu)}\left(\kappa_m^2-\alpha_m^2+\frac{kh^2}{10}\lambda^2\right)\right]\kappa_m\frac{1}{\sinh\kappa_m b}\right.\right.\\
&\qquad\left.-\left[1+\frac{h^2}{5(1-\nu)}\left(\lambda_m^2-\alpha_m^2+\frac{kh^2}{10}\lambda^2\right)\right]\lambda_m\frac{1}{\sinh\lambda_m b}\right\}\\
&\qquad\left.-\left(1+\frac{h^2}{5}\alpha_m^3\right)\frac{\alpha_m}{\gamma_m}\frac{1}{\sinh\gamma_m b}\right)(h_m)=0
\end{aligned} \tag{9.5.11}$$

将式(9.5.5)和式(9.5.6)代入式(1.1.87)中,则得边界条件 $Q_{\eta\eta b}=0$ 的执行方程为

$$\begin{aligned}
&-\sum_{m=1,2}^{\infty}\left\{\frac{1}{\kappa_m^2-\lambda_m^2}\left[\left(\kappa_m^2-\alpha_m^2+\frac{kh^2}{10}\lambda^2\right)\kappa_m\frac{1}{\sinh\kappa_m b}\right.\right.\\
&\qquad\left.\left.+\left(\lambda_m^2-\alpha_m^2+\frac{kh^2}{10}\lambda^2\right)\lambda_m\frac{1}{\sinh\lambda_m b}\right]-\frac{\alpha_m^2}{\gamma_m}\frac{1}{\sinh\gamma_m b}\right\}(C_m)\\
&-D\sum_{m=1,2}^{\infty}\left\{\frac{1}{\kappa_m^2-\lambda_m^2}\left[\left(\kappa_m^2-\alpha_m^2+\frac{kh^2}{10}\lambda^2\right)(\kappa_m^2-\alpha_m^2)\kappa_m\coth\kappa_m b\right.\right.\\
&\left.\left.+\left(\lambda_m^2-\alpha_m^2+\frac{kh^2}{10}\lambda^2\right)(\lambda_m^2-\alpha_m^2)\lambda_m\cosh\lambda_m b\right]-(1-\nu)\frac{5\alpha_m^2}{h^2\gamma_m}\coth\gamma_m b\right\}(d_m)\\
&-D\sum_{m=1,2}^{\infty}\left\{\frac{\alpha_m(1-\nu)}{\kappa_m^2-\lambda_m^2}\left[\left(\kappa_m^2-\alpha_m^2+\frac{kh^2}{10}\lambda^2\right)\kappa_m\coth\kappa_m b\right.\right.
\end{aligned}$$

$$+\left(\lambda_m^2-\alpha_m^2+\frac{kh^2}{10}\lambda^2\right)\lambda_m\cosh\lambda_m b\Bigg]-(1-\nu)\left(\frac{5}{h^2}+\alpha_m^2\right)\frac{\alpha_m^2}{\gamma_m}\coth\gamma_m b\Bigg\}(h_m)=0 \tag{9.5.12}$$

将式(9.5.5)和式(9.5.6)代入式(1.1.90)中,则得边界条件 $M_{\xi\eta\eta bm}=0$ 的执行方程为

$$\begin{aligned}
&-\sum_{m=1,2}^{\infty}\left(\frac{\alpha_m}{\kappa_m^2-\lambda_m^2}\left\{\left[1-\nu+\frac{h^2}{5}\left(\kappa_m^2-\alpha_m^2+\frac{kh^2}{10}\lambda^2\right)\right]\kappa_m\frac{1}{\sinh\kappa_m b}\right.\right.\\
&\qquad\left.-\left[1-\nu+\frac{h^2}{5}\left(\lambda_m^2-\alpha_m^2+\frac{kh^2}{10}\lambda^2\right)\right]\lambda_m\frac{1}{\sinh\lambda_m b}\right\}\\
&\qquad\left.-\frac{h^2}{10}\frac{\alpha_m(\gamma_m^2+\alpha_m^2)}{\gamma_m^2}\frac{1}{\sinh\gamma_m b}\right)(C_m)\\
&-D\sum_{m=1,2}^{\infty}\left(\frac{\alpha_m}{\kappa_m^2-\lambda_m^2}\left\{\left[1-\nu+\frac{h^2}{5}\left(\kappa_m^2-\alpha_m^2+\frac{kh^2}{10}\lambda^2\right)\right](\kappa_m^2-\alpha_m^2)\kappa_m\coth\kappa_m b\right.\right.\\
&\qquad\left.-\left[1-\nu+\frac{h^2}{5}\left(\lambda_m^2-\alpha_m^2+\frac{kh^2}{10}\lambda^2\right)\right](\lambda_m^2-\alpha_m^2)\lambda_m\coth\lambda_m b\right\}\\
&\qquad\left.-\frac{1-\nu}{2}\frac{\alpha_m(\gamma_m^2+\alpha_m^2)}{\gamma_m^2}\coth\gamma_m b\right)(d_m)\\
&-D\sum_{m=1,2}^{\infty}\left(\frac{\alpha_m(1-\nu)}{\kappa_m^2-\lambda_m^2}\left\{\left[1-\nu+\frac{h^2}{5}\left(\kappa_m^2-\alpha_m^2+\frac{kh^2}{10}\lambda^2\right)\right]\kappa_m\coth\kappa_m b\right.\right.\\
&\qquad\left.-\left[1-\nu+\frac{h^2}{5}\left(\lambda_m^2-\alpha_m^2+\frac{kh^2}{10}\lambda^2\right)\right]\lambda_m\coth\lambda_m b\right\}\\
&\qquad\left.-\frac{1-\nu}{2}\left(1+\frac{h^2}{5}\alpha_m^2\right)\frac{\gamma_m^2+\alpha_m^2}{\gamma_m}\coth\gamma_b\right)(h_m)=0
\end{aligned} \tag{9.5.13}$$

由式(9.5.13)可得 $M_{\xi\eta\eta bm0}=0$ 的执行边界条件为

$$h_0=0 \tag{9.5.14}$$

式(9.5.11)~式(9.5.13)联立方程组分母系数矩阵行列式为零构成这一问题的固有频率方程。

9.5.3 数值计算和有限元分析

应用 Matlab 计算和 Ansys 有限元模拟和 9.2.2 节相同。相应的表格列于

表9.5.1和表9.5.2;相应的图示于图9.5.2~图9.5.5。

表9.5.1　两对边简支一边固定一边自由厚矩形板固有频率(本书的方法)

(Hz)

h/m	$m=1$	$m=2$	$m=3$	$m=4$	$m=5$	$m=6$	$m=7$	$m=8$
0.3	788.26	2175.6	3810.8	5476.2	7126.3	8756.5	10371	11972
0.2	567.50	1695.4	3199.7	4842.3	6518.7	8191.7	9851.1	11495
0.1	300.85	962.4	1990.4	3284.8	4755.7	6334.5	7974.0	9644.3

表9.5.2　两对边简支一边固定一边自由厚矩形板固有频率(Ansys模拟结果)

(Hz)

h/m	$m=1$	$m=2$	$m=3$	$m=4$	$m=5$	$m=6$	$m=7$	$m=8$
0.3	763.68	2061	3617	5258	6946	8679	110466	12167
0.2	561.12	1643	3079	4683	6383	8153	9990	11890
0.1	306.94	981.57	2026	3351	4888	6592	8440	10416

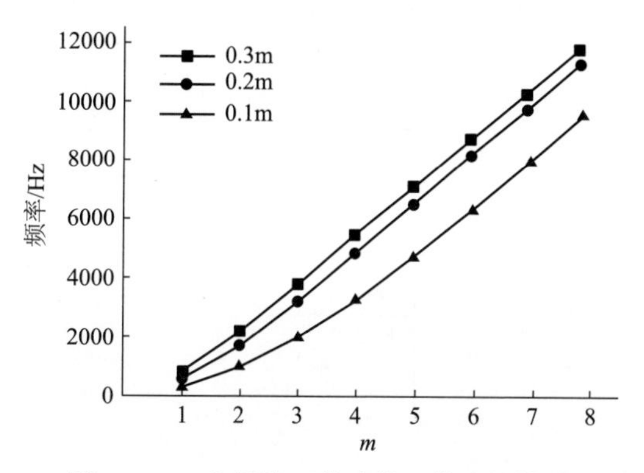

图9.5.2　应用修正的功的互等法的结果

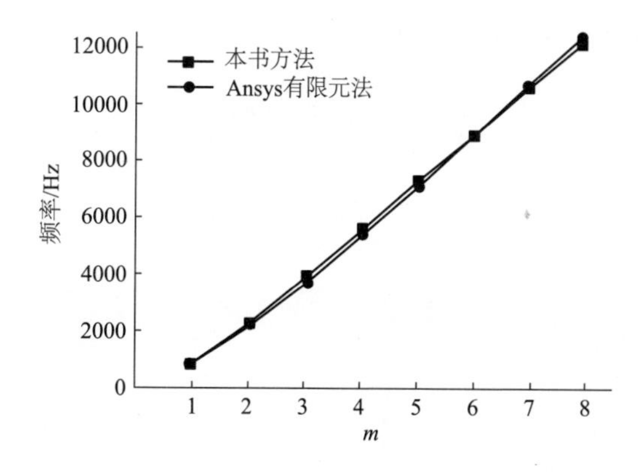

图9.5.3　$h=0.3$m两法所得频率的对比图

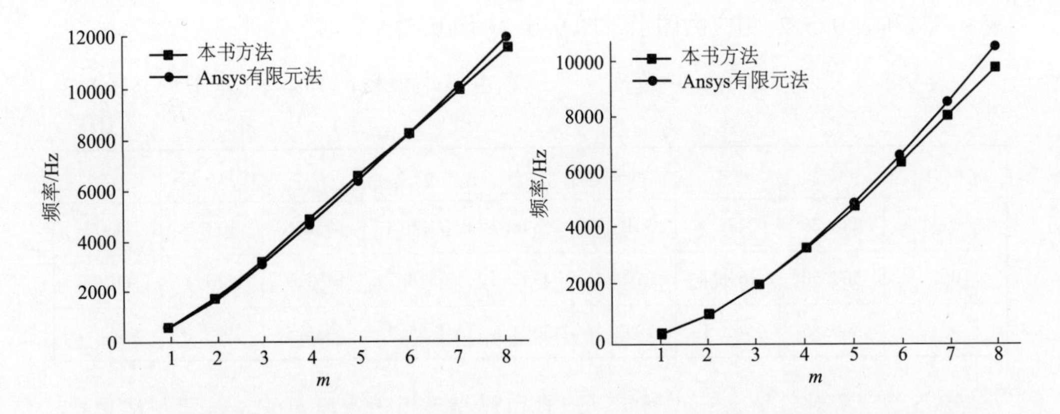

图 9.5.4 $h=0.2\text{m}$ 两法所得频率的对比图　　图 9.5.5 $h=0.1\text{m}$ 两法所得频率的对比图

9.6 两对边简支另两对边自由的弯曲厚矩形板

9.6.1 幅值挠曲面方程和应力函数

让我们考虑一两对边简支另两对边自由的弯曲厚矩形板为幅值实际系统，如图 9.6.1 所示。

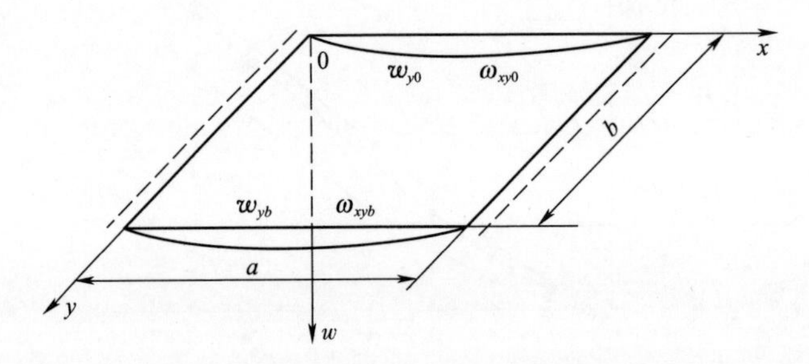

图 9.6.1 两对边简支另两对边自由弯曲厚矩形板幅值实际系统

两自由边的幅值挠度和扭角分别假设为

$$w_{y0} = \sum_{m=1,2}^{\infty} c_m \sin\alpha_m x \tag{9.6.1}$$

$$w_{yb} = \sum_{m=1,2}^{\infty} d_m \sin\alpha_m x \tag{9.6.2}$$

$$\omega_{xy0} = \sum_{m=1,2}^{\infty} g_m \cos\alpha_m x + g_0 \tag{9.6.3}$$

$$\omega_{xyb} = \sum_{m=1,2}^{\infty} h_m \cos\alpha_m x + h_0 \tag{9.6.4}$$

在图 9.6.1 所示两对边简支另两对边自由弯曲厚矩形板幅值实际系统和图 2.2.1 所示弯曲厚矩形板幅值拟基本系统之间应用修正的功的互等定理,则得

$$w(\xi,\eta)=\int_0^a Q_{1yy0}w_{y0}\mathrm{d}x-\int_0^a Q_{1yyb}w_{yb}\mathrm{d}x+\int_0^a M_{1yy0}\omega_{xy0}\mathrm{d}x-\int_0^1 M_{1xyyb}\omega_{xyb}\mathrm{d}x \tag{9.6.5}$$

将式(9.6.1)~式(9.6.4)、式(2.3.7)、式(2.3.8)、式(2.3.11)和式(2.3.12)代入式(9.6.5)中,则得

$$\begin{aligned}
w(\xi,\eta)=&\sum_{m=1,2}^{\infty}\frac{1}{\kappa_m^2-\lambda_m^2}\left[(\kappa_m^2-\alpha_m^2)\frac{\sinh\kappa_m(b-\eta)}{\sinh\kappa_m b}-(\lambda_m^2-\alpha_m^2)\frac{\sinh\lambda_m(b-\eta)}{\sinh\lambda_m b}\right]\sin\alpha_m\xi(c_m)\\
&+\sum_{m=1,2}^{\infty}\frac{1}{\kappa_m^2-\lambda_m^2}\left[(\kappa_m^2-\alpha_m^2)\frac{\sinh\kappa_m\eta}{\sinh\kappa_m b}-(\lambda_m^2-\alpha_m^2)\frac{\sinh\lambda_m\eta}{\sinh\lambda_m b}\right]\sin\alpha_m\xi(d_m)\\
&+\sum_{m=1,2}^{\infty}\frac{\alpha_m(1-\nu)}{\kappa_m^2-\lambda_m^2}\left[\frac{\sinh\kappa_m(b-\eta)}{\sinh\kappa_m b}-\frac{\sinh\lambda_m(b-\eta)}{\sinh\lambda_m b}\right]\sin\alpha_m\xi(g_m)\\
&+\sum_{m=1,2}^{\infty}\frac{\alpha_m(1-\nu)}{\kappa_m^2-\lambda_m^2}\left(\frac{\sinh\kappa_m\eta}{\sinh\kappa_m b}-\frac{\sinh\lambda_m\eta}{\sinh\lambda_m b}\right)\sin\alpha_m\xi(h_m)
\end{aligned} \tag{9.6.6}$$

应力函数的求解过程与 9.4.1 节应力函数的求解过程类似,本节将直接给出结果为

$$\begin{aligned}
\varphi(\xi,\eta)=&D(1-\nu)\frac{5}{h^2}\sum_{m=1,2}^{\infty}\frac{\alpha_m}{\gamma_m\sinh\gamma_m b}\cosh\gamma_m\eta\cos\alpha_m\xi(d_m)\\
&+D(1-\nu)\sum_{m=1,2}^{\infty}\left(\frac{5}{h^2}+\alpha_m^2\right)\frac{1}{\gamma_m\sinh\gamma_m b}\cosh\gamma_m\eta\cos\alpha_m\xi(h_m)\\
&-D(1-\nu)\frac{5}{h^2}\sum_{m=1,2}^{\infty}\frac{\alpha_m}{\gamma_m\sinh\gamma_m b}\cosh\gamma_m(b-\eta)\cos\alpha_m\xi(c_m)\\
&-D(1-\nu)\sum_{m=1,2}^{\infty}\left(\frac{5}{h^2}+\alpha_m^2\right)\frac{1}{\gamma_m\sinh\gamma_m b}\cosh\gamma_m(b-\eta)\cos\alpha_m\xi(g_m)\\
&+D(1-\nu)\frac{5}{h^2}\frac{1}{\gamma_0\sinh\gamma_0 b}\cosh\gamma_0\eta(h_0)\\
&-D(1-\nu)\frac{4}{h^2}\frac{1}{\gamma_0\sinh\gamma_0 b}\cosh(b-\eta)(g_0)
\end{aligned} \tag{9.6.7}$$

9.6.2 边界条件及固有频率方程

本问题的边界条件分别为

$$Q_{\eta\eta 0} = 0 \tag{9.6.8}$$

$$Q_{\eta\eta b} = 0 \tag{9.6.9}$$

$$M_{\eta\xi\eta 0} = 0 \tag{9.6.10}$$

$$M_{\eta\xi\eta b} = 0 \tag{9.6.11}$$

$$M_{\eta\xi\eta 0m0} = 0 \tag{9.6.12}$$

$$M_{\eta\xi\eta bm0} = 0 \tag{9.6.13}$$

将式(9.6.6)和式(9.6.7)代入式(1.1.87),则得与式(9.6.8)边界条件相应的执行方程为

$$\begin{aligned}
&D\sum_{m=1,2}^{\infty}\left\{\frac{1}{\kappa_m^2-\lambda_m^2}\left[\left(\kappa_m^2-\alpha_m^2+\frac{kh^2}{10}\lambda^2\right)(\kappa_m^2-\alpha_m^2)\kappa_m\coth\kappa_m b\right.\right.\\
&\qquad\left.-\left(\frac{kh^2}{10}\lambda^2\right)(\lambda_m^2-\alpha_m^2)\lambda_m\coth\lambda_m b\right]\\
&\qquad\left.-(1-\nu)\frac{5}{h^2}\frac{\alpha_m^2}{\gamma_m}\coth\gamma_m b\right\}(c_m)\\
&-D\sum_{m=1,2}^{\infty}\left\{\frac{1}{\kappa_m^2-\lambda_m^2}\left[\left(\kappa_m^2-\alpha_m^2+\frac{kh^2}{10}\lambda^2\right)(\kappa_m^2-\alpha_m^2)\kappa_m\frac{1}{\sinh\kappa_m b}\right.\right.\\
&\qquad\left.-\left(\lambda_m^2-\alpha_m^2+\frac{kh^2}{10}\lambda^2\right)(\lambda_m^2-\alpha_m^2)\lambda_m\frac{1}{\sinh\lambda_m b}\right]\\
&\qquad\left.-(1-\nu)\frac{5}{h^2}\frac{\alpha_m^2}{\gamma_m}\frac{1}{\sinh\gamma_m b}\right\}(d_m)\\
&+D\sum_{m=1,2}^{\infty}\left\{\frac{\alpha_m(1-\nu)}{\kappa_m^2-\lambda_m^2}\left[\left(\kappa_m^2-\alpha_m^2+\frac{kh^2}{10}\lambda^2\right)\kappa_m\coth\kappa_m b\right.\right.\\
&\qquad\left.-\left(\lambda_m^2-\alpha_m^2+\frac{kh^2}{10}\lambda^2\right)\kappa_m\coth\kappa_m b\right]\\
&\qquad\left.-(1-\nu)\left(\frac{5}{h^2}+\alpha_m^2\right)\frac{\alpha_m}{\gamma_m}\coth\gamma_m b\right\}(g_m)\\
&-D\sum_{m=1,2}^{\infty}\left\{\frac{\alpha_m(1-\nu)}{\kappa_m^2-\lambda_m^2}\left[\left(\kappa_m^2-\alpha_m^2+\frac{kh^2}{10}\lambda^2\right)\kappa_m\frac{1}{\sinh\kappa_m b}\right.\right.\\
&\qquad\left.-\left(\lambda_m^2-\alpha_m^2+\frac{kh^2}{10}\lambda^2\right)\lambda_m\frac{1}{\sinh\lambda_m b}\right]\\
&\qquad\left.-(1-\nu)\left(\frac{5}{h^2}+\alpha_m^2\right)\frac{\alpha_m}{\gamma_m}\frac{1}{\sinh\gamma_m b}\right\}(h_m)\\
&=0
\end{aligned}\tag{9.6.14}$$

将式(9.6.6)和式(9.6.7)代入式(1.1.87),则得与式(9.6.9)边界条件相应的执行方程为

$$
\begin{aligned}
& D\sum_{m=1,2}^{\infty}\left\{\frac{1}{\kappa_m^2-\lambda_m^2}\left[\left(\kappa_m^2-\alpha_m^2+\frac{kh^2}{10}\lambda^2\right)(\kappa_m^2-\alpha_m^2)\kappa_m\frac{1}{\sinh\kappa_m b}\right.\right. \\
&\qquad\left.-\left(\lambda_m^2-\alpha_m^2+\frac{kh^2}{10}\lambda^2\right)(\lambda_m^2-\alpha_m^2)\lambda_m\frac{1}{\sinh\lambda_m b}\right] \\
&\qquad\left.-(1-\nu)\frac{5}{h^2}\frac{\alpha_m^2}{\gamma_m}\frac{1}{\sinh\gamma_m b}\right\}(c_m) \\
& -D\sum_{m=1,2}^{\infty}\left\{\frac{1}{\kappa_m^2-\lambda_m^2}\left[\left(\kappa_m^2-\alpha_m^2+\frac{kh^2}{10}\lambda^2\right)(\kappa_m^2-\alpha_m^2)\kappa_m\coth\kappa_m b\right.\right. \\
&\qquad\left.-\left(\lambda_m^2-\alpha_m^2+\frac{kh^2}{10}\lambda^2\right)(\lambda_m^2-\alpha_m^2)\lambda_m\coth\lambda_m b\right] \\
&\qquad\left.-(1-\nu)\frac{5}{h^2}\frac{\alpha_m^2}{\gamma_m}\coth\gamma_m b\right\}(d_m) \\
& +D\sum_{m=1,2}^{\infty}\left\{\frac{\alpha_m(1-\nu)}{\kappa_m^2-\lambda_m^2}\left[\left(\kappa_m^2-\alpha_m^2+\frac{kh^2}{10}\lambda^2\right)\kappa_m\frac{1}{\sinh\kappa_m b}\right.\right. \\
&\qquad\left.-\left(\lambda_m^2-\alpha_m^2+\frac{kh^2}{10}\lambda^2\right)\lambda_m\frac{1}{\sinh\lambda_m b}\right] \\
&\qquad\left.-(1-\nu)\left(\frac{5}{h^2}+\alpha_m^2\right)\frac{\alpha_m}{\gamma_m}\frac{1}{\sinh\gamma_m b}\right\}(g_m) \\
& -D\sum_{m=1,2}^{\infty}\left\{\frac{\alpha_m(1-\nu)}{\kappa_m^2-\lambda_m^2}\left[\left(\kappa_m^2-\alpha_m^2+\frac{kh^2}{10}\lambda^2\right)\kappa_m\coth\kappa_m b\right.\right. \\
&\qquad\left.-\left(\lambda_m^2-\alpha_m^2+\frac{kh^2}{10}\lambda^2\right)\kappa_m\coth\lambda_m b\right] \\
&\qquad\left.-(1-\nu)\left(\frac{5}{h^2}+\alpha_m^2\right)\frac{\alpha_m}{\gamma_m}\coth\gamma_m b\right\}(h_m) \\
& =0 \qquad\qquad (9.6.15)
\end{aligned}
$$

将式(9.6.6)和式(9.6.7)代入式(1.1.90),则得与式(9.6.10)边界条件相应的执行方程为

$$
\begin{aligned}
& D\sum_{m=1,2}^{\infty}\left(\frac{\alpha_m}{\kappa_m^2-\lambda_m^2}\left\{\left[1-\nu+\frac{h^2}{5}\left(\kappa_m^2-\alpha_m^2+\frac{kh^2}{10}\lambda^2\right)\right](\kappa_m^2-\alpha_m^2)\kappa_m\coth\kappa_m b\right.\right. \\
& \left.-\left[1-\nu+\frac{h^2}{5}\left(\lambda_m^2-\alpha_m^2+\frac{kh^2}{10}\lambda^2\right)\right](\lambda_m^2-\alpha_m^2)\lambda_m\coth\lambda_m b\right\} \\
& \left.-\frac{1-\nu}{2}\frac{\alpha_m(\gamma_m^2+\alpha_m^2)}{\gamma_m^2}\coth\gamma_m b\right)(c_m) \\
& -D\sum_{m=1,2}^{\infty}\left(\frac{\alpha_m}{\kappa_m^2-\lambda_m^2}\left\{\left[1-\nu+\frac{h^2}{5}\left(\kappa_m^2-\alpha_m^2+\frac{kh^2}{10}\lambda^2\right)\right](\kappa_m^2-\alpha_m^2)\kappa_m\frac{1}{\sinh\kappa_m b}\right.\right.
\end{aligned}
$$

$$
-\left[1-\nu+\frac{h^2}{5}\left(\lambda_m^2-\alpha_m^2+\frac{kh^2}{10}\lambda^2\right)\right](\lambda_m^2-\alpha_m^2)\lambda_m\frac{1}{\sinh\lambda_m b}\Bigg\}
$$

$$
-\frac{1-\nu}{2}\frac{\alpha_m(\gamma_m^2+\alpha_m^2)}{\gamma_m^2}\frac{1}{\sinh\gamma_m b}\Bigg)(d_m)
$$

$$
+D\sum_{m=1,2}^{\infty}\left(\frac{\alpha_m^2(1-\nu)}{\kappa_m^2-\lambda_m^2}\Bigg\{\left[1+\nu+\frac{h^2}{5}\left(\kappa_m^2-\alpha_m^2+\frac{kh^2}{10}\lambda^2\right)\right]\kappa_m\coth\kappa_m b\right.
$$

$$
-\left[1-\nu+\frac{h^2}{5}\left(\lambda_m^2-\alpha_m^2+\frac{kh^2}{10}\lambda^2\right)\right]\lambda_m\coth\lambda_m b\Bigg\}
$$

$$
\left.-\frac{1-\nu}{2}\left(1+\frac{h^2}{5}\alpha_m^2\right)\frac{\gamma_m^2+\alpha_m^2}{\gamma_m^2}\coth\gamma_m b\right)(g_m)
$$

$$
-D\sum_{m=1,2}^{\infty}\left(\frac{\alpha_m^2(1-\nu)}{\kappa_m^2-\lambda_m^2}\Bigg\{\left[1-\nu+\frac{h^2}{5}\left(\kappa_m^2-\alpha_m^2+\frac{kh^2}{10}\lambda^2\right)\right]\kappa_m\frac{1}{\sinh\kappa_m b}\right.
$$

$$
-\left[1-\nu+\frac{h^2}{5}\left(\lambda_m^2-\alpha_m^2+\frac{kh^2}{10}\lambda^2\right)\right]\lambda_m\frac{1}{\sinh\lambda_m b}\Bigg\}
$$

$$
\left.-\frac{1-\nu}{2}\left(1+\frac{h^2}{5}\alpha_m^2\right)\frac{\gamma_m^2+\alpha_m^2}{\gamma_m^2}\frac{1}{\sinh\lambda_m b}\right)(h_m)
$$

$$
=0 \tag{9.6.16}
$$

将式(9.6.6)和式(9.6.7)代入式(1.1.90)中,则得与式(9.6.11)边界条件相应的执行方程为

$$
D\sum_{m=1,2}^{\infty}\left(\frac{\alpha_m}{\kappa_m^2-\lambda_m^2}\Bigg\{\left[1+\nu+\frac{h^2}{5}\left(\kappa_m^2-\alpha_m^2+\frac{kh^2}{10}\lambda^2\right)\right](\kappa_m^2-\alpha_m^2)\kappa_m\frac{1}{\sinh\kappa_m b}\right.
$$

$$
-\left[1-\nu+\frac{h^2}{5}\left(\lambda_m^2-\alpha_m^2+\frac{kh^2}{10}\lambda^2\right)\right](\lambda_m^2-\alpha_m^2)\lambda_m\coth\lambda_m b\Bigg\}
$$

$$
\left.-\frac{1-\nu}{2}\frac{\alpha_m(\gamma_m^2+\alpha_m^2)}{\gamma_m^2}\frac{1}{\sinh\lambda_m b}\right)(c_m)
$$

$$
-D\sum_{m=1,2}^{\infty}\left(\frac{\alpha_m}{\kappa_m^2-\lambda_m^2}\Bigg\{\left[1-\nu+\frac{h^2}{5}\left(\kappa_m^2-\alpha_m^2+\frac{kh^2}{10}\lambda^2\right)\right](\kappa_m^2-\alpha_m^2)\kappa_m\frac{1}{\sinh\kappa_m b}\right.
$$

$$
-\left[1-\nu+\frac{h^2}{5}\left(\lambda_m^2-\alpha_m^2+\frac{kh^2}{10}\lambda^2\right)\right](\lambda_m^2-\alpha_m^2)\lambda_m\coth\lambda_m b\Bigg\}
$$

$$
\left.-\frac{1-\nu}{2}\frac{\alpha_m(\gamma_m^2+\alpha_m^2)}{\gamma_m^2}\frac{1}{\sinh\gamma_m b}\right)(d_m)
$$

$$+D\sum_{m=1,2}^{\infty}\left(\frac{\alpha_m^2(1-\nu)}{\kappa_m^2-\lambda_m^2}\left\{\left[1+\nu+\frac{h^2}{5}\left(\kappa_m^2-\alpha_m^2+\frac{kh^2}{10}\lambda^2\right)\right]\kappa_m\frac{1}{\sinh\kappa_m b}\right.\right.$$

$$\left.-\left[1-\nu+\frac{h^2}{5}\left(\lambda_m^2-\alpha_m^2+\frac{kh^2}{10}\lambda^2\right)\right]\lambda_m\frac{1}{\sinh\gamma_m b}\right\}$$

$$\left.-\frac{1-\nu}{2}\left(1+\frac{h^2}{5}\alpha_m^2\right)\frac{\gamma_m^2+\alpha_m^2}{\gamma_m}\frac{1}{\sinh\gamma_m b}\right)(g_m)$$

$$-D\sum_{m=1,2}^{\infty}\left(\frac{\alpha_m^2(1-\nu)}{\kappa_m^2-\lambda_m^2}\left\{\left[1-\nu+\frac{h^2}{5}\left(\kappa_m^2-\alpha_m^2+\frac{kh^2}{10}\lambda^2\right)\right]\kappa_m\cosh\kappa_m b\right.\right.$$

$$\left.-\left[1-\nu+\frac{h^2}{5}\left(\lambda_m^2-\alpha_m^2+\frac{kh^2}{10}\lambda^2\right)\right]\lambda_m\frac{1}{\coth\lambda_m b}\right\}$$

$$\left.-\frac{1-\nu}{2}\left(1+\frac{h^2}{5}\alpha_m^2\right)\frac{\gamma_m^2+\alpha_m^2}{\gamma_m^2}\frac{1}{\coth\gamma_m b}\right)(h_m)$$

$$=0 \tag{9.6.17}$$

据式(9.6.10)和式(9.6.11),当$m=0$时,则得$g_0=h_0=0$,于是由式(9.6.14)、式(9.6.15)、式(9.6.16)和式(9.6.17)联立方程组分母系数矩阵行列式为零构成这一问题的固有频率方程。

9.6.3 数值计算和有限元分析

本节计算的基本参数和方法与前几节相同,不再重复。相应的结果列于表9.6.1和表9.6.2;并示于图9.6.2~图9.6.5。

表9.6.1 两对边简支另两对边自由厚矩形板固有频率(本书的方法) (Hz)

h/m	$m=1$	$m=2$	$m=3$	$m=4$	$m=5$	$m=6$	$m=7$	$m=8$
0.3	636.00	2080.5	3745.6	5428.1	7088.9	8726.6	10346	11951
0.2	446.91	1609.1	3135.8	4793.6	6480.3	8153.0	9825.7	11474
0.1	231.54	904.80	1941.2	3242.6	4719.7	6304.0	7948.0	9622.3

表9.6.2 两对边简支另两对边自由厚矩形板固有频率(Ansys有限元法)(Hz)

h/m	$m=1$	$m=2$	$m=3$	$m=4$	$m=5$	$m=6$	$m=7$	$m=8$
0.3	619.18	1975	3558	5216	6914	8655	10448	12082
0.2	444.37	1564	3022	4641	6350	8127	9970	11883
0.1	239.11	927.48	1982	3314	4857	6567	8419	10399

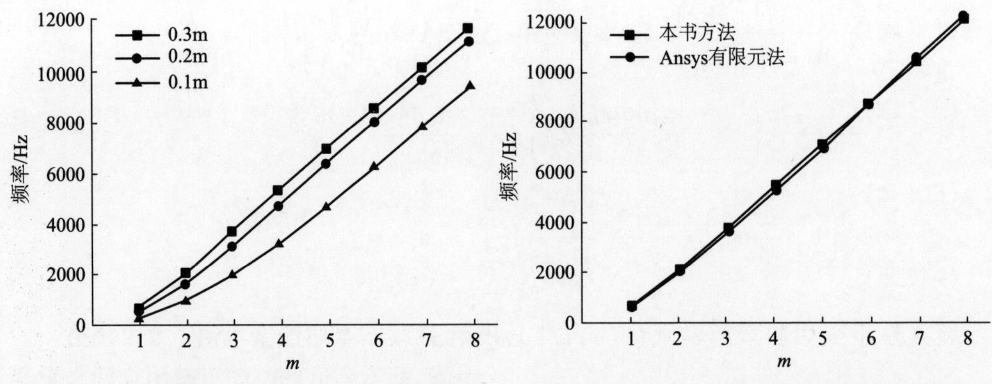

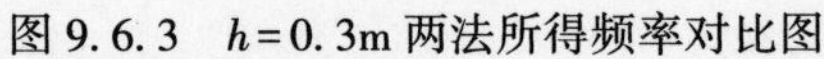

图 9.6.2　应用修正的功的互等法所得结果

图 9.6.3　$h=0.3$m 两法所得频率对比图

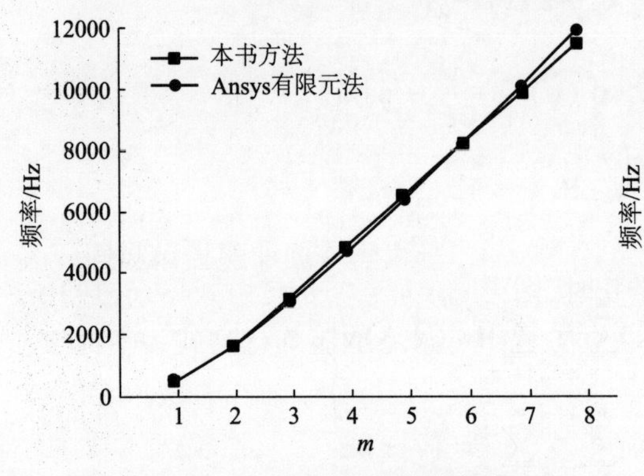

图 9.6.4　$h=0.2$m 两法所得频率对比图

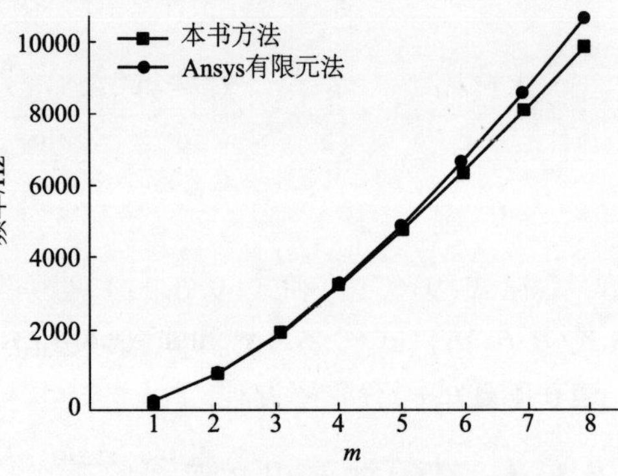

图 9.6.5　$h=0.1$m 两法所得频率对比图

第 10 章　矩形夹层板稳定的控制方程及其基本解

本章将给出夹层板稳定的控制方程及其基本解。

10.1　面板和夹心层的平衡方程和应力—应变关系

考虑一夹层板单元,如图 10.1.1 所示。该板由两面板和一夹心层所组成。夹心层的厚度为 $h-t$,两面板的厚度均为 t。同时假设,t 与 h 相比是一小量;两面板的弹性常数 E_f 和 G_f 比夹心层的弹性常数 E_c 和 G_c 要大;并进一步假设,乘积 tE_f 和 tG_f 比 hE_c 和 hG_c 要大。

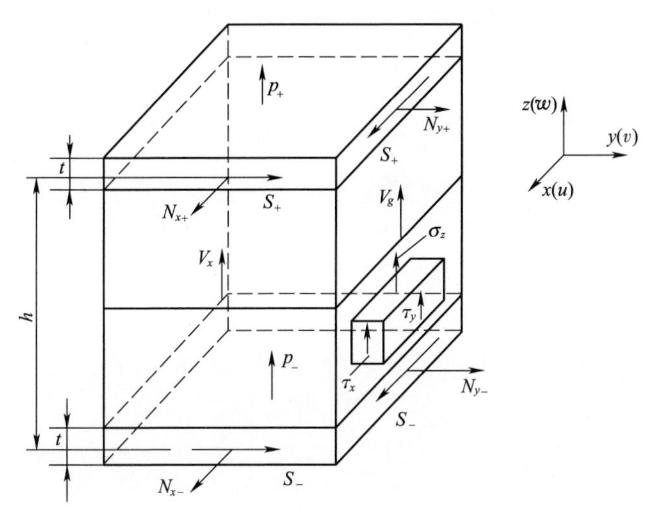

图 10.1.1　夹层板单元

基于 $t \ll h$,可以假设,平行于面板平面的面板应力沿面板厚度 t 是均匀分布的;基于 $hE_c \ll hE_f$ 的假设,可忽略在夹心层中的与面板相平行的应力。于是,我们所讨论的夹层板便是具有抗弯刚度的两层面板和具有抗剪切变形和抵抗横向正应力的一夹心层所构成。

据图 10.1.1,两面板的平衡微分方程分别为

$$\frac{\partial N_{x\pm}}{\partial x} + \frac{\partial S_{\pm}}{\partial y} \mp \tau_{x\pm} = 0 \qquad (10.1.1)$$

$$\frac{\partial S_{\pm}}{\partial x}+\frac{\partial N_{y\pm}}{\partial y}\mp\tau_{y\pm}=0 \tag{10.1.2}$$

$$\frac{\partial}{\partial x}\left(N_{x\pm}\frac{\partial w_{\pm}}{\partial x}\right)+\frac{\partial}{\partial y}\left(S_{\pm}\frac{\partial w_{\pm}}{\partial x}\right)+\frac{\partial}{\partial x}\left(S_{\pm}\frac{\partial w_{\pm}}{\partial y}\right)+$$
$$\frac{\partial}{\partial y}\left(N_{y\pm}\frac{\partial w_{\pm}}{\partial y}\right)+p_{\pm}\mp\sigma_{z\pm}\mp\tau_{x\pm}\frac{\partial w_{\pm}}{\partial x}\mp\tau_{y\pm}\frac{\partial w_{\pm}}{\partial y}=0 \tag{10.1.3}$$

在忽略与板面相平行的夹心层的应力情况下，夹心层的微分平衡方程分别为

$$\frac{\partial\tau_x}{\partial x}=0 \tag{10.1.4}$$

$$\frac{\partial\tau_y}{\partial y}=0 \tag{10.1.5}$$

$$\frac{\partial\tau_x}{\partial x}+\frac{\partial\tau_y}{\partial y}+\frac{\partial\sigma_z}{\partial z}=0 \tag{10.1.6}$$

两面板的应力—应变关系及应变—内力关系分别为

$$\varepsilon_{x\pm}=\frac{\partial u_{\pm}}{\partial x}+\frac{1}{2}\left(\frac{\partial w_{\pm}}{\partial x}\right)^2=\frac{1}{E_f t}(N_{x\pm}-\nu_f N_{y\pm}) \tag{10.1.7}$$

$$\varepsilon_{y\pm}=\frac{\partial v_{\pm}}{\partial y}+\frac{1}{2}\left(\frac{\partial w_{\pm}}{\partial y}\right)^2=\frac{1}{E_f t}(N_{y\pm}-\nu_f N_{x\pm}) \tag{10.1.8}$$

$$r_{\pm}=\frac{\partial u_{\pm}}{\partial y}+\frac{\partial v_{\pm}}{\partial x}+\frac{\partial w_{\pm}}{\partial x}\frac{\partial w_{\pm}}{\partial y}=\frac{1}{G_f t}S_{\pm} \tag{10.1.9}$$

夹心层的应变—位移关系及应力—应变关系分别为

$$\varepsilon_z=\frac{\partial w}{\partial z}=\frac{\sigma_z}{E_c} \tag{10.1.10}$$

$$r_x=\frac{\partial u}{\partial z}+\frac{\partial w}{\partial x}=\frac{\tau_x}{G_c} \tag{10.1.11}$$

$$r_y=\frac{\partial v}{\partial z}+\frac{\partial w}{\partial y}=\frac{\tau_y}{G_c} \tag{10.1.12}$$

10.2 夹层板稳定的控制方程

假设夹心层的横向切力分量为 V_x 和 V_y，设横向为均匀分布，即

$$V_x=h\tau_x \tag{10.2.1}$$

$$V_y=h\tau_y \tag{10.2.2}$$

对式(10.1.6)沿厚度 h 积分，则得

$$\frac{\partial V_x}{\partial x}+\frac{\partial V_y}{\partial y}+\sigma_{z+}-\sigma_{z-}=0 \tag{10.2.3}$$

设 σ_z 是沿 z 的线性函数,故有

$$\sigma_z = \frac{1}{2}(\sigma_{z+} + \sigma_{z-}) + \frac{z}{h}(\sigma_{z+} - \sigma_{z-}) \tag{10.2.4}$$

对式(10.1.10)沿 z 方向积分,并注意到 σ_z 是 z 的线性函数,故有

$$w_+ - w_- = h(\sigma_{z+} + \sigma_{z-})\frac{1}{2E_c} \tag{10.2.5}$$

对式(10.1.11)和式(10.1.12)沿厚度积分,则有

$$\frac{V_x}{G_c} = \frac{\partial}{\partial x}\int_{-\frac{h}{2}}^{\frac{h}{2}} w\mathrm{d}z + u_+ - u_- \tag{10.2.6}$$

$$\frac{V_y}{G_c} = \frac{\partial}{\partial y}\int_{-\frac{h}{2}}^{\frac{h}{2}} w\mathrm{d}z + v_+ - v_- \tag{10.2.7}$$

可进一步得出

$$\int_{-\frac{h}{2}}^{\frac{h}{2}} w\mathrm{d}z = wz\Big|_{-\frac{h}{2}}^{\frac{h}{2}} - \int_{-\frac{h}{2}}^{\frac{h}{2}}\left(\frac{\partial w}{\partial z}\right)z\mathrm{d}z = \frac{1}{2}h(w_+ + w_-) - \int_{-\frac{h}{2}}^{\frac{h}{2}}\frac{\sigma_z}{E_c}z\mathrm{d}z$$

$$= \frac{h}{2}(w_+ + w_-) - \frac{h^2}{12E_c}(\sigma_{z+} - \sigma_{z-}) \tag{10.2.8}$$

据式(10.2.3)、式(10.2.5)~式(10.2.8)可得

$$\frac{V_x}{G_c} = \frac{\partial}{\partial x}\left[\frac{h}{2}(w_+ + w_-) + \frac{h^2}{12E_c}\left(\frac{\partial V_x}{\partial x} + \frac{\partial V_y}{\partial y}\right)\right] + u_+ - u_- \tag{10.2.9}$$

$$\frac{V_y}{G_c} = \frac{\partial}{\partial y}\left[\frac{h}{2}(w_+ + w_-) + \frac{h^2}{12E_c}\left(\frac{\partial V_x}{\partial x} + \frac{\partial V_y}{\partial y}\right)\right] + v_+ - v_- \tag{10.2.10}$$

式(10.2.5)、式(10.2.9)和式(10.2.10)是夹心层的应力—位移关系,应用这些关系可导出夹层板的相关方程。

为导出夹层板的方程,定义如下相关变量:

$$\alpha = \frac{1}{h}(u_+ - u_-),\beta = \frac{1}{h}(v_+ - v_-) \tag{10.2.11}$$

代表垂直于未变形中面两个方向角度的变化。

$$u = \frac{1}{2}(u_+ + u_-),v = \frac{1}{2}(v_+ + v_-) \tag{10.2.12}$$

代表中面在两个方向有效切向位移。

$$w = \frac{1}{2}(w_+ + w_-) \tag{10.2.13}$$

代表中面的有效横向挠度。

$$e = \frac{1}{h}(w_+ - w_-) \tag{10.2.14}$$

代表夹层板的有效横向正应变。

除了夹心层的两个横向切力 V_x 和 V_y 外，我们还定义两个面板所形成的合力和合力偶如下：

$$N_x = N_{x+} + N_{x-}, N_y = N_{y+} + N_{y-}, S = S_+ + S_- \tag{10.2.15}$$

$$M_x = (N_{x+} - N_{x-}) \frac{h}{2}, M_y = (N_{y+} - N_{y-}) \frac{h}{2}, H = (S_+ - S_-) \frac{h}{2} \tag{10.2.16}$$

最后给出

$$\sigma_z = \frac{1}{2}(\sigma_{z+} + \sigma_{z-}) \tag{10.2.17}$$

$$p = p_+ + p_-, q = \frac{1}{2}(p_{z+} - p_{z-}) \tag{10.2.18}$$

根据式(10.1.1)有

$$\frac{\partial N_{x+}}{\partial x} + \frac{\partial S_+}{\partial y} - \tau_{x+} = 0 \tag{10.2.19}$$

$$\frac{\partial N_{x-}}{\partial x} + \frac{\partial S_-}{\partial y} + \tau_{x-} = 0 \tag{10.2.20}$$

上两式相加，则得

$$\frac{\partial N_x}{\partial x} + \frac{\partial S}{\partial y} = 0 \tag{10.2.21}$$

将式(10.2.19)减去式(10.2.20)，则得

$$\frac{\partial (N_{x+} - N_{x-})}{\partial x} + \frac{\partial (S_+ - S_-)}{\partial y} - 2\tau_x = 0 \tag{10.2.22}$$

即

$$\frac{\partial (N_{x+} - N_{x-}) \frac{h}{2}}{\partial x} + \frac{\partial (S_+ - S_-) \frac{h}{2}}{\partial y} - V_x = 0 \tag{10.2.23}$$

$$\frac{\partial M_x}{\partial x} + \frac{\partial H}{\partial y} - V_x = 0 \tag{10.2.24}$$

同理，由式(10.1.2)可得

$$\frac{\partial S}{\partial x} + \frac{\partial N_y}{\partial y} = 0 \tag{10.2.25}$$

$$\frac{\partial H}{\partial x} + \frac{\partial M_y}{\partial y} - V_y = 0 \tag{10.2.26}$$

由式(10.1.3)可得

$$\frac{\partial}{\partial x}\left(N_{x+} \frac{\partial w_+}{\partial x}\right) + \frac{\partial}{\partial y}\left(S_+ \frac{\partial w_+}{\partial x}\right) + \frac{\partial}{\partial x}\left(S_+ \frac{\partial w_+}{\partial y}\right) + \frac{\partial}{\partial y}\left(N_{y+} \frac{\partial w_+}{\partial y}\right)$$

$$+ p_+ - \sigma_{z+} - \tau_{x+} \frac{\partial w_+}{\partial x} - \tau_{y+} \frac{\partial w_+}{\partial y} = 0 \tag{10.2.27}$$

$$\frac{\partial}{\partial x}\left(N_{x-}\frac{\partial w_-}{\partial x}\right)+\frac{\partial}{\partial y}\left(S_-\frac{\partial w_-}{\partial x}\right)+\frac{\partial}{\partial x}\left(S_-\frac{\partial w_-}{\partial y}\right)+\frac{\partial}{\partial y}\left(N_{y-}\frac{\partial w_-}{\partial y}\right)$$

$$+p_-+\sigma_{z-}+\tau_{x-}\frac{\partial w_-}{\partial x}+\tau_{y-}\frac{\partial w_-}{\partial y}=0 \tag{10.2.28}$$

对式(10.2.27)和式(10.2.28)进一步整理,则得

$$\frac{\partial N_{x+}}{\partial x}\frac{\partial w_+}{\partial x}+N_{x+}\frac{\partial^2 w_+}{\partial x^2}+\frac{\partial S_+}{\partial y}\frac{\partial w_+}{\partial x}+S_+\frac{\partial^2 w_+}{\partial x\partial y}+\frac{\partial S_+}{\partial x}\frac{\partial w_+}{\partial y}+S_+\frac{\partial^2 w_+}{\partial x\partial y}$$

$$+\frac{\partial N_{y+}}{\partial y}\frac{\partial w_+}{\partial y}+N_{y+}\frac{\partial^2 w_+}{\partial y^2}+p_--\sigma_{z+}-\tau_{x+}\frac{\partial w_+}{\partial x}-\tau_{y+}\frac{\partial w_+}{\partial y}=0 \tag{10.2.29}$$

$$\frac{\partial N_{x-}}{\partial x}\frac{\partial w_-}{\partial x}+N_{x-}\frac{\partial^2 w_-}{\partial x^2}+\frac{\partial S_-}{\partial y}\frac{\partial w_-}{\partial x}+S_-\frac{\partial^2 w_-}{\partial x\partial y}+\frac{\partial S_-}{\partial x}\frac{\partial w_-}{\partial y}+S_-\frac{\partial^2 w_-}{\partial x\partial y}$$

$$+\frac{\partial N_{y-}}{\partial y}\frac{\partial w_-}{\partial y}+N_{y-}\frac{\partial^2 w_-}{\partial y^2}+p_-+\sigma_{z-}+\tau_{x-}\frac{\partial w_-}{\partial x}+\tau_{y-}\frac{\partial w_-}{\partial y}=0 \tag{10.2.30}$$

利用式(10.2.19)和式(10.2.20),式(10.2.29)和式(10.2.30)分别成为

$$N_{x+}\frac{\partial^2 w_+}{\partial x^2}+2S_+\frac{\partial^2 w_+}{\partial x\partial y}+N_{y+}\frac{\partial^2 w_+}{\partial y^2}+p_+-\sigma_{z+}=0 \tag{10.2.31}$$

$$N_{x-}\frac{\partial^2 w_-}{\partial x^2}+2S_-\frac{\partial^2 w_-}{\partial x\partial y}+N_{y-}\frac{\partial^2 w_-}{\partial y^2}+p_-+\sigma_{z-}=0 \tag{10.2.32}$$

将式(10.2.31)和式(10.2.32)相加,则得

$$N_{x+}\frac{\partial^2 w_+}{\partial x^2}+N_{x-}\frac{\partial^2 w_-}{\partial x^2}+2S_+\frac{\partial^2 w_+}{\partial x\partial y}+2S_-\frac{\partial^2 w_-}{\partial x\partial y}$$

$$+N_{y+}\frac{\partial^2 w_+}{\partial y^2}+N_{y-}\frac{\partial^2 w}{\partial y^2}+p_+-p_--\sigma_{z+}+\sigma_{z-}=0 \tag{10.2.33}$$

注意到以下三式

$$(N_{x+}+N_{x-})\frac{\partial^2}{\partial x^2}\frac{1}{2}(w_++w_-)+2(S_++S_-)\frac{\partial^2}{\partial x\partial y}\frac{1}{2}(w_++w_-)$$

$$+(N_{y+}+N_{y-})\frac{\partial^2}{\partial y^2}\frac{1}{2}(w_++w_-)+\frac{1}{2}(N_{x+}-N_{x-})h\frac{\partial^2}{\partial x^2}\frac{1}{h}(w_+-w_-)$$

$$+\frac{1}{2}(N_{x+}-N_{x-})h\frac{\partial^2}{\partial y^2}\frac{1}{h}(w_+-w_-)+z\frac{1}{2}(S_+-S_-)h\frac{\partial^2}{\partial x\partial y}\frac{1}{h}(w_+-w_-)$$

$$=N_{x+}\frac{\partial^2 w_+}{\partial x^2}+N_{x-}\frac{\partial^2\partial w_-}{\partial x^2}+2S_+\frac{\partial^2 w_+}{\partial x\partial y}+2S_-\frac{\partial^2 w_-}{\partial x\partial y}+N_{y+}\frac{\partial^2 w_+}{\partial y^2}+N_{y-}\frac{\partial^2 w_-}{\partial y^2} \tag{10.2.34}$$

$$p_++p_-=p \tag{10.2.35}$$

$$\sigma_{z-} - \sigma_{z+} = \frac{\partial V_x}{\partial x} + \frac{\partial V_y}{\partial y} \tag{10.2.36}$$

再将式(10.2.34)~式(10.2.36)代入式(10.2.33)中,则得

$$p + \frac{\partial V_x}{\partial x} + \frac{\partial V_y}{\partial y} + N_x \frac{\partial^2 w}{\partial x^2} + 2S \frac{\partial^2 w}{\partial x \partial y} + N_y \frac{\partial^2 w}{\partial y^2}$$

$$+ M_x \frac{\partial^2 e}{\partial x^2} + 2H \frac{\partial^2 e}{\partial x \partial y} + M_y \frac{\partial^2 e}{\partial y^2} = 0 \tag{10.2.37}$$

利用式(10.2.24)和式(10.2.28),且注意到 e 是可忽略放小量,则式(10.2.37)成为

$$\frac{\partial^2 M_x}{\partial x^2} + 2\frac{\partial^2 H}{\partial x \partial y} + \frac{\partial^2 M_y}{\partial y^2} + p + N_x \frac{\partial^2 w}{\partial x^2} + 2S \frac{\partial^2 w}{\partial x \partial y} + N_y \frac{\partial^2 w}{\partial y^2} = 0 \tag{10.2.38}$$

注意到式(10.1.7)~式(10.1.9)、式(10.2.15)和式(10.2.16),则有

$$\begin{aligned}
\frac{\partial \alpha}{\partial x} - \frac{\partial w}{\partial x}\frac{\partial e}{\partial x} &= \frac{1}{h}\left(\frac{\partial u_+}{\partial x} - \frac{\partial u_-}{\partial x}\right) \\
&\quad + \frac{1}{2}\left(\frac{\partial w_+}{\partial x} + \frac{\partial w_-}{\partial x}\right)\frac{1}{h}\left(\frac{\partial w_+}{\partial x} - \frac{\partial w_-}{\partial x}\right) \\
&= \frac{1}{h}\left[\frac{\partial u_+}{\partial x} + \frac{1}{2}\left(\frac{\partial w_+}{\partial x}\right)^2\right] - \frac{1}{h}\left[\frac{\partial u_-}{\partial x} + \frac{1}{2}\left(\frac{\partial w_-}{\partial x}\right)^2\right] \\
&= \frac{1}{E_f th}(N_{x+} - \nu_f N_{y+}) - \frac{1}{E_f th}(N_{x-} - \nu_f N_{y-}) \\
&= \frac{1}{E_f th}[(N_{x+} - N_{x-}) - \nu_f(N_{y+} - N_{y-})] \\
&= \frac{2}{E_f th^2}(M_x - \nu_f M_y)
\end{aligned} \tag{10.2.39}$$

即

$$\frac{\partial \alpha}{\partial x} + \frac{\partial w}{\partial x}\frac{\partial e}{\partial x} = \frac{2(M_x - \nu_f M_y)}{th^2 E_f} \tag{10.2.40}$$

同理可得

$$\frac{\partial \beta}{\partial y} + \frac{\partial w}{\partial y}\frac{\partial e}{\partial y} = \frac{2(M_y - \nu_f M_x)}{th^2 E_f} \tag{10.2.41}$$

$$\frac{\partial \alpha}{\partial y} + \frac{\partial \beta}{\partial x} + \frac{\partial w}{\partial x}\frac{\partial e}{\partial y} + \frac{\partial w}{\partial y}\frac{\partial e}{\partial x} = \frac{2H}{th^2 G_f} \tag{10.2.42}$$

由式(10.2.5)~式(10.2.7)、式(10.2.9)和式(10.2.10),可得

$$\frac{\partial w}{\partial x} + \alpha = \frac{V_x}{hG_c} - \frac{h}{12E_c}\frac{\partial}{\partial x}\left(\frac{\partial V_x}{\partial x} + \frac{\partial V_y}{\partial y}\right) \tag{10.2.43}$$

$$\frac{\partial w}{\partial y}+\beta=\frac{V_y}{hG_c}-\frac{h}{12E_c}\frac{\partial}{\partial y}\left(\frac{\partial V_x}{\partial x}+\frac{\partial V_y}{\partial y}\right) \tag{10.2.44}$$

$$e=\frac{\sigma_z}{E_c} \tag{10.2.45}$$

由式(10.2.39)~式(10.2.42),且忽略其中的小量 e 项,则得

$$M_x=\frac{1}{2}th^2\frac{E_f}{1-\nu_f^2}\left(\frac{\partial\alpha}{\partial x}+\nu_f\frac{\partial\beta}{\partial y}\right) \tag{10.2.46}$$

$$M_y=\frac{1}{2}th^2\frac{E_f}{1-\nu_f^2}\left(\frac{\partial\beta}{\partial y}+\nu_f\frac{\partial\alpha}{\partial x}\right) \tag{10.2.47}$$

$$H=\frac{1}{2}th^2G_f\left(\frac{\partial\alpha}{\partial y}+\frac{\partial\beta}{\partial x}\right) \tag{10.2.48}$$

将式(10.2.46)~式(10.2.48)代入式(10.2.38)中,则得

$$D\nabla^2\left(\frac{\partial\alpha}{\partial y}+\frac{\partial\beta}{\partial x}\right)+p+N_x\frac{\partial^2 w}{\partial x^2}+2S\frac{\partial^2 w}{\partial x\partial y}+N_y\frac{\partial^2 w}{\partial y^2}=0 \tag{10.2.49}$$

其中 $D=\frac{1}{2}th^2\frac{E_f}{1-\nu_f^2}$。

在式(10.2.43)和式(10.2.44)中,忽略 $\frac{\partial}{\partial x}\left(\frac{\partial V_x}{\partial x}+\frac{\partial V_y}{\partial y}\right)$ 和 $\frac{\partial}{\partial y}\left(\frac{\partial V_x}{\partial x}+\frac{\partial V_y}{\partial y}\right)$ 两项,则有

$$\frac{\partial\alpha}{\partial x}+\frac{\partial\beta}{\partial y}=-\nabla^2 w+\frac{1}{hG_c}\left(\frac{\partial V_x}{\partial x}+\frac{\partial V_y}{\partial y}\right) \tag{10.2.50}$$

再据式(10.2.37),且忽略其小量 e 项,则有

$$\frac{\partial V_x}{\partial x}+\frac{\partial V_y}{\partial y}=-p-N_x\frac{\partial^2 w}{\partial x^2}-2S\frac{\partial^2 w}{\partial x\partial y}-N_y\frac{\partial^2 w}{\partial y^2} \tag{10.2.51}$$

再将式(10.2.50)和式(10.2.51)代入式(10.2.49)中,则得夹层板的挠曲面控制方程为

$$D\nabla^2\nabla^2 w=\left(1-\frac{thE_f}{2(1-\nu_f^2)G_c}\nabla^2\right)\left(p+N_x\frac{\partial^2 w}{\partial x^2}+2S\frac{\partial^2 w}{\partial x\partial y}+N_y\frac{\partial^2 w}{\partial y^2}\right) \tag{10.2.52}$$

而夹层板稳定问题的基本方程为

$$D\left(\frac{\partial^4 w}{\partial x^4}+2\frac{\partial^4 w}{\partial x^2\partial y^2}+\frac{\partial^4 w}{\partial y^4}\right)=\left(\frac{thE_f}{2(1-\nu^2)G_c}\nabla^2-1\right)\left(N_x\frac{\partial^2 w}{\partial x^2}+N_y\frac{\partial^2 w}{\partial y^2}\right) \tag{10.2.53}$$

10.3 以双重三角级数表示的矩形夹层板稳定问题的基本解及其边界值

考虑一矩形夹层板弯曲问题的基本系统，如图 10.3.1 所示。它是在一二维 delta 函数 $\delta(x-\xi, y-\eta)$ 作用下的四边简支的矩形夹层板。

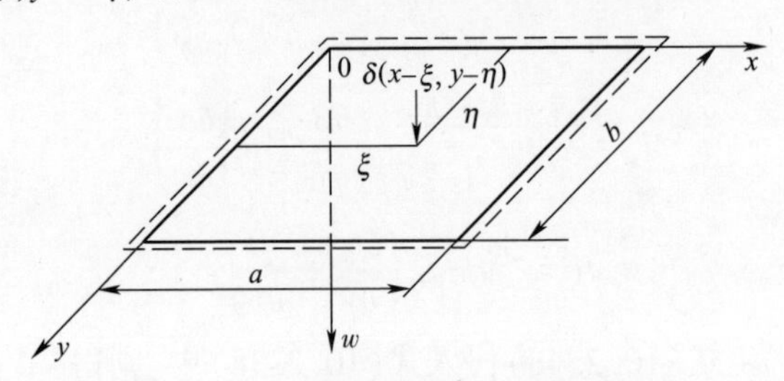

图 10.3.1 弯曲矩形夹层板基本系统

在一二维 delta 函数 $\delta(x-\xi, y-\eta)$ 作用下的弯曲矩形夹层板的控制方程为

$$D\left(\frac{\partial^4 w_1}{\partial x^4}+2\frac{\partial^4 w_1}{\partial x^2 \partial y^2}+\frac{\partial^4 w_1}{\partial y^4}\right)=\delta(x-\xi, y-\eta) \tag{10.3.1}$$

这里有两点需要强调：① $\delta(x-\xi, y-\eta)$ 不是单位集中载荷，只是一二维 delta 函数；②D 是夹层板两面板的抗弯刚度，为$\frac{1}{2}\mathrm{th}^2\frac{E_f}{1-\nu_f^2}$。式(10.3.1)的解为基本解，可表示为双重正弦三角级数

$$w_1(x,y;\xi,\eta)=\frac{4}{Dab}\sum_{m=1,2}^{\infty}\sum_{n=1,2}^{\infty}\frac{1}{K_{mn}^2}\sin\alpha_m\xi\sin\beta_n\eta\sin\alpha_m x\sin\beta_n y \tag{10.3.2}$$

式中：$\alpha_m=\frac{m\pi}{a}$；$\beta_n=\frac{n\pi}{b}$；$K_{mn}=(\alpha_m^2+\beta_n^2)$。

现考虑一在 x 和 y 两方向分别受到相等均布压力 N 作用和在横向受一二维 delta 函数 $\delta(x-x_0, y-y_0)$ 作用的四边简支矩形夹层板为稳定问题的基本系统，如图 10.3.2 所示。该基本系统的控制方程为

$$D\left(\frac{\partial^4 w_1}{\partial x^4}+2\frac{\partial^4 w_1}{\partial x^2 \partial y^2}+\frac{\partial^4 w_1}{\partial y^4}\right)+\left(1-\frac{thE_f}{2(1-\nu_f^2)G_c}\nabla^2\right)\left(N_x\frac{\partial^2 w_1}{\partial x^2}+N_y\frac{\partial^2 w_1}{\partial y^2}\right)$$
$$=\delta(x-x_0, y-y_0) \tag{10.3.3}$$

其中

$$\delta(x-x_0, y-y_0)=\begin{cases}\infty\ (x=x_0, y=y_0)\\ 0(\text{其他}(x,y))\end{cases} \tag{10.3.4}$$

(1)
$$\iint_s \delta(x-x_0, y-y_0)\,\mathrm{d}x\mathrm{d}y=1 \tag{10.3.5}$$

(2)
$$\iint_s f(x,y)\delta(x-x_0, y-y_0)\,\mathrm{d}x\mathrm{d}y=f(x_0,y_0) \tag{10.3.6}$$

而 $f(x,y)$ 为一连续函数。

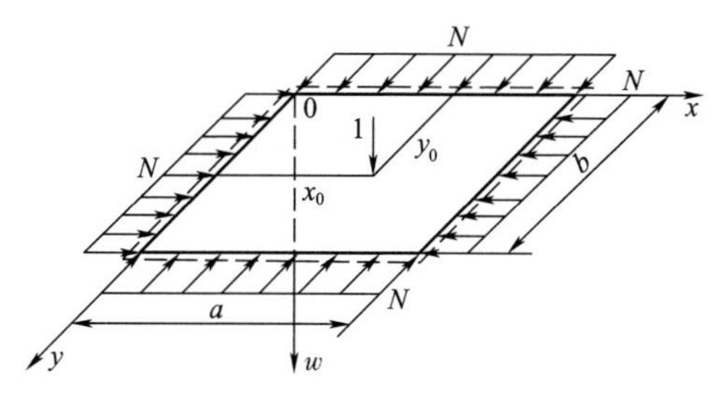

图 10.3.2　在 $\delta(x-x_0,y-y_0)$ 作用下

稳定矩形夹层板基本系统

式(10.3.3)中的 $\delta(x-x_0,y-y_0)$ 为一二维 delta 函数而非代表单位集中载荷,仿弯曲薄板问题,我们称 $\delta(x-x_0,y-y_0)$ 为作用在(x_0,y_0)点的拟单位横向集中载荷。

将 $\delta(x-x_0,y-y_0)$ 展成正弦双重三角级数,则有

$$\delta(x-x_0,y-y_0)=\sum_{m=1,2}^{\infty}\sum_{n=1,2}^{\infty}a_{mn}\sin\frac{m\pi x}{a}\sin\frac{n\pi y}{b}\tag{10.3.7}$$

利用三角级数的正交性及式(10.3.4)的性质,则得

$$a_{mn}=\frac{4}{ab}\int_0^a\int_0^b\delta(x-x_0,y-y_0)\sin\frac{m\pi x}{a}\sin\frac{n\pi y}{b}\mathrm{d}x\mathrm{d}y=\frac{4}{ab}\sin\frac{m\pi x_0}{a}\sin\frac{n\pi y_0}{b}\tag{10.3.8}$$

于是得到

$$\delta(x-x_0,y-y_0)=\sum_{m=1,2}^{\infty}\sum_{n=1,2}^{\infty}\frac{4}{ab}\sin\frac{m\pi x_0}{a}\sin\frac{n\pi y_0}{b}\sin\frac{m\pi x}{a}\sin\frac{n\pi y}{b}\tag{10.3.9}$$

下面我们应用修正的功的互等定理来求图 10.3.2 所示矩形夹层板稳定基本系统的基本解。在图 10.3.1 所示弯曲矩形夹层板基本系统和图 10.3.2 所示矩形夹层板稳定基本系统之间应用修正的功的互等定理,则得

$$w_{s1}(\xi,\eta_i x_0,y_0)=\int_0^a\int_0^b\left[\delta(x-x_0,y-y_0)+\left(\frac{thE_f}{2(1-v_f^2)G_c}\nabla^2-1\right)\cdot\left(N_x\frac{\partial^2 w_{s1}}{\partial x^2}+N_y\frac{\partial^2 w_{s1}}{\partial y}\right)\right]w_1(x,y;\xi,\eta)\mathrm{d}x\mathrm{d}y\tag{10.3.10}$$

假设

$$w_{s1}(\xi,\eta;x_0,y_0)=\sum_{m=1,2}^{\infty}\sum_{n=1,2}^{\infty}A_{mn}\sin\alpha_m\xi\sin\beta_n\eta\tag{10.3.11}$$

$$w_{s1}(x,y;x_0,y_0)=\sum_{m=1,2}^{\infty}\sum_{n=1,2}^{\infty}A_{mn}\sin\alpha_m x\sin\beta\eta\tag{10.3.12}$$

将式(10.3.2)、式(10.3.11)和式(10.3.12)代入式(10.3.10)中,经过计算,则得

$$A_{mn}=\frac{\frac{4}{Dab}\sin\frac{m\pi\xi}{a}\sin\frac{n\pi\eta}{b}}{\left[\left(\frac{m\pi}{a}\right)^2+\left(\frac{n\pi}{b}\right)^2\right]^2-\frac{1}{D}\left[N_x\left(\frac{m\pi}{a}\right)^2+N_y\left(\frac{n\pi}{b}\right)^2\right]\left\{1+\mu\left[\left(\frac{m\pi}{a}\right)^2+\frac{n\pi^2}{b}\right]\right\}}$$

(10.3.13)

式中：$D=\frac{th^2E_f}{2(1-\nu_f^2)}$ 和 $\mu=\frac{thE_f}{2(1-\nu_f^2)G_c}$。

当 $N_x=N_y=N$ 时，式(10.3.13)成为

$$A_{mn}=\frac{\frac{4}{Dab}\sin\frac{m\pi\xi}{a}\sin\frac{n\pi\eta}{b}}{\left(1-\frac{N}{D}\mu\right)\left[\left(\frac{m\pi}{a}\right)^2+\left(\frac{n\pi}{b}\right)^2\right]^2-\frac{N}{D}\left[\left(\frac{m\pi}{a}\right)^2+\frac{n\pi^2}{b}\right]}$$

(10.3.14)

令

$$Q=D\left(1-\frac{\mu}{D}N\right) \tag{10.3.15}$$

$$K_{smn}^2=\left[\left(\frac{m\pi}{a}\right)^2+\left(\frac{n\pi}{b}\right)^2\right]^2-\frac{N}{Q}\left[\left(\frac{m\pi}{a}\right)^2+\frac{n\pi^2}{b}\right] \tag{10.3.16}$$

则式(10.3.11)成为

$$w_{s1}(\xi,\eta;x_0,y_0)=\sum_{m=1,2}^{\infty}\sum_{n=1,2}^{\infty}\frac{4}{QabK_{smn}^2}\sin\frac{m\pi\xi}{a}\sin\frac{n\pi\eta}{b}\sin\frac{m\pi x_0}{a}\sin\frac{n\pi y_0}{b}$$

(10.3.17)

式(10.3.17)即是图10.3.2所示以正弦双重三角级数表示的四边简支夹层矩形板基本系统的基本解。如以 $x_0\to\xi,y_0\to\eta;\xi\to x,\eta\to y$，则得与图10.3.3相应稳定问题基本系统的基本解为

$$w_{s1}(x,y;\xi,\eta)=\sum_{m=1,2}^{\infty}\sum_{n=1,2}^{\infty}\frac{4}{QabK_{smn}^2}\sin\alpha_m x\sin\beta_n y\sin\alpha_m\xi\sin\beta_n\eta$$

(10.3.18)

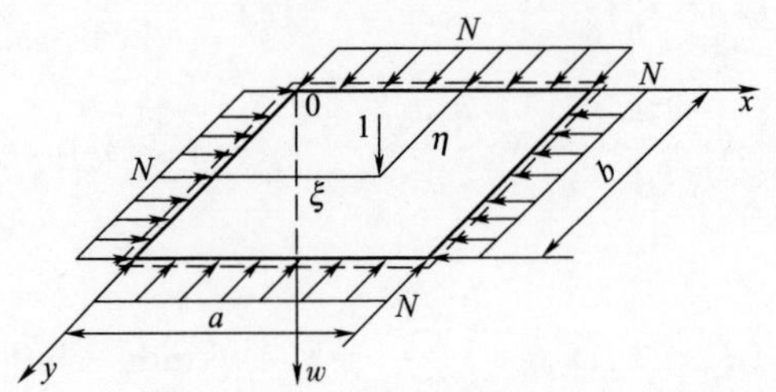

图10.3.3　在 $\delta(x-\xi,y-\eta)$ 作用下稳定矩形夹层板基本系统

另外，如果式(10.3.3)右端的二维delta函数表示为 $\delta(x-\xi,y-\eta)$，则式(10.3.3)可表示为

$$D\left(\frac{\partial^4 w_{s1}}{\partial x^4}+2\frac{\partial^4 w_{s1}}{\partial x^2\partial y^2}+\frac{\partial^4 w_{s1}}{\partial y^4}\right)+\left(1-\frac{thE_f}{2(1-\nu_f^2)G_c}\nabla^2\right)$$

$$\cdot\left(N_x\frac{\partial^2 w_{s1}}{\partial x^2}+N_y\frac{\partial^2 w_{s1}}{\partial y^2}\right)=\delta(x-\xi,y-\eta) \quad (10.3.19)$$

如假设

$$w_{s1}(x,y)=\sum_{m=1,2}^{\infty}\sum_{n=1,2}^{\infty}A_{mn}\sin\alpha_m x\sin\beta_n \eta \quad (10.3.20)$$

并应用

$$\delta(x-\xi,y-\eta)=\sum_{m=1,2}^{\infty}\sum_{n=1,2}^{\infty}\frac{4}{ab}\sin\alpha_m\xi\sin\beta_n\eta\sin\alpha_m x\sin\beta_n y \quad (10.3.21)$$

可直接从式(10.3.19)得到式(10.3.18)。

下面给出以正弦双重三角级数表示的基本解的边界转角和等效切力,它们分别为

$$w_{s1,x0}=\left(\frac{\partial w_{s1}}{\partial x}\right)_{x=0}=\frac{4}{Qab}\sum_{m=1,2}^{\infty}\sum_{n=1,2}^{\infty}\frac{1}{K_{smn}^2}\left(\frac{m\pi}{a}\right)\sin\frac{m\pi\xi}{a}\sin\frac{n\pi\eta}{b}\sin\frac{n\pi y}{b} \quad (10.3.22)$$

$$w_{s1,xa}=\left(\frac{\partial w_{s1}}{\partial x}\right)_{x=a}=\frac{4}{Qab}\sum_{m=1,2}^{\infty}\sum_{n=1,2}^{\infty}\frac{(-1)^m}{K_{smn}^2}\left(\frac{m\pi}{a}\right)\sin\frac{m\pi\xi}{a}\sin\frac{n\pi\eta}{b}\sin\frac{n\pi y}{b} \quad (10.3.23)$$

$$w_{s1,y0}=\left(\frac{\partial w_{s1}}{\partial y}\right)_{y=0}=\frac{4}{Qab}\sum_{m=1,2}^{\infty}\sum_{n=1,2}^{\infty}\frac{1}{K_{smn}^2}\left(\frac{n\pi}{b}\right)\sin\frac{m\pi\xi}{a}\sin\frac{n\pi\eta}{b}\sin\frac{m\pi x}{a} \quad (10.3.24)$$

$$w_{s1,yb}=\left(\frac{\partial w_{s1}}{\partial x}\right)_{y=b}=\frac{4}{Qab}\sum_{m=1,2}^{\infty}\sum_{n=1,2}^{\infty}\frac{(-1)^n}{K_{smn}^2}\left(\frac{n\pi}{a}\right)\sin\frac{m\pi\xi}{a}\sin\frac{n\pi\eta}{b}\sin\frac{m\pi x}{a} \quad (10.3.25)$$

$$V_{s1x0}=\left\{-Q\left[\frac{\partial^3 w_{s1}}{\partial x^3}+(2-\nu)\frac{\partial^3 w_{s1}}{\partial x\partial y^2}\right]-N\frac{\partial w_{s1}}{\partial x}\right\}_{x=0}$$

$$=\frac{4}{ab}\sum_{m=1,2}^{\infty}\sum_{n=1,2}^{\infty}\frac{1}{K_{smn}^2}\left(\frac{m\pi}{a}\right)\left[\left(\frac{m\pi}{a}\right)^2+(2-\nu)\left(\frac{n\pi}{b}\right)^2-\frac{N}{Q}\right]$$

$$\cdot\sin\frac{m\pi\xi}{a}\sin\frac{n\pi\eta}{b}\sin\frac{n\pi y}{b} \quad (10.3.26)$$

$$V_{s1xa}=\left\{-Q\left[\frac{\partial^3 w_{s1}}{\partial x^3}+(2-\nu)\frac{\partial^3 w_{s1}}{\partial x\partial y^2}\right]-N\frac{\partial w_{s1}}{\partial x}\right\}_{x=a}$$

$$=\frac{4}{ab}\sum_{m=1,2}^{\infty}\sum_{n=1,2}^{\infty}\frac{(-1)^m}{K_{smn}^2}\left(\frac{m\pi}{a}\right)\left[\left(\frac{m\pi}{a}\right)^2+(2-\nu)\left(\frac{n\pi}{b}\right)^2-\frac{N}{Q}\right]$$

$$\cdot \sin\frac{m\pi\xi}{a}\sin\frac{n\pi\eta}{b}\sin\frac{n\pi y}{b} \tag{10.3.27}$$

$$V_{s1y0}=\left\{-Q\left[\frac{\partial^3 w_{s1}}{\partial y^3}+(2-\nu)\frac{\partial^3 w_{s1}}{\partial x^2\partial y}\right]-N\frac{\partial w_{s1}}{\partial y}\right\}_{y=0}$$

$$=\frac{4}{ab}\sum_{m=1,2}^{\infty}\sum_{n=1,2}^{\infty}\frac{1}{K_{smn}^2}\left(\frac{n\pi}{b}\right)\left[\left(\frac{n\pi}{b}\right)^2+(2-\nu)\left(\frac{m\pi}{a}\right)^2-\frac{N}{Q}\right]$$

$$\cdot \sin\frac{m\pi\xi}{a}\sin\frac{n\pi\eta}{b}\sin\frac{m\pi x}{a} \tag{10.3.28}$$

$$V_{s1yb}=\left\{-Q\left[\frac{\partial^3 w_{s1}}{\partial y^3}+(2-\nu)\frac{\partial^3 w_{s1}}{\partial x\partial y^2}\right]-N\frac{\partial w_{s1}}{\partial y}\right\}_{y=b}$$

$$=\frac{4}{ab}\sum_{m=1,2}^{\infty}\sum_{n=1,2}^{\infty}\frac{(-1)^n}{K_{smn}^2}\left(\frac{n\pi}{b}\right)\left[\left(\frac{n\pi}{b}\right)^2+(2-\nu)\left(\frac{m\pi}{a}\right)^2-\frac{N}{Q}\right]$$

$$\cdot \sin\frac{m\pi\xi}{a}\sin\frac{n\pi\eta}{b}\sin\frac{m\pi x}{a} \tag{10.3.29}$$

10.4 以三角级数和双曲函数混合表示的矩形夹层板稳定问题的基本解及其边界值

正弦双重三角级数表示的基本解收敛速度慢,且在边界上出现挠度和弯矩的间断性。为此,需将基本解式(10.3.18)中的一个方向上的三角级数之和转换成双曲函数。对式(10.3.13)的分母进行整理,则得

$$\left[\left(\frac{m\pi}{a}\right)+\left(\frac{n\pi}{b}\right)^2\right]^2-\frac{1}{D}\left[N_x\left(\frac{m\pi}{a}\right)^2+N_y\left(\frac{n\pi}{b}\right)^2\right]$$

$$-\frac{1}{D}\left[N_x\left(\frac{m\pi}{a}\right)^2+N_y\left(\frac{n\pi}{b}\right)^2\right]\left[\mu\left(\frac{m\pi}{a}\right)^2+\mu\left(\frac{n\pi}{b}\right)^2\right]$$

$$=\left(\frac{m\pi}{a}\right)^4\left(1-\frac{\mu}{D}N\right)+2\left(\frac{m\pi}{a}\right)^2\left(\frac{n\pi}{b}\right)^2\left(1-\frac{\mu}{D}N\right)$$

$$+\left(\frac{n\pi}{b}\right)^4\left(1-\frac{\mu}{D}N\right)-\frac{N}{D}\left[\left(\frac{m\pi}{a}\right)^2+\left(\frac{n\pi}{b}\right)^2\right]^2 \tag{10.4.1}$$

上式可进一步写成

$$\left(1-\frac{\mu}{D}N\right)\left(\frac{\pi}{a}\right)^4\left\{m^4+2m^2\left[\left(\frac{n\pi}{b}\right)^2-\frac{1}{1-\frac{\mu}{D}N}\frac{1}{2}\frac{N}{D}\right]\left(\frac{a}{\pi}\right)^2\right.$$

$$\left.+\left[\left(\frac{n\pi}{b}\right)^2-\frac{N}{D}\frac{1}{1-\frac{\mu}{D}N}\left(\frac{n\pi}{b}\right)^2\right]\left(\frac{a}{\pi}\right)^4\right\} \tag{10.4.2}$$

且

$$\frac{\frac{4}{Dab}}{\left[\left(\frac{\pi}{a}\right)^4\left(1-\frac{\mu}{D}\right)\right]}=\frac{4}{Dab}\left(\frac{a}{\pi}\right)^4\frac{1}{1-\frac{\mu}{D}}=\frac{4a^3}{\pi^4 Db}\frac{1}{1-\frac{\mu}{D}} \tag{10.4.3}$$

于是基本解式(10.3.18)可写为

$$w_{s1}(x,y;\xi,\eta)=\frac{4a^3}{\pi^4 Db}\frac{1}{1-\frac{\mu}{D}N}$$

$$\cdot\sum_{m=1,2}^{\infty}\sum_{n=1,2}^{\infty}\frac{\sin\frac{m\pi x}{a}\sin\frac{n\pi y}{b}\sin\frac{m\pi\xi}{a}\sin\frac{n\pi\eta}{b}}{m^4+2m^2\left[\left(\frac{n\pi}{b}\right)^2-\frac{1}{1-\frac{\mu}{D}N}\frac{1}{2}\frac{N}{D}\right]\left(\frac{a}{\pi}\right)^2+\left[\left(\frac{n\pi}{b}\right)^4-\frac{1}{1-\frac{\mu}{D}N}\frac{N}{D}\left(\frac{n\pi}{b}\right)^2\right]\left(\frac{a}{\pi}\right)^4}$$

(10.4.4)

如令

$$\eta_n=\left(\frac{n\pi}{b}\right)^2-\frac{1}{2}\frac{N}{Q},p_n^2=\left(\frac{n\pi}{b}\right)^4-\frac{N}{Q}\left(\frac{n\pi}{b}\right)^2 \tag{10.4.5}$$

$$\eta_n^2=\left(\frac{n\pi}{b}\right)^4-\frac{N}{Q}\left(\frac{n\pi}{b}\right)^2+\left(\frac{1}{2}\frac{N}{Q}\right)^2 \tag{10.4.6}$$

$$\alpha_n=\sqrt{\eta_n+\sqrt{\eta_n^2-p_n^2}},\beta_n=\sqrt{\eta_n-\sqrt{\eta_n^2-p_n^2}} \tag{10.4.7}$$

$$\alpha_n^2=\eta_n+\sqrt{\eta_n^2-p_n^2},\beta_n^2=\eta_n-\sqrt{\eta_n^2-p_n^2} \tag{10.4.8}$$

$$\begin{cases}\alpha_n^2=\left(\frac{n\pi}{b}\right)^2-\frac{N}{2Q}+\frac{N}{2Q}=\left(\frac{n\pi}{b}\right)^2\\ \beta_n^2=\left(\frac{n\pi}{b}\right)^2-\frac{N}{Q}\end{cases} \tag{10.4.9}$$

则基本解式(10.3.18)可写为

$$w_{s1}(x,y;\xi,\eta)=\frac{4a^3}{\pi^4 Qb}\sum_{n=1,2}^{\infty}\sin\frac{n\pi y}{b}\sin\frac{n\pi\eta}{b}\sum_{m=1,2}^{\infty}\frac{\sin\frac{m\pi x}{a}\sin\frac{m\pi\xi}{a}}{m^4+2m^2\eta_n\left(\frac{a}{\pi}\right)^2+p_n^2\left(\frac{a}{\pi}\right)^4}$$

(10.4.10)

当 $\eta_n^2>p_n^2$ 时,据附录式(A37)和式(A38),式(10.4.10)可转换为

$$w_1(x,y;a-\xi,\eta)=-\frac{2}{Qb}\sum_{n=1,2}^{\infty}\frac{1}{\alpha_n^2-\beta_n^2}$$

$$\cdot\left[\frac{\sinh\alpha_n(a-\xi)}{\alpha_n\sinh\alpha_n a}\sinh\alpha_n x-\frac{\sinh\beta_n(a-\xi)}{\beta_n\sinh\beta_n a}\sinh\beta_n x\right]\sin\frac{n\pi\eta}{b}\sin\frac{n\pi y}{b}(0\leqslant x\leqslant\xi)$$

(10.4.11)

$$w_1(a-x,y;\xi,\eta)=-\frac{2}{Qb}\sum_{n=1,2}^{\infty}\frac{1}{\alpha_n^2-\beta_n^2}$$

$$\cdot\left[\frac{\sinh\alpha_n\xi}{\alpha_n\sinh\alpha_n a}\sinh\alpha_n(a-x)-\frac{\sinh\beta_n\xi}{\beta_n\sinh\beta_n a}\sinh\beta_n(a-x)\right]\sin\frac{n\pi\eta}{b}\sin\frac{n\pi y}{b}(\xi\leqslant x\leqslant a)$$

(10.4.12)

基本解式(10.3.16)还可以写为

$$w_{s1}(x,y;\xi,\eta)=\frac{4b^3}{\pi^4 Qa}\sum_{m=1,2}^{\infty}\sin\frac{m\pi x}{a}\sin\frac{m\pi\xi}{a}\sum_{n=1,2}^{\infty}\frac{\sin\frac{n\pi y}{b}\sin\frac{n\pi\eta}{b}}{n^4+2n^3\eta_m\left(\frac{b}{\pi}\right)^2+p_m^2\left(\frac{b}{\pi}\right)^4}$$

(10.4.13)

当 $\eta_m^2>p_m^2$ 时,基本解式(10.4.13)还可以转换为

$$w_{s1}(x,y;\xi,b-\eta)=-\frac{2}{Qa}\sum_{m=1,2}^{\infty}\frac{1}{\alpha_m^2-\beta_m^2}$$

$$\cdot\left[\frac{\sinh\alpha_m(b-\eta)}{\alpha_m\sinh\alpha_m b}\sinh\alpha_m y-\frac{\sinh\beta_m(b-\eta)}{\beta_m\sinh\beta_m b}\sinh\beta_m y\right]\sin\frac{m\pi\xi}{a}\sin\frac{m\pi x}{a}(0\leqslant y\leqslant\eta)$$

(10.4.14)

$$w_{s1}(x,b-y;\xi,\eta)=-\frac{2}{Qa}\sum_{m=1,2}^{\infty}\frac{1}{\alpha_m^2-\beta_m^2}$$

$$\cdot\left[\frac{\sinh\alpha_m\eta}{\alpha_m\sinh\alpha_m b}\sinh\alpha_m(b-y)-\frac{\sinh\beta_m\eta}{\beta_m\sinh\beta_m b}\sinh\beta_m(b-y)\right]\sin\frac{m\pi\xi}{a}\sin\frac{m\pi x}{a}(\eta\leqslant y\leqslant b)$$

(10.4.15)

其中

$$\begin{cases}\eta_m=\left(\frac{m\pi}{a}\right)^2-\frac{1}{2}\frac{N}{Q}\\ p_m^2=\left(\frac{m\pi}{a}\right)^4-\frac{N}{Q}\left(\frac{m\pi}{a}\right)^2\end{cases}\tag{10.4.16}$$

$$\alpha_m=\sqrt{\eta_m+\sqrt{\eta_m^2-p_m^2}},\beta_m=\sqrt{\eta_m-\sqrt{\eta_m^2-p_m^2}}\tag{10.4.17}$$

$$\begin{cases}\alpha_m^2=\left(\frac{m\pi}{a}\right)^2-\frac{1}{2}\frac{N}{Q}+\frac{1}{2}\frac{N}{Q}=\left(\frac{m\pi}{a}\right)^2\\ p_m^2=\left(\frac{m\pi}{a}\right)^2-\frac{N}{Q}\end{cases}\tag{10.4.18}$$

式(10.4.10)是以双重正弦三角级数表示的基本解。式(10.4.11)和式(10.4.12)是以 y 方向为正弦三角级数和 x 方向为双曲函数混合表示的基本解;而式(10.4.14)和式(10.4.15)是以 x 方向为正弦三角级数和 y 方向为双曲函数混合

表示的基本解,这两种基本解都是必需的。由这两种基本解所引起的边界转角和等效切力分别为

$$w_{s1,x0}=\left(\frac{\partial w_{s1}}{\partial x}\right)_{x=0}=-\frac{2}{Qb}\sum_{n=1,2}^{\infty}\frac{1}{\alpha_n^2-\beta_n^2}\cdot\left[\frac{\sinh\alpha_n(a-\xi)}{\sinh\alpha_n a}-\frac{\sinh\beta_n(a-\xi)}{\sinh\beta_n a}\right]\sin\frac{n\pi\eta}{b}\sin\frac{n\pi y}{b}\tag{10.4.19}$$

$$w_{s1,xa}=\left(\frac{\partial w_{s1}}{\partial x}\right)_{x=a}=-\frac{2}{Qb}\sum_{n=1,2}^{\infty}\frac{1}{\alpha_n^2-\beta_n^2}\cdot\left(\frac{\sinh\alpha_n\xi}{\sinh\alpha_n a}+\frac{\sinh\beta_n\xi}{\sinh\beta_n b}\right)\sin\frac{n\pi\eta}{b}\sin\frac{n\pi y}{b}\tag{10.4.20}$$

$$w_{s1,y0}=\left(\frac{\partial w_{s1}}{\partial y}\right)_{y=0}=-\frac{2}{Qa}\sum_{m=1,2}^{\infty}\frac{1}{\alpha_m^2-\beta_m^2}\cdot\left[\frac{\sinh\alpha_m(b-\eta)}{\sinh\alpha_m b}-\frac{\sinh\beta_m(b-\eta)}{\sinh\beta_m b}\right]\sin\frac{m\pi x}{a}\sin\frac{m\pi\xi}{a}\tag{10.4.21}$$

$$w_{s1,yb}=\left(\frac{\partial w_{s1}}{\partial y}\right)_{y=b}=-\frac{2}{Qa}\sum_{m=1,2}^{\infty}\frac{1}{\alpha_m^2-\beta_m^2}\cdot\left(\frac{\sinh\alpha_m\eta}{\sinh\alpha_m b}+\frac{\sinh\beta_m\eta}{\sinh\beta_m b}\right)\sin\frac{m\pi\xi}{a}\sin\frac{m\pi x}{a}\tag{10.4.22}$$

$$\begin{aligned}V_{s1x0}&=\left\{-Q\left[\frac{\partial^3 w_{s1}}{\partial x^3}+(2-\nu)\frac{\partial^3 w_{s1}}{\partial x\partial y^2}\right]-N\frac{\partial w_{s1}}{\partial x}\right\}_{x=0}\\&=\frac{2}{b}\sum_{m=1,2}^{\infty}\frac{1}{\alpha_n^2-\beta_n^2}\left\{\left[\alpha_n^2-(2-\nu)\left(\frac{n\pi}{a}\right)^2+\frac{N}{Q}\right]\frac{\sinh\alpha_n(a-\xi)}{\sinh\alpha_n a}\right.\\&\quad\left.-\left[\beta_n^2-(2-\nu)\left(\frac{n\pi}{b}\right)^2+\frac{N}{Q}\right]\frac{\sinh\beta_n(a-\xi)}{\sinh\beta_n a}\right\}\sin\frac{n\pi\eta}{b}\sin\frac{n\pi y}{b}\end{aligned}\tag{10.4.23}$$

$$\begin{aligned}V_{s1xa}&=\left\{-Q\left[\frac{\partial^3 w_{s1}}{\partial x^3}+(2-\nu)\frac{\partial^3 w_{s1}}{\partial x\partial y^2}\right]-N\frac{\partial w_{s1}}{\partial x}\right\}_{x=a}\\&=-\frac{2}{b}\sum_{n=1,2}^{\infty}\frac{1}{\alpha_n^2-\beta_n^2}\left\{\left[\alpha_n^2-(2-\nu)\left(\frac{m\pi}{a}\right)^2+\frac{N}{Q}\right]\frac{\sinh\alpha_n\xi}{\sinh\alpha_n a}\right.\\&\quad\left.-\left[\beta_n^2-(2-\nu)\left(\frac{n\pi}{b}\right)^2+\frac{N}{Q}\right]\frac{\sinh\beta_n\xi}{\sinh\beta_n a}\right\}\sin\frac{n\pi\eta}{b}\sin\frac{n\pi y}{b}\end{aligned}\tag{10.4.24}$$

$$
\begin{aligned}
V_{s1y0} &= \left\{ -Q\left[\frac{\partial^3 w_{s1}}{\partial y^3} + (2-\nu)\frac{\partial^3 w_{s1}}{\partial x^2 \partial y} \right] - N\frac{\partial w_{s1}}{\partial x} \right\}_{y=0} \\
&= -\frac{2}{b}\sum_{m=1,2}^{\infty} \frac{1}{\alpha_m^2 - \beta_m^2} \left\{ \left[\alpha_m^2 - (2-\nu)\left(\frac{m\pi}{a}\right)^2 + \frac{N}{Q} \right] \frac{\sinh\alpha_m (b-\eta)}{\sinh\alpha_m b} \right. \\
&\quad \left. - \left[\beta_m^2 - (2-\nu)\left(\frac{m\pi}{b}\right)^2 + \frac{N}{Q} \right] \frac{\sinh\beta_m (b-\eta)}{\sinh\beta_m b} \right\} \sin\frac{n\pi\xi}{a}\sin\frac{n\pi x}{a}
\end{aligned} \tag{10.4.25}
$$

$$
\begin{aligned}
V_{s1yb} &= \left\{ -Q\left[\frac{\partial^3 w_{s1}}{\partial y^3} + (2-\nu)\frac{\partial^3 w_{s1}}{\partial x^2 \partial y} \right] - N\frac{\partial w_{s1}}{\partial y} \right\}_{y=b} \\
&= -\frac{2}{a}\sum_{m=1,2}^{\infty} \frac{1}{\alpha_m^2 - \beta_m^2} \left\{ \left[\alpha_m^2 - (2-\nu)\left(\frac{m\pi}{a}\right)^2 + \frac{N}{Q} \right] \frac{\sinh\alpha_m \eta}{\sinh\alpha_m b} \right. \\
&\quad \left. - \left[\beta_m^2 - (2-\nu)\left(\frac{m\pi}{b}\right)^2 + \frac{N}{Q} \right] \frac{\sinh\alpha_m \eta}{\sinh\alpha_m b} \right\} \sin\frac{m\pi\xi}{a}\sin\frac{m\pi x}{a}
\end{aligned} \tag{10.4.26}
$$

附　　录

在弯曲薄板的计算过程中，为加快级数的收敛速度、消除挠度和弯矩在边界上所出现的齐次性（即第二类间断点），需将三角级数之和转换成双曲函数。转换的方法是首先求解弯曲直梁变形的精确解，这一精确解是以双曲函数表示的；其次，从最小势能原理出发导出相应问题三角级数和的表达式。利用这两种解相等，即可求出三角级数和的双曲函数的表达式，从而实现三角级数之和往双曲函数的转换。

1. 在一横向集中载荷和轴向力共同作用下的弹性地基梁

图 A.1 所示一弹性地基梁，作用两端的轴向拉力为 N，在梁上任意一点 ξ 处作用一横向集中载荷 P，该梁的微分方程为

$$\frac{d^4w}{dx^4}-\frac{N}{EJ}\frac{d^2w}{dx^2}+\frac{k}{EJ}\quad w=\frac{1}{EJ}P\delta(x-\xi)\tag{A.1}$$

如设 $2\eta=\dfrac{N}{EJ}, p^2=\dfrac{k}{EJ}$，则式（A.1）成为

$$\frac{d^4w}{dx^4}-2\eta\frac{d^2w}{dx^2}+p^2w=\frac{1}{EJ}P\delta(x-\xi)\tag{A.2}$$

其中 k 为弹性地基常数。

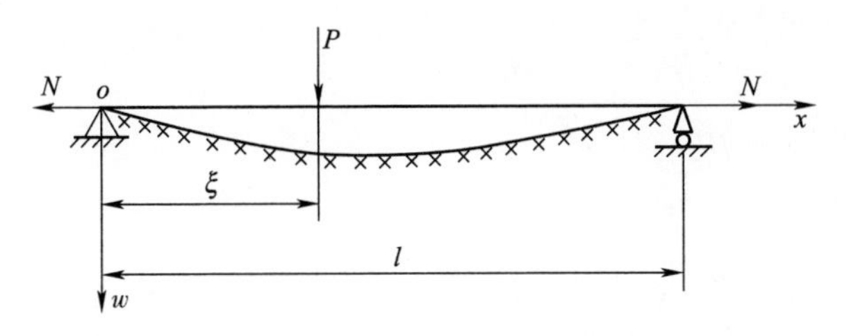

图 A.1　集中力和轴向拉力联合作用的弹性基简支梁

（1）$\eta^2=p^2$ 的情况。

当 $\eta^2=p^2$ 时，式（A.2）的解为

$$w_1(x,l-\xi)=A_1\sinh\beta x+B_1\beta x\sinh\beta x+C_1\cosh\beta x+D_1\beta x\cosh\beta x(0\leqslant x\leqslant\xi)\tag{A.3}$$

$$\begin{aligned}w_2(l-x,\xi)&=A_2\sinh\beta(l-x)+B_2\beta(l-x)\sinh\beta(l-x)\\&+C_2\cosh\beta(l-x)+D_2\beta(l-x)\cosh\beta(l-x)(\xi\leqslant x\leqslant l)\end{aligned}\tag{A.4}$$

其中 $\beta=\sqrt{\eta}=p$。

利用边界条件求出式(A.3)和式(A.4)的诸常数。

由 $x=0, w_{1x=0}=0$，得 $C_1=0$。

由 $x=0, \left(\dfrac{\mathrm{d}^2 w_1}{\mathrm{d}x^2}\right)_{x=0}=0$，得 $B_1=0$。

于是式(A.3)成为

$$w_1(x,l-\xi)=A_1\sinh\beta x+D_1\beta x\cosh\beta x \tag{A.5}$$

由 $x=l, w_{2x=l}=0$，得 $C_2=0$。

由 $x=l, \left(\dfrac{\mathrm{d}^2 w_2}{\mathrm{d}x^2}\right)_{x=l}=0$，得 $B_2=0$。

于是式(A.4)成为

$$w_2(l-x,\xi)=A_2\sinh\beta(l-x)+D_2\beta(l-x)\cosh\beta(l-x) \tag{A.6}$$

利用 $x=\xi$ 时

$$w_1=w_2$$

$$\frac{\mathrm{d}w_1}{\mathrm{d}x}=\frac{\mathrm{d}w_2}{\mathrm{d}x}$$

$$\frac{\mathrm{d}^2 w_1}{\mathrm{d}x^2}=\frac{\mathrm{d}^2 w_2}{\mathrm{d}x^2}$$

$$\frac{\mathrm{d}^3 w_1}{\mathrm{d}x^3}-\frac{\mathrm{d}^3 w_2}{\mathrm{d}x^3}=-\frac{P}{EJ}$$

则得

$$A_1=\frac{P}{2EJ\beta^3}\left[\frac{\sinh\beta(l-\xi)}{\sinh\beta l}+\frac{\beta l\cosh\beta l}{\sinh^2\beta l}\sinh\beta(l-\xi)-\beta(l-\xi)\frac{\cosh\beta(l-\xi)}{\sinh\beta l}\right]$$

$$D_1=-\frac{P}{2EJ\beta^3}\frac{\sinh\beta(l-\xi)}{\sinh\beta l}$$

$$A_2=\frac{P}{2EJ\beta^3}\left(\frac{\sinh\beta\xi}{\sinh\beta l}+\frac{\beta l\cosh\beta l}{\sinh^2\beta l}\sinh\beta\xi-\beta\xi\frac{\cosh\beta\xi}{\sinh\beta l}\right)$$

$$D_2=-\frac{P}{2EJ\beta^3}\frac{\sinh\beta\xi}{\sinh\beta l}$$

将所得到的诸常数代入式(A.5)和式(A.6)中，则得

$$w_1(x,l-\xi)=\frac{P}{2EJ}\left[(1+\beta l\coth\beta l)-\beta x\coth\beta x-\beta(l-\xi)\coth\beta(l-\xi)\right]$$

$$\cdot\frac{1}{\beta^3\sinh\beta l}\sinh\beta x\sinh\beta(l-\xi)\quad(0\leqslant x\leqslant\xi) \tag{A.7}$$

$$w_2(x,l-\xi)=\frac{P}{2EJ}[(1+\beta l\coth\beta l)-\beta(l-x)\coth\beta(l-x)-\beta\xi\coth\beta\xi]$$

$$\cdot\frac{1}{\beta^3\sinh\beta l}\sinh\beta(l-x)\sinh\beta\xi\quad(\xi\leqslant x\leqslant l)\tag{A.8}$$

用能量法也可以求得图 A.1 所示弹性地基梁的解。该梁的总势能可表达为

$$\Pi_p=\frac{1}{2}EJ\int_0^l\left(\frac{\mathrm{d}^2w}{\mathrm{d}x^2}\right)^2\mathrm{d}x+\frac{1}{2}N\int_0^l\left(\frac{\mathrm{d}w}{\mathrm{d}x}\right)^2\mathrm{d}x+\frac{1}{2}k\int_0^t w^2\mathrm{d}x-Pw(\xi)\tag{A.9}$$

设

$$w(x)=\sum_{m=1,2}^{\infty}a_m\sin\frac{m\pi x}{l}\quad(0\leqslant x\leqslant l)\tag{A.10}$$

将式(A.10)代入式(A.9),取 Π_p 的极值,则得

$$\sum_{m=1}^{\infty}\left[\frac{1}{2}EJ\left(\frac{m\pi}{l}\right)^4a_m+\frac{1}{2}Nl\left(\frac{m\pi}{l}\right)^2a_m+\frac{1}{2}kla_m-P\sin\frac{m\pi\xi}{l}\right]\delta a_m=0\tag{A.11}$$

由变分法的基本预备定理,可得

$$a_m=\frac{2l^3}{\pi^4EJ}\frac{P\sin\frac{m\pi\xi}{l}}{m^4+2\eta m^2\frac{l^2}{\pi^2}+p^2\frac{l^4}{\pi^4}}$$

于是可得

$$w(x)=\frac{2Pl^3}{\pi^4EJ}\sum_{m=1}^{\infty}\frac{\sin\frac{m\pi\xi}{l}}{m^4+2\eta m^2\frac{l^2}{\pi^2}+p^2\frac{l^4}{\pi^4}}\sin\frac{m\pi x}{l}(0\leqslant x\leqslant l)\tag{A.12}$$

比较式(A.12)、式(A.7)和式(A.8),可分别得

$$\sum_{m=1,2}^{\infty}\frac{\sin\frac{m\pi\xi}{l}\sin\frac{m\pi x}{l}}{m^4+2\eta m^2\frac{l^2}{\pi^2}+p^2\frac{l^4}{\pi^4}}=\frac{\pi^4}{4l^3}[(1+\beta l\coth\beta l)-\beta x\coth\beta x$$

$$-\beta(l-\xi)\coth\beta(l-\xi)]\frac{1}{\beta^3\sinh\beta l}\sinh\beta x\sinh\beta(l-\xi)(0\leqslant x\leqslant\xi)\tag{A.13}$$

$$\sum_{m=1,2}^{\infty}\frac{\sin\frac{m\pi\xi}{l}\sin\frac{m\pi x}{l}}{m^4+2\eta m^2\frac{l^2}{\pi^2}+p^2\frac{l^4}{\pi^4}}=\frac{\pi^4}{4l^3}[(1+\beta l\coth\beta l)-\beta(l-x)\coth\beta(l-x)$$

$$-\beta\xi\coth\beta\xi\Big]\frac{1}{\beta^3\sinh\beta l}\sinh\beta(l-x)\sinh\beta\xi\quad(\xi\leqslant x\leqslant l)\tag{A.14}$$

当$\xi=\dfrac{l}{2}$时，式(A.13)和式(A.14)分别成为

$$\sum_{m=1,3}^{\infty}\frac{\sin\dfrac{m\pi}{2}\sin\dfrac{m\pi x}{l}}{m^4+2\eta m^2\left(\dfrac{l}{\pi}\right)^2+p^2\left(\dfrac{l}{\pi}\right)^4}=\frac{\pi^4}{8\beta^3l^3\cosh\dfrac{1}{2}\beta l}$$

$$\cdot\left(\sinh\beta x+\frac{1}{2}\beta l\tanh\frac{1}{2}\beta l\sinh\beta x-\beta x\cosh\beta x\right)\quad\left(0\leqslant x\leqslant\frac{l}{2}\right)\tag{A.15}$$

$$\sum_{m=1,3}^{\infty}\frac{(-1)^m\sin\dfrac{m\pi x}{l}}{m^4+2\eta m^2\left(\dfrac{l}{\pi}\right)^2+p^2\left(\dfrac{l}{\pi}\right)^4}=\frac{\pi^4}{8\beta^3l^3\cosh\dfrac{1}{2}\beta l}$$

$$\cdot\left[\sinh\beta(l-x)+\frac{1}{2}\beta l\tanh\frac{1}{2}\beta l\sinh\beta(l-x)-\beta(l-x)\cosh\beta(l-x)\right]\left(\frac{l}{2}\leqslant x\leqslant l\right)\tag{A.16}$$

(2)$\eta^2>p^2$ 的情况。

当$\eta^2>p^2$ 时，式(A.2)的解为

$$w_1(x,l-\xi)=A_1\sinh\alpha x+B_1\cosh\alpha x+C_1\sinh\beta x+D_1\cosh\beta x(0\leqslant x\leqslant\xi)\tag{A.17}$$

$$\begin{aligned}w_2(l-x,\xi)=&A_2\sinh\alpha(l-x)+B_2\cosh\alpha(l-x)+C_2\sinh\beta(l-x)\\&+D_2\cosh\beta(l-x)\quad(\xi\leqslant x\leqslant l)\end{aligned}\tag{A.18}$$

其中

$$\alpha=\sqrt{\eta+\sqrt{\eta^2-p^2}},\beta=\sqrt{\eta-\sqrt{\eta^2-p^2}}\tag{A.19}$$

利用边界条件

$$w_{1x=0}=w_{2x=l}=0,\left(\frac{\mathrm{d}^2w_1}{\mathrm{d}x^2}\right)_{x=0}=\left(\frac{\mathrm{d}^2w_2}{\mathrm{d}x^2}\right)_{x=l}=0\tag{A.20}$$

可得$B_1=D_1=B_2=D_2=0$。

于是有

$$w_1(x,l-\xi)=A_1\sinh\alpha x+C_1\sinh\beta x\tag{A.21}$$

$$w_2(l-x,\xi)=A_2\sinh\alpha(l-x)+C_2\sinh\beta(l-x)\tag{A.22}$$

利用集中载荷作用点ξ处的交界条件

$$w_{1x=\xi}=w_{2x=\xi}\tag{A.23}$$

$$\left(\frac{\mathrm{d}w_1}{\mathrm{d}x}\right)_{x=\xi}=\left(\frac{\mathrm{d}w_2}{\mathrm{d}x}\right)_{x=\xi}\tag{A.24}$$

$$\left(\frac{\mathrm{d}^2 w_1}{\mathrm{d}x^2}\right)_{x=\xi} = \left(\frac{\mathrm{d}^2 w_2}{\mathrm{d}x^2}\right)_{x=\xi} \tag{A. 25}$$

$$\left(\frac{\mathrm{d}^3 w_1}{\mathrm{d}x^3}\right)_{x=\xi} - \left(\frac{\mathrm{d}^3 w_2}{\mathrm{d}x^3}\right)_{x=\xi} = -\frac{P}{EJ} \tag{A. 26}$$

再将式(A. 21)和式(A. 22)代入交界条件式(A. 23)~式(A. 26),则得

$$A_1 \sinh\alpha\xi + C_1 \sinh\beta\xi = A_2 \sinh\alpha(l-\xi) + C_2 \sinh\beta(l-\xi) \tag{A. 27}$$

$$A_1 \alpha\cosh\alpha\xi + C_1 \beta\cosh\beta\xi = -A_2 \alpha\cosh\alpha(l-\xi) - C_2 \beta\cosh\beta(l-\xi) \tag{A. 28}$$

$$A_1 \alpha^2 \sinh\alpha\xi + C_1^2 \beta^2 \sinh\beta\xi = A_2 \alpha^2 \sinh\alpha(l-\xi) + C_2 \beta^2 \sinh\beta(l-\xi) \tag{A. 29}$$

$$A_1 \alpha^3 \cosh\alpha\xi + C_1 \beta^3 \cosh\beta\xi + A_2 \alpha^3 \cosh\alpha(l-\xi) + C_2 \beta^3 \cosh\beta(l-\xi) = -\frac{P}{EJ} \tag{A. 30}$$

解方程式(A. 27)~式(A. 30),则分别得

$$A_1 = -\frac{P}{EJ}\frac{1}{\alpha^2 - \beta^2}\frac{\sinh\alpha(l-\xi)}{\alpha\sinh\alpha l} \tag{A. 31}$$

$$C_1 = \frac{P}{EJ}\frac{1}{\alpha^2 - \beta^2}\frac{\sinh\beta(l-\xi)}{\beta\sinh\beta l} \tag{A. 32}$$

$$A_2 = -\frac{P}{EJ}\frac{1}{\alpha^2 - \beta^2}\frac{\sinh\alpha\xi}{\alpha\sinh\alpha l} \tag{A. 33}$$

$$C_2 = \frac{P}{EJ}\frac{1}{\alpha^2 - \beta^2}\frac{\sinh\beta\xi}{\beta\sinh\beta l} \tag{A. 34}$$

将式(A. 31)~式(A. 34)代入式(A. 21)和式(A. 22),则分别得

$$w_1(x, l-\xi) = -\frac{P}{EJ}\frac{1}{\alpha^2 - \beta^2}\left[\frac{\sinh\alpha(l-\xi)}{\alpha\sinh\alpha l}\sinh\alpha x - \frac{\sinh\beta(l-\xi)}{\beta\sinh\beta l}\sinh\beta x\right] \quad (0 \leqslant x \leqslant \xi) \tag{A. 35}$$

$$w_2(l-x, \xi) = -\frac{P}{EJ}\frac{1}{\alpha^2 - \beta^2}\left[\frac{\sinh\alpha\xi}{\alpha\sinh\alpha l}\sinh\alpha(l-x) - \frac{\sinh\beta\xi}{\beta\sinh\beta l}\sinh\beta(l-x)\right] \quad (\xi \leqslant x \leqslant l) \tag{A. 36}$$

再利用最小势能原理所得到的三角级数解(A. 12)分别与式(A. 35)和式(A. 36)相等,则得

$$\sum_{m=1,2}^{\infty} \frac{\sin\frac{m\pi\xi}{l}\sin\frac{m\pi x}{l}}{m^4 + 2\eta m^2 \frac{l^2}{\pi^2} + p^2 \frac{l^4}{\pi^4}} = -\frac{\pi^4}{2l^3}\frac{1}{\alpha^2 - \beta^2} \cdot \left[\frac{\sinh\alpha(l-\xi)}{\alpha\sinh\alpha l}\sinh\alpha x - \frac{\sinh\beta(l-\xi)}{\beta\sinh\beta l}\sinh\beta x\right] \quad (0 \leqslant x \leqslant \xi) \tag{A. 37}$$

$$\sum_{m=1,2}^{\infty} \frac{\sin\frac{m\pi\xi}{l}\sin\frac{m\pi x}{l}}{m^4 + 2\eta m^2 \frac{l^2}{\pi^2} + p^2 \frac{l^4}{\pi^4}} = -\frac{\pi^4}{2l^3}\frac{1}{\alpha^2 - \beta^2}$$

$$\cdot \left[\frac{\sinh\alpha\xi}{\alpha\sinh\alpha l}\sinh\alpha(l - x) - \frac{\sinh\beta\xi}{\beta\sinh\beta l}\sinh\beta(l - x)\right] \quad (\xi \leqslant x \leqslant l) \quad (\text{A. }38)$$

当$\xi = \frac{1}{2}$时,式(A. 37)和式(A. 38)分别成为

$$\sum_{m=1,3}^{\infty} \frac{\sin\frac{m\pi}{2}\sin\frac{m\pi x}{l}}{m^4 + 2\eta m^2\left(\frac{l}{\pi}\right)^2 + p^2\left(\frac{l}{\pi}\right)^4} = -\frac{\pi^4}{4l^3}\frac{1}{\alpha^2 - \beta^2}$$

$$\left[\frac{1}{\alpha\cosh\frac{1}{2}\alpha l}\sinh\alpha x - \frac{1}{\beta\cosh\frac{1}{2}\beta l}\sinh\beta x\right] \quad \left(0 \leqslant x \leqslant \frac{l}{2}\right) \quad (\text{A. }39)$$

$$\sum_{m=1,3}^{\infty} \frac{(-1)^m\sin\frac{m\pi x}{l}}{m^4 + 2\eta m^2\left(\frac{l}{\pi}\right)^2 + p^2\left(\frac{l}{\pi}\right)^4} = -\frac{\pi^4}{4l^3}\frac{1}{\alpha^2 - \beta^2}$$

$$\left[\frac{1}{\alpha\cosh\frac{1}{2}\alpha l}\sinh\alpha(l - x) - \frac{1}{\beta\cosh\frac{1}{2}\beta l}\sinh\beta(l - x)\right] \quad \left(\frac{l}{2} \leqslant x \leqslant l\right)$$

$$(\text{A. }40)$$

2. 在集中力矩和轴向力共同作用下的弹性地基梁

图 A. 2 所示一弹性地基梁,作用两端的轴向拉力为N,同时在两端分别作用有集中力矩M_0和M_l。该梁的微分平衡方程为

$$\frac{\mathrm{d}^4 w}{\mathrm{d}x^4} - 2\eta\frac{\mathrm{d}^2 w}{\mathrm{d}x^2} + p^2 w = 0 \quad (\text{A. }41)$$

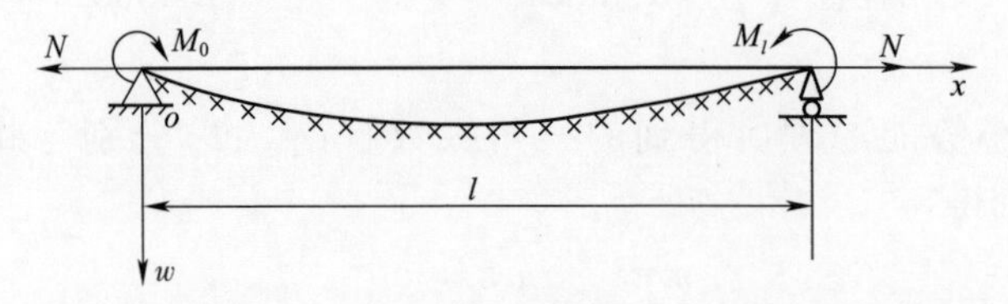

图 A. 2　两集中力矩和轴向拉力联合作用的弹性基简支梁

(1)$\eta = p$的情况。

当$\eta = p$时,式(A. 41)的解为

$$w(x) = A\sinh\beta x + B\beta x\sinh\beta x + C\cosh\beta x + D\beta x\cosh\beta x \quad (\text{A. }42)$$

利用边界条件 $w_{x=0}=0$，$-EJ\left(\frac{\mathrm{d}^2w}{\mathrm{d}x^2}\right)_{x=0}=M_0$，$w_{x=l}=0$ 和 $-EJ\left(\frac{\mathrm{d}^2w}{\mathrm{d}x^2}\right)_{x=l}=M_l$，则得诸常数 A,B,C 和 D,再将该诸常数代回式(A.42),则得

$$w(x)=\frac{l}{EJ}\frac{1}{2\beta\sinh^2\beta l}(M_l\cosh\beta l-M_0)\sinh\beta x-\frac{M_0}{EJ}\frac{1}{2\beta^2}\beta x\sinh\beta x$$
$$+\frac{1}{EJ}\frac{1}{2\beta^2}\left(M_0\coth\beta l-\frac{1}{\sinh\beta l}M_l\right)\beta x\cosh\beta x \tag{A.43}$$

利用最小势能原理解此同一问题,其总势能为

$$\Pi_p=\frac{1}{2}EJ\int_0^l\left(\frac{\mathrm{d}^2w}{\mathrm{d}x^2}\right)^2\mathrm{d}x+\frac{1}{2}N\int_0^l\left(\frac{\mathrm{d}w}{\mathrm{d}x}\right)^2\mathrm{d}x$$
$$+\frac{1}{2}k\int_0^l w^2\mathrm{d}x-M_0\left(\frac{\mathrm{d}w}{\mathrm{d}x}\right)_{x=0}+M_l\left(\frac{\mathrm{d}w}{\mathrm{d}x}\right)_{x=l} \tag{A.44}$$

设 $w(x)$ 为式(A.10)的表达式,取 Π_p 的极值,并做变分运算,则得

$$w(x)=\sum_{m=1,2}^{\infty}\frac{\left(\frac{m\pi}{l}\right)\left[M_0+(-1)^{m+1}M_l\right]}{\frac{\pi^4EJ}{2l^3}\left[m^4+2\eta m^2\left(\frac{l}{\pi}\right)^2+p^2\left(\frac{l}{\pi}\right)^4\right]}\sin\frac{m\pi x}{l} \tag{A.45}$$

使式(A.43)和式(A.45)相等,则得

$$\sum_{m=1,2}^{\infty}\frac{m\pi\left[M_0+(-1)^{m+1}M_l\right]}{m^4+2\eta m^2\left(\frac{l}{\pi}\right)^2+p^2\left(\frac{l}{\pi}\right)^4}\sin\frac{m\pi x}{l}=\frac{\pi^4}{4\beta^2l^2}$$
$$\cdot\left[\left(\frac{\beta l\cosh\beta l}{\sinh^2\beta l}M_l-\frac{\beta l}{\sinh^2\beta l}M_0\right)\sinh\beta x-M_0\beta x\sinh\beta x+\left(M_0\coth\beta l-\frac{1}{\sinh\beta l}M_l\right)\beta x\cosh\beta x\right] \tag{A.46}$$

当 $M_l=0$ 时,式(A.46)成为

$$\sum_{m=1,2}^{\infty}\frac{m\pi\sin\frac{m\pi x}{l}}{m^4+2\eta m^2\left(\frac{l}{\pi}\right)^2+p^2\left(\frac{l}{\pi}\right)^4}$$
$$=\frac{\pi^4}{4\beta^2l^2}\left(-\frac{\beta l}{\sinh^2\beta l}\sinh\beta x-\beta x\sinh\beta x+\coth\beta l\beta x\cosh\beta x\right) \tag{A.47}$$

当 $M_0=0$ 时,式(A.46)成为

$$\sum_{m=1,2}^{\infty}\frac{m\pi(-1)^{m+1}\sin\frac{m\pi x}{l}}{m^4+2\eta m^2\left(\frac{l}{\pi}\right)^2+p^2\left(\frac{l}{\pi}\right)^4}=\frac{\pi^4}{4\beta^2l^2}\left(\frac{\beta l\cosh\beta l}{\sinh^2\beta l}\sinh\beta x-\frac{\beta x}{\sinh\beta l}\cosh\beta x\right) \tag{A.48}$$

当 $M_0 = M_l$ 时,式(A.46)成为

$$\sum_{m=1,3}^{\infty} \frac{m\pi \sin \dfrac{m\pi x}{l}}{m^4 + 2\eta m^2 \left(\dfrac{l}{\pi}\right)^2 + p^2 \left(\dfrac{l}{\pi}\right)^4}$$

$$= \frac{\pi^4}{8\beta^2 l^2} \left(\frac{\beta l}{2\cosh^2 l \dfrac{1}{2}\beta l} \sinh\beta x - \beta x \sinh\beta x + \tanh \frac{1}{2}\beta l \beta x \cosh\beta x \right) \quad \text{(A.49)}$$

(2) $\eta > p$ 的情况。

考虑图 A.3 所示一弹性基梁,作用于两端的轴向力为 N,在 $x=0$ 端部作用一集中力矩 M_0 的简支梁。

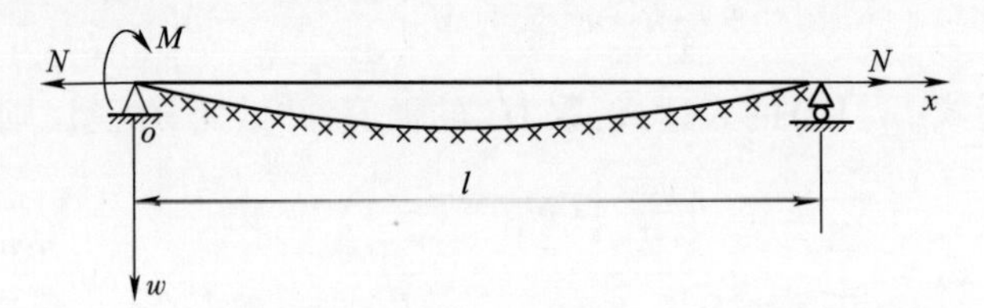

图 A.3　一集中力矩和轴向拉力联合作用的弹性基简支梁

当 $\eta > p$ 时,有

$$w(x) = A\sinh\alpha x + B\cosh\alpha x + C\sinh\beta x + D\cosh\beta x \quad \text{(A.50)}$$

利用边界条件

$$w(0) = w(l) = w''(l) = 0 \quad \text{(A.51)}$$

和

$$w''(0) = -\frac{M_0}{EJ} \quad \text{(A.52)}$$

式(A.50)为

$$w(x) = \frac{M_0}{EJ} \frac{1}{\alpha^2 - \beta^2} \left[-\frac{\sinh\alpha(l-x)}{\sinh\alpha l} + \frac{\sinh\beta(l-x)}{\sinh\beta l} \right] \quad \text{(A.53)}$$

下面利用最小势能原理求解此同一问题。图 A.3 所示梁的总势能为

$$\Pi_p = \int_0^l \frac{1}{2} EJ \left(\frac{\mathrm{d}^2 w}{\mathrm{d}x^2} \right)^2 \mathrm{d}x + \frac{1}{2} N \int_0^l \left(\frac{\mathrm{d}w}{\mathrm{d}x} \right)^2 \mathrm{d}x$$

$$+ \frac{1}{2} \int_0^l k w^2 \mathrm{d}x - M_0 \left(\frac{\mathrm{d}w}{\mathrm{d}x} \right)_{x=0} \quad \text{(A.54)}$$

如设

$$w(x) = \sum_{m=1}^{\infty} a_m \sin \frac{m\pi x}{l} \quad \text{(A.55)}$$

根据最小势能原理,有

$$\frac{\partial \Pi_p}{\partial a_m} = 0 \qquad (m = 1,2,3,\cdots) \tag{A.56}$$

由式(A.56)可得

$$a_m = \frac{\left(\frac{m\pi}{l}\right) M_0}{\frac{EJ\pi^4}{2l^3}\left(m^4 + 2\eta m^2 \frac{l^2}{\pi^2} + p^2 \frac{l^4}{\pi^4}\right)} \tag{A.57}$$

将式(A.57)代入式(A.55),再使式(A.53)等于式(A.55),则得

$$\sum_{m=1,2}^{\infty} \frac{m \sin \frac{m\pi x}{l}}{m^4 + 2\eta m^2 \frac{l^2}{\pi^2} + p^2 \frac{l^4}{\pi^4}} = \frac{\pi^3}{2l^2(\alpha^2 - \beta^2)}\left[-\frac{\sinh\alpha(l-x)}{\sinh\alpha l} + \frac{\sinh\beta(l-x)}{\sinh\beta l}\right] \tag{A.58}$$

对式(A.58)进行一系列运算,可得相应的转换式如下:

对式(A.58)积分两次,并利用端点等式亦成立的条件,得

$$\sum_{m=1,2}^{\infty} \frac{\sin \frac{m\pi x}{l}}{m\left(m^4 + 2\eta m^2 \frac{l^2}{\pi^2} + p^2 \frac{l^4}{\pi^4}\right)} = \frac{\pi^5}{2l^4}\left\{\frac{1}{\alpha^2 - \beta^2}\left[\frac{\sinh\alpha(l-x)}{\alpha^2 \sinh\alpha l} - \frac{\sinh\beta(l-x)}{\beta^2 \sinh\beta l}\right] + \frac{l-x}{\alpha^2\beta^2 l}\right\} \tag{A.59}$$

将式(A.58)对 x 微分二次,得

$$\sum_{m=1,2}^{\infty} \frac{m^3 \sin \frac{m\pi x}{l}}{m^4 + 2\eta m^2 \frac{l^2}{\pi^2} + p^2 \frac{l^4}{\pi^4}} = \frac{\pi}{2(\alpha^2 - \beta^2)}\left[\frac{\alpha^2 \sinh\alpha(l-x)}{\sinh\alpha l} - \frac{\beta^2 \sinh\beta(l-x)}{\sinh\beta l}\right] \tag{A.60}$$

将式(A.59)对 x 微分一次,得

$$\sum_{m=1,2}^{\infty} \frac{\cos \frac{m\pi x}{l}}{m^4 + 2\eta m^2 \frac{l^2}{\pi^2} + p^2 \frac{l^4}{\pi^4}} = \frac{\pi^4}{2l^3}\left\{\frac{1}{\alpha^2 - \beta^2}\left[-\frac{\cosh\alpha(l-x)}{\alpha \sinh\alpha l} + \frac{\cosh\beta(l-x)}{\beta \sinh\beta l}\right] - \frac{1}{\alpha^2\beta^2 l}\right\} \tag{A.61}$$

将 $x=l-x$ 代入式(A.58),得

$$\sum_{m=1,2}^{\infty}\frac{-m\cos m\pi\sin\frac{m\pi x}{l}}{m^4+2\eta m^2\frac{l^2}{\pi^2}+p^2\frac{l^4}{\pi^4}}=\frac{\pi^3}{2l^2(\alpha^2-\beta^2)}\left(\frac{\sinh\alpha x}{\sinh\alpha l}+\frac{\sinh\beta x}{\sinh\beta l}\right)\tag{A.62}$$

将 $x=l-x$ 代入式(A.59),得

$$\sum_{m=1,2}^{\infty}\frac{-\cos m\pi\sin\frac{m\pi x}{l}}{m\left(m^4+2\eta m^2\frac{l^2}{\pi^2}+p^2\frac{l^4}{\pi^4}\right)}$$

$$=\frac{\pi^5}{2l^4}\left[\frac{1}{\alpha^2-\beta^2}\left(\frac{\sinh\alpha x}{\alpha^2\sinh\alpha l}-\frac{\sinh\beta x}{\beta^2\sinh\beta l}\right)+\frac{x}{\alpha^2\beta^2 l}\right]\tag{A.63}$$

将 $x=l-x$ 代入式(A.60),得

$$\sum_{m=1,2}^{\infty}\frac{-m^3\cos m\pi\sin\frac{m\pi x}{l}}{m^4+2\eta m^2\frac{l^2}{\pi^2}+p^2\frac{l^4}{\pi^4}}=\frac{\pi}{2(\alpha^2-\beta^2)}\left(\frac{\alpha^2\sinh\alpha x}{\sinh\alpha l}-\frac{\beta^2\sinh\beta x}{\sinh\beta l}\right)\tag{A.64}$$

式(A.58)加式(A.62),得

$$\sum_{m=1,3}^{\infty}\frac{m\sin\frac{m\pi x}{l}}{m^4+2\eta m^2\frac{l^2}{\pi^2}+p^2\frac{l^4}{\pi^4}}$$

$$=\frac{\pi^3}{4l^2(\alpha^2-\beta^2)}\left[-\frac{\cosh\alpha(l/2-x)}{\cosh\alpha l/2}+\frac{\cosh\beta(l/2-x)}{\cosh\beta l/2}\right]\tag{A.65}$$

式(A.59)加式(A.63),得

$$\sum_{m=1,3}^{\infty}\frac{\sin\frac{m\pi x}{l}}{\left(m^4+2\eta m^2\frac{l^2}{\pi^2}+p^2\frac{l^4}{\pi^4}\right)}$$

$$=\frac{\pi^5}{4l^4}\left\{\frac{1}{\alpha^2-\beta^2}\left[\frac{\cosh\alpha(l/2-x)}{\alpha^2\cosh\alpha l/2}-\frac{\cosh\beta(l/2-x)}{\beta^2\cosh\beta l/2}\right]+\frac{1}{\alpha^2\beta^2}\right\}\tag{A.66}$$

式(A.60)加式(A.64),得

$$\sum_{m=1,3}^{\infty}\frac{m^3\sin\frac{m\pi x}{l}}{m^4+2\eta m^2\frac{l^2}{\pi^2}+p^2\frac{l^4}{\pi^4}}=\frac{\pi}{4(\alpha^2-\beta^2)}\left[\frac{\alpha^2\cosh\alpha(l/2-x)}{\cosh\alpha l/2}-\frac{\beta^2\cosh\beta(l/2-x)}{\cosh\beta l/2}\right]\tag{A.67}$$

参考文献

[1] Reissner E. The effect of transverse shear deformation on the bending of elastic plates[J]. ASME Journal of Applied Mechanics,1945,12:68-A77.

[2] Reissner E. On bending of elastic plates[J]. Quarterly of Applied Mathematics,1947,5:55-68.

[3] Schäfer m. Über eine Verfeinerung der klassischen Theorie dünner schwach gebogener Platten[J]. Zeitschrift für Angewandte Mathematik unk Mechanik,32,1952,32(6):161-171.

[4] Hencky H. Über die Berücksichtigung der Schubverzerrung in ebenen Platten[J]. Ingenieur-Archiv,1947,16:72-76.

[5] Kromm A. Über die Randquerkräfte bei gestützten Platten[J]. Zeitschrift für Angewandte Mathematik und Mechanik,1955,36:231-242.

[6] Mindlin R D. Influence of rotatory inertia and shear on flexural motions of isotropic elastic plates [J]. JAM,1951(18):31-42.

[7] Huang T C. Application of variational methods to the vibration of plate including rotatory inertia and shear[J]. Developments in Mehanics,1961,1:80-97.

[8] Терегулов И Я К. Теориипластин средней толщины труды,Труды конферендцц по теорпп иластцн оболочек[J]. казанъ,1961:(2)367.

[9] Силкин Е И,Соловъева Н А. Применение метода началъных функццй к расчету толстых плит,Нзв[J]. АН CCCPLTH,1958(12):141-162.

[10] Sundara K T,Iyengar R,Chandrashekhara K,et al. On the analysis of thick rectangular plutes[J]. Ingarch. ,1974,43(5):317-333.

[11] Cheung Y K,Chakrabarti S. Free vibration of thick layered rectangular plates by a finite layer method,Jour[J]. Sound and vibration,1972(21): 277-289.

[12] Пахомо И И. метод наилучщих квадратических приближений в тоерии толстых прпкл [J]. Mex. ,1973,9(10):51-69.

[13] Betti E. Teoria della elasticita[J]. Nuovo Cimento,1872(1):69-97.

[14] Love A E H. Treatise on the Mathematical Theory of Elasticity[M]. 4th ed. New York:Dover Publication,1944.

[15] Timosheko S P, Gooder J N. Theory of Elasticity [M]. 3rd ed. New York: McGraw-Hill Book Company,1970.

[16] Fung Y C. Foundation of Solid Mechanics[M]. New Tersey:Prentice-Hall. Inc. Englewood Chiffs,1965.

[17] 杨晓,宁建国,程昌钧. 考虑横向剪切效应的悬臂矩形板的弯曲[J]. 应用数学和力学,1992,13(1):53-56.

[18] 付宝连. 关于功的互等定理与位移叠加原理的等价性[J]. 应用数学和力学,1985,6(9):813-818.

[19] 付宝连. 功的互等定理和线弹性变分原理[J]. 应用数学和力学,1989,10(3):253-258.

[20] 付宝连. 有限变形线弹性变形能原理及功的互等定理与变分原理的关系[J]. 燕山大学学报,2002,26(1):4-6,19.

[21] 付宝连. 横向磁场中金属薄板的功的互等定理[J]. 燕山大学学报,2004,25(2):99-102.
[22] 付宝连. 应用功的互等定理求复杂边界条件矩形板的挠曲面方程[J]. 应用数学和力学,1982,3(3):315-325.
[23] 付宝连. 应用功的互等定理计算矩形弹性薄板的自然频率[J]. 应用数学和力学,1985,6(11):985-997.
[24] 朱雁滨,付宝连. 再论在一个集中荷载作用下悬臂矩形板的弯曲[J]. 应用数学和力学,1986,7(10):917-928.
[25] Zhu Y B, Fu B L. Futher research on the bending of the cantilever rectangular plates under a concentrated load[J]. Advances in Applied Mathematics and Mechanics in China, 1991, 3: 253-265.
[26] 李农,付宝连. 应用功的互等定理计算弹性圆薄板挠曲面方程[J]. 应用数学和力学,1988,9(9):835-842.
[27] 付宝连. 求解位移方程的能量原理[J]. 应用数学和力学, 1981,2(6):697-707.
[28] 付宝连. 关于求解弹性力学平面问题的功的互等定理法[J]. 应用数学和力学,1989,10(5):437-446.
[29] 付宝连. 应用功的互等法求解立方体的位移解[J]. 应用数学和力学,1989,10(4):297-308.
[30] 付宝连,李农. 弹性矩形板受迫振动的功的互等定理法(Ⅰ)四边固定的矩形板和三边固定的矩形板[J]. 应用数学和力学,1989,10(8):693-714.
[31] 付宝连,李农. 弹性矩形板受迫振动的功的互等定理法(Ⅱ)两邻边固定的矩形板[J]. 应用数学和力学,1990,11(11):977-988.
[32] 付宝连,李农. 弹性矩形板受迫振动的功的互等定理法(Ⅲ)悬臂矩形板[J]. 应用数学和力学,1991,12(7):621-638.
[33] 李农,付宝连. K个内点支承圆板的对称弯曲[J]. 应用数学和力学,1991,12(11):1023-1028.
[34] 付宝连,谭文锋. 求解厚矩形板弯曲的功的互等定理法[J]. 应用数学和力学,1991,12(11):1023-1028.
[35] 付宝连. 弯曲厚矩形板精确角点静力条件的推导[J]. 应用数学和力学,1994,15(6):565-570.
[36] Fu B L, Tan W F. Reciprocal theorem method for the bending of thick cantilever rectangular plates[J]. International Conference on Computational Methods in Structural and Geotechnical Engineering, 1994, 4: 1486-1491.
[37] 谭文锋,刘建军,付宝连. 四角点支承厚矩形板弯曲的功的互等定理法求解[J]. 工程力学,1996,13(4):49-58.
[38] 李文兰,付宝连,杨志安. 弹性地基板弯曲问题的边界积分法[J]. 天津大学学报,1999,32(1):89-93.
[39] 李文兰,付宝连,杨志安. 弹性地基上四边自由厚矩形板的弯曲问题解[J]. 天津大学学报,2000,33(1):72-76.
[40] 李慧剑,付宝连,谭文锋. 弹性厚矩形板受迫振动的功的互等定理法[J]. 应用数学和力学,1998,19(2):175-188.
[41] 谭文锋,付宝连. 均布荷载作用下四边简支厚矩形板的弯曲[J]. 东北重型机械学院学报,

1996,20(4):366-371.
[42] 李欣业,付宝连,陈英杰. 求简支矩形厚板弯曲解的一种新方法[J]. 河北工学院学报,1997,26(1):91-94.
[43] 刘新民,付宝连. 求解四边固定弹性厚矩形板受迫振动的一种边界积分法[J]. 燕山大学学报,2003,24(3):203-207.
[44] 陈英杰,付宝连. 厚矩形板在静水压力作用下弯曲问题的边界积分法[J]. 燕山大学学报,2000,24(1):19-23.
[45] 李欣业,付宝连. 两边固定另两边简支弯曲厚矩形板受迫振动的新解法[J]. 河北工学院学报,1995,24(4):26-36.
[46] 付宝连. 弯曲薄板功的互等新理论[M]. 北京:科学出版社, 2003.
[47] 付宝连. 弹性力学中的能量原理及其应用[M]. 北京:科学出版社,2004.
[48] 付宝连. 弯曲矩形板的广义位移原理[M]. 北京:科学出版社,2006.
[49] 付宝连. 功的互等理论及其应用[M]. 北京:国防工业出版社,2007.
[50] 付宝连. 弹性力学混合变量的变分原理及其应用[M]. 北京:国防工业出版社,2010.
[51] 付宝连. 弯曲厚矩形板功的互等定理及其应用[M]. 北京:国防工业出版社,2014.
[52] 付宝连. 弯曲薄板的修正的功的互等定理及其应用[J]. 应用数学和力学,2014,35(11):1197-1209.
[53] 付宝连. 三维线弹性力学修正的功的互等定理及其应用[J]. 应用数学和力学,2015,36(5):523-538.
[54] 付宝连. 修正的功的互等定理[J]. 燕山大学学报,2005,29(3):189-195.
[55] 曹志远,杨升田. 厚板动力学理论及其应用[M]. 北京:科学出版社,1983.
[56] 李刚. 集中荷载作用下厚矩形板的弯曲问题理论及其工程应用[D]. 秦皇岛:燕山大学,2006.
[57] 冯庆波. 静水压力作用下厚矩形板的弯曲问题及其工程应用[D].秦皇岛: 燕山大学,2006.
[58] 李爱梅. 厚矩形板在均布荷载作用下的弯曲理论及其工程应用[D]. 秦皇岛:燕山大学,2006.
[59] 李文兰. 用功的互等法和叠加法求解弹性地基厚矩形板的弯曲问题[D]. 秦皇岛:燕山大学,1995.
[60] 李欣业. 弹性厚矩形板受迫振动的功的互等定理法的开发研究[D]. 秦皇岛:燕山大学,1994.
[61] 陈杰. 集中荷载作用下厚板功的互等定理及其应用[D]. 秦皇岛:燕山大学,2005.
[62] 刘峰. 弯曲厚矩形板受迫振动的广义位移解[D].秦皇岛: 燕山大学,2002.
[63] 鲍东杰. 弯曲厚矩形板的广义位移解[D]. 秦皇岛:燕山大学,2001.
[64] 阮沈勇,王永刚,桑群芳. Matlab 程序设计与应用[M]. 北京:电子工业出版社,2004.
[65] 张智星. Matlab 程序设计与应用[M]. 北京:清华大学出版社,2002.
[66] 张福范. 弹性薄板[M].2 版. 北京:科学出版社,1984.
[67] 曾顺德. 厚板厚壳动力学[M]. 上海:同济大学出版社,1997.
[68] 曲维德,唐恒龄. 机械振动手册[M]. 北京:机械工业出版社,2000.

内 容 简 介

本书证明了弯曲厚矩形板的 Betti 功的互等定理是一个具有逻辑错误的定理。基于对这一错误的分析,导出了弯曲厚矩形板受迫振动的修正的功的互等定理。以该修正的功的互等定理为基础,给出了求解弯曲厚矩形板受迫振动动力响应的修正的功的互等法。在该法中,首先给出悬空弯曲厚矩形板角点静力条件的公式,从而使得求解具有各种边界条件厚矩形板的弯曲成为可能。其次,定义了在二维 delta 函数 $\delta(x-\xi,y-\eta)$ 作用下的四边简支弯曲厚矩形板幅值拟基本系统,并且给出了它的幅值拟基本解及其边界值。而在不同谐载作用下具有各种边界条件的弯曲厚矩形板定义为实际系统。将修正的功的互等定理应用于幅值拟基本系统和实际系统,则得实际系统的封闭解析解。为和数值解比较,我们用有限元法计算了和解析得相关的每一个问题。为了比较这两类解给出了一系列图表。据比较可以看出,用修正的功的互等法所获得的封闭解析解具有较高的精度。本书的分析和大量计算都表明,修正的功的互等法对于解决弯曲厚矩形板受迫振动是一种简便、通用和有效的新方法。

本书适用于土木工程、力学、航空航天、船舶和机械专业大专院校的师生和相关领域的科研人员参考使用。

It has been proved in this look that Bette's reciprocal theorem of bending thick rectangular plates is one with error in logic, On the basis of analysis of the error, corrected recvproal theorem of forceel vibration of bending thick rectangular plates is derived. Based on the correcteel reciproeal theorem, corrected methoed of reciprocal theorem for solving dynamic response of forced vibration of bending thick rectangular plates is given. In this method, first, static conditions at corner points of bending thick rectangular plates hang in the air are formulatecl, so that, this makes solving the bending of thick rectangular plates with various boundary condtions possible. Next, bending thick rectangular plate with four edge simply supported under a two dimetional delta founction $\delta(x-\xi,y-\eta)$ is defined as amplidate imitavely basic system, and then amplidate imitavely basic solutions and its boundury values are given。 while bending thiek rectangular plates with various boundary conditions under different hamornic loads are defined as actual system. Applying the correcteel reciprocal theorem to the amplidute imitatively basic system and the actual system, we obtain the closed analytical solution of the actual system. For comparison with the solutions of numerical solutions, the solutions of finite element method of every problem related to analytical solutions are calculated. A series of figures and tables for comparision of the two kinds of the solutions is given. From these comparisions, it can be seen that the closed analytical solutions obtained by the corrected methad of reciprocal thorem have higher accurate. Analysis and a lot of calculations in this book show the corrected method of reciproed theorem is a convennient, general and effective new method for solving the problems of forced vibration of hending thick rectangular plates.

The book is suitable for students and teachers of umiversities and collegs of civil engineering, mechanics, aviation, astronavigation, shopping and machinary speciatities and science and technology personal of the related fields for references.